현대의 천문학 시리즈 | 06

Modern Astronomy Series

성간물질과 별탄생

후쿠이 야스오福井康雄 · 이누쓰카 수이치로犬塚修一郎 · 오니시 도시카즈大西利和 · 나카이 나오마사中井直正 · 마이하라 도시노리舞原俊憲 · 미즈노 아키라水野亮 엮음

조세형 · 노덕규 · 오충식 · 정현수 옮김

지성사

「SERIES GENDAI NO TENMONGAKU 06: SEIKANBUSSHITSU TO HOSHIKEISEI」
by Fukui Yasuo, Inutsuka Shu-ichiro, Ohnishi Toshikazu, Nakai Naomasa, Maihara Toshinori, Mizuno Akira.

First published in Japan by Nippon-Hyoron-sha Co., Ltd., Tokyo.

This Korean edition is published by arrangement with Nippon-Hyoron-sha Co., Ltd., Tokyo in care of Tuttle-Mori Agency, Inc., Tokyo through Eric Yang Agency, Inc., Seoul.

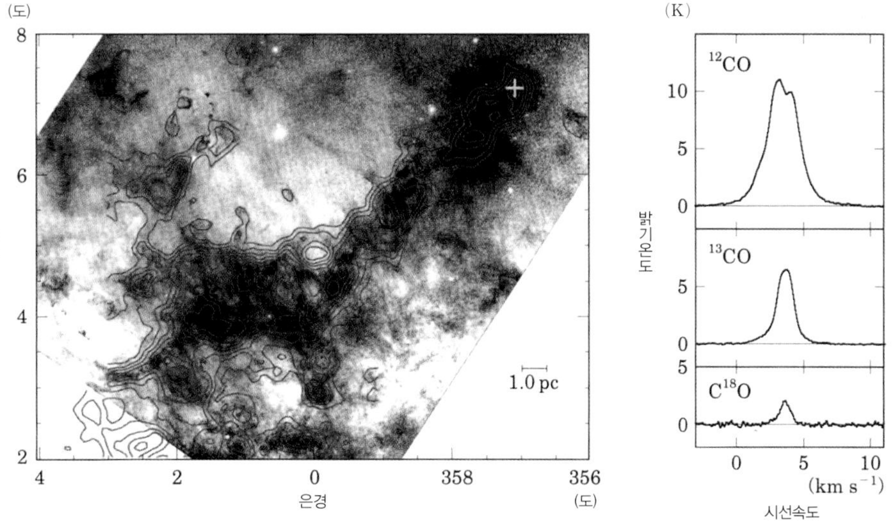

화보 1(위)
분자구름과 일산화탄소(CO) 방출선 스펙트럼의 예.
파이프 성운이라고 하는 암흑성운의 광학사진 위에 분자구름 분포(CO방출선 세기분포)를 등고선으로 표시한 것(왼쪽). 노란색 십자 표시를 한 방향에서 관찰한 일산화탄소와 그 동위원소 분자의 기본선스펙트럼(오른쪽, 67쪽)

화보 2(오른쪽)
일본 국립천문대 스바루 망원경으로 찍은 행성상 성운 M57의 Hα 영상(121쪽, 일본 국립천문대 제공)

화보 3(위)
다른 파장대로 본 껍질형 초신성 잔해 Cas A.
X선(왼쪽), 가시광(가운데), 전파연속파(오른쪽)의 이미지. 가시광은 미국 MDM천문대의 2.4 m 망원경, 전파는 미국 국립전파천문대의 VLA로 관측한 것이다(148쪽, http://chandra. harvard.edu/).

화보 4(아래)
아카리 위성이 찍은 발광성운 IC 1396의 중간적외선 이미지(JAXA 제공). 작은 사진은 같은 범위의 가시광 사진(ESA/ESO/NASA 제공, 183쪽)

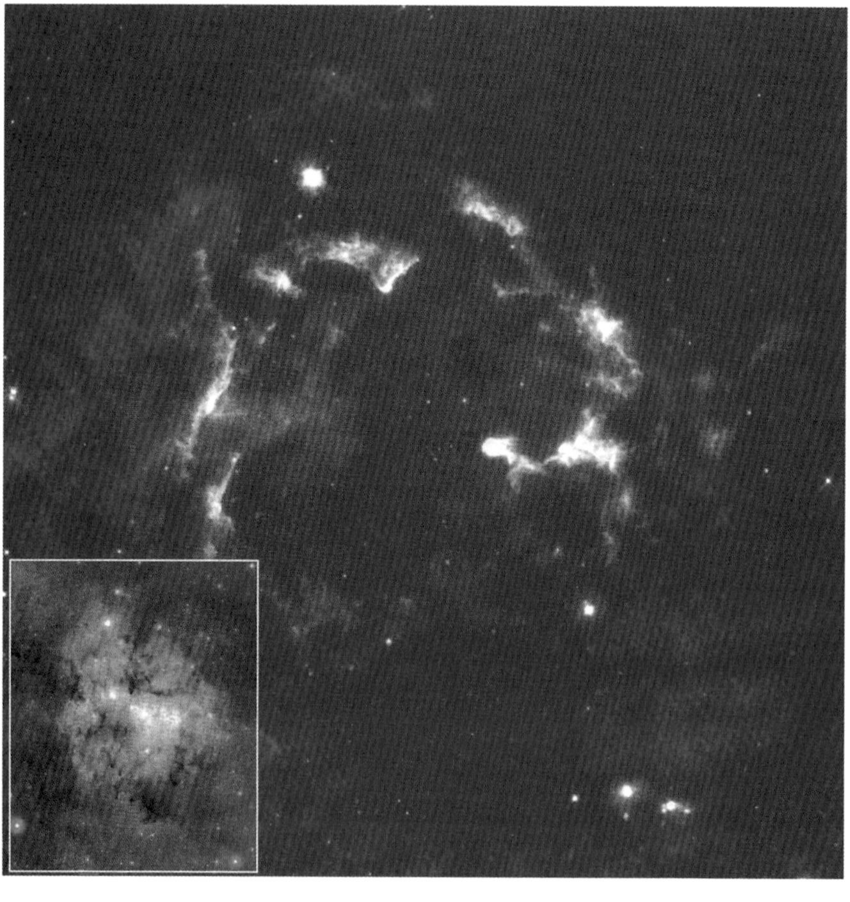

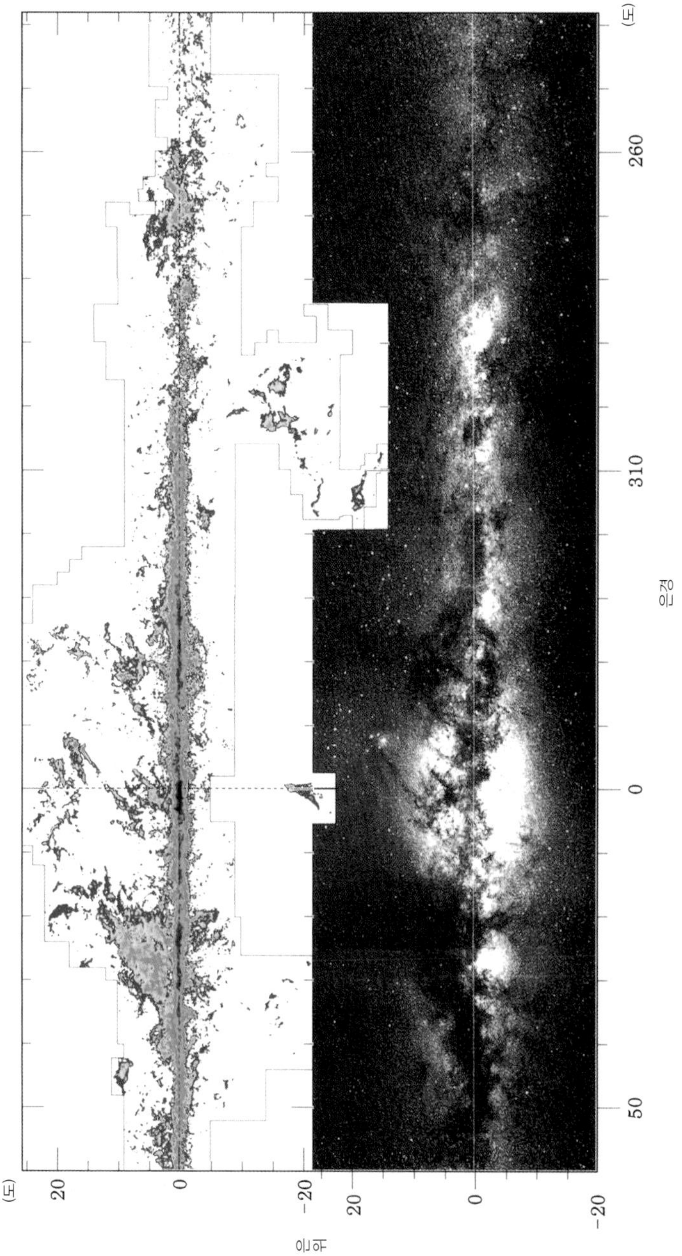

화보 5
나고야대학의 난텐(南天)전파망원경에 따른 은하면 분자구름 탐사.
일산화탄소 방출선 스펙트럼의 세기분포(위쪽)와 가시광 사진(아래쪽, 출처 *Exploring southern sky*, 246쪽)

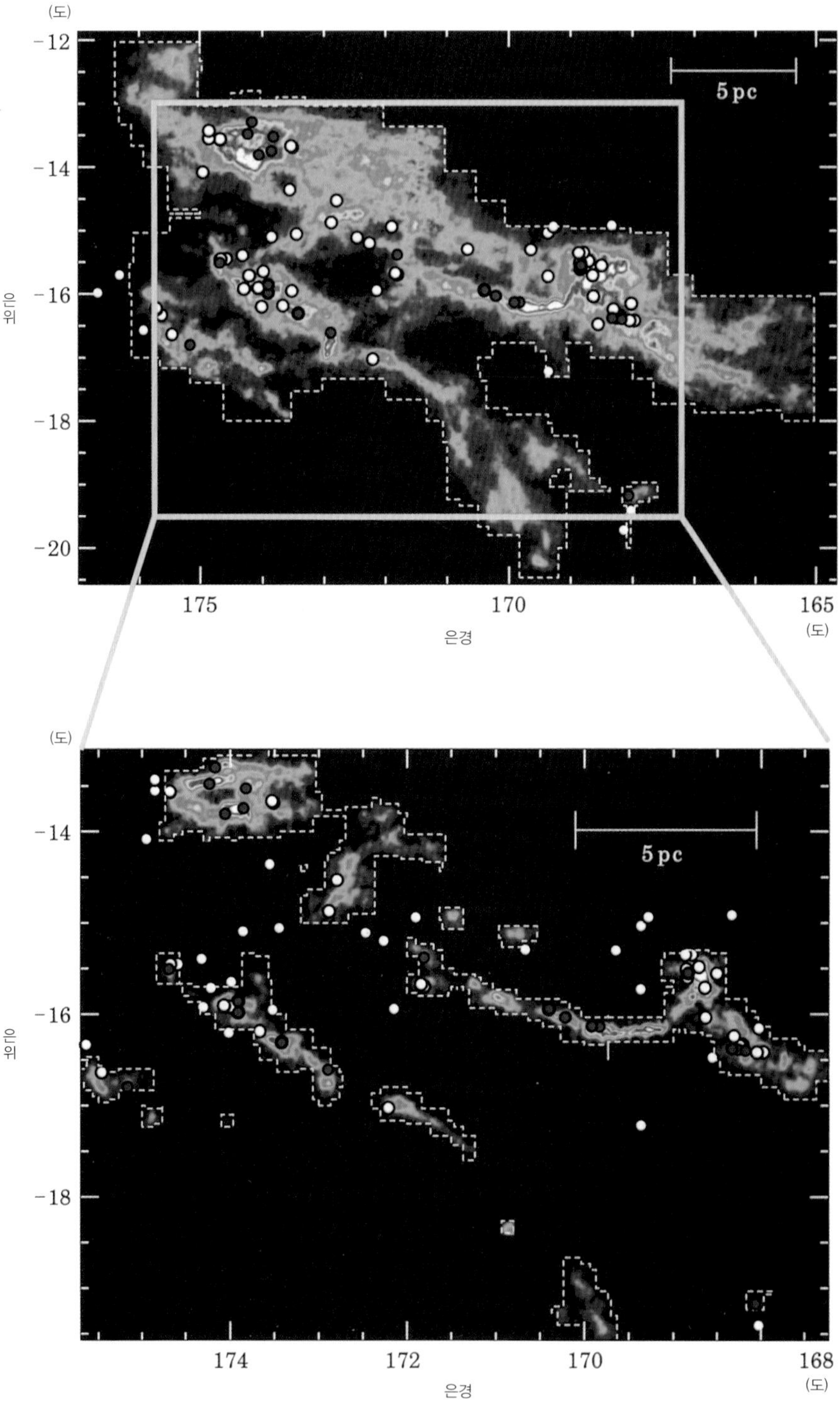

화보 6
일산화탄소 동위원소 분자 ^{13}CO 및 $C^{18}O$로 관측한 황소자리 암흑성운의 분자가스분포. 나고야대학 4m 전파망원경으로 관측했으며 빨간색 원이 가시광에서는 볼 수 없는 젊은 원시별이고 하얀색 원은 가시광에서 볼 수 있는 T-타우리형 별의 위치이다(278쪽).

화보 7
원시별의 탄생 과정과 분출흐름 현상의 3차원 MHD 모의실험 결과. 수축하고 있는 자기성간구름이 일정 밀도(n~10^{11}cm^{-3})에 이르면 단열핵을 생성하고, 자기유체역학적으로 고속제트를 방출한다. 파란색 표면은 속도 0인 등속도면이며, 그 안쪽에서 가스는 바깥 방향의 속도벡터를 가지고 중심천체에서 멀어져 간다. 한편, 바깥쪽에는 가스가 중심천체를 향해 쌓이게 된다. 유선은 자기력선, 중심부의 밀도 구조가 각각의 면에 투영된다. 측면에 투영되어 있는 밀도가 짙은 중심부분이 단열핵이다(329쪽).

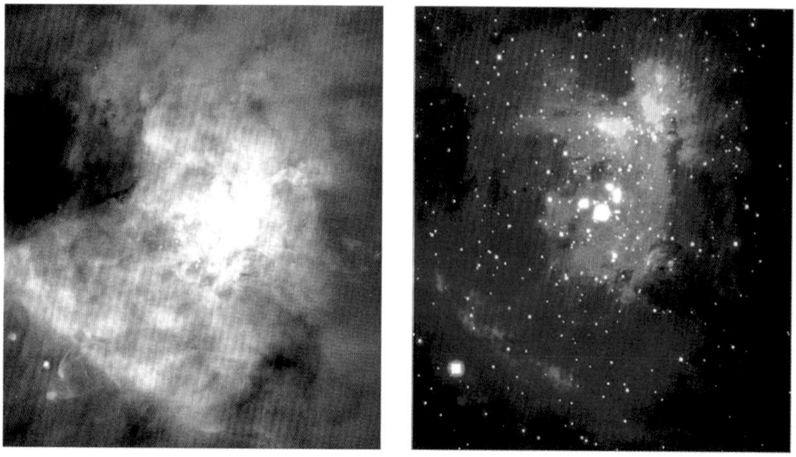

화보 8
대질량성이 생성된 HII 영역 오리온 대성운의 가시광 영상(왼쪽, NASA 제공)와 적외선 이미지(오른쪽, 일본 국립천문대 제공). 가시광은 허블 우주망원경, 적외선은 스바루 망원경으로 관측했다(371쪽).

화보 9
우주 최초의 별이 탄생하는 고밀도 핵과 그 내부 구조를 나타낸 수치 모의실험(389쪽).

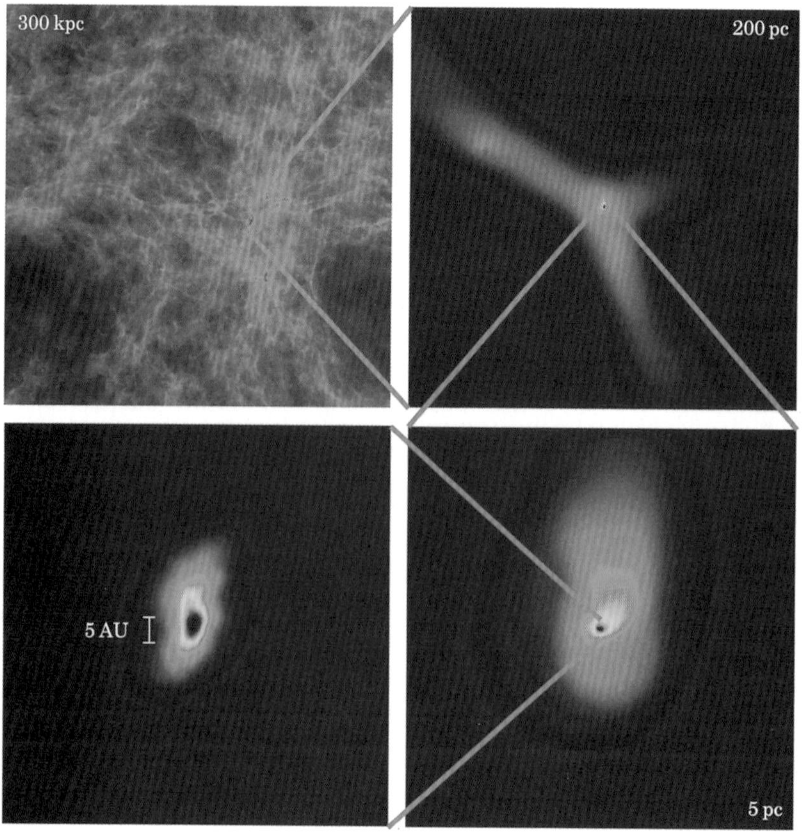

시리즈를 발간하며

천문학은 최근 들어 놀라운 추세로 발전하면서 많은 사람들의 관심을 모으고 있다. 이것은 관측기술이 발전함으로써 인류가 볼 수 있는 우주가 크게 넓어졌기 때문이다. 우주의 끝으로 나아가려는 인류의 노력은 마침내 129억 광년 너머의 은하에 이르게 됐다. 이 은하는 빅뱅으로부터 불과 8억 년 후의 모습을 보여준다. 2006년 8월에 명왕성을 행성과는 다른 천체로 분류하는 '행성의 정의'가 국제천문연맹에서 채택된 것도 태양계 외연부의 모습이 점차 뚜렷해졌기 때문이다.

이러한 시기에 일본천문학회의 창립 100주년기념 출판사업으로 천문학의 모든 분야를 망라하는 ≪현대의 천문학 시리즈≫를 간행할 수 있게 되어 큰 영광이다.

이 시리즈에서는 최전선의 연구자들이 천문학의 기초를 설명하면서 본인의 경험을 포함한 최신 연구성과를 보여줄 것이다. 가능한 한 천문학이나 우주에 관심이 있는 고등학생들이 이해할 수 있도록 쉬운 문장으로 설명하기 위해 신경을 썼다. 특히 시리즈의 도입부인 제1권에서는 천문학을 우주–지구–인간의 관점에서 살펴보면서 우주의 생성과 우주 속에서의 인류의 위치를 명확하게 밝히고자 했다. 본론인 제2권~제17권에서는 우주에서 태양까지 여러 분야에 걸친 천문학의 연구대상, 연구에 필요한 기초

지식, 천체 현상의 시뮬레이션 기초와 응용, 그리고 여러 파장의 관측기술을 설명하고 있다.

이 시리즈는 '천문학 교과서를 만들고 싶다' 는 취지에서 추진되었으며, 일본천문학회에 기부해준 한 독지가의 성의로 가능할 수 있었다. 그 마음에 깊이 감사드리며, 많은 분들이 이 시리즈를 통해 천문학의 생생한 '현재' 를 접하고 우주를 향한 꿈을 키워나가길 기원한다.

편집위원장 오카무라 사다노리岡村定矩

머리말

인류는 오랫동안 '우주는 별들로만 구성되었다' 고 생각해 왔다. 별과 별 사이의 공간에 물질이 존재하고 그 물질이 우주 진화에 깊이 관여하는 것은 별밖에 없다고 생각한 우리 조상들의 상상을 훨씬 뛰어넘는 것임에 틀림없다.

별과 별 사이의 공간을 성간공간이라 하고, 거기에 존재하는 물질을 성간물질이라고 한다. 성간물질은 별을 만드는 재료인 동시에 별의 종말과 함께 방출되는 잔재이기도 하다. 별의 탄생과 종말을 잇는 장대한 순환의 '마디 부분' 인 성간물질과 별의 탄생을 해명하지 않고서는 우주의 참모습을 이해할 수 없다. 이러한 인식을 바탕으로 이 책의 주제는 '성간물질과 별탄생' 이다.

본격적으로 성간물질 연구가 시작된 것은 20세기 후반, 특히 1970년대 이후로 이 시기는 밀리미터파, 적외선, X선 같은 새로운 수단으로 우주관측을 시작한 때이다. 이런 일치는 우연이 아니다. 태양 같은 별의 표면온도는 1만 도 전후로, 복사세기는 가시광에서 최댓값을 가진다. 이에 반해 성간물질의 온도는 다양하여 그 전체 모습은 다양한 파장대역 관측을 통해서야 엿볼 수 있다. 성간물질을 관측하려면 10 K의 저온상태를 탐지하는 밀리미터파, 1000만 K의 고온가스를 포착하는 X선 등 다파장 관측이 본격화된 20세기 말까지 기다릴 수밖에 없었다.

별의 탄생은 몇 광년 규모로 확대되는 성간물질이 자기중력으로 거의 한 점에 집중하다가 최종적으로 반지름이 1억 분의 1인 공 모양의 가스로 응축하는 과정이다. 이 공 모양의 가스가 항성이며, 생성 도중에 있는 별을 원시별이라고 한다. 이 과정에서 성간물질의 하나인 '분자구름'의 물리적 성질이 수축 구조를 지배하며, 항성물질 등을 결정짓는 것으로 생각한다. 초기의 별탄생을 둘러싼 연구는 태양을 모델로 해서 진행되었다. 지금까지 태양 정도로 질량이 작은 별의 탄생에 관해서는 상당한 이해가 이루어졌다. 별에 대한 물질강착은 회전으로 생성된 원시별을 둘러싼 가스 원반을 통해 일어나는 동시에, 자기장과 회전원반의 작용으로 쌍극분자흐름이 발생한다는 명확한 시나리오를 얻어냈다. 한편, 대질량성의 탄생처럼 미처 해결하지 못한 문제들도 산적해 있다.

성간물질에 관한 현재의 이해는 완전하다고 할 수 없으며 별의 탄생에 관한 규명 또한 이제 막 시작한 상태이다. 따라서 이 책은 최신 연구에서 명확히 밝혀진 여러 문제에 대해 이 책에 어울리도록 현 시점에서의 최첨단과 기초를 정리했으며 대체로 2006년 무렵까지의 연구 성과가 포함되었다.

이 책에서는 물리학적 방법이 문제해결에 많이 이용되고 있으며, 이는 앞으로의 연구 전개에도 유효하다는 것을 보여준다. 또 전통적인 천문학

유산은 경험의 과학으로서 천문학을 지탱해주는 중추라는 것도 분명한 사실이다. 그러나 여전히 많은 과제가 해결되지 못한 상태로 남아 있음을 독자들도 알아차렸을 것이다. 21세기에 들어서면서 다파장 관측이 본격화되고 있다. 다음 세대의 적외선 관측위성, X선 관측위성, 감마선 관측위성, 그리고 서브밀리미터파의 대형 간섭계 ALMA 등으로 이제까지 없었던 각도분해능과 감도로 새로운 성간물질의 모습을 볼 수 있으리라는 점은 분명하다. 연구의 일선에서는 지금 이 순간에도 눈부신 발전을 이루어가고 있다.

끝으로 이 책을 편집하는 데 나고야대학 가와무라 마사코 씨의 절대적인 협력에 깊은 감사의 뜻을 전한다. 가와무라 씨의 도움이 없었다면 이 책은 출판되지 못했을 것이다.

후쿠이 야스오福井康雄

차례

제1장
전체 모습

우주는 수많은 은하로 구성되어 있으며, 은하를 이루고 있는 것은 항성과 성간물질이다. 항성은 성간물질의 고밀도 부분인 성간분자구름에서 만들어져 항성 내부의 핵융합반응에 따라 진화 과정을 거치는데, 그 과정이 끝나면 다시 우주로 돌아와 성간물질이 된다. 어느 정도의 질량을 가진 항성이 얼마만큼의 빈도로 만들어지는가에 따라 은하의 형태와 그 진화 방향이 결정된다. 태양과 같은 소질량성은 태양계를 형성하기도 하고, 100억 년 정도의 수명을 가지는 데 비해 대질량성은 수천만 년에 걸친 주계열 진화를 끝내고 초신성 폭발을 일으켜 대량의 에너지를 성간 우주로 방출한다. 초신성 폭발로 중원소가 공급되어 은하의 화학적 진화가 진행된다. 그러므로 은하와 우주 진화의 근원으로서 항성의 생성과 진화의 과정을 눈여겨볼 필요가 있다(그림 1.1).

성간물질은 거리가 가까워 관찰하기 쉬운 우리은하계 내에서 주로 연구되어 왔다. 가시광으로 관측되는 항성에 비해 성간물질이 방출하는 전자기파의 파장 범위가 넓기 때문에 성간물질을 연구하는 데에는 감마선 · X선을 비롯해 적외선 · 전파에 이르기까지 폭넓은 파장에서 관측이 이루어지고 있다. 성간물질의 물리적 · 화학적 성질을 이해하는 것은 항성의 기원을 이해하는 데 반드시 필요한 일이다. 성간 공간에는 광자와 고에너지 입자 등이 뒤섞여 있으며, 광자는 질량을 가지지 않지만 상호작용을 통해 성간물질의 존재와 분포에 큰 영향을 끼친다. 또 고에너지 입자도 질량은 매우 미미하지만 에너지 밀도가 높아 성간물질의 성질에 큰 영향을 준다. 이 장에서는 이 책(제6권)에서 다루는 '성간물질과 별탄생' 에 대해 대략적으로 살펴보기로 한다.

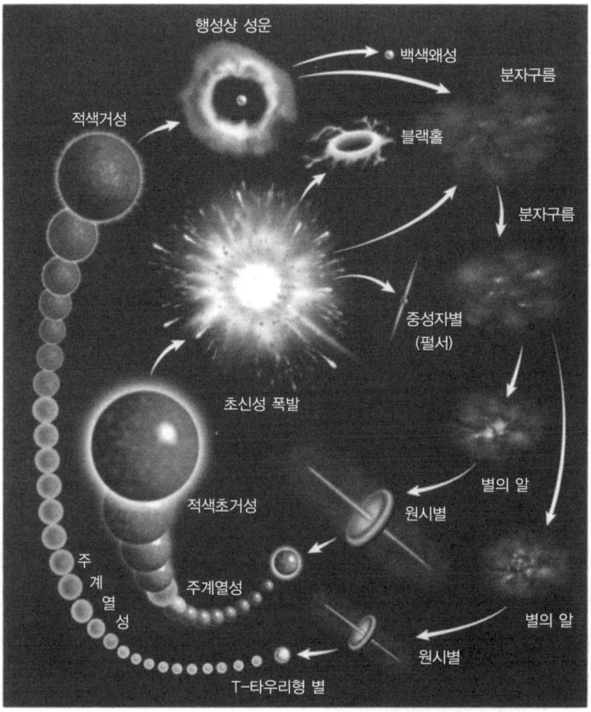

그림 1.1 성간물질과 별의 진화(福井康雄 著, 『大宇宙の誕生』, 光文社, 2006).

1.1 성간물질

1.1.1 밀도와 온도

성간물질은 가스와 성간먼지로 구성된다. 가스의 주성분은 수소이며 화학 조성은 대체로 우주의 조성비와 비슷하다. 성간먼지는 탄소, 규소, 산소, 철 등의 중원소로 구성되어 있으며 가스와 성간먼지의 질량비는 보통 100 대 1 정도로 알려져 있다.

가스의 온도는 복사 등의 가열과 냉각의 균형으로 결정되며, 가스의 밀

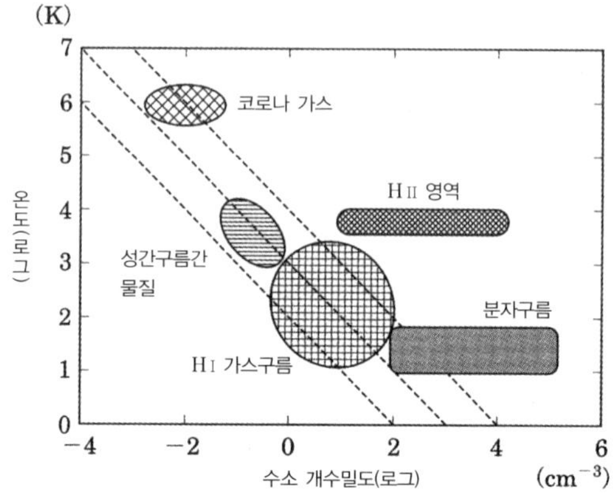

그림 1.2 성간물질의 밀도압력도.

도는 성간물질에 작용하는 각종 힘의 균형에 따라 결정된다. 이 때문에 성간가스의 밀도와 온도의 관계를 다양한 자료를 통해 알아볼 수 있으며, 그림 1.2에 이것들의 관계가 잘 나타나 있다. 성간구름 사이의 물질과 중성수소 가스구름(H I 가스구름, 2장 참조)은 압력이 거의 같은 평형상태로 있다. 이 가스들끼리는 밀도와 온도의 관계가 거의 같고, 압력평형이 유사하게 성립한다. 이론적인 두 위상two phase모델에 따라 안정적인 고온 · 저밀도 부분과 저온 · 고밀도 부분으로 설명되며, 그 사이에 있는 밀도 영역은 불안정해져 정적으로는 존재하지 않는다. 압력평형에서 벗어난 성분으로 이온화 수소 영역(H II 영역, 4장 참조)과 성간분자구름이 있다. H II 영역은 팽창하는 이온화 가스이며 지속시간이 짧다. 성간분자구름은 스스로의 중력에 속박되어 있는 가장 밀도가 높은 가스구름이자 별이 실제로 만들어지고 있는 영역이다.

성간 가스의 기본은 중성수소 가스 H I이다(2장 참조). 중성수소는 1951년에 파장 21 cm의 선스펙트럼으로 발견되었는데 이로써 다량의 성간물질이 존재한다는 것을 인식하는 계기가 되었다. H I 가스의 전형적인 밀도는 1 cm^{-3}, 온도는 100 K 정도이다. 그 밖에 저온의 HI이나 고온의 HI도 있지만 질량은 작다. 나선은하에서는 HI 가스 대부분이 나선팔을 따라 분포하며 타원은하에는 거의 존재하지 않는다. 불규칙은하에는 비교적 수소 가스가 많은 양이 존재하지만 분포 형태는 정해져 있지 않다.

성간분자구름(3장 참조)은 자기중력과 난류압에 따라 균형을 이루고 있는 것처럼 보인다. 수소분자가 주성분이며 밀도는 10^2~10^6 cm^{-3}, 온도는 10~100 K 정도를 나타낸다. 이 영역에서는 별에서 나오는 자외선이 상당 부분 감쇠하기 때문에 분자결합이 붕괴되지 않고 안정적으로 존재한다. 1970년 일산화탄소(CO)분자가 발견된 후 관측연구는 급속도로 진행되었다. 중성수소 가스(HI 가스, 2장 참조)에 비해 입자 형태로 분포하기 쉬워 대개의 경우 HI 가스 내부에 입자 형태로 분포한다. 분자구름의 고밀도영역을 '분자구름 핵'이라고 하는데 별의 탄생에 직접 관여하는 가스 덩어리이다. 이 영역은 여러 종류의 성간분자 스펙트럼으로 관측되기 때문에 정보가 풍부해 물리 · 화학적 상태를 정밀하게 측정할 수 있다. HI 가스의 경우는 밀도 · 온도가 쉽게 정해지지 않아 불확정성이 컸지만 성간분자를 관측함으로써 이 분야에 대한 연구가 비약적으로 발전할 수 있었다.

이온화 수소 영역은 넓은 HII 영역, 밀집된 HII 영역, 그리고 행성상 성운planetary nebula이 있으며, 온도는 6000도에서 1만 도까지로 완전이온화 상태에 있다. 대부분의 HII 영역은 막 탄생한 대질량성에 동반된 이온화 가스로 형성되었으며(4장 참조), 밀도가 높고 주위와는 압력평형이 이뤄지지 않는 수명이 짧은 성운이다. 밀도 100 cm^{-3} 이상, 크기는 1 pc 정도이지만 좀 더 젊은 대질량성에서는 0.1 pc 이하의 밀집된 HII 영역도 관측된다. 이것들은 별의 탄생에 직접적으로 관여하는 것으로 보이지만 이보다 밀도가 낮은 이온화 가스도 존재한다. 초신성 잔해 등으로 가속되어 팽창한 가스가 에너지를 잃고 희박한 열적 가스가 된 경우이다. 넓은 공간에 퍼져 있으며 약한 Hα선(수소의 발머-알파선)을 방출한다. 또 태양 정도의 소질량성이 진화 마지막 단계에서 적색거성이 되면서 가스를 방출해 행성상 성운을 생성한다. 행성상 성운은 중심에 있는 백색왜성의 자외선으로 이온화되는데 작은 규모에 독립적으로 존재한다.

고온의 수소 가스는 초신성 폭발 등으로 이온화된 가스이며, 온도 100만 K에 밀도 0.01 cm^{-3} 정도의 희박한 성분으로 주로 X선에서 관측된다(5장 참조). 중성수소나 분자구름 사이의 공간을 메우고 있으며 은하면을 따라 두텁게 분포한다. 이렇게 희박한 가스는 냉각되는 시간이 길어 거의 냉각되지 않은 상태로 은하계 헤일로 부분에 존재한다.

고온 가스hot gas의 원인으로는 초신성 잔해를 들 수 있다. 초신성 폭발은 백색왜성에 쌍성의 상대방으로부터 질량의 강착이 일어난 경우, 또는 8 $M_{\odot}$($M_{\odot}$은 태양 질량) 이상인 항성의 마지막 진화단계에서 일어난다. 초신성 하나가 폭발하여 얻는 에너지는 10^{51} erg 정도이며 은하원반부에서 방출하는 에너지로는 가장 크다. 이렇듯 초신성 잔해는 뜨거운 가스를 만들어내는 동시에 중성자별, 블랙홀과 함께 우주선宇宙線의 가속원으로 주목받고 있다. 더욱이 대질량성은 항성풍이라는 가스의 흐름을 통해 성간 공간에 에너지를 공급한다.

대질량성에서 최후에 남는 초신성 잔해가 만들어지는 곳은 대부분 대질량성을 포함한 별의 집단인 '산개성단이나 OB성협association' 이 있는 곳이다. 그 당연한 귀결로 초신성 잔해는 100 pc 정도의 공간에서 집중적으로 만들어진다. 예를 들어 수천 개 정도의 별이 모인 성단은 수천만 년 동안 약 10개의 초신성 폭발을 일으킨다. 그 결과, 다중 초신성 폭발은 거대한 공동空洞을 만든다. 이 공동은 초껍질Super shell이라는 동그란 껍질 모양의 팽창 구조이다. 초껍질이 은하면을 통과하게 되면 헤일로에 뜨거운 가스가 공급된다.

1.1.2 기체 상태와 고체 상태

이 가스들은 모두 고체 성분(=성간먼지)을 포함한다. 고체 성분의 질량은 가스 성분의 100분의 1 또는 그 이하이며 규소, 산소, 탄소, 철 등으로 이루어져 있다. 대표적인 성간먼지는 0.1 μm 정도의 크기에 10억 개 정도의 원자가 포함된 입자를 말한다. 성간먼지의 존재는 예전에는 성간 소광 extinction에 따라 간접적으로 그 존재를 추측하여 왔으나 지금은 적외선으로 직접 관측되고 있다.

그 형태는 공 모양에서 약간 틀어진 회전타원체로 예상하며, 이 때문에 성간먼지는 자기장에 대해 방향성을 가지며 성간편광을 일으키는 것으로 알려져 있다. 성간분자구름의 밀도를 넘어서 원시원반 단계에 이르면 밀도는 더욱 높아지고 분자가 성간먼지 표면에 달라붙음으로써 성간먼지가 성장한다. 한편, 다환식 방향족탄화수소(Polycyclic Aromatic Hydrocarbon, PAH)라고 하는 큰 다원자 분자도 관측되는데 이 분자는 기체와 고체의 중간적 존재로 보인다(6장 참조).

1.1.3 우주선과 전자기파 복사

성간공간에는 고에너지 입자들이 뒤섞여 있다. 이 입자들은 우주선이라고 하는 양성자가 주성분으로 전자와 그 밖의 중원소 원자핵으로 구성된다. 태양계에도 이런 우주선이 침입해 지구 대기로까지 들어와 있으며, 이 현상은 공기 샤워air shower 등으로 관측된다(제17권 참조). 우주선은 초신성 잔해나 중성자별 등의 고에너지 천체에서 가속하는 것으로 보이며 성간공간을 채우고 있다. 10^{15} eV 이하의 우주선은 은하계 내부에서 만들어지고, 그 이상의 에너지를 가지는 입자는 은하계 밖의 활동은하(제4권 참조) 등에서 날아오는 것으로 보인다. 그림 1.3은 우주선의 에너지 스펙트럼을 나타낸다.

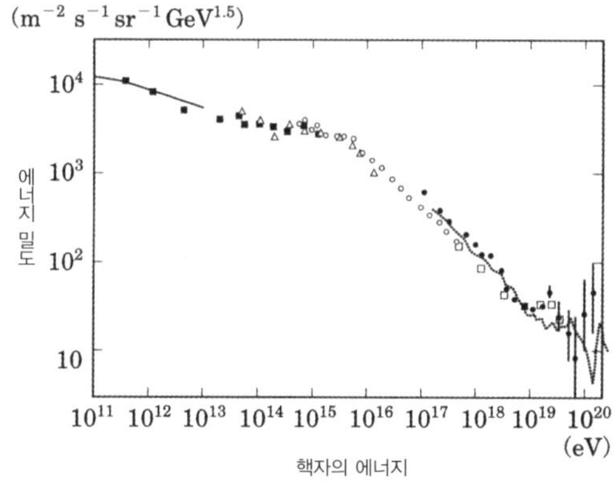

그림 1.3 우주선의 에너지 스펙트럼(Hillas 1984, *Ann. Rev. Astr. Astrophys.*, 22, 425).

성간공간의 또 한 가지 성분으로 광자를 들 수 있다. 1 μm 파장에서 최댓값을 가지는 3 K의 우주배경복사, 1 μm 파장에서 최댓값을 가지는 전반적인 항성으로부터의 복사에 더해, 적외선 영역에서는 성간먼지의 복사가 우세해진다. 성간먼지의 복사는 기본적으로 항성의 복사를 성간먼지가 흡수해서 재복사하는 것이다. 성간공간에서 나오는 자외선은 항성이 복사한 것들이 누적되었다가 재방출되는 것으로 생각할 수 있다. 대질량성에 가까워질수록 자외선 세기는 크게 증가해서 10 eV 이상의 에너지를 가진 광자가 분자를 해리하여 분자구름 표면에 광해리 영역(photo-dissociation region, PDR)을 형성한다. 그 영역에서 가스는 다양한 상태로 존재한다. 예를 들어 이온화 에너지가 낮은 탄소는 이론적으로 1차 이온화 이온 → 중성원자 → 일산화탄소 분자로 모양을 바꿔가면서 계단 형태로 분포하는 것으로 예상되어 일종의 '화학 실험실'로 주목받고 있다.

1.1.4 성간물질의 분포와 동역학

성간물질의 물리상태는 기본적으로 복사와 우주선에 따른 에너지 주입과 이온화에 따라 변화한다. 성간물질의 분포는 균일하지 않으며 필라멘트 모양으로 초음속의 난류 상태에 있는 경우가 많다. 특히 별탄생에 깊이 관여하는 성간물질의 성질로는 밀도, 온도, 이온화도, 난류亂流 세기, 자기장 세기 등을 들 수 있다.

밀도를 변화시키는 요인 가운데 첫 번째로 중력을 들 수 있다. 중력에는 두 종류가 있는데, 먼저 항성계가 만드는 중력장은 킬로파섹(kpc) 규모의 가스 분포를 결정한다. 예를 들어 은하계의 중성수소 가스가 은하원반 중심면에 얇게 집중되어 있는 것은 이 중력장의 영향이다. 원반을 위에서 내려다보면 성간물질이 나선팔 모양으로 모여 있다. 이것도 항성계의 중력과 은하회전의 영향이라 생각할 수 있다. 성간물질은 크게 보면 은하의 차동회전(差動回轉, 강체회전과 달리 거리에 따라 약간씩 차이가 생기는 회전)에 따라 은하중심 주위를 회전하고 있다. 은하면 안에서의 운동뿐 아니라 은하면 바깥으로도 상승하고 또는 은하면 바깥에서 낙하하는 운동을 보이기도 한다. 원자 가스의 압축이 충분히 강하면 분자 가스가 만들어진다. 100 pc 정도의 규모에서는 보다 국부적인 힘이 영향을 미치는데 그중에 항성풍이나 초신성 폭발 등에 따른 영향이다. 이에 따라 충격파면이 되어 희박한 가스를 가속, 압축시키는 효과가 있다. 또 밀도가 100 cm^{-3}를 넘어 분자 가스가 많아지면 가스의 중력도 무시할 수 없다. 성간분자구름은 그 중력이 월등히 크고 압력평형에서 크게 벗어나 있다(그림 1.2 참조). 이런 분자구름 내부에서 중력수축이 활발해져서 항성과 행성계가 만들어진다.

1.1.5 온도 : 가열과 냉각

성간 가스의 온도는 가열과 냉각의 균형으로 결정된다. 가스의 조성, 밀도, 온도를 알면 냉각률을 정확히 계산할 수 있다. 한편, 가열률은 일반적으로 불확정성이 높은데, 성간분자구름을 예로 들면 가열원은 우주선, 자외선, 성간먼지에서 나오는 광전자, 수소분자의 생성열 등을 생각할 수 있다. 반면에 냉각은 분자회전 스펙트럼에 따른 전자기파 방출, 가스와 차가운 성간먼지 간의 충돌 등을 생각할 수 있다. 이런 것들이 균형을 이루어 약 10 K의 온도가 유지된다.

1.1.6 이온화와 자기장

성간 가스는 자외선이나 우주선에 의해 이온화되어 원자 · 분자에서 전자가 분리된다. 중성수소 가스는 광학적 깊이가 얕아서(가시광에서의 소광은 1등급 이하) 자외선이 충분히 통과해 들어갈 수 있어 자외선에 따라 이온화된다. 따라서 원자 가스에서 분자가 만들어지더라도 짧은 시간 내에 이온화되고 만다. 한편, 분자 가스는 광학적 깊이가 깊어서(소광이 커서) 자외선이 그 표면 근처밖에 도달하지 못한다. 그러나 우주선 양성자는 분자구름을 통과해서 약간이나마 분자를 이온화한다. 그 이온화도는 10^{-7} 정도로 낮지만 운동 시간이 매우 길기 때문에 자기장이 충분히 일정하게 유지된다. 이렇게 해서 성간 가스와 자기장이 결합되고, 가스 운동은 자기장의 영향을 크게 받는다. 이온화도 측정은 이온 분자 등으로 이루어지지만 자기장 세기를 직접 측정하기에는 많은 어려움이 따른다. 그 측정에는 성간 편광, 선스펙트럼의 제만 효과 등이 이용되지만, 편파 성분의 분리는 일반적으로 불확정성이 뒤따라 양적 연구가 쉽지 않다(7장 참조).

자기장이 일정하게 유지되기 때문에 분자 가스가 응축하여 항성이 되는 과정에서 자기장도 동시에 압축되면서 자기장 세기가 증가한다. 이에 따라 자기압력이 증가하여 중력에 대항하는 힘이 된다. 게다가 회전운동도 각운동량 보존에 따라 수축과 함께 증가한다. 이 때문에 회전속도가 증가하고 중력에 대항하게 된다. 따라서 실제로 별이 탄생하려면 자기압력과 원심력의 증가에 대처할 수 있어야 한다.

성간분자구름에서는 수소분자 외에도 여러 종류의 분자가 만들어진다. 우주선에 의한 이온화로 이온이 만들어지며, 그 이온을 포함한 기체 반응으로 저온에서도 충분히 각종 분자들이 만들어진다. 지금까지 130여 종류의 성간분자가 발견되었고, 성간화학Interstella chemistry이라는 학문 분야가 이루어져 화학적 관점에서 성간물질의 진화를 해명, 시도하고 있다. 이 방면의 연구로 희박한 공간에서 탄소계 분자의 발견 등 '불안정 분자'의 존재를 밝혔으며, C_{60}이나 카본-나노튜브 등의 발견을 이끌었다.

1.2 별탄생

별은 성간물질이 자체 중력으로 응축하여 만들어진다. 그러나 이 과정이 어떤 식으로 일어나는지가 별탄생이 지닌 가장 큰 문제이다. 관측으로 알고 있는 것은 최종 '결과물'인 별뿐이다. 먼저 별의 성질을 이해함으로써 별탄생이라는 문제의 중심에 다가서도록 하자.

별의 가장 기본적인 성질로 질량을 들 수 있다. 별의 질량분포를 그림 1.4에 나타냈다. 이것은 초기질량함수(initial mass function, IMF)로, 태양 근처 별들을 관측하여 별탄생 직후의 질량분포를 이끌어낸 것이다.

이 그림을 보면 질량이 0.1~1.0 $M_\odot$의 별이 압도적으로 많으며, 질량이 무거운 쪽은 100 $M_\odot$ 정도까지 분포하지만 그 수는 질량의 증가와 함께 감소하는 것을 알 수 있다. 0.1 $M_\odot$ 이하에서는 갈색왜성(제7권 참조)이라는 매우 소질량의 별이지만 그 수도 질량이 감소하면서 함께 줄어드는 것으로 알려져 있다. 은하계 중심부나 다른 은하를 관측해 봐도 태양 정도의 질량을 가진 별이 다수를 차지하고 있다는 것을 알 수 있으며, 그림 1.4의 초기질량분포가 보편적이라 해도 좋을 것이다.

가장 가까운 별인 태양에 관한 관측자료는 다른 별에 비해 훨씬 많은 것

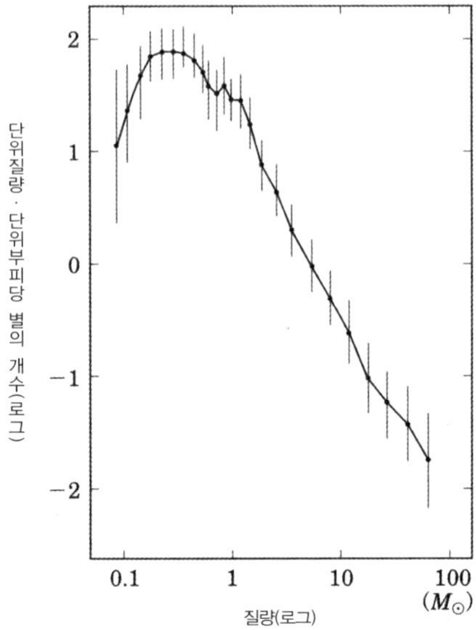

그림 1.4 초기질량함수.

이 사실이다. 따라서 먼저 태양 탄생의 줄거리를 살펴본 다음 보다 큰 질량을 가진 별탄생을 살펴보는 것이 적절한 연구 순서라 생각한다. 그림 1.4는 태양 탄생에 대한 고찰이 별 전체의 연구에서도 충분히 보편적 의미가 있음을 보여준다. 따라서 태양으로 대표되는 소질량성과 태양의 8배 이상 큰 질량을 가지는 대질량성의 탄생을 이 책에서 다루는 별탄생의 기본 과제로 하기로 한다. 나중에 설명하겠지만(8장 이후) 소질량성으로 통일해서 다루는 것은 0.1~2 $M_\odot$정도의 별이며, 중간 질량의 별도 거의 소질량성으로 다루어도 문제가 없을 것이다.

은하계에 존재하는 성간물질의 평균밀도는 1 cm^{-3}당 수소원자가 한 개 있다고 보면 된다. 그리고 태양의 평균입자수밀도는 10^{24} cm^{-3}이다. 공간적으로는 약 10^8배나 되는 성간 가스의 수축으로 별이 만들어진다고 알려져 있다. 태양을 예로 들면 태양 질량 2×10^{33} g은 수소원자핵 개수로 따지면 10^{57}개 정도이며, 이것을 평균밀도인 1 cm^{-3}에 대입하면 한 변이 약 10^{19} cm, 즉 $(3\ pc)^3$의 성간 가스가 된다. 그러므로 태양 정도의 별을 만들려면 이 정도의 성간 가스가 응축되어야 한다고 보면 된다.

1.2.1 태양

태양의 특징 가운데 하나는 그 형태가 완전한 공 모양이라는 점이다. 이는 등방의 힘에 따라 그 형태가 만들어지기 때문이며, 태양은 중력과 가스압이라는 두 가지 힘이 균형을 이루고 있다. 태양의 반지름은 약 70만 km이고 여기에서 태양의 중력에너지가 약 4×10^{48} erg라는 것을 계산해냈다. 초기 상태는 10^8배만큼 큰 형태의 성간분자구름이므로 이 상태에서의 중력에너지는 그만큼 작은 4×10^{40} erg로, 지금의 에너지에 비해 무시해도 될 정도의 크기이다. 태양이 만들어지는 과정에서 이만큼의 에너지가 밖으로 빠져나가야 한다. 밀도가 낮은 성간공간에서는 열전도에 따른 에너지 전달은 생각할 수 없으므로 복사에 의한 에너지 전달을 생각하는 것이 좋다. 가령 태양의 생성에 필요한 시간을 100만 년이라고 하면 원시태양의 평균광도는 지금의 광도인 4×10^{33} erg^{-1}보다 10배 정도 밝았을 것으로 추정한다.

태양계의 또 다른 특징 중 하나는 행성계의 존재이다. 행성이나 소행성 등은 그 궤도면과 공전방향이 거의 비슷하여 원시태양 주위를 회전하는 원반 모양의 물질분포가 존재했음을 시사한다. 이것은 원시행성계 원반이라는 것으로 원반은 행성 생성의 재료가 되었다고 추측한다. 또 원시태양의 생성에서도 이 원반은 두 가지 중요한 역할을 한 것으로 생각한다. 하나는 원시태양에 성간물질을 공급하는 경로의 역할이고, 두 번째는 자기장을 통해 쌍극분자흐름이라는 일종의 제트jet를 가속하는 역할이다.

1980년에 발견된 쌍극분자흐름은 태양계 형성에서 중요한 역할을 했을 가능성이 높다. 태양계 형성의 고전적 문제로 각운동량에서 난감한 부분이 있다. 태양계 전체의 각운동량이 성간물질에서 기대하는 것보다 훨씬 작다는 점이다. 앞에서 기술한 것처럼 성간물질의 초기 크기는 태양보다 약 10^8배 크기 때문에 성간 가스가 0.1 km s^{-1} 정도의 느린 회전속도를 가진다고 해도 각운동량 보존에 따라 회전속도가 10^8배만큼 커져 물질의 수축을 방해하게 된다. 쌍극분자흐름은 성간공간으로 각운동량을 내보내는 역할을 함으로써 이 문제를 해결할 길을 열어주었다. 실제로 태양과 비슷한 소질량성의 진화 초기에 쌍극분자흐름이 발생했다는 사실이 관측으로 증명되었다.

1.2.2 소질량성 생성의 시나리오

태양계 근처 150 pc 정도의 공간에 4~5개의 소질량성 생성 영역이 있는데, 이 영역들을 자세히 관측함으로써 소질량성 생성에 대한 이해가 깊어졌다. 황소자리 분자구름, 땅꾼자리 분자구름 등이 대표적인 소질량성 생성 영역이다. 이론적으로는 유체역학의 수치계산을 통해 중력에 속박되어 있는 성간물질의 운동을 모의실험할 수 있게 되면서 관측과의 비교로 설득력 있는 소질량성 생성 시나리오가 만들어졌다.

평균밀도 1 cm^{-3}의 중성수소 가스에서 100배 이상의 밀도를 가진 분자구름이 만들어진다. 표준 시나리오에 따르면 별의 탄생은 이 분자구름 내에 생성된 고밀도의 가스 덩어리 '분자구름 핵'에서 시작된다. 분자구름 핵이 중력수축해서 원시별의 원형이 만들어진다. 별탄생의 순간을 결정하는 것은 전자기파에 대해 광학적 깊이가 큰 '덩어리'가 만들어졌는지 여부이다. 광학적 깊이가 깊은 '덩어리'는 전자기파 에너지를 속박함으로써 내부의 온도와 압력을 상승시켜 자기중력과 압력이 균형을 이루는 별의 기본조건을 충족시킨다. 이 '덩어리'를 첫 번째 핵 · 두 번째 핵이라고 부르며(9장과 10장), 주위의 원반에서 물질이 강착해 쌓임으로써 '덩어리'의 질량이 증가한다. 이렇게 10만 년 정도 기간에 질량의 강착과 병행하여 쌍극분자흐름이 발생한다. 마침내 질량강착이 멈춘 시점에 별의 질량이 결정되는데 이때까지가 원시별 단계이며 시간은 약 100만 년 정도 걸린다.

질량강착이 활발한 시기에는 중력에너지에 의해 원시별이 빛을 내지만 주위의 두터운 분자구름 때문에 외부에서 직접 관측되지는 않는다. 하지만 원시별이 주변의 성간먼지를 데우면 거기에서 나오는 원적외선에 따라 관측된다.

그 후 별은 수만 년에 걸쳐 느리긴 해도 지속적으로 수축한다. 이것이 전주계열 단계에서의 수축이며, 이미 주위의 성간물질들은 희박해져 T-타우리별T-Tauri star이 되는데 이 별은 방출선 스펙트럼bright line spectrum이 보이는 별의 형태로 가시광에서 관측된다. 이 수축의 마지막 단계에 별의 중심 온도는 수소의 핵융합반응에 필요한 1500만 도에 이르러 주계열성이 된다. 태양의 경우 주계열 단계에서의 수명은 거의 100억 년에 이른다.

1.2.3 대질량성과 성단의 생성

별의 성질은 질량에 따라 확연히 달라진다. 여기에서 말하는 성질이란 표면온도, 반지름, 수명 등 기본적인 것을 가리킨다. 주변에 미치는 영향의 관점에서 보면 태양 질량의 8배 이상인 대질량성은 성간공간 및 은하의 물리적 · 화학적 진화에 큰 영향을 끼친다. 따라서 대질량성의 생성을 밝히는 것은 은하 규모에서 일어나는 현상을 이해하는 데 반드시 필요하다고 할 수 있다.

먼저 대질량성이 주변에 어떻게 영향을 끼치는지 정리해 보자. 표면온도가 높기 때문에 자외선 양이 많아서 주위의 가스를 이온화 · 가열한다. 그리고 항성풍이라는 가스의 흐름을 발생시켜 주위의 물질을 압축한다.

또 진화 마지막 단계에서는 초신성 폭발을 일으키는데, 이때 성간공간에 엄청난 에너지를 공급하는 동시에 폭발하면서 중원소를 생성 · 공급한다. 초신성 잔해와 폭발할 때 생성되는 중성자별, 블랙홀은 우주선 가속의 원인으로 보고 있다. 이런 영향들로 대질량성의 생성 빈도는 낮지만, 그 엄청난 에너지에 성간공간이 큰 영향을 받는다.

관측에 따르면 대질량성은 거대 분자구름에서 만들어지는 것으로 알려졌다. 소질량성은 작은 분자구름에서도 만들어지지만 대질량성을 포함한 성단이나 성협Stellar association은 $10^5 \sim 10^6\ M_\odot$의 거대 분자구름에서 만들어진다. 단, 이러한 성단은 소질량성도 포함하고 있어 대질량성만 만들어지는 것은 아니다.

대질량성이 소질량성과 마찬가지로 강착원반에 따라 생성되는지, 아니면 소질량성들의 충돌과 합체로 생성되는지는 아직 분명하지 않다. 대부분의 대질량성들이 멀리 있고 젊은 대질량성들은 성단에서 한꺼번에 태어나지만, 분자구름의 깊숙한 곳에 있어 관측하기 힘든 데다 대질량성들의 진화 속도가 빨라 별탄생 초기 단계가 매우 짧다는 이유 등으로 대질량성의 생성 과정을 관측적으로 이해하기란 결코 쉬운 일이 아니다.

대질량성의 생성 문제는 성단의 생성 문제와도 연결되어 있다. 큰 성단이 만들어지면 큰 질량의 별이 탄생할 가능성이 높다. 이런 의미에서 수만 개 이상의 별을 가진 초성단의 생성 과정에 주목하고 있다. 은하계에서는 중심으로부터 약 100 pc 이내의 영역에 2~3개의 젊은 초성단이 존재하는 것으로 알려졌으며, 은하계 근처의 마젤란은하에서도 비슷한 초성단이 확인되고 있다. 더욱이 중원소가 매우 적은 우주 초기 환경에서의 별탄생은 관측적으로는 아직 이르지 못한 영역의 일로, 초기 우주의 구조나 진화와 관련하여 많이 주목받는 문제이다.

제2장
H I 가스

지구나 우리 주위의 물질들은 다양한 중원소로 구성되어 있다. 하지만 태양계 전체나 우주 규모의 원소조성, 즉 원소의 구성 비율을 살펴보면 질량으로는 수소 가스가 74 %, 헬륨 가스가 25 %, 그리고 나머지 약 1 %가 기타 물질로 이루어져 있다. 이는 우주에서 수소 가스가 얼마나 중요한 성분인지를 잘 보여준다. 우리가 살고 있는 은하계를 포함해 부근의 은하들에서는 수소 가스 대부분이 별 속에 포함되어 있지만, 나선은하에서는 질량의 수 %에서 10 % 정도가 성간 가스의 형태로 은하원반에 분포한다. 그 성간 가스의 반 정도가 중성수소원자 가스이고 나머지는 수소분자 가스이다.

이 장에서는 성간물질의 주성분인 중성수소원자 가스의 물리 상태와 분포 · 운동에 관하여 기술하고자 한다. 천문학에서는 중성 가스를 원소기호 뒤에 아래 첨자 I을 붙여서 표현하고, 1차 이온화된 가스에는 II를, 그리고 2차 이온화된 가스에는 III을 붙여서 표현하므로 이제부터는 중성수소원자를 H I이라고 쓰겠다.

2.1 복사 메커니즘

H I은 양성자와 전자로 구성되어 있는데 양쪽 모두 스핀spin 크기가 $s=1/2$이다. 이 스핀은 고전적으로는 자전에 따른 각운동량 보존에 해당하며, 원래 양성자나 전자가 기본적으로 가지고 있는 성질이다. 전하가 회전하면 자기장이 발생하는 것처럼 양성자나 전자의 스핀은 자기 모멘트magnetic moment를 생성해 자석처럼 행동한다. 따라서 두 자석의 N극과 S극이 같은 방향을 향하고 있으면 반발하는 것처럼 양성자와 전자의 스핀이 같은 방향을 향하는 경우에는(그림 2.1의 위) 불안정한 상태(에너지가 높은 상태)이고, 스핀이 반대 방향일 때는(그림 2.1의 아래) 안정된 상태(에너지가 낮은 상태)이다.

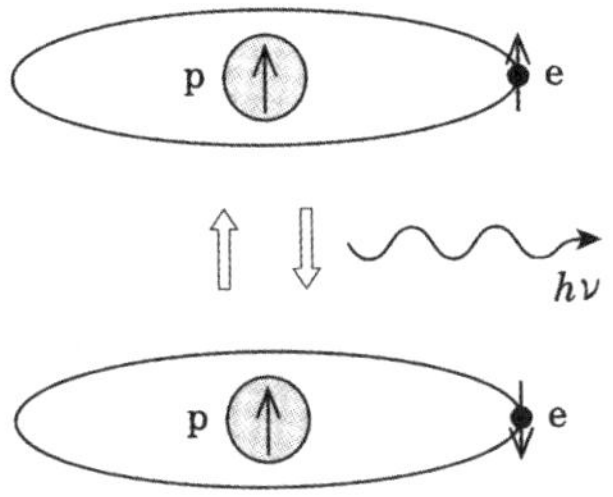

그림 2.1 중성수소원자 HI의 스핀(작은 화살표) 반전과 21cm 선의 복사.

스핀이 같은 방향을 향하고 있는 상태에서 반대 방향을 향하는 상태로 천이하면 그 에너지의 차이 $\Delta E = h\nu$에 해당하는 전자기파를 방출한다(h는 플랑크 상수). 그 주파수와 파장은

$$\nu = 1420.405751786 \text{ MHz}$$
$$\lambda = 21.106114 \text{ cm}$$

이며, 곧 전파 영역의 주파수이다. 거꾸로 이 주파수에 해당하는 복사를 흡수하거나 다른 수소원자와의 충돌로 에너지를 얻으면 위의 에너지 준위로 천이한다.

스핀이 평행이고 에너지가 높은 상태(u)와 반평행이고 에너지가 낮은 상태(l)에 있는 단위부피당 수소원자 개수를 각각 n_u와 n_l로 하고, 이 비를 볼츠만 분포함수와 같은 다음 식으로 나타내기로 하자.

$$\frac{n_u}{n_l} = \frac{g_u}{g_l} e^{-h\nu/kT_S} \tag{2.1}$$

여기서 k는 볼츠만 상수, g_u와 g_l은 각각의 에너지 상태에 대한 분배함수다. 이 식에서 정의한 T_S는 들뜸온도인데 HI의 경우는 특별히 스핀 온도

라고 한다. H I의 에너지 준위 간 천이가 주로 수소원자들끼리의 충돌로 일어나는 경우(열평형상태), 이 스핀 온도는 H I 가스의 운동온도 T_k와 같아지고, 주로 복사로 천이가 일어나는 경우는 복사온도 T_R과 같게 된다.

위 에너지 준위에서 아래 준위로 저절로 천이하는 자연복사확률을 나타내는 아인슈타인 계수 A_{ul}은 H I의 경우 다음 식으로 주어진다.

$$A_{ul} = \frac{64\pi^4\nu^3}{3hc^3}|\mu_{ul}|^2 = 2.85\times10^{-15}\ \mathrm{s}^{-1} \tag{2.2}$$

여기서 μ_{ul}은 자기 모멘트로 $|\mu_{ul}|^2 = 8.6\times10^{-41}\ \mathrm{erg}^2\ \mathrm{G}^{-2}$의 값을 가진다. c는 빛의 속도를 나타낸다. 이 A_{ul} 계수의 역수는 스핀이 저절로 반전하여 복사를 내는 시간규모를 나타내며 $t\sim A_{ul}^{-1}\sim10^7$ yr로 매우 길다. 이에 비해 성간공간의 수소원자끼리 충돌할 확률 C는 다음 식 정도이다.

$$C \sim n(\mathrm{H\,I})\sigma(\mathrm{H\,I})\ \langle v\rangle \sim 1.5\times10^{-11}\left(\frac{n}{1\ \mathrm{cm}^{-3}}\right)\left(\frac{T_k}{100\ \mathrm{K}}\right)^{1/2}\mathrm{s}^{-1} \tag{2.3}$$

여기서 $\sigma(\mathrm{H\,I})$는 수소원자의 충돌단면적, $n(\mathrm{H\,I})$과 $\langle v\rangle=1.1\times10^4T_k^{1/2}$은 수소원자의 수밀도와 열운동에 따른 평균속도를 나타내며, 열운동속도는 H I 가스의 전형적인 온도($T_k\sim100$ K)로 주어진다. 그리고 수소원자들끼리 충돌하는 전형적인 시간규모는 $t_{col}\sim C^{-1}\sim2\times10^3$ yr 정도로 자연천이하는 시간보다 확실히 짧다. 따라서 스핀의 반전(에너지 준위 간 천이)은 열운동에 따라 움직이는 수소원자끼리의 충돌로 일어나는 것으로 생각하면 되고, 성간공간에 있는 H I 가스는 대략 열평형상태에 있다고 할 수 있다.

2.2 HI 가스의 관측

HI 가스의 21 cm 선은 제2차 세계대전 중이던 1944년 독일군 점령 아래 네덜란드 라이덴 대학에서 오르트Jan H. Oort의 제자인 반 데 헐스트Hendrick C. van de Hulst가 그 존재를 처음 예측했으며, 전쟁이 끝나고 활발히 논의되던 끝에 1951년 마침내 하버드 대학의 이웬H.I. Ewen과 퍼셀E.M. Purcell이 최초로 검출하는 데 성공했다. 이어 네덜란드의 뮬러C.A. Muller와 오르트, 오스트레일리아의 포시J.L. Pawsey가 이를 다시 한 번 확인했다. 그 후 은하계의 나선 구조를 밝히거나 은하원반부에서의 성간물질을 해명할 때에도 중요한 역할을 하고 있다. 또 우주 초기의 구조형성에 관여한 은하간 물질 중에서 가장 대표적인 성분이다. 이 절에서는 그 HI 가스의 관측과 물리량 측정방법에 대해 서술하기로 한다.

2.2.1 흑체복사

HI가스에 대해 자세히 들어가기 전에 여기에 필요한 흑체복사에 대해 먼저 알아보자. 물체에서의 열복사를 생각할 때 흑체라는 이상적인 개념을 도입한다. 흑체란 입사한 모든 파장의 전자기파를 완전히 흡수하는 물체를 말한다. 키르히호프Kirchhoff 법칙에 따라 흡수한 물체는 복사도 하기 때문에 흑체는 모든 파장에서 전자기파를 방출한다. 이 복사는 흑체를 조화진동자調和振動子의 집합체로 여기는데, 열운동에 따라 이 진동자가 진동함으로써 복사가 나오기 때문이다. 그 세기와 스펙트럼은 온도로만 정해지는 열복사로 흑체복사라고 한다.

흑체는 가상적인 것이지만 그림 2.2처럼 외부의 전자기파를 완전히 차단할 수 있는 벽으로 둘러싸인 큰 상자를 생각하면, 이 상자의 벽에서 내부로 열복사되는 전자기파와 벽에 흡수되는 전자기파는 평형상태에 있으

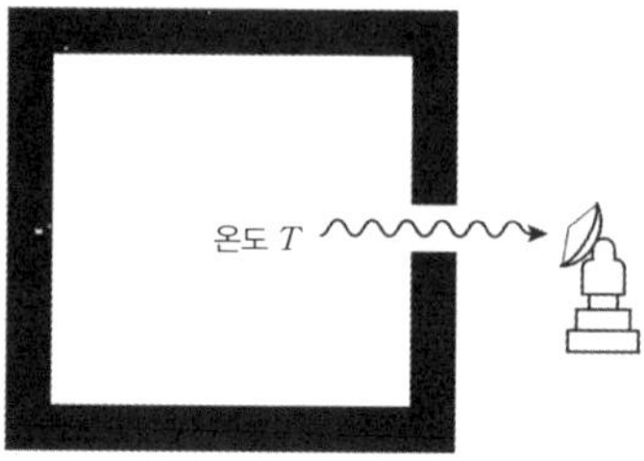

그림 2.2 흑체라고 생각했을 때의 상자.

므로 흑체라고 볼 수 있다. 이 상자에 아주 작은 구멍을 뚫고 거기에서 새어나오는 전자기파를 관측하면 흑체복사와 거의 같다.

온도 T [K]인 흑체에서 나오는 주파수 ν [Hz]의 밝기(단위시간당, 단위면적당, 단위주파수당, 단위입체각당 복사되는 에너지) $B_\nu(T)$[J s^{-1} m^{-2} Hz^{-1} sr^{-1}]는 다음의 플랑크 복사식으로 주어진다(통계역학 교과서 참조).

$$B_\nu(T) = \frac{2h\nu^3}{c^2}\frac{1}{e^{h\nu/kT}-1} \tag{2.4}$$

여기서 c는 광속, h는 플랑크 상수, k는 볼츠만 상수를 나타낸다. 스펙트럼은 그림 2.3과 같이 되고, 밝기가 최대가 되는 주파수 ν_m 또는 파장 $\lambda_m = c/\nu_m$은 $\partial B_\nu(T)/\partial_\nu = 0$에 따라 $\lambda_m T = 0.0051$ mK라는 빈Wien의 변위법칙으로 주어진다. $B_\nu(T)$를 모든 주파수 범위에서 적분한 전체 밝기는 $B_\nu(T) = \sigma T^4$이라는 슈테판-볼츠만의 관계식으로 주어진다(σ는 상수).

HI 가스처럼 주파수($\nu = 1420$ MHz)가 낮고 전형적인 온도가 $T \sim 100$ K일 때는 $h\nu/kT \ll 1$이므로 (식 2.4)는 분모를 테일러 식으로 전개하면 $h\nu/kT$가 되어 다음과 같은 레일리-진스Rayleigh-Jeans의 복사식으로 근사한다.

$$B_\nu(T) = \frac{2kT}{\lambda^2} \tag{2.5}$$

이 식은 밝기와 온도가 비례하는 관계를 보여주어 많은 식에서 유용하게 쓰인다. 또한 플랑크 상수가 없어진 것에서도 알 수 있듯이 고전적인 접근도 가능해 역사적으로는 이 방법이 먼저 고려되었다. 한편, 적외선처럼 $h\nu/kT \gg 1$인 경우에는

$$B_\nu(T) = \frac{2h\nu^3}{c^2} e^{-h\nu/kT} \tag{2.6}$$

과 같은 빈의 복사식으로 근사된다. 여기에서 주파수가 커지면 값이 급격히 작아진다.

만약 주파수를 중심으로 하는 전파천문학에서 관측을 한다면 플랑크 복사식으로 (식 2.4)의 형식을 이용하겠지만 적외선이나 가시광에서는 파장을 중심으로 생각하므로 단위파장당 밝기 $B_\lambda(T)$로 나타낸 식을 주로 이용한다. 같은 온도를 가진 흑체에서 방출하는 전체 밝기는 주파수로 적분하든 파장으로 적분하든 같을 수밖에 없으므로

$$\int_0^\infty B_\nu(T)d\nu = \int_0^\infty B_\lambda(T)d\lambda \text{와} \quad d\nu = -\frac{c}{\lambda^2}d\lambda \tag{2.7}$$

에서 플랑크 복사식은

$$B_\lambda(T) = \frac{2hc^2}{\lambda^5}\frac{1}{e^{hc/\lambda kT}-1} \tag{2.8}$$

이 되고 스펙트럼은 그림 2.4처럼 된다. (식 2.8)은 단순히 (식 2.4)에

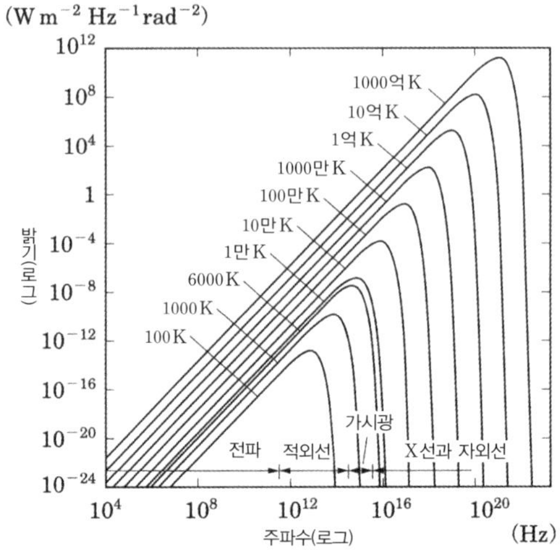

그림 2.3 단위주파수당 밝기로 나타낸 플랑크 복사식의 스펙트럼.

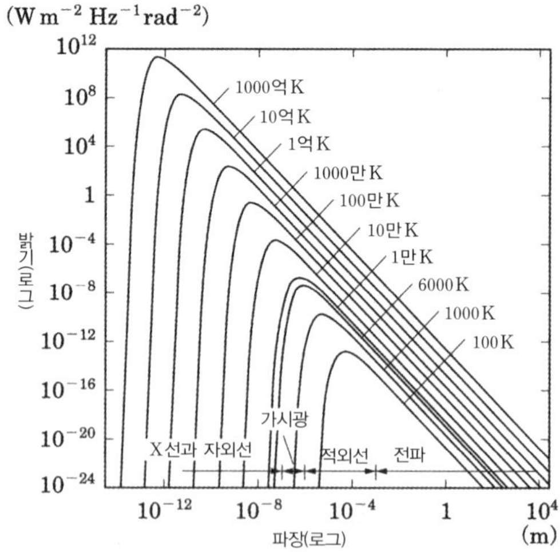

그림 2.4 단위파장당 밝기로 나타낸 플랑크 복사식의 스펙트럼.

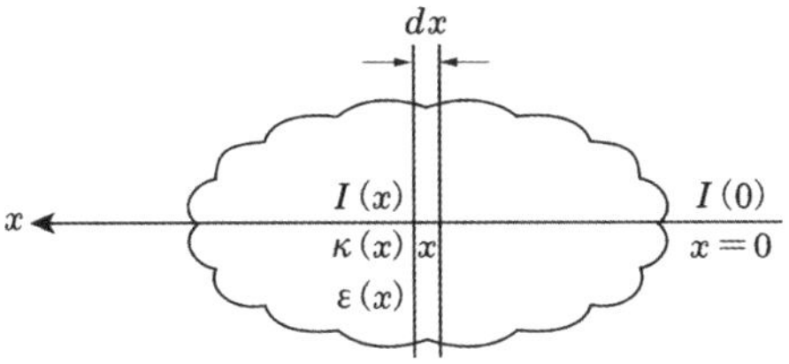

그림 2.5 가스구름에서의 복사와 흡수.

$\nu = c/\lambda$의 관계를 적용한 것과는 다르다는 점에 주의하자. 이 경우 빈의 변위법칙은 $\lambda_m T = 0.0029$ mK가 되어 근사식을 이용한 레일리-진스의 복사식과 빈의 복사식은 각각 다음 식과 같다.

$$B_\lambda(T) = \frac{2ckT}{\lambda^4} \tag{2.9}$$

$$B_\lambda(T) = \frac{2hc^2}{\lambda^5} e^{-hc/\lambda kT} \tag{2.10}$$

2.2.2 복사전달

그림 2.5와 같이 성간공간에 H I 가스 덩어리(구름과 같은 모양이라 H I 구름이라고도 한다)가 있다고 가정하고 H I 구름의 내부 위치 x에서 dx만큼의 영역을 생각해 보자.

이 영역에 있는 H I 원자는 21 cm 파를 방출하는 동시에 dx 바깥에서 들어온 복사세기 $I_\nu(x)$[$\mathrm{Js^{-2}\,m^{-1}\,Hz^{-1}\,sr^{-2}}$]의 21 cm 파를 흡수한다(물체가 방출하는 전자기파의 세기는 밝기 B_ν로 나타내지만 입사해 들어오는 전자기파의 경우는 I_ν로 나타낸다. 방향만 반대이고 단위는 같다). 이에 따라 dx 영역에서 $dI_\nu(x)$만큼의 복사가 증가했다면 다음과 같은 식이 성립한다.

$$dI_\nu(x) = -\kappa_\nu(x)I_\nu(x)dx + \varepsilon_\nu(x)dx \tag{2.11}$$

이 식의 우변 첫 번째 항은 흡수된 양으로 입사해 들어온 복사세기 $I_\nu(x)$에 비례한다. 두 번째 항은 방출되는 양을 나타낸다. $\kappa_\nu(x)$와 $\varepsilon_\nu(x)$는 각각 단위부피당 흡수계수와 방출계수를 나타낸다. 이 식을 dx로 나누면 다음과 같은 복사전달식을 얻을 수 있다.

$$\frac{dI_\nu(x)}{dx} = -\kappa_\nu(x)I_\nu(x) + \varepsilon_\nu(x) \tag{2.12}$$

이 식은 H I 구름에만 해당되는 것이 아니라 성간공간에 존재하는 임의의 가스에도 성립하는 일반적인 식이다. 만약 $\kappa_\nu(x)$와 $\varepsilon_\nu(x)$가 H I 구름의 내부 위치 x에 상관없이 일정하다면 (식 2.12)는 간단히 적분할 수 있어

$$I_\nu(x) = I_\nu(0)e^{-\tau_\nu(x)} + I_\mathrm{s}(1-e^{-\tau_\nu(x)}) \tag{2.13}$$

이 된다. 여기서 $\tau_\nu(x)$는

$$\tau_\nu(x) \equiv \int_0^x \kappa_\nu(x)dx \tag{2.14}$$

로 정의하며 광학적 깊이optical depth라고 한다. I_s는 $I_\mathrm{s} \equiv \varepsilon_\nu(x)/\kappa_\nu(x)$로 정의하고, (식 2.12)에서 $dI_\nu(x)/dx=0$, 즉 방출과 흡수가 균형을 이룰 때의 복사세기 I_ν에 해당한다. (식 2.13)의 우변 첫 번째 항은 배후에서 H I 구름으로 입사해 들어온 전파가 흡수되는 양을 나타내며, 우변 두 번째 항은 H I 구름 자체에서 방출하고 흡수하는 양이지만 실제 구름 밖으로 방출되는 양을 나타낸다.

복사세기 I_ν와 밝기 B_ν는 방향만 다를 뿐 단위가 같으며, H I 구름의 경

우는 (식 2.5)의 레일리-진스 복사식을 사용할 수 있으므로 (식 2.13)은

$$T_{\rm b}(x) = T(0)e^{-\tau_\nu(x)} + T_{\rm s}(1-e^{-\tau_\nu(x)}) \tag{2.15}$$

와 같이 온도로 바꿔 쓸 수 있다. 이때의 $T_{\rm b}(x)$를 밝기온도brightness temperature라고 하고, $T_{\rm s}$는 스핀 온도를 나타낸다. 전파관측에서는 망원경의 입력전파 세기를 온도로 표현하므로 (식 2.14)의 표현이 유용하다. $T_{\rm s}$에 비해 $T(0)$가 충분히 작아 무시할 수 있는 경우에는 다음과 같이 된다.

$$T_{\rm b}(x) = T_{\rm s}(1-e^{-\tau_\nu(x)}) \tag{2.16}$$

여기서 $\tau_\nu(x) \gg 1$의 경우는 $T_{\rm b} \approx T_{\rm s}$가 되면서 밝기온도는 HI 구름의 스핀 온도를 나타낸다. $\tau_\nu(x) \ll 1$의 경우는 $T_{\rm b} \approx T_{\rm s}\tau_\nu$로 구름 온도보다 낮아진다. 특히 $\tau_\nu(x) \approx 0$의 극단적인 경우는 $T_{\rm b} \approx 0$이 되어 아무것도 보이지 않는다.

실제 관측에서는 배경복사도 함께 들어오기 때문에 이것을 빼기 위해서 대상 천체의 방향(ON 위치)을 관측했을 때 망원경으로 들어오는 전파의 밝기온도 $T_{\rm b}$(ON)와 천체에서 약간 떨어져 $T_{\rm s}=0$이 되는 방향(OFF 위치)의 밝기온도 $T_{\rm b}$(OFF)를 측정해서 뺀 값 $\Delta T_{\rm b} = T_{\rm b}(\mathrm{ON}) - T_{\rm b}(\mathrm{OFF})$를 구한다. 또한 대상 천체의 배후에 다른 천체는 없으며 오직 우주배경복사 $T_{\rm bg}=2.7$ K만 존재하는 경우는 $T(0)=T_{\rm bg}$이다. 따라서 (식 2.14)로부터 다음과 같은 값이 관측된다.

$$\Delta T_{\rm b} = (T_{\rm s}-T_{\rm bg})(1-e^{-\tau_\nu(x)}) \tag{2.17}$$

2.2.3 물리량의 계산

일반적으로 HI의 광학적 깊이 τ_ν는 작기(<1) 때문에 그 복사세기의 시선

방향에 있는 H I가스의 기둥밀도column density를 구할 수 있다. 스핀의 반전에 따른 복사에서 에너지의 높은 준위를 u, 낮은 준위를 l로 하고, 각각의 준위에 있는 단위부피당 수소원자의 수를 각각 n_{u}, n_{l}이라고 하자. 부피 dV에 있는 수소원자에서 등방적으로 전술 입체각 4π로 전자기파가 방출되는 것으로 하여 입체각 $d\Omega$, 시간 dt에 방출되는 에너지를 생각한다. 개개의 수소원자는 운동을 하기 때문에 도플러 효과에 따라 방출되는 주파수가 조금씩 바뀌므로 dV에서 방출되는 선스펙트럼은 주파수 성분 $\phi(\nu)$를 가진다. 단, $\int\phi(\nu)d\nu=1$이며 수소원자의 수를 n이라고 하면 주파수 ν를 방출하는 수소원자의 수는 $n_{\nu}=n\phi(\nu)$로 주어진다.

자연복사로 방출되는 에너지 dE_{e}는 다음 식으로 주어진다.

$$dE_{e} = h\nu n_{u}\phi(\nu)A_{ul}\,dV\frac{d\Omega}{4\pi}dt \qquad (2.18)$$

여기서 $\nu=1420$ MHz이며, A_{ul}은 자연복사의 천이확률을 나타내는 아인슈타인 계수이다(식 2.2 참조). 한편, I_{ν}라는 복사세기를 전 입체각에서 받아 수소원자가 흡수하는 에너지 dE_{a}는 다음과 같다.

$$dE_{a} = h\nu n_{l}\phi(\nu)B_{lu}\frac{4\pi}{c}I_{\nu}\,dV\frac{d\Omega}{4\pi}dt \qquad (2.19)$$

이것을 받아 수소원자가 유도복사를 일으켜 방출하는 에너지 dE_{s}는 아래와 같다.

$$dE_{s} = h\nu n_{u}\phi(\nu)B_{ul}\frac{4\pi}{c}I_{\nu}\,dV\frac{d\Omega}{4\pi}dt \qquad (2.20)$$

여기서 B_{lu}와 B_{ul}은 각각 흡수와 유도방출에 관한 아인슈타인 계수를 나타낸다. 부피 dV에서 복사의 입체각 $d\Omega$에 수직인 단면적을 $d\sigma$라고 하고 $dV = d\sigma\, dx$로 두면 $I_\nu \phi(\nu) d\Omega\, d\sigma\, d\nu\, dt = dE_e + dE_s - dE_a$가 되지만 $I_\nu \phi(\nu) d\nu = dI_\nu$로 두면 다음 식이 유도된다.

$$\frac{dI_\nu}{dx} = \frac{h\nu}{c}(n_u B_{ul} - n_l B_{lu})\phi(\nu) I_\nu + \frac{h\nu}{4\pi} n_u A_{ul}\, \phi(\nu) \qquad (2.21)$$

(식 2.20)과 (식 2.11)을 비교하면 흡수계수 κ_ν와 방출계수 ε_ν는 각각

$$\kappa_\nu = \frac{h\nu}{c}(n_l B_{lu} - n_u B_{ul})\phi(\nu) \qquad (2.22)$$

$$\varepsilon_\nu = \frac{h\nu}{4\pi} n_u A_{ul} \phi(\nu) \qquad (2.23)$$

이 되는 것을 알 수 있다. 더욱이 아인슈타인 계수 사이에 $g_l B_{lu} = g_u B_{ul} = \frac{c^3}{8\pi h\nu^3} g_u A_{ul}$의 관계와 (식 2.1)의 근사식 $\frac{n_u}{n_l} \approx \frac{g_u}{g_l}\left(1 - \frac{h\nu}{kT_s}\right)$을 사용하면 다음의 식이 된다.

$$\kappa_\nu = \frac{c^2}{8\pi\nu^2} \frac{g_u}{g_l} A_{ul} n_l \frac{h\nu}{kT_s} \phi(\nu) \qquad (2.24)$$

모든 스핀 각운동량 F는 양성자와 전자의 스핀 s_p와 s_e의 합이므로 $F = s_p + s_e = 1/2 + 1/2 = 1$(평행) 또는 $1/2 - 1/2 = 0$(반평행), $g_u = 2F + 1 = 3$ 및 $g_l = 1$이 된다. 이것을 (식 2.1)에서 $h\nu/kT_s \ll 1$로 두었던 근사식에 대입하면 $n_u \simeq 3n_l$이 되어 단위부피당 모든 수소원자의 수는 $n = n_u + n_l \approx 4n_l$이 된다. 이것을 (식 2.24)에 대입하면 다음과 같은 식을 얻을 수 있다.

$$n\phi(\nu) = \frac{32\pi\nu k T_{\mathrm{s}}}{3c^2 h A_{\mathrm{ul}}}\kappa_\nu \tag{2.25}$$

이것을 HI 구름의 시선방향(안쪽 방향) ($x=0-l$)과 스펙트럼의 주파수 방향 ($\nu=\nu_1-\nu_2$)으로 적분하면 시선방향의 기둥밀도(시선에 수직인 면의 단위 면적당 밀도)를 얻을 수 있다.

$$N(\mathrm{H\,I}) = \int_{\nu_1}^{\nu_2}\int_0^l n\phi(\nu)\,dx\,d\nu = \frac{32\pi\nu k}{3c^2 h A_{\mathrm{ul}}}\int_{\nu_1}^{\nu_2}\int_0^l T_{\mathrm{s}}\kappa_\nu\,dx\,d\nu$$

여기서 스핀 온도 T_{s}는 HI 구름의 장소에 상관없이 거의 일정하다고 가정하고, 또 일반적으로 $\Delta\nu\equiv\nu_2-\nu_1\ll\nu$이므로 ν는 적분범위에서 거의 일정하다고 보아 적분 밖으로 빼냈다. 그리고 (식 2.14)에 광학적 깊이 τ_ν를 대입하면 $\int_0^l T_{\mathrm{s}}\kappa_\nu dx = T_{\mathrm{s}}\tau_\nu$가 된다. 일반적으로 HI 구름에서는 $\tau_\nu\ll 1$이므로 이것은 관측되는 밝기온도 $T_{\mathrm{b}}=T_{\mathrm{s}}\tau_\nu$가 된다. 한편, 천체의 후퇴속도가 $v\ll c$인 경우는 $dv/c=d\nu/\nu$이므로(제16권 참조) 도플러 효과에 따라 $d\nu=\frac{\nu}{c}dv$이며, 결국 다음의 식을 얻을 수 있다.

$$N(\mathrm{H\,I}) = \frac{32\pi\nu^2 k}{3c^3 h A_{\mathrm{ul}}}\int_{v_1}^{v_2} T_{\mathrm{b}}\,dv \tag{2.26}$$

또는 $N(\mathrm{H\,I})$, T_{b} 및 v의 단위로 각각 $\mathrm{cm^{-2}}$, K 및 $\mathrm{km\ s^{-1}}$을 사용하면 다음과 같다.

$$N(\mathrm{H\,I}) = 1.823\times10^{18}\int_{v_1}^{v_2} T_{\mathrm{b}}\,dv \tag{2.27}$$

이것이 관측된 스펙트럼선에서 HI 구름의 기둥밀도를 구하는 식이다. 여기서 $\int_{v_1}^{v_2} T_b dv$는 적분세기라고 한다.

스핀 온도 T_s와 광학적 깊이 τ_ν는 HI 구름보다 충분히 작고 강한 연속전파원을 배경으로 하고 있어 HI 가스가 흡수선으로 관측된다면 그 값을 추정할 수 있다. 연속전파원의 밝기온도를 T_c라고 하면 (식 2.15)에서 연속전파원을 배경으로 하여 HI 구름을 관측한 경우의 밝기온도 $T_b(\mathrm{ON})$은 다음과 같다.

$$T_b(\mathrm{ON}) = T_c e^{-\tau_\nu} + T_s(1-e^{-\tau_\nu}) \tag{2.28}$$

한편, 망원경을 연속전파원에서 떼어내 HI 구름만 관측했을 때의 밝기온도 $T_b(\mathrm{OFF})$는 다음과 같다.

$$T_b(\mathrm{OFF}) = T_s(1-e^{-\tau_\nu}) \tag{2.29}$$

그러므로 다음과 같이 정리된다.

$$T_b(\mathrm{ON}) - T_b(\mathrm{OFF}) = T_c e^{-\tau_\nu} \tag{2.30}$$

여기서 T_c는 연속전파원을 배경으로 HI 구름을 관측한 경우의 스펙트럼에서 HI의 흡수선과는 모양이 달라 그 밝기온도를 쉽게 구할 수 있다. 따라서 (식 2.30)에서 광학적 깊이 τ_ν를 얻을 수 있고 이것을 (식 2.29)에 대입하면 스핀 온도 T_s를 구할 수 있다.

2.2.4 관측장치

HI 가스에서 방출되는 파장 21 cm의 방출선은 전파망원경으로 관측된다. 전파를 관측하는 방법은 크게 단일경 관측과 간섭계 관측으로 나눌 수 있다. 단일경 관측이란 글자 그대로 안테나 하나를 이용해 관측하는 방법이다. 분해능은 λ/D[rad](λ는 파장, D는 안테나 구경)으로 주어지기 때문에

(제16권 참조) 좀 더 세밀한 구조를 관측하고 싶을 때는 안테나 구경을 크게 하면 된다.

하지만 HI의 21 cm 선에서는 $D=100$ m 구경이라도 그 분해능이 약 λ/D 7분각(1분각은 1/60°) 정도밖에 되지 않는다. 분해능을 10배 이상 높이려면 구경이 1 km 이상인 전파망원경이 필요한데 이렇게 큰 망원경을 만드는 것은 기술적으로 많은 어려움이 따른다. 그래서 작은 안테나들을 결합하여 이것들로 동시에 관측하여 높은 분해능을 얻는 전파간섭계가 등장하게 되었다. 이 방법은 서로 간섭하는 파장의 성질을 이용하기 때문에 간섭계라고 부른다. 간섭계는 높은 공간분해능을 얻을 수 있다는 장점이 있지만, 반면에 구조가 넓은 천체에 대해서는 그 정보를 얻을 수 없어 전체의 복사량을 계산하는 데 어려움이 있다. 망원경이나 관측장치에 대한 자세한 설명은 제16권에 설명되어 있다.

HI 가스를 관측할 수 있는 단일경으로는 미국의 푸에르토리코에 있는 아레시보 망원경의 구경이 가장 크지만(약 300 m), 이 망원경은 지면에 고정된 형태라 천정 부근만 관측하는 단점이 있다. 천체를 추적할 수 있는 망원경으로는 독일의 본과 미국의 그린뱅크에 있는 100 m 망원경이 가장 크다. 그 밖에 오스트레일리아의 팍스에 있는 64 m급 망원경 등이 남반구의 망원경 중에서는 유명하다.

전파간섭계로는 미국의 VLA(Very Large Array)가 유명한데 이것은 뉴멕시코 주의 사막지대에 있는 구경 25 m의 안테나 27대를 결합한 간섭계이다. 사방으로 최대 36 km 영역에 안테나를 Y자 형태로 배치하면 최대분해능은 1.4″까지 좋아진다. 또한 네덜란드의 웨스터보크 간섭계(25 m×14대), 오스트레일리아의 콤팩트어레이(22 m×6대), 인도의 GMRT(45 m×30대) 등도 HI을 관측할 수 있는 간섭계로 유명하다.

현재 VLA의 분해능과 감도를 100배 이상으로 향상시킨 SKA(Square

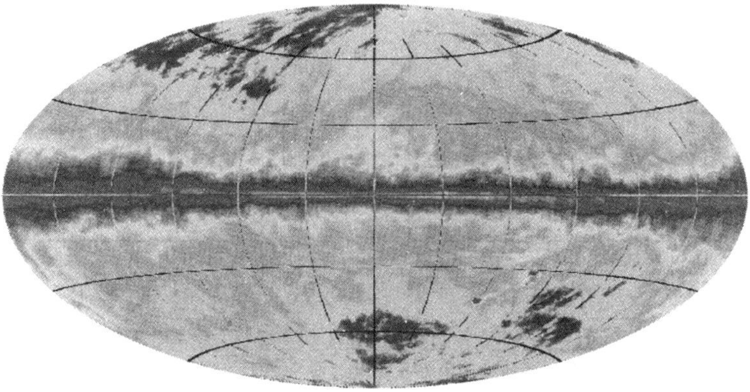

그림 2.6 LAB(The Leiden-Argentine-Bonn)의 탐사 결과. 가로축을 은경으로 하여 몰바이데 도법으로 전천의 HI 가스 분포를 나타냈다(Kalberla *et al.*, 2005, *A&A*, 440, 775).

Kilometer Array) 망원경의 건설 계획이 검토되고 있다. 이 계획이 실현된다면 앞으로 HI에 관한 연구가 더욱 활발해질 것으로 기대한다.

2.2.5 탐사관측 자료

태양계가 존재하는 은하계는 거리가 가깝기 때문에 HI 가스의 물리상태나 분포 등에 대해서는 얼마든지 자세한 연구가 가능하다. 따라서 HI의 21 cm 선이 처음 검출되자 바로 은하계 전체의 21 cm 선을 관측하는 연구가 잇따랐다. 1973년의 위버-윌리엄스H. Weaver & D.R.W. Williams의 탐사 외에도 최근의 단일경 탐사인 LAB 탐사 등을 예로 들 수 있다. 이러한 탐사를 통해 얻은 자료들은 거의 같은 빔 크기(30′~36′)와 거의 비슷한 감도로 전천全天을 관측한 균질의 자료들이다(그림 2.6 참조).

지금까지는 이처럼 단일경으로 한 관측이 많았지만 최근에는 캐나다 도미니언 간섭계의 캐나다 은하면 탐사, 미국 VLA의 VLA 은하면 탐사, 오스트레일리아의 콤팩트어레이를 이용한 남반구 은하면 탐사 등 간섭계

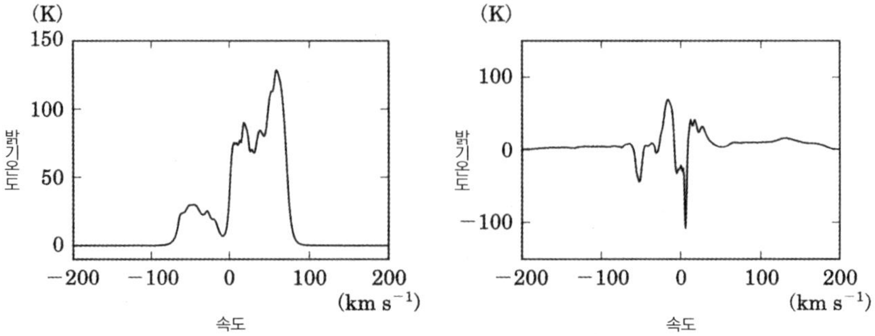

그림 2.7 HI 스펙트럼의 예. 왼쪽은 $(l, b)=(45°, 0°)$의 스펙트럼. 복사의 대부분은 속도가 양(+)의 방향에 나타나며 태양원 안쪽의 가스에서 나온다. 오른쪽 $(l, b)=(0°, 0°)$의 스펙트럼은 강한 흡수를 보여준다. 이 스펙트럼들은 LAB 탐사 자료이다.

를 이용한 고분해능 탐사도 이루어지게 되었다. 이 자료들은 공개되어 있어 누구나 사용할 수 있으며 여러 연구 분야에서 중요한 데이터베이스 역할을 하고 있다.

그림 2.7에 HI의 21 cm 선스펙트럼의 예를 나타냈다. 그림 2.7 왼쪽에 나타낸 것처럼 21 cm 선은 대부분 방출선으로 관측된다. 이런 스펙트럼은 각 관측 지점에서의 정보만 얻을 수 있는데 이 천체들을 모든 은경에 대해 표시한 것이 은경-속도 관계도(l-V관계도)이다(그림 2.8). 이 그림에서는 밝기온도 T_b가 등고선으로 표시되어 있다.

은경-속도 관계도에 대해 간단히 설명해 보자(자세한 것은 제5권 참조). $0° < l < 90°$의 은경범위에서 양(+)의 속도를 가지는 성분은 태양원(은하중심을 원점으로 하는 반지름 R_0의 원. R_0는 태양과 은하중심의 거리를 나타내는데 지금은 7~8 kpc으로 추정함)의 안쪽에 있는 HI 가스이며, $0° < l < 180°$에서 음(−)의 속도 성분은 태양원 바깥쪽에 있는 HI 가스에서의 복사에 해당한다. 은경범위 $360° > l > 180°$에서는 양과 음의 성분이 역전된 모양으로 태양원 안팎에서의 복사를 나타낸다. 은경범위 $0° < l < 90°$에서의 최대속

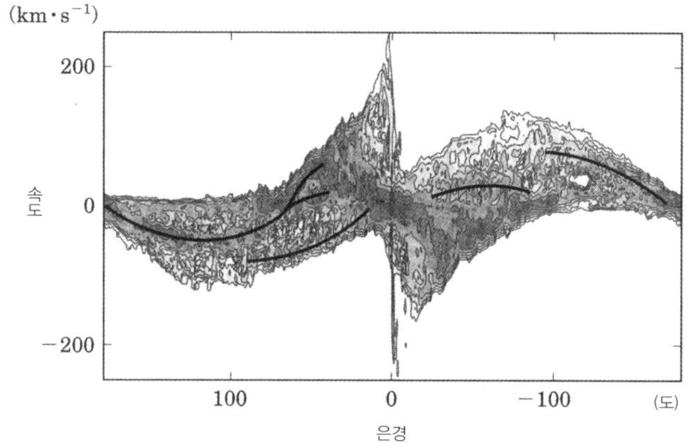

그림 2.8 HI 탐사 자료로 나타낸 $l-V$ 관계도. 가로축은 은경 l, 세로축은 속도 V_{LSR}. 그림 안의 등고선은 밝기온도 T_b를 나타낸다.

도(또는 360° < l < 270°에서의 최소속도)는 종단속도라고 하는데, 반지름 $R_0 \sin l$에서 은하중심 주위를 돌고 있는 가스의 회전속도를 나타낸다. 종단속도를 조사함으로써 은하계의 회전속도를 조사할 수 있다. 또한 그림 2.8에서 은경 방향으로 활모양의 꼬리 같은 구조가 보인다(l에서 밝기온도가 최대가 되는 속도를 연결한 곡선). 이는 은하의 나선 구조를 나타낸다.

HI은 방출선으로 관측되는 경우가 많지만, HI 가스의 들뜸온도(스핀 온도)보다 높은 밝기온도를 가지는 강한 연속전파원을 배경으로 하는 경우에는 흡수선으로 관측된다. 그림 2.7 오른쪽은 은하중심 방향 (l, b)=(0°, 0°)의 스펙트럼으로 강한 흡수선이 보인다. 은하중심에 궁수자리 A*(Sgr A*) 등과 같은 강한 연속전파원이 있어서 이것들을 배경으로 한 흡수선이 나타나는 것이다.

2.2.6 제만 효과

제만 효과란 자기장이 존재하는 곳에서 원자에서의 방출선 주파수가 분리되는 효과를 말한다(7.4절 참조). 자기장의 세기를 B[G]라고 하면, 제만 효과에 따라 HI의 21 cm 선은 원래의 주파수 1420 MHz에 덧붙여 이에 낮은 주파수 영역과 높은 주파수 영역에 각각

$$\Delta\nu_{\mathrm{B}} = \pm\frac{eB}{4\pi m_e c} = \pm 1.40 \times 10^6 B \quad [\mathrm{Hz}] \tag{2.31}$$

만큼 떨어진 곳에서 방출선이 나타난다. 이렇게 위치가 바뀐 주파수 성분을 σ성분이라 하며, 자기장의 방향과 수직의 편파를 나타낸다. 또한 주파수가 바뀌지 않은 성분은 π성분이라고 하며 자기장에 평행한 편파를 나타낸다. 관측자의 시선과 자기장의 방향이 평행일 때에는 고주파 쪽의 σ성분은 왼쪽 원편파, 저주파 쪽은 오른쪽 원편파가 된다.

성간자기장의 크기는 1~100 μG 정도여서 시선과 자기장이 평행인 경우 원편파의 주파수 차이는 고작 300 Hz 정도밖에 안 된다. 한편, HI 가스의 전형적인 온도는 100 K 정도이므로 그 열운동에 따른 도플러 효과의 영향은 10^4 Hz 정도이다. 이 폭은 제만 효과의 영향보다 매우 크기 때문에 21 cm 선의 제만 효과를 검출하기가 상당히 어렵다. 그러나 저온의 HI 가스구름(HI 구름)을 관측한다면 도플러 효과에 따라 선폭이 좁아지기 때문에 검출이 가능해진다. 그러나 저온 가스는 방출선 세기가 약해 강한 전파원을 배경으로 한 흡수선을 관측함으로써 제만 효과를 관측할 수 있다. 그 결과 은하계의 나선팔에 모여 있는 저온 HI 가스구름에서 10~20 μG의 자기장을 검출했다.

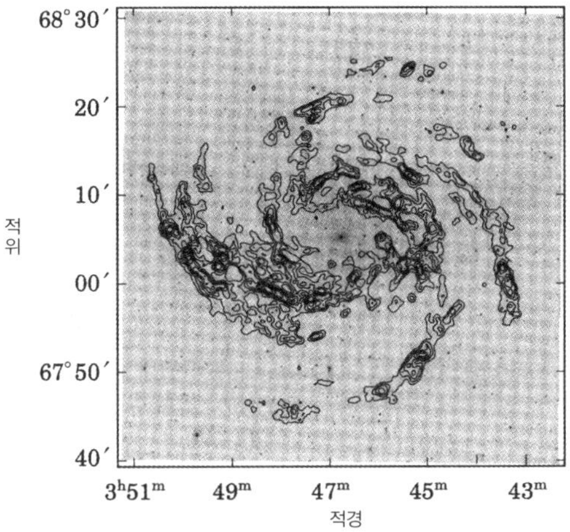

그림 2.9 외부은하 IC 342의 가시광 영상(회색 부분)과 HI 가스의 분포(등고선). 가시광 영상은 별의 분포를 나타낸다. HI 가스가 별의 분포보다 더 넓게 자리 잡고 있음을 알 수 있다. 또한 별의 분포와 같은 나선팔 형태를 볼 수 있다. 가시광 영상은 DSS에서, HI 자료는 VLA에서 가져왔다(Crosthwaite *et al.*, 2001, *AJ*, 122, 797).

2.3 은하에서의 분포와 운동

2.3.1 밀도분포

HI 가스는 주로 나선은하에 분포한다. 그림 2.9에 외부은하 IC 342의 가시광 영상과 HI 가스의 분포를 나타냈다. 흑백 영상은 가시광에서 얻은 것이며, HI 가스의 밀도는 등고선으로 나타냈다. 이 그림에서 알 수 있듯이 HI 가스는 은하 전체에 분포하고 있어 별이 은하원반에 분포하는 것보다 더 넓은 범위를 차지하고 있다. 또한 가시광에서 본 별의 분포와 HI 가스의 분포 모두 나선팔 모양으로 보인다.

우리가 살고 있는 은하계의 모습도 HI 가스의 관측으로 알아볼 수 있다. 자세한 것은 제5권에서 설명했지만 은하계 내부의 가스가 은하중심의 주위를 원운동하고 있다고 가정하면, 은하 회전곡선을 이용해 태양계 근

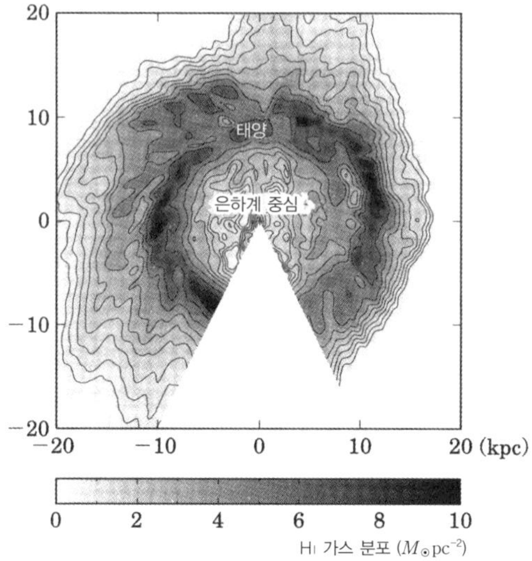

그림 2.10 은하의 북극 방향에서 내려다본 은하계 전체에서의 HI 가스 분포도. 좌표 (0, 0)은 은하계 중심의 위치. 등고선은 HI 가스의 단위면적당 질량 0.5, 0.7, 1.0, 1.4, 2.0, 2.8, 4.0, 6.4, 8.0, 9.6 $M_\odot$ pc^{-2}을 나타낸다(中西裕之 2005, 博士論文).

방(국부 정지좌표계, LSR)에 대한 속도와 태양에서의 거리 관계를 얻을 수 있다. 이것을 HI의 스펙트럼선과 비교하면 HI 가스의 거리분포를 얻게 된다. 그림 2.10에 은하의 북극 방향에서 본 은하계의 HI 가스의 분포를 나타냈고 그림 2.11에는 옆에서 본 단면도를 나타냈다.

그림 2.11에 나타낸 것처럼 HI 가스의 원반 두께는 중심 부근에서는 100 pc 정도이지만 바깥으로 갈수록 두꺼워져 반지름 20 kpc 부근에서는 1 kpc 정도까지 이르게 된다. 이런 은하면에 수직한 방향의 가스 분포에 대해 이론적으로 고찰해 보자. 가스가 정상적인 상태로 있으려면 가스의 z 방향에 따른 압력기울기와 중력이 균형을 이루어야만 한다. 압력으로는 (1) 가스 자체의 압력 p_G, (2) 우주선에 따른 압력 p_C, (3) 자기압력 p_B의 세 종류를 들 수 있다. 여기서 $f_C \equiv p_C/p_G$, $f_B \equiv p_B/p_G$라고 하고, 중력 퍼텐셜을 ϕ라고 하면 다음과 같이 된다.

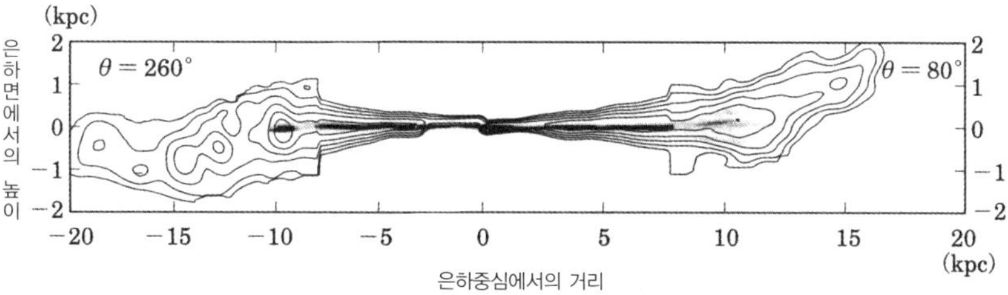

그림 2.11 은하면에 대해 수직 방향(z방향)으로 은하계를 절단한 단면도. 회색의 짙은 음영은 수소분자 H_2 가스의 밀도분포를 나타낸다. 등고선은 HI 가스의 밀도가 0.01, 0.02, 0.04, 0.08, 0.16, 0.32, 0.64, 1.28 cm^{-3}의 분포를 나타낸다(中西裕之 2005, 博士論文).

$$(1+f_C+f_B)\frac{dp_G}{dz}=\frac{d\phi}{dz} \tag{2.32}$$

단, $p_G=\rho\overline{v^2}/3$(ρ는 은하면에서의 가스 밀도, $\overline{v^2}$은 속도분산)인 것에 주의하여 $d\phi/dz=-4\pi G\rho_{star}z$($\rho_{star}$는 은하면에서의 별의 밀도)를 가정하면 다음과 같은 해를 얻을 수 있다.

$$\rho(z)=\rho_0 e^{-(z/h)^2} \tag{2.33}$$

우변의 h는 $z=0$일 때 HI 가스 원반의 높이를 나타내는데 이를 높이척도scale height라고 한다. 높이척도 h는 다음과 같이 나타낼 수 있다.

$$h=\sqrt{\frac{2(1+f_C+f_B)\overline{v^2}}{12\pi G\rho_{star}}} \tag{2.34}$$

이 식은 속도분산 $\overline{v^2}$이 커질수록 h가 커지고, ρ_{star}가 커질수록(원반면의 중력이 커질수록) h는 작아지는 것을 나타낸다.

이제 HI 가스 원반의 바깥쪽을 살펴보자. 먼저 그림 2.11에서처럼 HI 가스 원반은 바깥쪽에서 은하면과 많이 떨어져 있다. 더욱이 은하중심에 대해 대칭성을 띠고 있어 마치 적분기호 $\int$와 같은 모양이다. 이러한 구조를 '뒤틀림warp' 이라고 한다.

이어서 넓은 분포를 주목해 보자. 은하계의 H I 가스 원반은 제4사분면(그림 2.10의 왼쪽 아래) 쪽의 분포가 다른 영역에 비해 넓은 것을 알 수 있다. 이런 경향은 우리은하 외에 거의 절반 정도의 나선은하에서도 발견된다.

다음으로는 은하면에서 떨어져 있는 영역에 주목해 보자. 은하면에서 수직 방향의 H I 가스 분포는 (식 2.33)을 이용해 나타낼 수 있다. 하지만 은하면에서 크게 벗어나 있는 영역에서는 (식 2.33)에서 예상하는 것보다 H I 가스의 양이 더 많다. 이런 분포를 H I 가스의 플레어flare라고 한다.

또한 은하원반에서 많이 떨어져 있는 헤일로 부분에서는 빠르게 움직이는 H I 구름들이 다수 발견된다. 이 구름을 고속도 수소구름(high velocity cloud, HVC)이라고 하는데, 현재 이 HVC의 거리에 대한 측정은 이루어지지 않고 있다. 따라서 HVC의 기원으로 여러 가지 시나리오를 생각하고 있지만 아직 정확한 정체는 밝혀지지 않았다.

2.3.2 선스펙트럼과 운동

H I 가스의 선스펙트럼은 얼마 되지 않지만 폭을 가지고 있으며 이 속도분산의 전형적인 값은 10 $\mathrm{km\,s^{-1}}$ 정도이다. 양자역학의 불확정성원리에 따른 선폭(자연폭)은 약 $\sim10^{-16}\mathrm{Hz}\sim10^{-20}\,\mathrm{km\,s^{-1}}$이므로 무시할 수 있다. 또한 H I 가스의 온도는 100 K 정도이므로 열운동에 따른 도플러 효과의 속도폭은 약 1 $\mathrm{km\,s^{-1}}$ 정도이다. 따라서 H I 가스의 속도분산은 열운동에 따른 것이 아니라 난류에 따른 속도폭으로 해석된다. 난류는 개개의 입자(수소원자)가 아니라 입자덩어리(구름)의 운동으로 생긴다. 입자덩어리의 운동이 입자의 열운동에 따른 효과보다 크다는 것은 중성수소원자로 이루어진 성간물질의 운동이 초음속으로 움직이고 있다는 것을 보여준다. 또한 은하 정도의 큰 규모에서는 100 $\mathrm{km\,s^{-1}}$ 단위의 선폭이 관측된다. 이것은 망원경의 시야(빔) 내에 있는 여러 H I 구름의 무작위적 운동이나 은하회전처

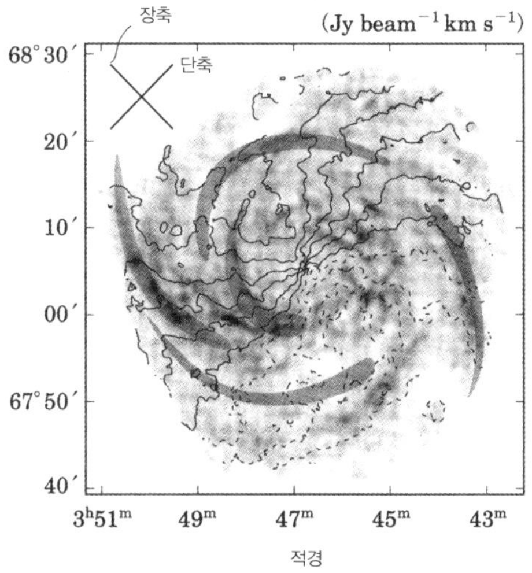

그림 2.12 은하 IC 342의 HI 가스 분포(회색 부분)와 그 등속도선. 은하 중심부에서는 등속도선이 단축에 평행하지만 바깥쪽으로 갈수록 활처럼 휘어진 형태를 보인다. 나선팔 부분에 주목하면 등속도선의 모양이 약간 휘어져 있음을 알 수 있다(Crosthwaite *et al.*, 2001, *AJ*, 122, 797).

럼 큰 움직임에 따른 도플러 효과 때문이다.

그림 2.12에 나선은하 IC 342의 등속도선을 나타냈다. 이 은하는 우리 쪽으로 31° 정도 기울어져 있고, 그 단축短軸은 정북에서 서쪽으로(그림 2.12에서 오른쪽) 45° 기울어져 있다. 은하중심부에서 등속도선은 단축에 평행하며 바깥으로 갈수록 '활' 모양으로 휘어져 있음을 볼 수 있다. 이런 모양은 은하가 회전하고 있다는 증거이다.

하지만 은하의 나선팔 부근에서 등속도선이 약간 휘어지는 것을 볼 수 있다(그림 2.12의 곡선). 이는 HI 가스의 나선팔이 가스의 밀도파로 만들어진다는 것을 보여준다. 즉, 나선팔 부분에서 가스의 운동이 감속되면서 그 부분에 머무는 시간이 길어져 밀도가 증가한 것처럼 보이는 것이다. 이처럼 은하의 나선팔이 파동으로 이루어져 있다는 주장을 밀도파 이론이라고 하며, 현재 나선팔의 생성 원리로 가장 널리 받아들이고 있다(제5권 참조).

2.4 밀도와 온도

2.4.1 따뜻한 성분과 차가운 성분

성간 가스에는 다양한 밀도와 온도를 가진 성분이 뒤섞여 있다. 특히 H I 가스의 밀도와 온도는 광범위한 값을 가지며, 크게 나누어

(i) 암흑성운

(ii) 넓게 퍼진 구름

(iii) 구름 간 가스

등의 성분들이 있다.

암흑성운은 일산화탄소(CO) 등의 분자 방출선으로 관측되는 경우가 많지만 H I의 흡수선으로 관측되기도 한다. 배경에 있는 고온의 H I 구름과 관측자 사이에 저온의 H I 가스로 이루어진 암흑성운이 있으면 흡수에 따라 스펙트럼에 흡수선이 나타난다. 실제로 가시광 영상을 통해 발견된 암흑성운 일부를 H I의 12 cm 선으로 관측해 보면 다음과 같은 특징을 발견할 수 있다.

(1) 속도폭이 작은 흡수선이 존재한다.

(2) 흡수선의 속도가 CO 분자선과 일치한다.

(3) 암흑성운 부분에만 H I 흡수선이 보인다.

(4) 흡수선 분포의 크기가 배경의 복사보다 작다.

이러한 암흑성운의 평균밀도는 수백 cm^{-3}, 평균온도는 10 K 정도, 평균 크기는 3 pc이며 평균질량은 $1 \times 10^3 M_\odot$ 정도로 계산할 수 있다.

다음은 조금 넓은 범위에 퍼져 있는 H I 구름인데 이것은 암흑성운보다

넓게 퍼져 있으며 밀도가 낮은 가스로 이루어져 있다. 이 구름은 강한 연속파전파 근처에서 흡수선과 방출선이 관측되어 그 존재가 확인되었으며 다양한 물리 매개변수를 이용해 조사하고 있다. 넓게 퍼진 구름의 평균적인 밀도와 온도는 21~35 cm^{-3}, 130~410 K으로 관측된다. 또한 H I 구름의 크기 분포를 모델로 하여 관측되는 H I 스펙트럼과 잘 맞도록 매개변수를 적용하면 이 H I 구름의 크기는 5 pc 정도로 추정한다. 이런 크기의 H I 구름을 표준구름이라고 하며 질량은 40~70$M_{\odot}$ 정도로 알려져 있다.

마지막으로 구름 간 가스는 위의 넓게 퍼진 H I 구름들 사이를 채우고 있는 저밀도 H I 가스를 말한다. 이 성분도 강한 연속파전파 부근의 흡수선과 방출선의 관측으로 그 물리 매개변수들을 구할 수 있다. 연속파전파를 배경으로 한 경우, 이 성분은 속도폭이 넓고 약한 흡수선으로 검출된다. 그러므로 이 가스는 고온에 저밀도라는 것을 알 수 있으며 전형적인 온도와 밀도는 각각 4500 K과 0.36 cm^{-3}로 계산된다.

구름 간 가스는 암흑성운과 넓게 퍼진 구름에 비해 온도가 매우 높기 때문에 따뜻한 성분으로 분류된다. 한편, 암흑성운과 넓게 퍼진 구름은 차가운 성분으로 분류된다. 이처럼 H I 가스 성분은 온도와 밀도가 동시에 넓은 범위의 값을 가지는 것을 알 수 있다.

다음은 이 성분들의 압력에 대하여 생각해 보자. 암흑성운의 압력 평균값은 1.2×10^{-11} erg cm^{-3}, 넓게 퍼진 구름은 4.3×10^{-13}~7.2×10^{-13} erg cm^{-3}, 구름 간 가스의 경우는 1.4×10^{-13} erg cm^{-3}이다. 여기서 넓게 퍼진 구름과 구름 간 가스의 압력은 같은 자릿수의 값을 가지는 것으로 보아 압력평형상태에 있음을 알 수 있다. 코로나 가스는 OB형 별을 배경으로 하여 O_{VI}의 자외선 영역 흡수선으로 관측되며 평균밀도와 평균온도, 평균압력은 각각 8.3×10^{-3} cm^{-3}, 4.4×10^{5} K, 1.5×10^{-12} erg cm^{-3}로 구해진다.

2.4.2 가열과 냉각

H I 가스가 어떤 특정한 온도를 가지는 것은 가열과 냉각을 반복하기 때문이다. 여기에서는 큰 규모에서의 H I 가스 가열과 냉각을 소개한다.

중요한 가열작용으로 광이온화 가열을 들 수 있다. 이것은 성간공간에 존재하는 성간먼지가 OB형 별 등의 광자에 따라 이온화될 때 방출하는 전자에너지가 성간물질로 분배되고, 그 결과 성간물질의 가열 메커니즘으로 작용하는 물리 과정이다. 그 밖에 X선이나 우주선에 따른 가열도 있다.

한편, 냉각작용으로는 어떤 물리 과정이 있을까?(H I 가스의 21 cm 선 자체 복사로 냉각은 2.1절에서 서술했듯이 복사 지속시간이 매우 길기 때문에 영향이 거의 없다.) 사실 H I 가스라 해도 거기에 포함되어 있는 탄소원자 등의 일부는 이온화되어 있다. 그중에서 1차 이온화된 탄소가 중요한 역할을 한다. 특히 탄소의 금지선forbidden line에 따른 냉각작용이 중요하다. 더욱이 산소의 천이 과정이나 수소의 재결합 과정, 그리고 라이먼 α 천이에 따른 냉각의 기여도 생각할 수 있다. 그러므로 성간먼지의 이온화나 금지선이 현재의 우주를 이해하기 위해 중요하다는 것을 알 수 있다.

2.5 구조형성

H I 가스는 냉각되어 분자구름이 되며 그 이후에 별이 만들어진다. 이런 성간물질에서의 여러 가지 구조형성에 대하여 알아보자. 이를 위해 먼저 H I 가스의 분포를 단순화해 보자. 앞에서 서술했듯이 은하계에서 H I 가스의 은하원반에 수직 방향의 두께는 겨우 100 pc 정도이다(그림 2.11). 한편, 이온화된 수소(H II 가스)는 은하면 위아래로 약 1000 pc까지 두텁게 분포하고 있다. 즉, 차가운 H I 가스가 은하면에 몰려 있는 것을 알 수 있다.

H I으로 된 얇은 가스 원반에서 분자구름과 같은 구조가 만들어지려면 가스구름의 자기중력이 중요하다. 가스구름이 중력적으로 불안정해지려면 중력이 압력에서 생기는 척력보다 커야 한다. 즉, 구조형성의 크기는 진스 길이보다 커야 한다(9.5.1절 참조). 게다가 가스 원반의 경우는 은하회전에 따른 코리올리의 힘이 중력 불안정을 억제하는 효과도 생각해야 한다.

성간공간에서 구조형성의 기원을 살펴볼 경우에는 열적 불안정성도 중요하다. 성간 가스의 밀도가 높은 장소에서는 가스 입자의 충돌 횟수가 증가하기 때문에 복사냉각률이 올라가고 저온 · 저압 상태가 된다. 따라서 주위의 저밀도 · 고압 가스로 압축되어 점점 더 고밀도가 된다. 이 현상이 열적 불안정성이며 그 독특한 길이는 복사냉각과 열전도의 균형으로 결정되는 길이로, 필드G. Field가 선형해석에서 밝혀 필드 길이라고 한다. 필드 길이보다 큰 공간적인 규모에서는 열적 불안정성에 따른 성간물질의 응축이 가능하지만 작은 규모에서는 열적으로 안정되어 있다.

필드 길이와 진스 길이를 비교해 구름 간 가스에서의 구조형성을 생각하기로 하자. 따뜻한 H I 가스의 온도로 4500 K, 밀도는 0.36 cm^{-3}를 적용하면, 진스 길이는 300 pc 정도, 필드 길이는 1 pc 정도의 값을 얻을 수 있다. 따라서 열적 불안정에 따른 구조형성은 중력 불안정에 따른 구조형성으로는 설명할 수 없는 매우 작은 구조의 기원이 될 수 있다. 실제로 최근에는 이런 작은 구조가 열적 불안정성에 따라 저절로 형성되었다는 이론이 많이 제시되고 있으며, 성간공간에서 H I 가스의 비열적 운동(2.3.2절)의 기원으로도 열적 불안정성이 중요한 역할을 할 가능성을 보여준다.

또한 성간의 구조형성에서 자기유체역학적 고찰도 중요하다. 성간자기장의 세기는 μG 정도이며 자기압력은 약 $\sim 10^{-12}$ erg cm^{-3} 정도이다. 이는 성간 가스의 압력과 비슷해 구조형성에서 자기장이 중요한 역할을 하고 있음을 짐작케 한다.

제3장
분자구름

무수한 별들이 반짝이는 은하면(은하수)에는 비교적 별이 적고 어두운 영역이 곳곳에 존재한다. 이런 영역을 암흑성운dark clouds이라고 하는데, 암흑성운이 어둡게 보이는 것은 그 안에 포함되어 있는 다량의 성간먼지가 배경에 있는 별의 빛을 흡수 · 산란하기 때문이다. 암흑성운은 일반적으로 저온(~10 K)에 고밀도($n[H_2] > 10^2 \sim 10^3\,cm^{-3}$)이며, 내부의 가스는 주로 분자 상태로 존재한다. 이처럼 가스로 구성되어 있으며 분자 상태에 있는 성간구름을 '분자구름' 이라고 한다.

3.1 분자구름의 종류

3.1.1 분자구름과 그 관측방법

분자구름은 보통 저온 상태에 있어 가시광이나 근적외선의 파장대에서 전자기파를 복사할 수는 없다. 그러나 10 K 정도의 저온이라도 분자의 회전천이[1](밀리미터파 · 서브밀리미터파 대역)는 일어날 수 있다. 다만 분자구름의 주성분인 수소분자(H_2)는 영구 전기쌍극자 모멘트를 가지지 않아 10 K 정도의 저온에서는 전자기파를 복사할 수 없다. 그러므로 분자구름을 연구할 때에는 수소분자나 헬륨(He) 다음으로 많이 존재하는 일산화탄소(CO) 등을 이용하여 회전천이에 따른 밀리미터파 · 서브밀리미터파 대역의 분자선 관측(분자분광 관측)을 많이 이용한다. 그림 3.1은 분자구름과 CO분자선의 관측 예이다.

분자선을 관측하면 분자구름 내에 있는 분자 가스의 분포를 알 수 있을 뿐 아니라 온도 · 밀도 · 질량과 같은 분자구름의 기본적 물리량을 추정할

1 분자의 회전상태(회전양자수 J)가 변하는 천이.

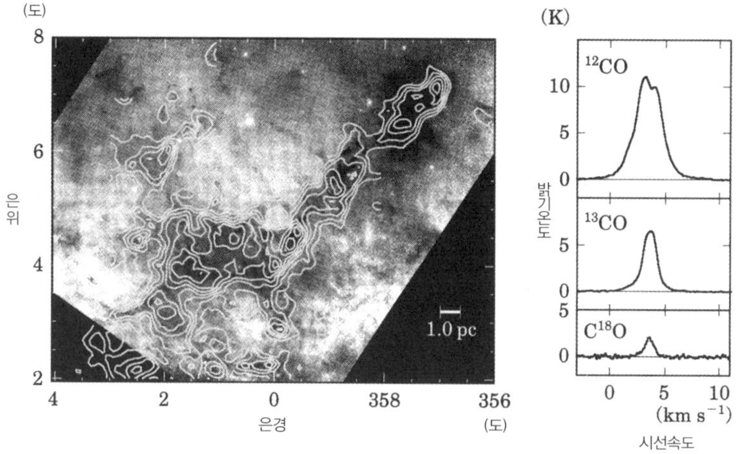

그림 3.1 분자구름과 분자선 관측 예(화보 1 참조). 왼쪽은 파이프 성운이라고 하는 암흑성운의 광학사진(흑백 반전 영상) 위에 CO분자선의 세기분포(등고선)를 그린 것이다. 오른쪽 그림은 CO분자(맨 위, ^{12}CO)와 그 동위원소(가운데와 맨 아래) 분자의 기본 선스펙트럼(회전천이 J=1−0)의 예를 나타낸 것이다 (Onishi *et al.*, 1999, *PASJ*, 51, 871).

수 있다. 또 분자구름에 포함되어 있는 분자 가스의 운동(시선속도)은 도플러 효과로 분자선의 정지 주파수에서 벗어나 있는 것처럼 관측된다. 분자선을 해석하면 은하의 회전곡선뿐 아니라 분자구름의 역학적 거리(2장)를 계산하거나 방출선의 폭에서 분자구름 내부의 속도분포에 대한 정보를 얻을 수 있다.

분자구름의 거의 모든 질량은 가스가 차지하고 있지만 1 % 정도의 성간먼지도 포함되어 있다(6장). 성간먼지를 관측하는 방법으로는 배경의 별빛이 성간먼지에 흡수되는 정도(주로 가시광이나 근적외선 영역의 감광량)를 측정하는 방법과 저온의 성간먼지 자체가 내는 연속복사(원적외선 · 서브밀리미터파 대역에서의 연속복사)를 검출하는 방법이 있다.

3.1.2 거대 분자구름과 암흑성운

분자구름은 다양한 형태와 질량을 가지며, 복수의 분자구름이 젊은 성단이나 H II 영역처럼 좁은 공간에 있으면서 분자구름 복합체molecular cloud complex를 형성하는 경우도 있다. 분자구름 내부에서 특히 밀도가 높은 곳을 분자구름 핵molecular cloud core이라고 하는데 이런 분자구름 핵은 별의 직접적인 모체가 된다(9~11장). 분자구름 핵 정도의 고밀도 지역은 아니지만 분자구름 내의 비교적 고밀도 부분을 덩어리clump라고 하는데 분자구름 핵은 흔히 덩어리에 포함되어 있다.

분자구름은 그 질량이나 크기를 기준으로 거대 분자구름giant molecular clouds과 암흑성운으로 구별해 왔다. 표 3.1은 골드스미스P. Goldsmith가 1987년에 정리한 두 종류의 전형적인 물리량을 잘 보여준다. 하지만 이 표의 수치가 거대 분자구름과 암흑성운을 그대로 정의하는 것은 아니다. 예를 들어 현재는 총질량이 대략 $10^4\,M_\odot$ 이상인 것을 거대 분자구름, 그 이하를 암흑성운이라고 하는 경우가 많다. 여기서 말하는 암흑성운이란 가시광 흡수가 뚜렷하며 태양계 부근의 비교적 소질량이면서 대질량성 생성을 동반하지 않는 천체를 의미하는 경우가 많다. 가시광에서 어둡게 보이는 성운을 뜻하는 전통적인 암흑성운과는 반드시 일치하지 않는다는 사실에 주의해야 한다.

거대 분자구름과 암흑성운은 별탄생 관점에서 보더라도 다른 특징을 가지고 있다. 암흑성운에서는 $1\,M_\odot$ 정도 이하의 소질량성만 만들어지는 데 비해, 거대 분자구름에서는 수 $M_\odot$에서부터 수십 $M_\odot$의 질량을 가진 중질량성이나 대질량성(OB형 별)도 만들어진다. OB형 별은 주위의 가스를 이온화하기 때문에 거대 분자구름에는 M 42와 같이 H II 영역(4장)이 함께 생기는 경우가 많다.

표 3.1 분자구름의 물리량.

		거대 분자구름 (예: 오리온자리 영역)	암흑성운 (예: 황소자리 영역)
분자구름 복합체	크기(pc)	20~80	6~20
	밀도(개 cm^{-3})	100~300	100~1000
	질량($M_\odot$)	8×10^4~2×10^6	10^3~10^4
	온도(K)	7~15	~10
개개의 분자구름	크기(pc)	3~20	0.2~4
	밀도(개 cm^{-3})	10^3~10^4	10^2~10^4
	질량($M_\odot$)	10^3~10^5	5~500
	온도(K)	15~40	8~15
분자구름 핵	크기(pc)	0.5~3	0.1~0.4
	밀도(개 cm^{-3})	10^4~10^6	10^4~10^5
	질량($M_\odot$)	10~10^3	0.3~10
	온도(K)	30~100	~10

Goldsmith 1987, *Interstellar processes*, Dordrechit, D Reidel Publishing Co.

성간공간에는 거대 분자구름과 암흑성운 외에도 주변 분자구름들과는 독립된 소형 분자구름도 존재한다. 이런 분자구름을 1947년 보크B. Bok와 라일리E. Reilly는 구상체globule라고 이름을 붙였다. 전형적인 구상체의 질량은 1 $M_\odot$ 이하이지만 질량이 10~10^2 $M_\odot$인 대형 구상체도 있다. 대형 구상체는 보크 구상체라고 하는데 B 335 등처럼 내부에서 별을 만들어내는 것도 있다. 보크 구상체는 독립된 분자구름 핵이라고도 할 수 있다.

3.2 분자구름의 공간분포와 그 성질

3.2.1 분자구름의 탐사

분자구름 탐사는 사진 건판을 이용해 암흑성운을 연구하기 시작한 20세기

전반부터 이루어졌다. 바너드E. Barnard는 1927년에 300개가 넘는 암흑성운의 목록을 작성했다. 시간이 지남에 따라 암흑성운의 광대역 탐사가 은하면 규모에서 이루어졌고, 1955년에는 카프타시J. Khavtassi가 전 은하면에 대한 목록을 만들었다. 또 린즈B. Lynds는 1962년에 천구의 북반구에 분포하는 암흑성운의 상세 목록을 작성했다. 남반구에 대해서는 1982년 파이징거J. Feitzinger와 스튜베J. Stüwe가 린즈의 목록과 비슷하게 만들었다.

이처럼 암흑성운의 탐사는 사진 건판을 이용해 인간의 눈으로 찾아내는 방법이었고, 암흑성운의 기본적 물리량인 소광량의 측정 등은 이루어지지 않았다. 하지만 2005년 쓰치하시 가즈히토土橋一仁 등은 사진 건판을 디지털화한 탐사자료Digitized Sky Survey I에 암흑성운의 전통적인 연구방법인 스타-카운트[2]star count법을 적용해 소광량을 측정함으로써 은위 $|b| \leqq 40°$의 영역을 망라하는 정량적 암흑성운 목록을 작성했다.

성간먼지를 탐사하는 방법은 위에서 설명한 사진 건판상의 소광을 이용하는 탐사 외에도 성간먼지의 원적외선 복사를 이용하는 방법도 있다. 1998년 슐레겔D. Schlegel 등은 IRAS, COBE의 위성으로 성간먼지에서 나오는 복사 정보를 해석하여 성간먼지의 전천 분포도를 작성했다.

전파천문학이 발전하면서 1970년대 후반부터 분자선을 이용한 분자구름의 광역탐사가 활발히 이루어졌다. 특히 데임T. Dame 등은 콜롬비아 대학(미국)과 세로토롤로 천문대(칠레)에 구경 1.2 m의 전파망원경을 설치하고 CO분자선(회전천이 $J=1-0$, 115 GHz)으로 전 은하면을 관측하기에 이르렀다. 이 관측으로 은하계 내 분자구름의 분포가 대략적이나마 밝혀졌다. 그 연구 성과는 데임이 1987년과 2001년에 정리한 논문에 소개되어 있다.

2 천구에서의 별의 개수밀도(단위입체각당 별의 수)를 조사해 소광량을 추정하는 방법이다.

일본의 경우, 후쿠이福井 박사를 중심으로 나고야대학의 연구그룹에서 분자운의 광역탐사를 추진했다. 이들은 1980년대 나고야대학 구내, 그리고 1990년대에는 칠레의 라스 캄파나스Las Campanas 천문대에 각각 지름 4 m의 전파망원경을 설치하고, 데임의 경우보다도 높은 각분해능으로 우리은하 및 대마젤란은하 내의 분자구름 분포에 대한 연구를 했다. 또 후쿠이 박사의 분자구름 탐사는 CO분자선에 그치지 않고, 동위원소인 ^{13}CO와 C^{18}O의 분자선도 함께 진행했다. 이 연구성과는 1999년과 2001년에 발행된 일본천문학회의 학술잡지(영문 연구보고, *PASJ*)의 특집호를 비롯하여 다수의 학술논문과 해설기사에 수록되었다.

3.2.2 은하계 내부의 분자구름 분포

은하면에 대한 분자구름의 분포를 그림 3.2에 나타냈다. 10 kpc 정도인 은하계의 반지름에 비해 항성이나 분자구름이 포함되어 있는 은하원반은 얇아서 약 100 pc의 두께밖에 되지 않는다. 따라서 태양계에서 멀리 떨어져 있는 분자구름은 은하좌표의 적도($b=0°$) 부근에서 집중적으로 관측되고 있다.

한편, 태양계 근방의 분자구름은 거리가 가까워 적도에서 약간 떨어진 비교적 높은 은위 영역에 분포하는 경우도 많다. 우리나라나 일본에서도 관측할 수 있는 오리온자리Orion, 황소자리Taurus, 땅꾼자리Ophiuchus와 남반구에서만 볼 수 있는 카멜레온자리Chamaeleon, 이리자리Lupus, 남쪽왕관자리Corona Australis 등에는 잘 알려진 태양계 근방의 분자구름이 있어 다양한 파장대에서 연구되고 있다.

이 근방 분자구름은 태양계와 함께 은하계를 회전하고 있기 때문에 시선속도도 0 km s^{-1} 부근의 값을 가진다. 태양계 근방의 분자구름 분포를 그림 3.3에 나타냈다.

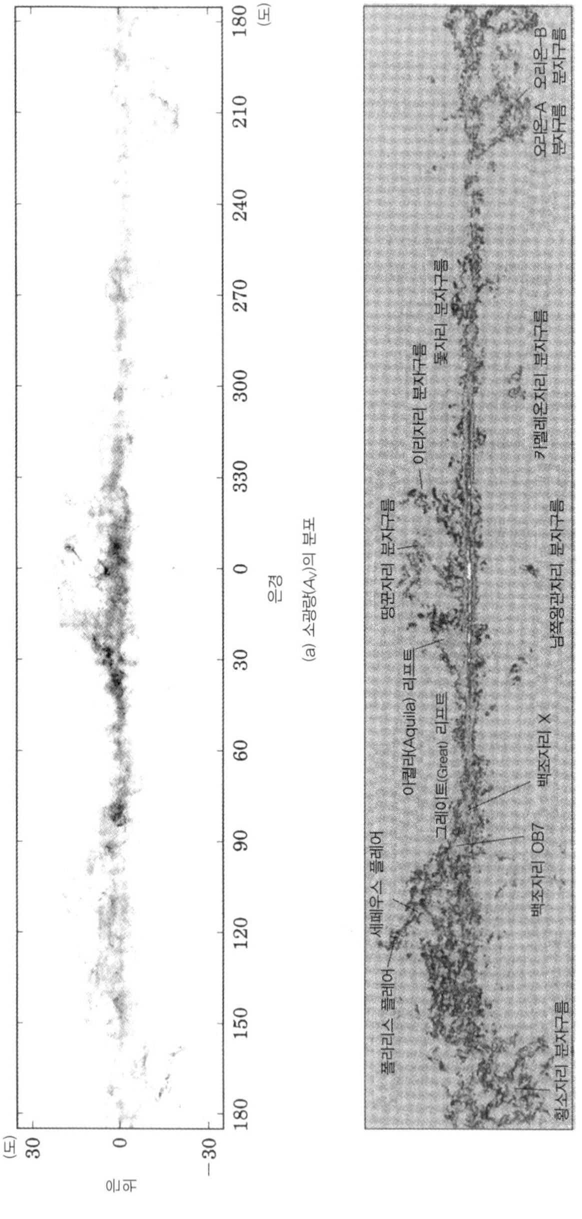

(a) 소광량(A_V)의 분포

(b) CO분자선의 적분세기분포

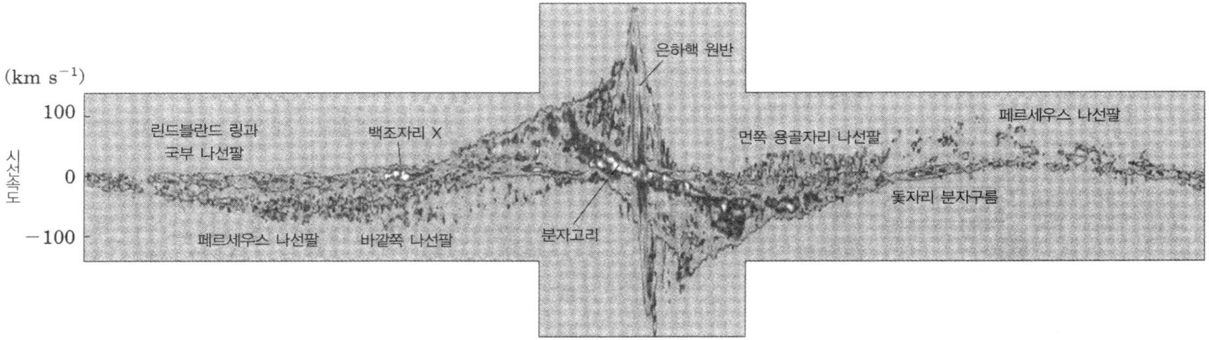

(c) CO분자선의 속도분포(은경 대 시선속도)

그림 3.2 은하면에서의 분자구름 분포. (a)는 가시광 영역에서의 소광량(A_V) 분포로 주로 태양계 주변의 분자구름 분포를 나타낸다(Dobashi *et al.*, 2005, *PASJ*, 57, S1). (b)는 CO(J=1−0)분자선의 적분세기분포. (c)는 (b)와 같은 분자선의 은경에 대한 시선속도의 분포(Dame *et al.*, 2001, *ApJ*, 547, 792). (b)의 세로축 · 가로축은 (a)와 같은 간격의 은경 · 은위이다. (c)의 가로축은 다른 그림과 같은 은경이며, 세로축은 시선속도를 나타낸다.

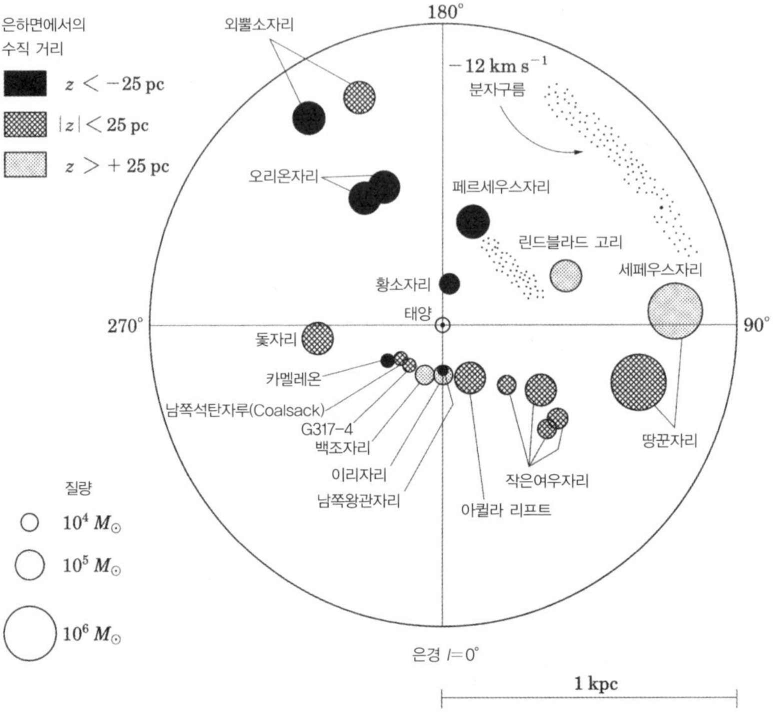

그림 3.3 태양 근방의 분자구름 분포. 태양계에서 1 kpc 이내에 있는 분자구름을 질량별(원의 크기), 은하면에서의 거리별(흑백 농도)로 나타냈다(小暮智一, 『星間物理學』, ごとう書房 1994, p.545, 그림 13.13을 수정. 원저는 Dame *et al.*, 1987, *ApJ*, 322, 706).

태양계에서 멀리 떨어져 있는 분자구름은 $b=0°$ 부근에서 집중적으로 관측되는데, 시선속도를 이용하면 분리할 수 있다. 분자구름은 주로 나선팔(2장)을 따라 분포하고 있어 CO분자선의 자료를 분석하면 나선팔에 속하는 은하계의 다양한 분자구름을 검출할 수 있다. 그림 3.2 (c)의 은경-시선속도 그림에서 볼 수 있는 주요 나선팔로는 페르세우스 팔Perseus arm, 바깥쪽 팔Outer arm, 용골자리 팔Carina arm 등이 있다. 또한 그림 중앙 부근(은경 $l=320°$에서 30° 사이)에는, 그림의 왼쪽 위에서 오른쪽 아래 방향으로 두꺼운 띠 모양의 분자 가스가 분포하고 있음을 알 수 있다. 곧 분자 가스가 은하중심 주위에 고리 모양으로 분포하고 있음을 나타낸 것으로 이를 분자고리molecular ring라고 한다. 더욱이 은경 $l=0°$ 부근에서는 은하중심을 150 km s^{-1} 이상의 고속으로 회전하는 은하핵 원반nuclear disk을 볼 수 있다.

분자구름은 은하면에서 멀리 떨어진 높은 은위 지역에도 분포한다. 이런 분자구름을 고은위운high-latitude clouds이라고 한다. 고은위운은 시선속도가 0 km s^{-1} 정도인 태양계 근방의 것과 ~40 km s^{-1}에서 200 km s^{-1}의 것 등 두 종류로 나뉜다. 후자처럼 빠른 시선속도를 가진 고은위운을 고속도운high-velocity clouds이라고 하는데 이런 고속도운의 기원에 대해서는 아직 알려진 것이 많지 않지만 은하계 밖에서 은하면을 향해 낙하하는 분자구름으로 생각된다.

또 시선속도가 ~40 km s^{-1} 정도를 중속도운intermediate-velocity clouds, ~100 km s^{-1} 이하의 것을 고속도운high-velocity clouds으로 상세히 구분하기도 한다. 은하면에 있는 많은 분자구름과는 달리 이 분자구름에서 관측되는 CO분자선은 일반적으로 약한 편이지만 중성수소원자(H I)의 21 cm 선은 오히려 더 잘 관측된다.

3.2.3 질량 스펙트럼

분자구름이 어느 정도의 질량을 가지며 또 얼마나 많이 존재하고 있는가를 나타내는 분포함수를 분자구름의 질량함수mass function 또는 질량 스펙트럼mass spectrum이라고 한다. 현재, 천구의 어느 영역에 수많은 분사구름이 분포하고 있다고 상상해 보자. 분자구름의 질량을 M, 질량 M에서 $M+dM$ 사이에 있는 분자구름의 수가 dN이면 질량 스펙트럼 $f(M)$은 $dN=f(M)dM$으로 정의한다. 관측자료와 비교하는 경우에 $f(M)$은 종종 다음과 같이 M의 멱법칙power law으로 표시한다.

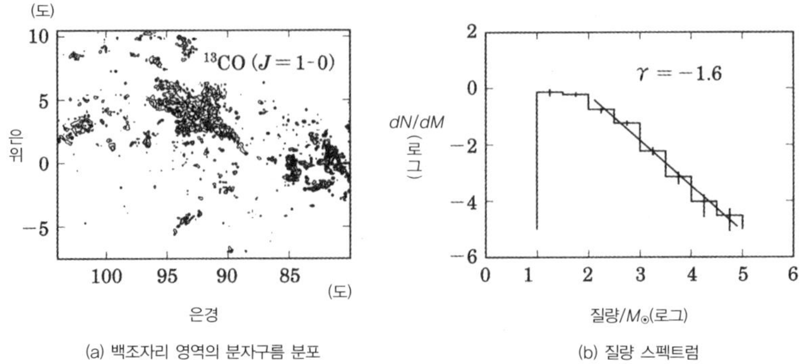

그림 3.4 ^{13}CO분자선에 따라 그린 백조자리 영역의 분자구름 분포와 그 질량 스펙트럼(Dobashi *et al.*, 1996, *ApJ*, 466, 282).

$$f(M) = \frac{dN}{dM} \propto M^{-\gamma}$$

위의 식을 이용해 쓰치하시土橋, 요네쿠라米倉, 가와무라河村 등은 백조자리 영역, 세페우스자리 영역, 황소자리 · 마차부자리 영역 등에 있는 태양계 근방 분자구름의 경우에 질량 M이 $10^2 M_{\odot}$보다 큰 범위에서는 γ가 $1.4 < \gamma < 2.0$의 값을 가진다는 사실을 밝혀냈다. 그 예로 백조자리 영역에서의 질량 스펙트럼을 그림 3.4에 나타냈다.

분자구름 내부에 있는 분자구름 핵에 대해서도 같은 방법으로 질량 스펙트럼을 정의한다. 9장에서 설명하겠지만 별의 직접적인 모체인 분자구름 핵의 질량 스펙트럼은 어느 정도의 질량을 가지는 별이 얼마나 생성될지를 나타내는 별의 초기질량함수initial mass function와 직접적으로 관련되어 있다. 그러므로 분자구름과 분자구름 핵의 질량 스펙트럼을 함께 고려함으로써 다수의 분자구름을 포함한 계 전체의 초기질량함수를 추정할 수 있다.

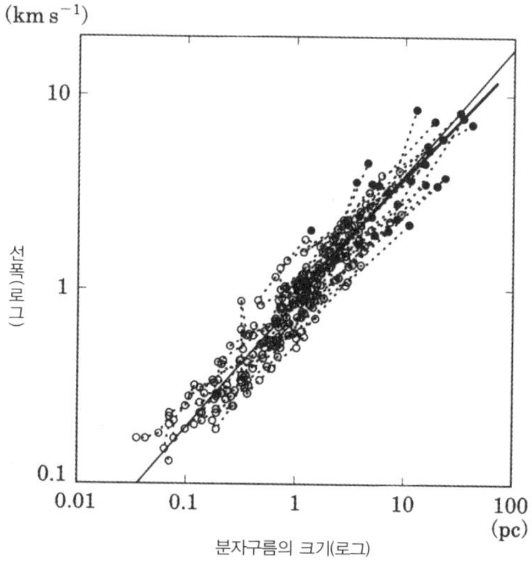

그림 3.5 분자구름 크기와 선폭 사이의 관계(Heyer & Brunt 2004, *ApJ*, 615, 45).

3.2.4 초음속 난류

전파 영역의 방출선에 따른 분자구름 관측으로 알 수 있는 가장 중요한 특징은 선폭이 넓다는 점이다. 온도 10 K인 가스 입자들을 보면 그 열운동 속도로 기대하는 선폭에 비해 적게는 몇 배에서 많게는 몇십 배나 넓은 선폭이 보편적으로 보인다. 이에 따라 분자구름 가스는 초음속의 난류 상태에 있다고 생각한다. 이 기원에 대해서는 아직 이론적으로 완전히 정리되지 않았지만 최근에 활발히 연구되고 있다.

이 초음속 선폭 δv와 분자구름의 크기 l에는 특징적인 관계가 있음이 1980년대부터 알려졌는데 그 대표적인 관측자료를 그림 3.5에 나타냈다. 이와 같이 분자구름이 클수록 선폭이 넓어지는 것을 알 수 있으며 다음과 같은 근사식으로 나타낼 수 있다.

$$\delta v \propto l^{0.5} \tag{3.1}$$

3.3 분자구름의 화학조성

분자구름은 가스와 성간먼지로 이루어진다. 가스의 주성분은 수소분자이지만 그 밖에도 다양한 분자가 조금씩 포함되어 있다. 지금까지 약 130종의 성간분자의 존재가 전파 · 적외선 · 가시광 관측으로 밝혀졌으며 그중 많이 알려진 성간분자들을 표 3.2에 정리했다.

표 3.2 지금까지 관측된 성간분자(2007년 6월『理科年表』출처).

간단한 수소화합물, 산화물, 황화물, 할로겐 화합물 등				
H_2	CO	NH_3	CS	$NaCl$
HF	SiO	SiH_4	SiS	$AlCl$
HCl	SO_2	C_2	H_2S	KCl
H_2O	O_2	CH_4	PN	AlF
N_2O	CO_2	HCP	OCS	
나이트릴, 아세틸렌 유도체 등				
C_3	HCN	CH_3CN	HNC	C_2H_2
C_5	HC_3N	CH_2CHCN	$HNCO$	HC_4H
C_3O	HC_5N	CH_3CH_2CN	$HNCS$	HC_6H
C_3S	HC_7N	CH_3C_3N	$HNCCC$	CH_3C_2H
C_4Si	HC_9N	CH_3C_5N	CH_3NC	CH_3C_4H
C_2H_4	$HC_{11}N$		$HCCNC$	CH_3C_6H
알데히드, 알코올, 에테르, 케톤, 아미드 등				
H_2CO	CH_3OH	$HCOOH$	CH_2NH	H_2C_3
H_2CS	C_2H_5OH	$HCOOCH_3$	$CH_2CNH^{\dagger}$	H_2C_4
CH_3CHO	CH_2CHOH	CH_3COOH_3	CH_3NH_2	H_2C_6
NH_2CHO	CH_3SH	H_2CCO	NH_2CN	
HC_2CHO	$(CH_3)_2O$	CH_2CCHCN	CH_3CONH_2	
CH_2OHCHO	$(CH_3)_2CO$			
$CH_2CHCHO^{\dagger}$	$(CH_2OH)_2^{\dagger}$			
$C_2H_5CHO^{\dagger}$	$C_2H_5OCH_3^{\dagger}$			
고리형 분자				
c-C_3H_2	*c*-SiC_2	*c*-SiC_3	*c*-C_3H	*c*-C_2H_4O
c-C_6H_6	*c*-H_2C_3O			

분자이온				
CH^+	HCO^+	$HCNH^+$	H_3O^+	HN_2^+
CF^+	HOC^+	HC_3NH^+	H_2COH^+	H_3^+
CO^+	HCS^+	SO^+	C_4H^-	C_6H^-
	$HOCO^+$			
라디칼				
OH	C_2H	CN	C_2O	C_2S
CH	C_3H	C_3N	NO	NS
CH_2	C_4H	C_5N	SO	SiC
CH_3	C_5H	HCCN	HCO	SiN
NH	C_6H	HC_4N	MgNC	SiCN
NH_2	C_7H	CH_2CN	MgCN	SiNC
SH	C_8H	CH_2N	NaCN	CP
		HNO	AlNC	FeO†

† 표시는 보고는 되었지만 아직 확인되지 않은 물질.

수소분자에 이어 가장 많은 분자는 CO인데 수소분자의 약 1만분의 1 개수비로 존재하며 그 외 분자들의 존재량은 이보다 훨씬 적다. 표 3.2에서 알 수 있듯이 분자구름 화학조성의 특징은 다음의 세 가지로 정리할 수 있다.

(1) H_3^+, HCO^+ 등의 이온이 존재한다. 이는 분자구름이 약하게나마 이온화 상태에 있음을 나타낸다. 최근 음이온분자 C_6H^-도 검출되었다.

(2) 불포화 유기분자가 많다. 특히 다양한 탄소계 분자가 많이 존재한다.

(3) 유리기free radical[3] 등의 반응성이 높고 실험실 조건에서 수명이 짧은 분자가 다수 존재한다.

성간분자의 스펙트럼선을 관측함으로써 분자구름의 구조나 물리상태,

3 홀수 전자를 가진 물질을 말하며, 특징은 반응성이 아주 강하고 그 수명이 아주 짧다.

그리고 화학조성을 알 수 있다. 수소분자는 전기쌍극자 모멘트를 가지지 않기 때문에 일반적으로 회전천이와 진동천이가 일어나지 않는다. 전기 4중극 모멘트로 회전천이와 진동천이가 허용되지만 이는 일반적으로 매우 약하거나 특수한 물리상태에서만 관측된다. 그렇기 때문에 분자선의 구조나 물리상태를 찾는 일반적인 방법에서는 수소분자의 스펙트럼을 잘 이용하지 않는다. 보통 CO를 비롯해 비교적 존재량이 많은 분자의 회전 스펙트럼을 측정하고, 그 결과에서 수소분자의 존재량을 추정해 물리량을 이끌어낸다. 따라서 관측하고 있는 분자가 수소분자에 대해 어느 정도의 비율로 존재하는가(존재비)를 아는 것이 필수이다. 존재비는 성간분자구름의 화학반응과 밀접하게 관련있으므로 분자구름에서 일어나는 화학 과정에 대한 이해는 화학조성을 분석하는 데 머물지 않고 분자구름의 구조나 물리상태의 연구에도 중요한 자료가 된다.

3.3.1 우주선 이온화와 광이온화

분자구름은 비록 적지만 이온화되어 있으며, 그 원인으로는 주로 1~100 MeV 정도의 양성자인 우주선에 따른 이온화와 자외선에 따른 광이온화 등을 들 수 있다. 자외선은 분자구름에 포함된 성간먼지 등에 따라 분자구름의 표면층에서 흡수되거나 산란되고 만다. 그 결과 자외선이 분자구름의 중심부까지 도달하지 못해 분자구름 중심부의 이온화에 영향을 주지 못한다. 한편, 우주선 양성자는 분자구름을 관통할 수 있어 분자구름 중심부의 가스를 이온화한다. 그중에서도 가장 중요한 것이 수소분자의 우주선 이온화이다.

$$H_2 + (\text{우주선}) \rightarrow H_2^+ + e^- \quad (3.2)$$

$$\rightarrow H^+ + H + e^- \quad (3.3)$$

이렇게 생성된 H_2^+ 이온은 주위의 수소분자와 곧 반응해 버린다.

$$H_2^+ + H_2 \rightarrow H_3^+ + H \qquad (3.4)$$

H_3^+ 이온은 더 이상 수소분자와는 반응하지 않으며, 수소 다음으로 많은 CO분자와의 반응에서 주로 붕괴된다.

$$H_3^+ + CO \rightarrow HCO^+ + H_2 \qquad (3.5)$$

여기서 생긴 HCO^+ 이온은 전자와 재결합해 파괴된다.

$$HCO^+ + e^- \rightarrow CO + H \qquad (3.6)$$

이런 반응양식을 고려하고, 전자의 이동에 착안하여 반응속도 방정식을 쓰면 다음과 같다.

$$\frac{d[e^-]}{dt} = \zeta \cdot [H_2] - k_r \cdot [HCO^+] \cdot [e^-]^4 \qquad (3.7)$$

여기서 ζ는 우주선에 따른 이온화율이며 k_r은 HCO^+와 전자가 재결합하는 반응의 속도상수이다. 근사적으로 가스 내에 있는 양의 전하 대부분을 주로 HCO^+가 맡고 있다고 하면 $[HCO^+]=[e^-]$라고 둘 수 있다. 정상상태 steady state에서는 (식 3.7)의 좌변은 0이므로 다음과 같이 이온화도를 구할 수 있다.

$$\frac{[e^-]}{[H_2]} = \sqrt{\frac{\zeta}{k_r \cdot [H_2]}} \approx 10^{-7}\sqrt{\frac{10^4\,cm^{-3}}{[H_2]}} \qquad (3.8)$$

4 기호 [ ]는 단위부피당 개수를 나타낸다. 원소기호를 표기하여 식의 의미를 알기 쉽게 한다.

여기서 $k_r=10^{-7}\,\mathrm{cm^3\,s^{-1}}$, $\zeta=10^{-17}\,\mathrm{s^{-1}}$으로 두었다. 이런 간단한 모델로 이온화도는 10^{-7} 정도의 크기를 가지며 밀도의 제곱근에 반비례한다고 예상할 수 있다. 이 값은 관측에서 얻어지는 값과 거의 비슷하다.

분자구름의 외층에서는 자외선에 따른 광이온화의 영향이 뚜렷하게 나타난다. 광이온화를 일으키는 것은 이온화 퍼텐셜(Ionization Potential, IP)이 13.60 eV 이하인 원자나 분자이다. 외층에서는 광해리가 일어나므로 분자는 대부분 원자로 되어 있다고 생각해도 괜찮다. 광이온화를 일으키는 가장 존재량이 많은 원자는 탄소원자(IP=11.26 eV)이다. 따라서 외층부에서는 모든 탄소원자가 탄소 이온으로 되어 있다면 탄소의 수소에 대한 존재비가 그대로 이온화도가 된다. 그러므로 이온화도는 10^{-4} 정도의 값을 가진다. 표층에서 안쪽으로 갈수록 자외선 세기는 지수함수적으로 감소한다. 그 결과 이온화도가 내려가고 우주선에 의한 이온화율로 얻은 값(10^{-7})에 근접하게 된다.

3.3.2 분자의 생성

원자 가스가 주성분인 엷은 성간구름으로부터 분자구름이 만들어지는 과정에서 수소원자가 수소분자로 생성된다. 그러나 수소원자끼리의 충돌만으로는 결합 안정화에서 발생한 에너지를 어디에도 처리할 수 없어 다시 수소원자 형태로 분리되어 버린다. 따라서 이 과정에서는 수소분자가 생성되지 않는다. 수소분자의 생성은 주로 성간먼지의 표면에서 일어난다. 즉, 성간먼지 표면에 흡착된 수소원자끼리 결합하여 수소분자를 생성하는 것이다. 이는 일종의 3체충돌반응이라고 볼 수 있으며 이 반응에서 생긴 에너지는 쉽게 흡수된다. 원자 가스에서 분자 가스로의 변환은 성간자외선이 차단되기 시작해 수소분자의 광해리가 잘 일어나지 않는 환경에서 진행되는데 가시광의 감광 측면에서 보면 1등급 정도 이하의 영역을 뜻한다.

분자구름에서 다양한 분자들의 생성에는 이온 분자반응이 중요한 역할을 한다. 이온이 분자에 접근하면 이온에 따른 자기장에서 분자가 분극되어 쌍극자 모멘트가 유도된다. 이 유도쌍극자와 이온 사이에 작용하는 인력 퍼텐셜은 r^{-4}의 의존성을 지녀 중성분자 사이에 작용하는 인력 퍼텐셜(주로 분산력, 배향력[5], 유도력[6]) 의존성 r^{-6}보다 먼 거리까지 영향을 준다. 그 결과 충돌단면적이 커지면서 반응속도가 빨라진다. 더욱이 이온 분자반응의 속도상수는 온도에 의존하지 않는다. 이런 두 가지 이유로 저온·저밀도의 극한 상태에 있는 분자구름에서도 반응이 충분히 일어날 수 있다.

분자구름의 분자 생성은 H_3^+ 이온에서 시작된다. 먼저 H_3^+ 이온에서 A라는 분자(또는 원자)로 양성자가 이동한다.

$$H_3^+ + A \rightarrow AH^+ + H_2 \tag{3.9}$$

이때 A의 양성자 친화력은 수소의 양성자 친화력보다 커야 한다. 생성된 AH^+ 이온은 분자(또는 원자) B와 반응해 보다 큰 분자를 형성한다.

$$AH^+ + B \rightarrow AB^+ + H \tag{3.10}$$

이러한 H_3^+를 축으로 한 분자 생성을 H_3^+ 화학이라고 한다.

구체적인 예로 물분자(H_2O)의 생성 과정을 살펴보자. 이는 H_3^+와 산소원자(O)의 반응에서 시작되어 다음과 같은 반응 과정을 거쳐 만들어진다.

$$H_3^+ + O \rightarrow OH^+ + H_2 \tag{3.11}$$

$$OH^+ + H_2 \rightarrow OH_2^+ + H \tag{3.12}$$

$$OH_2^+ + H_2 \rightarrow OH_3^+ + H \tag{3.13}$$

5 쌍극자 사이의 상호작용.
6 쌍극자-유도쌍극자 사이의 상호작용.

$$OH_3^+ + e^- \rightarrow H_2O + H \quad (3.14)$$

여기서 OH_3^+는 NH_3와 등전자isoelectronic 구조를 갖는 안정된 이온이며, 더 이상 H_2 분자와의 반응이 일어나지 않는다는 점에 주의하자. 그렇기 때문에 전자와 재결합해 H_2O를 만들어낸다.

이온 분자반응과 더불어 실제로는 중성분자끼리의 반응도 일어난다. 예를 들어

$$C + OH \rightarrow CO + H \quad (3.15)$$

$$CH + O \rightarrow CO + H \quad (3.16)$$

은 CO분자를 만드는 중요한 반응이다. 분자구름에서는 다양한 반응이 동시에 진행되고 있어 여러 가지 분자가 만들어진다.

분자구름의 중심부에서 분자는 H^+, H_3^+, He^+ 같은 이온과의 반응으로 파괴된다. 특히 He^+는 중성화하면 24.6 eV의 에너지를 방출하므로 강한 파괴력을 가진다. 예를 들어 CO와 반응하면 다음과 같이 된다.

$$He^+ + CO \rightarrow C^+ + O + He \quad (3.17)$$

이온 등의 파괴 외에도 유리기, 탄소계 분자 등은 산소원자와의 반응에서서도 파괴된다. 한편, 분자구름의 표면 근처에서 분자는 성간자외선에 광해리되므로 쉽게 파괴된다. 얇은 분자구름이나 분자구름 표면에서 3원자 분자 이상의 분자가 적은 것은 이 때문이다.

3.4 분자 스펙트럼의 들뜸 메커니즘

우리는 성간 가스에서 방출되는 복사 스펙트럼을 관측함으로써 그 열적

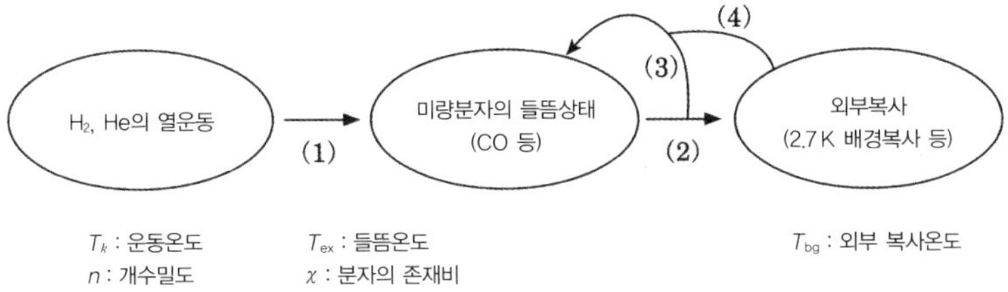

그림 3.6 성간분자구름 내에 존재하는 미량분자의 에너지 손익과 들뜸상태.

운동온도나 밀도 등의 물리상태를 알 수 있다. 그 때문에 분자나 원자 스펙트럼의 들뜸 메커니즘의 이해는 성간 가스의 물리상태를 알기 위해서라면 반드시 필요하다고 할 수 있다. 성간분자구름의 주성분인 수소분자는 그 온도와 밀도 조건에서는 방출선을 내지 않아 수소분자에 대한 존재비가 $10^{-4} \sim 10^{-11}$ 정도인 미량의 분자선을 관측함으로써 그 물리상태를 연구한다. 방출선은 분자가 보다 높은 에너지 준위에서 낮은 준위로 천이할 때 방출되기 때문에 각각의 준위에 어느 정도의 비율로 분자가 존재하는지의 분포상태, 즉 그 들뜸상태를 알아야 한다.

미량분자의 들뜸상태는 그 분자의 에너지 손익으로 결정된다. 그 모양을 그림 3.6에 나타냈다. 에너지를 얻는 메커니즘으로는 분자 가스의 대부분을 차지하는 수소분자 · 헬륨원자의 열운동에 따른 그 분자로의 비탄성 충돌(1), 분자구름 외부에서 오는 복사(4), 방출된 광자의 분자구름 안에서 재포획(3)이며, 에너지를 잃는 메커니즘으로는 그 분자의 자연복사(2) 등을 생각할 수 있으며, 이 균형들에 따라 들뜸상태가 결정된다. 수소분자의 열운동은 그 열적온도 T_k, 외부복사는 그 복사온도 $T_{\rm bg}$로 특징지을 수 있다. 분자의 들뜸상태는 준위 1, 2에 있는 개수를 각각 n_1, n_2, 통계적 무게를 g_1, g_2라고 했을 때 다음과 같이 들뜸온도 $T_{\rm ex}$를 나타낼 수 있다.

$$\frac{n_2}{n_1} = \frac{g_2}{g_1} \exp\left(-\frac{h\nu}{kT_{ex}}\right) \tag{3.18}$$

이것은 어떤 두 준위에 존재하는 분자의 비를 들뜸온도 T_{ex}의 볼츠만 분포로 나타낼 수 있음을 의미한다.

수소분자의 개수밀도 n이 충분히 큰 경우 (1)의 과정이 분자의 들뜸상태를 결정하므로 분자의 에너지 분포는 수소분자와 열평형상태($T_{ex}\sim T_k$)에 근접하게 된다. n이 작은 경우에는 (2), (3), (4)의 과정이 우세하므로 (3)의 과정에 따른 영향이 작은 경우에 분자의 에너지 분포는 외부복사와 평형($T_{ex}\sim T_{bg}$)이 된다. 분자의 기둥밀도column density가 커져 (2)에서 방출된 광자가 분자구름 밖으로 빠져나가지 못하면 (3) 과정의 영향이 커지게 되고, 에너지 손익은 (1)의 과정에서 결정되므로 T_{ex}는 T_k에 가까워진다.

이 과정들을 수식을 이용해 생각해 보자. 간단히 두 개의 준위(준위 1, 2)만 있다고 가정하고 준위 2 쪽이 에너지가 크다고 하자. 각각의 준위에 있는 개수밀도를 n_1, n_2, 수소분자에 따른 들뜸, 들뜸 제거의 충돌계수를 C_{12}, C_{21}, 평균복사세기를 J_ν라고 하면 아인슈타인 계수를 이용한 통계평형식은 다음과 같이 나타낼 수 있다.

$$n_1(B_{12}J_\nu + C_{12}) = n_2(A_{21} + B_{21}J_\nu + C_{21}) \tag{3.19}$$

여기서 충돌계수는 수소분자 개수밀도 $n(H_2)$를 이용하여 $C_{ij}=n(H_2)\gamma_{ij}$와 같이 쓸 수 있고, 열역학적 평형을 실현하려면 다음과 같은 관계식을 만족한다.

$$g_1\gamma_{12} = g_2\gamma_{21} \exp\left(-\frac{h_{\nu 21}}{kT_k}\right) \tag{3.20}$$

또한 통계평형식에 플랑크 분포를 적용하면 다음과 같은 관계식을 얻는다.

표 3.3 분자의 전기쌍극자 모멘트.

분자	CO	SO	CS	HCN	SiO	HCO^+
μ(Debye, 기호 D)†	0.11	1.52	1.96	2.99	3.10	3.93

† 표시는 전기쌍극자 모멘트를 나타내는 단위 중 하나.
1 디바이Debye는 10^{-8} esu cm이다.

$$A_{21} = \frac{2h\nu^3}{c^2} B_{21} \tag{3.21}$$

여기서 γ_{ij}는 충돌단면적 σ_{ij}와 평균충돌속도 $\langle v \rangle$를 이용해 $\gamma_{ij} = \sigma_{ij} \langle v \rangle$로 나타낼 수 있지만 이 값을 구하는 것은 쉽지 않다. 중성분자가 수소분자와 충돌해 들뜸이 되는 경우에 이 값은 10^{-10}~10^{-11} $cm^{-3}\,s^{-1}$ 정도가 된다. 하지만 이 값은 일반적으로 준위의 조합(i, j)에 따라 달라진다. 기본분자에 대해서는 양자화학 계산으로 구한 퍼텐셜 에너지 곡면을 기준으로 특정 회전상태에서 다른 회전상태로의 충돌계수를 각각 계산할 수 있어 그것들을 이용하면 좋다.

밀도 n이 충분히 클 경우, 즉 충돌계수 C_{ij}가 아인슈타인 계수 A_{21}보다 충분히 큰 경우에

$$\frac{n_2}{n_1} = \frac{g_2}{g_1} \exp\left(-\frac{h\nu_{21}}{kT_k}\right) \tag{3.22}$$

와 같이 되며 (식 3.18)과 비교하면 $T_{ex} = T_k$가 된다.

한편, 밀도가 매우 작은 경우, 즉 충돌계수 C_{ij}가 아인슈타인 계수 A_{21}보다 매우 작으며 그림 3.6 (3)의 과정을 무시할 수 있는 경우에는 (식 3.18)과 아인슈타인 계수의 관계에 따라

표 3.4 분자 스펙트럼의 임계밀도.

분자	CO	CO	CO
천이 ($j \rightarrow k$)	$1 \rightarrow 0$	$3 \rightarrow 2$	$7 \rightarrow 6$
주파수 [GHz]	115.27	345.80	806.65
A_{jk}[s^{-1}]	7.2×10^{-8}	2.5×10^{-6}	3.4×10^{-5}
임계밀도 [cm^{-3}]	2×10^{3}	3×10^{4}	5×10^{5}
분자	**CS**	**CS**	**HCO^{+}**
천이 ($j \rightarrow k$)	$1 \rightarrow 0$	$2 \rightarrow 1$	$1 \rightarrow 0$
주파수 [GHz]	48.99	97.98	89.19
A_{jk}[s^{-1}]	1.7×10^{-6}	1.7×10^{-5}	4.3×10^{-5}
임계밀도 [cm^{-3}]	5×10^{4}	3×10^{5}	2×10^{5}

$$J_\nu = \frac{A_{21}}{\dfrac{g_1}{g_2}\exp\left(\dfrac{h\nu_{21}}{kT_{\text{ex}}}\right)B_{12} - B_{21}} = \frac{2h\nu_{21}^3}{c^2}\frac{1}{\exp\left(\dfrac{h\nu_{21}}{kT_{\text{ex}}}\right) - 1} \tag{3.23}$$

이 되고, 평균복사세기 J_ν가 복사온도 T_{bg}인 흑체복사를 나타낼 경우에는 $T_{\text{ex}} = T_{\text{bg}}$가 된다.

아인슈타인 계수 A와 충돌계수의 비인 A_{21}/γ_{21}를 들뜸의 임계밀도라고 하며 분자의 들뜸상태를 나타내는 지표로 쓰인다. 일반적으로 밀도가 임계밀도보다 같거나 커지면 분자의 에너지 분포는 열평형상태에 가까워지며($T_{\text{ex}} = T_k$), '열적화Thermalized' 되었다고 표현한다. 분자구름이 도달한 곳에서 국부적으로 이런 열평형상태가 되어 있을 경우 국부 열역학적 평형(Local Thermodynamic Equilibrium, LTE) 상태에 있다고 말한다.

분자가 회전천이하는 경우 아인슈타인 계수 A는 분자의 전기쌍극자 모멘트 μ를 이용해 다음과 같이 나타낼 수 있다.

$$A_{J+1,J} = \frac{64\pi^4}{3hc^3}\frac{J+1}{2J+1}\nu_{J+1,J}^3\mu^2 \tag{3.24}$$

즉, 전기쌍극자 모멘트가 큰 천이일수록 들뜸의 임계밀도가 큰 것을 알 수 있다. 또 복사의 진동수는 회전상수 B를 이용하면 $\nu(J+1, J)=2B(J+1)$이므로 J가 큰 들뜸 스펙트럼일수록 임계밀도가 높은 것을 알 수 있다. 충분한 복사세기를 얻으려면 위쪽 준위에 머무는 분자의 수가 충분히 존재할 필요가 있으므로 이 임계밀도는 그 스펙트럼에서 측정 가능한 최소 가스 밀도의 지표라 할 수 있다.

예를 들어 CO분자는 전기쌍극자 모멘트가 0.1디바이 정도로 작기 때문에 $J=1-0$ 천이(115 GHz)의 임계밀도는 $2\times10^3\,\mathrm{cm}^{-3}$ 정도이다. CO분자는 존재비가 크기 때문에 CO($J=1-0$)의 방출선은 분자구름이 있는 곳 어디에서나 관측된다. 한편, CS분자의 쌍극자 모멘트는 1.9디바이이므로 $J=2-1$ 천이(98 GHz)의 임계밀도는 $10^5\,\mathrm{cm}^{-3}$ 정도가 된다. 따라서 CS의 $J=2-1$ 방출선은 분자구름의 고밀도 부분에서만 주로 방출되는 것을 알 수 있다. 여기서 주의해야 할 것은 광학적 깊이의 효과이다. 광학적 깊이가 커지면 방출된 광자가 분자구름에 갇히면서photon trapping 아인슈타인 계수 A가 작아지는 효과가 나타난다. 따라서 임계밀도도 그만큼 낮아지게 된다(3.4.2절 참조).

지금까지의 설명은 준위가 두 가지만 있는 경우이며, 적당한 조건에서 두 가지 준위 중 높은 에너지를 가지고 있는 준위에서의 존재량이 낮은 에너지 준위의 존재량보다 클 때 성립한다. 즉, 역전분포가 일어날 수도 있다는 것이다. 이런 현상이 극단적인 경우에 메이저(Microwave Amplification by Stimulated Emission, MASER)가 되어 매우 강한 스펙트럼선을 방출한다(칼럼 참조).

칼럼 우주 메이저

빛의 영역에서의 레이저laser와 같은 원리로 전파 영역에서 방출되는 메이저maser가 있다. 지상에서처럼 가스의 밀도가 높은 지역에서는 보통 입자끼리의 충돌에 따라 각 에너지 준위에 있는 입자수가 결정되며(열평형상태), 두 준위 사이의 입자수비(n_1, n_2)는 볼츠만 분포(식 3.18)로 주어진다. 따라서 통계적 무게당 입자수(n_i/g_i)는 반드시 아래의 에너지 준위 쪽이 많아진다(그림 3.7 (a)). 하지만 우주공간에서는 가스 밀도가 매우 낮기 때문에 입자끼리의 충돌보다 자연방출(아인슈타인 계수 A)이나 복사에 따른 천이(아인슈타인 계수 B) 쪽이 우세한 경우가 있다. 이때 위의 에너지 준위에서 계수 A나 B에 의해 아래의 준위 2로 떨어질 확률과 2보다 더 아래 준위로 떨어질 확률의 차가 준위 2에 머무는 입자의 확률을 결정한다. 같은 방법으로 준위 1에 존재할 확률도 구할 수 있다. 그 결과 두 에너지 준위 사이에서 위쪽 준위에 있는 입자의 수가 많아지는 경우가 있다(그림 3.7 (b)).

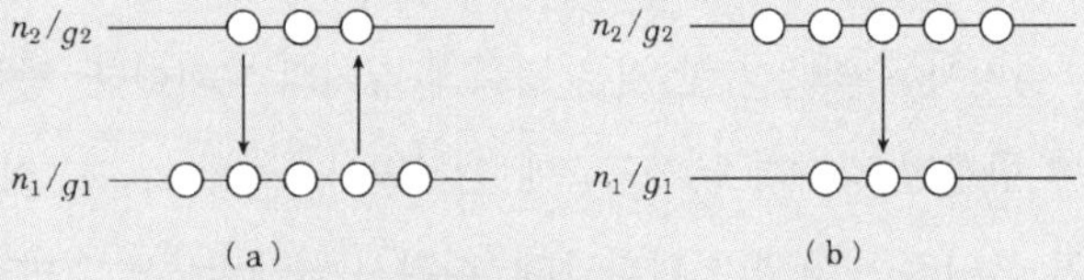

그림 3.7 (a) 열평형상태의 분포, (b) 메이저 상태의 분포.

이는 매우 불안정한 상태로, 밖에서 두 준위 사이의 에너지 차에 해당하는 주파수 ν_{21}의 전파가 들어와도 위의 준위에 있는 입자가 바로 아래 준위로 떨어져 ν_{21}의 전파를 유도방출한다. 이것이 다시 옆의 분자로 들어가 같은 방법으로 방출된다. 이러한 과정이 단계적으로 일어나 매우 강한 방출선을 낸다. 이 현상이 발생하려면 분자 간의 상대속도가 작아야 하므로(주파수가 바뀌기 때문에) 메이저 스펙트럼선의 선폭은 일반적으로 매우 좁다. 우주공간에서는 대질량성 주위의 이온화 영역에 존재하는 분자구름이나 만기형 별 주위의 분자 가스 중의 OH, H_2O, S_iO 등의 분자가 강한 메이저를 낸다. 또 특정한 종류의 활동은하핵에서도 매우 강한 H_2O 메이저가 발견되고 있다. 메이저는 비열적 복사로 극히 높은 밝기온도($T_B > 10^7$ K)를 가지므로 VLBI(초장기선 전파간섭계)를 이용한 초고분해능 관측이 가능하다.

3.4.1 국부 열역학적 평형의 경우

분자 스펙트럼 중에서도 CO는 전기쌍극자 모멘트가 다른 분자에 비해 10배 정도 작아 임계밀도도 작고, 특히 CO(1 - 0) 스펙트럼은 개수밀도가 수백 개 cm^{-3}인 분자 가스구름 내부에서도 충분히 들뜨게 된다. 그렇기 때문에 국부 열역학적 평형을 가정하여 물리량을 계산할 때가 많다. 국부 열역학적 평형일 경우 각 에너지 준위의 존재수 분포는 T_k온도인 볼츠만 분포로 주어지기 때문에 방출선의 세기를 구하는 것은 복사전달의 방정식을 푸는 것만으로도 충분하다. 분자구름 내의 어느 장소에서 방출된 광자는 분자구름 내부를 지나는 도중에 같은 종류의 분자와 상호작용을 하며 흡수, 유도방출로 광자의 수가 변한다. 2장에서 설명한 것처럼 그 복사세기의 변화량을 dI_ν, 분자의 도플러 주파수 분포를 $\phi(\nu)\left(\int\phi(\nu)\,d\nu=1\right)$, 복사 경로를 s라고 하면

$$dI_\nu = \frac{h\nu}{4\pi}\,(n_2A_{21} + n_2B_{21}I_\nu - n_1B_{12}I_\nu)\,\phi(\nu)\,ds \tag{3.25}$$

와 같이 되며 아래처럼 변형할 수 있다.

$$\frac{dI_\nu}{ds} = -\kappa_\nu I_\nu + \varepsilon_\nu \tag{3.26}$$

$$\kappa_\nu = \frac{h\nu}{4\pi}n_1B_{12}\left(1-\frac{g_1}{g_2}\frac{n_2}{n_1}\right)\phi(\nu) \tag{3.27}$$

$$\varepsilon_\nu = \frac{h\nu}{4\pi}n_2A_{21}\phi(\nu) \tag{3.28}$$

이 관계식들에서 $dI_\nu/ds=0$으로 하면 $I_\nu=\varepsilon_\nu/\kappa_\nu$가 된다. 이것은 온도 $T_{ex}=T_k$인 플랑크 분포 $B_\nu(T_k)$와 같다. 즉, 분자구름의 복사세기는 다음

과 같은 복사전달식으로 표현된다.

$$I_\nu = B_\nu(T_k)\,(1 - \exp(-\tau_\nu)) + B_\nu(T_{\rm bg})\exp(-\tau_\nu) \tag{3.29}$$

$$d\tau_\nu = -\kappa_\nu ds \tag{3.30}$$

이 식들에서 스펙트럼의 광학적 깊이 τ_ν를 구하고 κ_ν를 이용하여 분자의 기둥밀도(=분자의 밀도× 진행 깊이)를 구할 수 있다. 이때 열운동온도 T_k를 알아야 하지만, 광학적으로 두터운 스펙트럼(^{12}CO 스펙트럼 등)을 이용하여 (식 3.29)에서 $\tau_2 \rightarrow \infty$를 가정해서 구한 온도를 쓰는 경우도 많다.

3.4.2 국부 열역학적 평형이 아닌 경우

CO 이외의 전기쌍극자 모멘트가 큰 분자나 높은 들뜸 스펙트럼은 임계밀도가 높아 항상 준위분포가 열평형에 있다고 할 수 없다. 이러한 경우 일단 준위분포, 즉 들뜸온도 $T_{\rm ex}$를 구한 다음 위에서 서술한 것처럼 복사전달식을 풀 필요가 있다. 광학적으로 얇은 경우, 즉 분자구름 내에서 방출된 광자가 분자구름 내부에서 재포획되지 않는 경우에는 이 광자가 준위분포에 영향을 주지 않기 때문에 (식 3.19)에서 J_ν가 분자구름의 배경복사에 따른 것이라 이를 감안해 $T_{\rm ex}$를 구하면 된다.

한편, 광학적으로 두터운 경우에는 특정 장소에서 방출된 광자가 다른 장소에서 흡수되거나 유도복사에 영향을 주기 때문에 J_ν가 변한다. 이 변화에 따라 준위분포가 변하는데 이것도 J_ν의 변화에 영향을 준다. 그러므로 (식 3.19)의 국부적인 통계평형식과 (식 3.29)의 복사전달식을 독립적으로 풀 수는 없다. 더욱이 분자구름의 형태, 가스의 속도분포에도 크게 의존하기 때문에 분자구름에서의 복사세기를 간단히 구할 수 없다.

분자구름 내의 특정 장소에서 광자가 분자구름 밖으로 방출되는 확률= '광자의 탈출확률' 을 β_ν라고 하면 (식 3.19)의 평균 복사세기는 다음과 같다고 할 수 있다.

$$J_\nu = (1-\beta_\nu)B_\nu(T_{\mathrm{ex}}) + \beta_\nu B_\nu(T_{\mathrm{bg}}) \tag{3.31}$$

분자구름의 배경복사($B_\nu(T_{\mathrm{bg}})$)를 무시하면 (식 3.19)와 (식 3.31)은 다음과 같이 바뀐다.

$$T_{\mathrm{ex}} = T_k\left(1 + \frac{kT_k}{h\nu}\ln\left(1 + \frac{A_{21}}{C_{21}}\beta_\nu\right)\right)^{-1} \tag{3.32}$$

광학적으로 두터운 경우($\beta \to 0$), $T_{\mathrm{ex}} \to T_k$가 되면서 열평형상태와 같은 상태가 된다. 광학적으로 얇은 경우($\beta \to 1$)는 A_{21}/C_{21}로 T_{ex}를 얻을 수 있다. 또한 이 식은 스펙트럼의 임계밀도를 $(A_{21}/\gamma_{21})\beta^{-1}$로 나타낼 수 있다는 것을 의미한다. 즉, 스펙트럼의 광학적 깊이가 큰 경우, 그 임계밀도가 β_ν 만큼 작아지는 것을 나타낸다. 분자구름을 관측할 때 자주 사용하는 $^{12}C^{16}O$ 스펙트럼은 일반적으로 광학적 깊이가 매우 커서 들뜸 조건이 거의 동일해 광학적으로 볼 수 있는 거리가 짧다. 그러므로 그 동위원소 $^{13}C^{16}O$, $^{12}C^{18}O$의 스펙트럼과 비교해 임계밀도는 실질적으로 작아진다.

광자의 탈출확률은 분자구름의 형태와 장소에 따라 달라진다. 스펙트럼의 광학적 깊이가 큰 경우에는 각 장소의 탈출확률을 계산해야 한다. 한편, 분자구름 내부에서 가스의 속도분포에 기울기가 클 경우 도플러 효과에 따라 특정 장소에서 탈출한 광자는, 떨어져 있는 곳의 시선속도가 크게 다른 분자와 상호작용하지 않고 진행할 수 있다. 분자구름 내의 열적 운동에 비해 큰 거시적인 속도기울기가 존재하는 경우에는 방출된 광자가 다른 분자와 상호작용하는 영역이 그 주위로 한정된다. 특히 속도기울기가 모든 장소에서 일정(속도$\propto$거리)하고 분자구름이 그 상호작용 영역보다 충분히 크다면 분자구름 내 모든 영역에서의 탈출확률은 같다고 볼 수 있다.

즉, 국부적인 통계평형식을 분자구름의 거시적인 물리량을 구하기 위해 이용할 수 있다는 것이다. 골드라이크P. Goldreich와 콴Kwan은 이런 단순화를 수축하는 공 모양의 분자구름에 적용했다. 일반적으로는 고속도기울기근사(Large Velocity Gradient, LVG)법이라고 하며 분자의 들뜸 계산방법으로 많이 이용하는데, 그 도출 과정 중의 가정에 대해 이해할 필요가 있다. 균일한 가스구球가 반지름 방향으로 수축 또는 팽창하는 경우(속도∝거리)에 광자의 탈출확률은 스펙트럼의 광학적 깊이를 τ_ν라고 하면

$$\beta_\nu = \frac{1-\exp(\tau_\nu)}{\tau_\nu} \tag{3.33}$$

으로 구해지고, 평평한 판으로 가정한 경우에는 다음과 같이 근사된다.

$$\beta_\nu = \frac{1-\exp(3\tau_\nu)}{3\tau_\nu} \tag{3.34}$$

광학적 깊이 τ_ν는 (식 3.27)과 (식 3.30)에서 빛의 경로 방향으로 적분함으로써 구할 수 있다. 분자의 도플러 주파수분포는 시선방향의 광로 z, 속도기울기 $v(r)/r$, 스펙트럼의 정지 주파수 ν_0를 감안하면 $\phi(\nu+(\nu_0/c)(v(r)/r)z-\nu_0)$로 나타낼 수 있고, 속도기울기가 일정하다면 그 적분값은 $(c/\nu_0)(r/v(r))$이 된다. 즉, 가스의 속도기울기, 측정분자의 개수밀도와 그 준위분포를 알면 광학적 깊이를 계산할 수 있다.

(식 3.19)와 (식 3.31)과

$$n_1 B_{12} B_\nu(T_{\rm ex}) = n_2(A_{21} + B_{21} B_\nu(T_{\rm ex})) \tag{3.35}$$

를 이용하면 다음과 같은 관계식을 얻을 수 있다.

$$0 = [A_{21} + (n_2B_{21} - n_1B_{12})B_\nu(T_{\rm bg})]\beta_\nu + C_{21}n_2 - C_{12}n_1 \quad (3.36)$$

수소분자 개수밀도, 관측 분자의 존재비(=관측 분자 개수밀도/수소분자 개수밀도), 수소분자의 운동온도, 그리고 속도기울기를 주어 (식 3.36)을 풀면 분자의 준위분포 n_1, n_2를 구할 수 있다. 그리고 그것에서 들뜸온도, 광학적 깊이, 관측온도 등을 구할 수 있다.

3.5 분자구름의 가열 · 냉각 과정

8장에서 설명하겠지만, 분자구름이 수축해 별을 만들 때에는 분자 가스가 충분히 냉각되어야 한다. 실제로 분자구름 내의 가스는 매우 효과적으로 냉각된다. 그 냉각 과정은 크게 나누어 가스의 복사에 따른 냉각, 그리고 보다 저온의 성간먼지와의 충돌로 열교환 과정에 따른 냉각이 있다. 전자의 복사냉각이란 가스 입자의 2체충돌에 따라 양자역학적으로 들뜸준위에 어떤 상태가 발생하고, 광자방출에 따라 아래쪽 준위로 떨어짐으로써 일어난다. 이 때문에 가스 입자의 운동에너지가 들뜸에너지를 거쳐 광자에너지로 변환되고, 그 광자가 분자구름 밖으로 방출됨으로써 가스의 에너지를 방출할 수 있다. 또 들뜸상태인 분자구름의 냉각 과정에서 중요한 것은 비교적 다량으로 존재하는 분자의 저에너지 들뜸이다. 존재량으로는 압도적 다수를 차지하는 수소분자에서 복사천이가 가능한 최저 들뜸준위는 $J=2$인데 바닥준위 $J=0$과의 에너지 차가 온도로는 512 K에 해당한다. 절대온도가 10 K 정도인 일반적인 분자구름에서 보면 이것은 거의 들뜨지 않는다고 볼 수 있다. 즉, 저온의 분자구름에서 수소분자는 복사를 내보내지 않는 것이다. 따라서 비교적 존재량이 많은 CO의 들뜸에 따른 냉각이 중요해진다. 또한 물분자(H_2O) 등의 준위가 중요해지는 중간 온도 영역도 존재하고 있음이 알려졌다.

한편, 성간먼지와의 열교환 과정은 성간먼지와의 충돌이 빈번하게 일어나는 고밀도 영역에서 중요하다. 성간먼지 자체의 열평형상태는 아래와 같이 비교적 간단한 식으로 이해할 수 있다. 복사장의 평균 세기 J, 가스와 성간먼지의 충돌에 따른 성간먼지의 가열률을 $\Gamma_{\rm ex}$로 하면, 성간먼지의 열평형 조건은 다음과 같이 쓸 수 있다.

$$4\pi\kappa_{\rm abs}\rho J + \Gamma_{\rm ex} = 4\pi\kappa_{\rm emi}\rho\sigma_{\rm SB}T_{\rm dust}^4 \tag{3.37}$$

여기서 $\kappa_{\rm abs}$, $\kappa_{\rm emi}$는 복사의 흡수계수로 평균적인 값을 넣어서 온도를 구하면 $T=10\sim20\,{\rm K}$ 정도가 된다. $\kappa_{\rm emi}$는 성간먼지가 열적 복사를 하는 경우의 흡수계수인데, 일반적으로 $\kappa_{\rm emi}\propto T_{\rm dust}^2$ 정도로 생각하기에 우변은 온도의 약 6제곱에 비례한다. 따라서 좌변 값이 조금 변해도 성간먼지의 온도는 거의 변하지 않는다.

3.6 분자구름에 관한 다양한 시간규모

다음에 열거한 것은 분자구름의 진화와 관련한 중요한 몇 가지 시간규모 time scale이다.

3.6.1 자유낙하시간

8장에서 설명하겠지만 분자구름에서 자유낙하시간 $t_{\rm ff}$는 수소 핵자nucleon의 개수밀도 $n=n({\rm H})+2n({\rm H_2})$를 이용하여 다음과 같이 나타낸다.

$$t_{\rm ff} = 4\times10^6\left(\frac{10^2\ {\rm cm}^{-3}}{n}\right)^{1/2}\ 년 \tag{3.38}$$

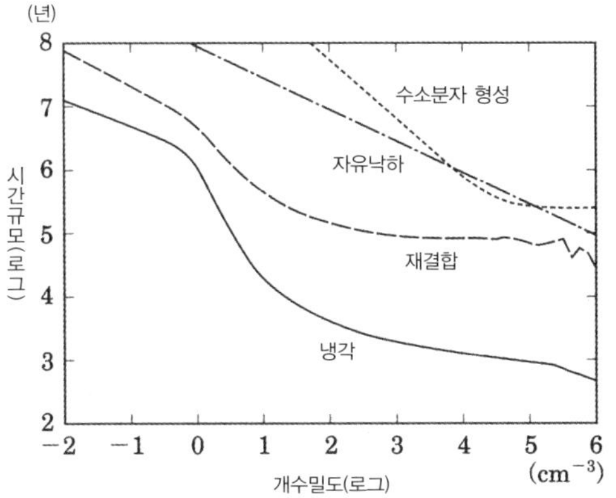

그림 3.8 저밀도 가스에서의 각종 시간규모(Koyama & Inutsuka 2000, *ApJ*, 532, 980).

이 시간은 $n = 10^4\,\text{cm}^{-3}$에서 4×10^5년이 되면서 분자구름 내의 고밀도 영역에서 분자구름의 수명보다 훨씬 작아진다. 그러므로 분자구름이 중력수축하여 별탄생의 무대가 되는 것을 설명할 수 있다.

3.6.2 분자생성시간

화학반응에 대해 3.3.2절에서도 설명했지만, 현재 은하계 내의 성간공간에서 수소원자가 수소분자를 생성하는 반응은 주로 성간먼지에서 일어난다. 이 반응에서는 수소분자 1개를 형성하는 데 따르는 4.48 eV의 반응열을 밖으로 방출하는 것이 쉽기 때문이다. 성간먼지의 전형적인 크기를 $a \sim 0.1\,\mu\text{m}$라고 하면 수소분자 생성의 반응률은 수소원자 1개당 대략 다음과 같다.

$$R_{\text{form}} = f n_{\text{dust}} \pi a^2 \langle v_{\text{th}} \rangle \tag{3.39}$$

여기서 n_{dust}는 성간먼지의 개수밀도, $\langle v_{\text{th}} \rangle$는 수소원자의 열속도, f는 성간먼지에 흡착된 수소원자가 반응하여 수소분자를 생성할 확률을 나타내

는 계수로 대략 한 자릿수의 양으로 생각할 수 있다. 따라서 분자생성시간 $t_{\rm form}$은 대략

$$t_{\rm form} = \frac{1}{R_{\rm form}} \sim 10^7 \left(\frac{10^2\,{\rm cm}^{-3}}{n}\right) \text{년} \tag{3.40}$$

이 되어 매우 긴 시간이 필요하다는 것을 알 수 있다. 이 생성시간은 분자구름에서의 전형적인 평균밀도 $n = 10^2\,{\rm cm}^{-3}$에서는 분자구름의 수명과 같은 정도의 값을 가진다. 분자구름의 수명을 결정하는 분자구름의 진화 · 소실을 이해하려면 분자의 생성 과정도 함께 살펴보아야 한다.

3.6.3 복사냉각시간

분자 가스의 복사냉각시간은 온도 · 밀도에 의존하여 크게 변하는데 정적인 열평형상태에서의 냉각률을 이용하면, 분자구름에서의 전형적인 밀도 $n = 10^2\,{\rm cm}^{-3}$에서는 다음과 같다.

$$t_{\rm cool} = \frac{1}{n\Lambda} \sim 10^4 \text{ 년} \tag{3.41}$$

이렇듯 다양한 시간규모를 가진 분자구름의 진화를 이해하려면 분자구름 생성 과정에 대한 이해는 물론, 분자구름이 모체가 되는 별탄생 과정의 이해도 함께 필요하다. 8장에서 설명하겠지만, 최근에는 이런 별탄생 과정을 이해하려면 실질적으로 분자구름 생성 과정을 이해할 필요가 있음을 강하게 시사한다. 하지만 세계적인 차원에서도 이 분자구름 생성 과정에 대한 연구는 이제 막 시작된 단계라 아직 알려진 것이 많지 않다.

제4장 이온화 가스

4.1 이온화 영역의 종류

4.1.1 광이온화와 이온화 영역

양성자(p) 1개와 전자(e^-) 1개가 결합한 수소원자를 중성수소라 하고 H^0로 표시한다. 중성수소는 몇몇 원인에 따라 안정된 결합상태에서 양성자와 전자로 분리되어 그 둘의 혼합상태로 존재하거나 재결합한다. 이 반응은 다음과 같이 나타낼 수 있다.

$$H^0 \rightleftharpoons H^+ + e^- \tag{4.1}$$

이때 결합이 깨지는 반응(오른쪽 방향의 화살표)을 이온화라고 하고 그 역반응(왼쪽 방향의 화살표)을 재결합이라고 한다. 이온화된 수소는 H^+로 표시하고, 자유전자 e^-와 혼합상태가 되면 이온화 가스 또는 플라스마plasma라고 한다. 그리고 이온화 수소 H^+를 주성분으로 하는 천체를 이온화 영역이라고 한다.

H^0와 H^+는 화학에서 이온을 나타내지만, 천문학이나 분광학에서는 중성수소를 H I, 이온화한 수소를 H II로 표시한다(H I에 대해서는 2장에서 자세히 서술했다). 이 장에서는 이온화 수소 영역, 즉 H II 영역을 주로 다룬다. 하지만 이 H II 영역에는 중성의 원자 가스, 분자 및 고체의 입자(성간먼지) 등도 포함되어 있다는 사실에 유의해야 한다.

중성수소원자를 이루고 있는 양성자와 전자의 결합에너지는 13.6 eV로 그 이상의 에너지가 외부에서 유입되면 결합상태가 깨진다. 수소의 이온화 과정은 주로 항성 내부에서의 열이온화, 고에너지 입자와의 충돌이온화, 자외선 등에 따른 광이온화 등이 있다. 그러나 이 장에서 다루는 이온화 영역은 주로 광이온화로 생긴 것이다. 따라서 빛의 에너지를 $h\nu$라고 표시하면 광이온화 반응식은 다음과 같이 표현한다.

$$H^0 + h\nu \rightleftharpoons H^+ + e^- \tag{4.2}$$

이 $h\nu$, 즉 자외선의 공급원은 다음과 같은 항성으로 생각할 수 있다.

(a) 질량이 크고 비교적 젊은 고온의 항성

(b) 질량이 작은 별이 진화의 결과로 나이가 들어 고온의 백색왜성이 된 경우이다.

(a)는 성간물질에서부터 별탄생 과정을 거쳐 만들어진 별로, 이런 과정을 거쳐 만들어진 대표적 이온화 영역으로 오리온 성운이 있다. (b)는 항성에서 질량이 방출되어 만들어진 행성상 성운으로, 대표적으로 거문고자리의 고리성운이 있다. 그 밖의 이온화 영역은 활동은하핵(Active Galactic Nuclei, AGN), 초신성 잔해(Supernova Remnant, SNR), 공생별,[1] 백색왜성 - 거성 쌍성계 등의 천체를 들 수 있다.

4.1.2 이온화 영역의 종류와 특징

이온화 영역은 몇 종류의 천체로 분류되는데, 그 성질이 전혀 달라 흥미롭다. 대표적으로 행성상 성운과 이온화 영역 등의 가스 성운인데 두 가지 모두 밤하늘을 아름답게 수놓아 많은 사람들의 흥미를 끌고 있다. 가스 성운의 특징은 방출선 스펙트럼이 나타난다는 것이다. 항성은 일반적으로 흑체복사에 가까운 연속 스펙트럼을 내는 데 반해, 가스 성운의 스펙트럼은 이온화된 수소나 헬륨에서 나오는 재결합선(4.8절 참조)이 강하게 보인다. 더욱이 이온화 가스에서는 특유의 금지선(4.7절 참조)도 보인다. 이러한

1 symbiotic star의 번역어. TiO의 띠스펙트럼과 He^+, O^{++} 등 높은 들뜸 스펙트럼선이 공존하는 별이다. M형 거성과 고온왜성으로 이루어진 쌍성계로 보인다.

특징적인 스펙트럼을 이용하여 전천탐사가 이루어져 현재는 다양한 이온화 수소 영역이 목록으로 정리되어 있다.

천문학에서는 천체까지의 거리가 가장 기본적이며 중요한 정보라고 할 수 있다. 거리를 구하면 천체의 크기도 알 수 있다. 거문고자리의 고리성운을 이용하여 행성상 성운의 크기가 약 0.32 pc 정도인 것을 알 수 있고, 밀집compact H II 영역의 크기는 대략 1 pc 이하로 둘 다 작은 부류에 속한다. 하지만 은하계 원반부를 통과할 정도로 거대한 500 pc의 초껍질super shell이라는 이온화 영역이 최근 주목받고 있다. 그 예로 백조자리의 초껍질을 들 수 있는데 가스 밀도가 매우 희박하지만 그 온도는 100만 도에 달한다. 이 초껍질의 기원과 물리량에 대해서는 5장에서 자세히 설명하겠다. 이와 함께 퍼진 저밀도 H II 영역(Extended Low Density H II, ELD H II)이라는 이온화 가스 영역도 주목받고 있다. ELD 영역의 온도는 일반적인 H II 영역과 비교해 큰 차이는 없지만 전자밀도가 낮아서 0.1~100 cm^{-3} 정도의 값을 갖는다. 그 예로 남반구에 있는 에타－용골자리(η Carinae) 성운, NGC 3373 주위의 이러한 영역은 1~2 kpc 정도 크기이다. 일반적인 가스 성운에서 이온화 영역의 크기는 이것들의 중간 정도로 수 pc에서부터 수십 pc 정도의 값을 가진다.

4.1.3 물리상태와 화학조성

이온화 가스의 성질은 주로 밀도와 온도로 표현한다. 밀도에 대해서는 1 cm^3 부피에 포함된 자유전자의 개수 (n_e개 cm^{-3})로 표현하고, 온도는 자유전자의 운동온도 (T_e K)로 표현한다. n_e, T_e 둘 다 관측으로 구할 수 있지만, 온도는 에너지 손익을 추정하여 계산하는 방법도 있다.

이온화 영역에서 주성분이 수소라고 이미 알려졌으나 개수밀도가 전체의 약 1/10 정도인 헬륨도 존재한다. 게다가 수소와 헬륨 외에 극소량이지

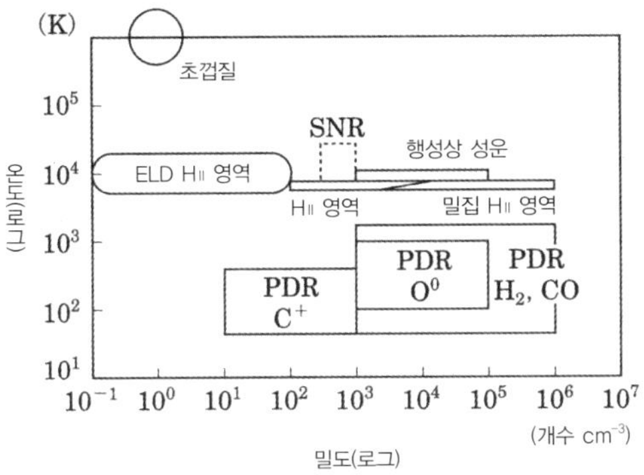

그림 4.1 이온화 영역의 종류와 밀도 · 온도의 관계. 점선은 이 장에서 다루지 않지만 비교를 위해 덧붙인 천체, O 표시는 하나의 데이터만을 나타내며 그 크기는 의미가 없다. 사선은 경계가 분명하지 않음을 의미한다.

만 리튬보다 무거운 원소도 존재한다. 천문학에서는 리튬 · 베릴륨 · 붕소 등을 경원소, 이것보다 무거운 것을 모두 중원소라고 한다. 또한 수소와 헬륨의 존재비를 각각 X와 Y로, 탄소 이상의 중원소 존재비를 Z로 나타내기도 한다. 리튬, 베릴륨, 붕소는 우주 초기에 생성된 극소량의 원소로 우주질량에는 거의 기여하지 않는다. 이 원소의 존재비를 화학조성이라고 한다. 화학조성은 단위부피당 개수비 또는 질량비로 표현한다. 이에 대해서는 4.9절에서 상세히 설명하기로 한다.

이온화 영역을 기본으로 하여 HII 영역과 행성상 성운으로 분류하고, 분자와 그 해리 과정이 중요한 광해리 영역, 밀집 HII 영역 등을 설명하면서 이것들에 관한 주요사항(자외선 이온화, 복사 스펙트럼, 광학 영역 금지선, 재결합선, 화학조성 등)에 대하여 서술하겠다. 각종 이온화 영역을 밀도와 온도로 표현한 상호관계를 그림 4.1에 정리했다.

4.2 H II 영역

4.2.1 H II 영역의 생성

질량이 큰 주계열성은 표면온도가 높아 다량의 자외선을 방출한다. 그러므로 대질량성 주위에 있는 수소 가스는 912 Å보다 짧은 파장의(13.6 eV보다 높은 에너지) 자외선(이후 이온화 광자라고 한다)에 따라 이온화되어 H II 영역을 만든다.

이제 독립된 대질량성 주위에 균일한 개수밀도 n의 수소원자 가스가 충분히 빠른 속도분포까지 가지는 경우를 생각해 보자. 성간먼지의 존재를 무시한다면 이 경우의 이온화 영역은 구球대칭 형태로 형성되며, 내부가 정상적인 상태라면 이온화와 재결합이 균형을 이룬다. 이때 이온화 영역의 반지름 R_S는 다음과 같이 정해진다.

$$Q = \frac{4}{3}\pi R_S^3 n_e n_p \alpha \tag{4.3}$$

이 R_S를 스트룀그렌Strömgren 반지름이라고 한다. 이 (식 4.3)에서 좌변의 Q는 단위시간당 대질량성에서 방출되는 이온화 광자의 개수이며, 우변은 구球 내부의 전자(개수밀도 n_e)와 양성자(개수밀도 n_p)의 충돌에 따른 재결합의 단위시간당 횟수이다. 여기서 α는 수소 이온의 모든 준위에서 자유전자가 재결합하는 비율의 총합으로 재결합계수라고 한다. α는 온도 T의 함수로 $\alpha = 4 \times 10^{-13}(10^4 T^{-1})^{0.73}$ [$\mathrm{cm^3\,s^{-1}}$]의 근사식이 성립하는 것으로 알려져 있다.

하지만 실제로 이온화 가스 영역에서는 $n=1$인 바닥상태로 재결합할 때 나오는 광자는 13.6 eV 이상의 에너지를 가지고 있어 근처의 중성수소원자를 이온화시킴으로써 실질적인 재결합계수는 바닥상태로의 재결합만큼 빼고 계산한다. 이 실질 재결합계수를 α_B라고 하면 근사식은 다음과 같다.

$$\alpha_B = 2.6 \times 10^{-13} \times (10^4 T^{-1})^{0.85} \tag{4.4}$$

O7형[2]의 주계열성(이온화 광자의 생성률 $Q = 10^{49}$ S^{-1})을 둘러싸고 있는 단위 부피당 양성자와 전자의 개수밀도가 10 cm^{-3}, 가스 온도가 $T = 1$만 K인 이온화 영역의 크기를 (식 4.3)과 (식 4.4)를 이용하여 계산하면 스트룀그렌 반지름이 15 pc이라는 것을 알 수 있다.

이처럼 성간 가스 내의 대질량성 주변에 생기는 H II 영역의 크기가 위 식으로 얻은 스트룀그렌 반지름으로 결정되는 경우에는 별이 공급하는 이온화 광자가 H II 영역의 크기를 결정한다는 의미로 '이온화 경계ionization bounded의 H II 영역'이라고 한다. 이에 비해 대질량성 주변의 가스 분포 쪽이 이온화 광자에 따라 이온화되는 영역보다 작은 경우에는 H II 영역의 크기는 가스 분포범위로 결정되는데 이것을 '밀도경계density bounded의 H II 영역'이라고 한다.

대질량성은 거대 분자구름의 핵에서 만들어진다고 예상하며, 생성된 직후에는 주위에 많은 물질들이 남아 있다. 이 상황에서는 이온화 경계에 가까운 상태로 작은 H II 영역인 밀집 H II 영역 등이 생성된다(4.3절 참조). 이런 작은 H II 영역이 팽창하며 성장할 때 주위 가스가 부분적으로 상대적 저밀도분포를 보이는 경우가 있다. 이러한 밀도기울기를 보이는 상황에서 H II 영역이 팽창하는 경우에는 H II 영역 내의 높은 압력에 따라 이온화

2 항성은 그 유효온도에 대응하는 스펙트럼형으로 분류되어 있다(자세한 것은 제7권 참조). 고온에서 저온의 순서로 O, B, A, F, G, K, M 등의 종류가 있으며 각각의 종류도 0에서 9까지로 세분화되어 있다. O7은 O형 별 중에서도 비교적 저온 쪽(유효온도가 약 3만 5000 K)이다.

그림 4.2 오리온 성운 M42. 트라페지움이라는 대질량성에서 이온화된 HII 영역(NASA 제공).

영역 외연부(이온화면)가 저밀도 영역으로 진입한 곳에는 팽창속도가 급격히 증가함으로써 그 방향으로만 크게 발달하는 경우가 있다. 이것을 '샴페인 흐름'이라고 한다. 유명한 오리온 성운(그림 4.2)은 가장 잘 알려진 HII 영역으로, 이것도 고밀도 가스구름에서 생성된 대질량성에 따라 HII 영역이 저밀도 쪽으로 발달한 예로 생각할 수 있다.

4.2.2 자외선에 따른 이온화와 각 성분의 분포

여기서는 각종 원소의 이온화 과정과 그 이온화 가스 성분의 분포가 어떻게 별의 자외선 복사에 따라 일어나는지 살펴보겠다. 먼저 수소원자에 대해 생각해 보자. 준위 i 상태에 있는 전자의 에너지를 E_i라 하고 i가 매우 큰 극한에서의 에너지를 E_∞라고 하면, $E_\infty - E_i = h\nu_i$보다 큰 에너지의 자외선 광자를 흡수하면 이온화가 일어난다. 따라서 별 주위의 중성수소원자 개수밀도를 n_{H^0}라 하고, 임의의 장소에서 단위입체각당 자외선의 평균

복사세기를 J_ν라고 하면 수소의 이온화 빈도는 다음과 같이 나타낼 수 있다.

$$n_{H^0} \times \int_{\nu_i}^{\infty} \frac{4\pi J_\nu}{h\nu} a_\nu(H_0) d\nu \tag{4.5}$$

여기서 $a_\nu(H_0)$는 수소 이온화가 일어날 때의 흡수단면적이다. 또한 $4\pi J_\nu/h\nu$라고 표시되어 있는 부분은 단위면적, 단위시간, 단위주파수당(또는 진동수) 주위의 별에서 오는 자외선 광자수를 나타낸다.

복사세기가 단순히 별에서부터의 거리 r에 의존한다면 L_ν을 단위주파수당 별의 광도로 다음의 식으로 나타낼 수 있다.

$$4\pi J_\nu = \frac{L_\nu}{4\pi r^2} \tag{4.6}$$

수소 이외의 중원소의 경우에도 (식 4.5)에 있는 흡수계수 a_ν에 그 중원소의 값을 넣으면 이온화 빈도를 구할 수 있다. 일반적으로 원소번호 Z인 원자나 이온의 흡수단면적은

$$a_\nu = \frac{64\pi^4 me^{10} Z^4}{3\sqrt{3}ch^6 i^5} \frac{g(\nu, i, Z)}{\nu^3} \sim 2.8 \times 10^{29} \frac{Z^4}{\nu^3 i^5} g(\nu, i, Z) \tag{4.7}$$

로 주어지는 것으로 알려졌다.[3]

여기서 Z, m, e, i는 각각 원자(이온)의 전하수, 전자질량, 기본전하, 준위를 나타내며 $g(\nu, i, Z)$는 가운트Gaunt 인사라는 보정항이다.

그림 4.3에는 중성수소(H^0), 중성헬륨(He^0), 1차 이온화된 헬륨(He^+)의

3 수소 이외의 원자나 이온의 흡수단면적은 크래머스Kramers나 카르자스Karzas와 래터Latter 등이 계산하였다.

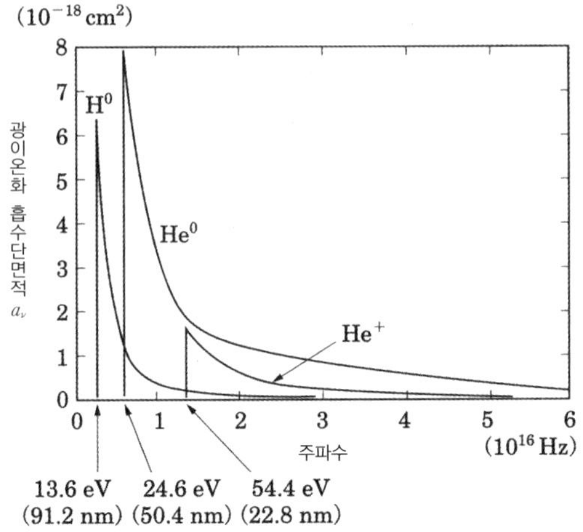

그림 4.3 중성수소(H^0), 중성헬륨(He^0), 1단계 이온화 헬륨(He^+)의 광이온화 흡수단면적(D.E. Osterbrock 지음, 田村眞一 옮김, 『ガス星雲と 活動銀河核の天体物理學』, 東北大學出版會, 2001).

광이온화 흡수단면적을 나타냈다.

전자수가 많은 중원소에서는 최외각最外殼뿐만이 아니라 내각內殼의 전자가 이탈하는 자외선 이온화도 일어나기 때문에 광이온화 흡수단면적은 수소원자나 헬륨 이온에 비해 복잡해진다. 예를 들어 중성산소원자가 1차 이온화된 경우 최외각의 전자가 이탈하는 반응

$$O^0(2s^2 2p^4\ {}^3P) + h\nu \rightarrow O^+(2s^2 2p^3\ {}^4S) + \varepsilon_s$$

에서는 그 에너지가 13.6 eV인 데 비해, 최내각最內殼의 전자가 이탈하는 다음의 반응에서는 34.0 eV보다 높은 에너지의 광자가 필요하다.

$$O^0(2s^2\ 2p^4\ {}^3P) + h\nu \rightarrow O^+(2s\ 2p^4\ {}^2D) + \varepsilon_p$$

여기서 ε_s와 ε_p는 이탈한 전자의 운동에너지를 나타낸다(여기에 나오는 전자 상태의 표기에 대해서는 4.7절 및 4.8절의 설명 참조).

이렇게 해서 수소나 그 밖의 중원소에 관한 이온화 빈도와 다시 원래 상태로 되돌아가는 재결합 빈도가 균형을 이루는 거리 r이 정해진다는 것, 그리고 r을 경계로 하여 각 원소의 이온화 영역의 크기가 정해진다는 것을 이해할 수 있다.

구체적인 예로 He 가스에 대해서 생각해 보자. H 다음으로 많이 존재하는 He의 이온화에는 24.6 eV 이상의 에너지를 가진 자외선이 필요하다. 조기 B형 또는 O형 별에서는 이런 자외선을 낼 수 있지만 별 주위에 생긴 He^+ 가스구가 H^+보다 더 안쪽에 생성된다. 또 수소, 헬륨 이외에 C, N, O처럼 고단계로 이온화되는 원소의 이온화 가스 성분도 자외선 복사 스펙트럼형과 그 양에 대응하여 생성된다. 그 결과 헬륨이나 중원소 이온을 포함한 H II 영역의 구조는, 중심별에서 방출하는 이온화 광자의 개수뿐 아니라 자외선 영역의 스펙트럼형에도 의존한다. 좀 더 고온의 별일수록 이온화 광자수가 많을 뿐만 아니라 파장이 짧은(고에너지의) 자외선을 많이 방출하기 때문에 H II 영역이 커져 그 내부에 고단계 이온화된 중원소 이온이 계층적으로 분포하는 구조가 된다.

4.2.3 H II 영역의 물리상태

H II 영역에서는 흡수된 자외선 에너지 중에서 원자핵과 전자의 속박에너지보다 높은 부분은 여분으로 남아 자유전자의 운동에너지가 되며, 이 운동에너지로 H II 영역의 가스가 가열된다. H II 영역의 전자온도는 뒤에서 설명할 전파 재결합선이나 적외선 영역의 방출선을 이용해 구할 수 있는데 그 값은 모든 H II 영역에서 약 5000~1만K 정도의 값을 나타낸다. 이는 그 어떤 종류의 H II라도 가열과 냉각이 같은 수준으로 균형을 이루어 열평형이 보존되고 있음을 가리킨다. 그러므로 H II 영역에서 나오는 복사는 연속파와 방출선 등에 대해 비교적 공통적인 성질을 보인다.

지금까지 성간먼지의 존재는 무시해 왔지만, 대부분의 H II 영역에서 이온화 가스만으로 예상되는 복사보다 더 강한 적외선 연속복사가 관측됨으로써 성간먼지가 존재한다는 사실을 확인할 수 있었다. H II 영역 내에 성간먼지가 존재하면 이온화 광자 일부를 흡수하여 H II 영역의 구조에 영향을 주게 된다(4.6.1절 참조).

4.2.4 은하계 내에서의 분포

H II 영역까지의 거리는 측광학적 방법이나 운동학적 방법으로 구할 수 있다. 측광학적 방법은 이온화원인 별의 겉보기등급과 스펙트럼형으로 결정되는 절대등급을 비교함으로써 구하는 방법이다. 다만 성간소광을 추정해 보정해야 한다.

운동학적 방법으로는 H II 영역에서 방출하는 전파 재결합선이나 H II 영역 배후에 있는 분자 가스 복사에 대한 H II 영역의 흡수선을 관측해 H II 영역의 시선속도를 구한다. 한편, 오르트 상수[4](제5권 2장 참조)로 정해진 은하 회전속도를 이용하여 H II 영역이 은하중심을 기준으로 회전하고 있다고 가정하면, H II 영역의 은경과 관측된 시선속도로 H II 영역까지의 거리 및 은하중심에서의 거리를 구할 수 있다(태양보다 더 은하계 안쪽에 있는 H II 영역에서는 거리가 한번에 결정되지는 않지만 그 밖의 상황증거들을 이용해서 구한다). 이렇게 얻은 H II 영역의 거리와 방향을 이용해 은하계 내에서의 H II 영역 분포도를 만들면, H II 영역이 은하의 나선팔을 따라 분포하고 있음을 알 수 있다. 외부은하에서도 청백색의 대질량성 집단과 마찬가지로 H II 영역에서 나오는 붉은색 계열의 Hα선이 나선팔에 분포하고 있음을 가시광 사진으로 알 수 있다.

4 오르트Oort는 은하계의 회전이 은하계 중심 주변의 원운동으로 근사할 수 있다고 했는데, 그 중심에서의 거리에 따른 회전속도의 변화를 오르트 상수를 이용한 근사식으로 나타냈다.

표 4.1 H_{II} 영역의 분류.

분류	전자밀도 (cm^{-3})	크기 (pc)	방출측도 (emission measure) (cm^{-6} pc)	가스 질량 (이온화 성분) ($M_\odot$)
극초밀집	10^6	<0.05	10^9	10^{-3}
초밀집	>3000	<0.15	$>10^6 \sim 10^7$	10^{-2}
밀집	>1000	$0.1 \sim 1.0$	$>10^6$	1
고밀도	$100 \sim 3000$	$0.15 \sim 10$	$1\times10^4 \sim 3\times10^6$	10
보통	~ 100	$1 \sim 30$	$5\times10^2 \sim 1\times10^5$	$10 \sim 500$
거대	$3 \sim 50$	$10 \sim 300$	$<5\times10^5$	$500 \sim 5\times10^6$
초거대	10	>100	$<1\times10^5$	$10^6 \sim 10^8$

Habing & Israel 1979, *Ann. Rev. Astr. Ap.*, 17, 345와 Kurtz 2002, *Astrophys. Space Sci.*, 267, 81을 참고하여 작성.

H_{II} 영역의 목록에는 샤플레스Shapless 목록, 린즈Lynds 목록, RCW (Rodgers, Campbell, Whiteoak) 목록 등이 있다.

4.3 밀집 H_{II} 영역

4.3.1 H_{II} 영역의 분류와 밀집 H_{II} 영역

H_{II} 영역의 관측은 공간분해능 향상의 역사와 밀접하게 관련되어 있다. 초기에는 가시광선 영역에서도 밝게 빛나는 커다란 H_{II} 영역에 대한 관측이 많았지만, 전파간섭계나 적외선 관측의 발달로 좀 더 작은 크기의 밀집 H_{II} 영역이 발견되었다. H_{II} 영역을 크기에 따라 분류한 것이 표 4.1이다. 이 가운데 밀집 H_{II} 영역부터 보통 영역까지는 모두 한 개의 별에 따라 이온화된 H_{II} 영역이며, 초거대 H_{II} 영역은 대부분 다수의 OB형 별에 따라 이온화된 H_{II} 영역이다.

이 H_{II} 영역의 다양한 크기는 단순히 이온화원源인 별의 온도나 개수뿐

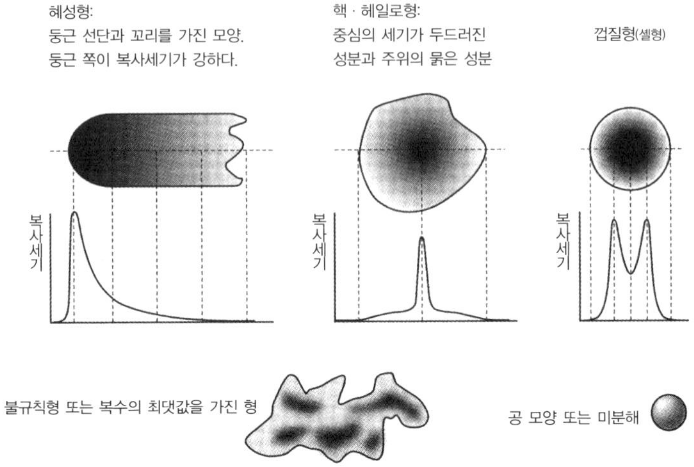

그림 4.4 밀집 HII 영역의 형태(주로 전파연속파 등에 따름. Wood & Churchwell 1989, *Ap. J, Suppl.*, 69, 831의 그림을 고침).

아니라 HII 영역 자체가 진화하는 것과도 관계 있다. HII 영역은 대질량성이 태어난 후 자외선 복사를 시작하는 단계에서 만들어진다. 이 단계에서는 대질량성이 고밀도 분자 가스 내부에 있어 HII 영역은 크기가 작고 밀도는 높은 것이 특징이다. 극초밀집 및 초밀집 HII 영역은 이러한 HII 영역의 초기 단계일 가능성이 높다. 그리고 이것이 팽창하여 보다 큰 밀집 HII 영역이나 보통 HII 영역으로 진화한다. 그리고 대질량성이 그 일생을 마치고 자외선 복사가 일어나지 않으면 HII 영역도 소실된다.

간섭계를 이용해 전파연속파 등에서 밀집 HII 영역을 관측하면 그림 4.4에 나타낸 것처럼 혜성형, 핵 · 헤일로형, 껍질형, 복수의 최댓값을 가진 형, 공 모양(또는 미분해) 등의 다양한 형태를 볼 수 있다. 1980년대부터 1990년대에 걸쳐 이와 같은 형태의 생성 원인에 대한 연구가 이론 및 관측 양쪽에서 진행되었다. 예를 들어 혜성의 형태 영역에 특히 관심이 모아졌는데 샴페인 흐름이 원인이라는 주장, 또는 가스구름 내부를 대질량성이 이동하여 생기는 활 모양의 충격파면을 보고 있는 것이란 주장 등이 제기되었지만 아직 확실한 원인은 찾지 못하고 있다. 아마도 여러 가지 원인이 관련되어 있다고 생각하는 것이 좋을 듯하다. 더욱이 최근에는 이러한 형태도 관측의 공간분해능에 따라 보이는 모양이 다르다는 의견도 있어 형태의 분류에 큰 의미를 두기보다는 복잡한 대질량성 주변의 물질분포 등이 여러 가지 형태로 나타난다고 보는 것이 맞겠다.

4.3.2 H II 영역의 팽창 과정

그러면 H II 영역의 팽창은 어떻게 일어날까. 충분히 큰 범위까지 균일하게 분포해 있는 수밀도 n_{H_2}의 수소분자 가스 내부에서 대질량성이 태어나 막 자외선 방출을 시작했다고 해보자. 이때 자외선은 우선 수소분자(H_2)의 해리(해리에너지 14.7 eV)에 사용되고, 뒤이어 생겨난 수소원자의 이온화에 사용되면서 이온화 영역이 만들어진다. 초기에는 H II 영역의 크기가 스트룀그렌 반지름보다 훨씬 작고 재결합하는 양이 적어 H II 영역의 이온화 경계(H II 영역의 최외각)는 공 모양 그대로 급격하게 바깥쪽으로 넓어진다. 이것이 H II 영역의 팽창 제1단계이다. 여기서는 H II 영역 안팎에서 수소원자의 수밀도가 거의 일정하게 진행되기 때문에 제1단계의 이온화 경계 팽창으로 얻는 이온화 영역의 크기는 밀도 n_H에 대한 스트룀그렌 반지름 R_1이다.

제1단계 팽창으로 형성된 H II 영역 내에서 수소원자수는 성간물질일 때와 거의 차이가 없어서 전체 입자수 밀도에서 보면 H II 영역 외부에 대해(외부의 주성분이 중성수소원자라면) 거의 2배 증가한다. 더욱이 H II 영역 내부의 가스는 자외선 흡수로 온도가 상승한다. 따라서 H II 영역 내부의 압력은 외부의 성간물질에 대해 매우 높아 비평형상태가 됨으로써 H II 영역은 압력 증가에 따른 팽창이라는 제2단계를 맞이한다. 여기서는 이온화

경계 바로 바깥쪽에 충격파면을 형성하여 팽창이 진행되는데 최종적으로 이온화 가스와 주위에 있는 중성수소 가스가 압력평형에 도달하게 된다. 최종 상태에서 HII 영역의 반지름이 초기 스트룀그렌 반지름 R_1의 거의 100배까지 커진다.

O7형 주계열성이 밀도 $5 \times 10^4\,\mathrm{cm}^{-3}$의 균일 수소분자 가스 내에서 만들어졌을 경우 최초 이온화 경계의 팽창시간은 수십 년이며, 이 팽창에 따른 반지름 R_1은 약 0.03 pc이다. 이것이 제2단계의 팽창으로 최종 단계의 2 pc 정도까지 커지는 데 걸리는 시간은 약 수백만 년 정도에 달한다. 또한 이온화 영역이 초밀집 HII 영역인($r \leq 0.1$ pc) 기간은 대략 수만 년 정도이다. 이 값은 O형 별 수명의 겨우 몇 %에 지나지 않는다. 하지만 4.3.3절에서 보게 되듯이 실제로 초밀집 HII 영역에서의 기간이 좀 더 길다는 것을 알 수 있다.

4.3.3 밀집 HII 영역의 복사와 관측

초밀집 HII 영역은 모두 전파 영역의 제동복사 스펙트럼과 그보다 에너지가 훨씬 큰 100 μm 부근에서 최댓값을 갖는 적외선 복사가 특징적으로 나타난다(그림 4.9 및 그림 4.10 참조). 적외선 복사는 흑체보다도 약간 폭이 넓고 HII 영역 주위에 있는 분자구름의 잔해로 수십에서 수백 K의 온도기울기가 있는 대량의 성간먼지에서 나오는 복사가 그 기원이다. 이 특징적인 방출 스펙트럼의 모양으로 적외선 색-색도color-color diagram[5]에서 초밀집 HII 영역의 후보를 추출할 수 있다. 그렇게 추출한 초밀집 HII 영역의 후보 천체는 1646개에 이르며, 은하면의 극히 좁은 은위 범위에 집중되어 있

5 천문학에서는 두 파장에서의 빛의 세기비를 색色이라고 한다. 색-색도color-color diagram는 가로축과 세로축을 서로 다른 색으로 그린 그림인데 이 그림에서 천체가 어디에 위치하는가에 따라 천체의 특징을 구별할 수 있다.

다. 이것들이 모두 젊은 O형 별이라면 은하계 O형 별의 약 10 %가 초밀집 H II 영역 단계에 있는 것이다. 이는 별의 정상적인 탄생을 가정하면 O형 별이 대략 10 %의 시간, 즉 수십만 년 정도를 초밀집 H II 영역에서 지내는 것을 의미한다. 하지만 그 시간규모는 앞에서 본 전형적인 초밀집 H II 영역의 수명보다 10배 정도 길다. 이런 모순상태를 초밀집 H II 영역의 수명 패러독스라고 하며, 패러독스 해소를 위해 초밀집 H II 영역의 구조나 생성원인 등에 대해 복수의 이론 모델을 제안하고 있다.

초밀집 H II 영역의 탐사는 주로 센티미터 파장으로 이루어졌다. 하지만 극초밀집 H II 영역에서 나오는 전파연속파는 센티미터 파장에서도 광학적으로 두터워진다. 때문에 밀리미터 파장에서의 탐사가 진행됨으로써 보다 작고 고밀도에 높은 방출측도emission measure값(4.6절 참조)을 가진 H II 영역들을 관측할 수 있게 되었다. 현재 그 영역은 매우 드물게 보고되며 Sgr B2나 W 49 등에 집단적으로 존재하는 것이 확인되었다. 극초밀집 H II 영역의 성질과 그 영역의 대질량성 생성에 대한 연구들이 앞으로의 과제라 할 수 있겠다.

최근에는 외부은하에서도 가시광에서는 보이지 않지만 중간적외선 및 전파연속파에서 매우 밝게 빛나는 이온화 영역이 발견되고 있다. 그것들은 초밀집 H II 영역과 비슷한 복사 스펙트럼을 보여주고 있으며, 초고밀도 H II 영역ultradense H II region 등으로 불린다. 초밀집 H II 영역처럼 갓 태어난 대질량성이 집단적으로 존재하는 장소로 추정한다. 그리고 수천 개의 O형 별로 이루어진 것으로 추정하여 구상성단의 기원이 되는 천체로 예상하는 부분도 있다.

4.4 광해리 영역

4.4.1 광해리 영역

13.6 eV보다 높은 에너지를 가진 이온화 광자가 HII 영역을 만든다는 것은 앞에서 이미 설명했다. 이보다 낮은 에너지를 갖는 비이온화 광자(원자외선)는 HII 영역 외부의 중성원자 · 분자가스 영역까지 도달해 분자를 들뜸 또는 해리하거나 수소원자보다 이온화 에너지가 낮은 원자(탄소 등)를 이온화한다. 이러한 HII 영역과 분자구름의 경계 영역을 광해리 영역(photo-dissociation region, PDR)이라고 한다. PDR에서는 비이온화 광자가 에너지 손익과 화학반응에서 우세해져 성간 가스의 물질과 화학상태에 큰 영향을 준다. 자외선을 많이 공급하는 OB형 별은 밀도가 높은 분자구름 내에서 생성되기 때문에 PDR은 일반적으로 HII 영역 주변에서 발견된다.

분자의 에너지 상태로는 전자, 진동, 회전의 궤도운동 등 세 종류가 있다. 바닥준위에서의 들뜸에너지는 전자, 진동, 회전의 순서로 낮아지고 그 스펙트럼선은 각각 자외선에서부터 가시광, 적외선, 밀리미터 파장에서 서브밀리미터 파장의 영역에 걸쳐 관측된다. PDR에는 이 파장대들에서 수소분자나 일산화탄소를 비롯하여 다양한 분자의 방출선이나 흡수선이 관측된다.

PDR의 물리 · 화학적 상태를 특징짓는 중요한 물리량은 짧은 파장인 자외선 복사세기(G_0)와 가스의 개수밀도(n)로 볼 수 있다. 태양계 근처의 G_0값(1.6×10^{-3} erg cm^{-2} s^{-1})보다 대질량성이 생성되는 영역 주변에서는 그 값이 10^4~10^5배에 이른다. 이러한 별의 복사를 받아 생기는 PDR의 모식적인 구조를 그림 4.5에 나타냈다. 그림의 가로축은 이온화 파면에서부터의 기하학적 거리가 아닌 A_V를 나타낸다. A_V는 가시광(V-밴드)에 대한

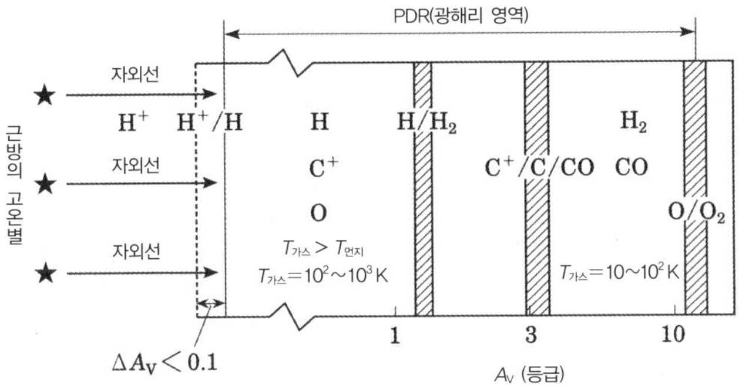

그림 4.5 광해리 영역의 모식도. 왼쪽에 자외선 복사원, 오른쪽에 분자 가스구름이 존재한다. 가로축은 이온화 파면에서 측정한 가시광에서의 소광량(A_V), 사선 영역은 왼쪽에서부터 수소, 탄소, 산소의 해리 · 이온화 영역을 나타낸다(Hollenbach & Tielens 1997, *Ann. Rev. Astr.* Ap., 35, 179).

흡수량을 등급단위로 나타낸 것이다(자세한 것은 6장 참조). PDR의 모델에서 주요 매개변수인 원자외선 세기의 변화는 소광량을 이용해 나타낸다.

4.4.2 PDR의 종류

PDR은 크게 다음의 세 가지로 분류된다.

(1) 고온의 원자 가스 영역: PDR의 비교적 표면 부근($A_V=1$~3)에서는 가스 온도가 100~1000 K로, 중원소원자(O^0)나 이온(C^+, Si^+, Fe^+ 등)이 복사에너지의 주성분이다. 이 영역에는 수소분자(H_2)의 해리 영역이 존재한다. H_2는 라이먼-베르너Lyman-Werner 대역(파장 91~110 nm)의 원자외선으로 전자 들뜸상태가 되면서 10~15% 정도가 해리된다. 그리고 해리된 H_2는 주로 성간먼지의 표면에서 다시 생성된다. 즉, PDR은 H_2의 해리와 생성이 끊임없이 일어나는 영역이라 할 수 있다.

남은 85~90 %의 H_2는 전자 바닥상태로 되돌아가 적외선 파장대에서 진동-회전천이의 선스펙트럼을 방출한다. 단, 분자가스의 밀도가 $10^4\ cm^{-3}$ 이상인 영역에서는 H나 H_2와의 충돌로 역逆들뜸되어 주변 가스의 가열

과정에서 중요한 역할을 한다.

(2) CO 해리 · C^0 이온화 영역: (1)번보다 비교적 안쪽 영역($A_V=3\sim4$)에서는 $CO \rightleftharpoons C+O$의 해리와 $CO+h\nu \rightleftharpoons C^+ + e^-$의 이온화가 뚜렷하게 일어난다. CO의 해리와 C^0의 이온화가 같은 영역에 존재하는 것은 CO의 해리 에너지(11.1 eV)와 C^0의 이온화 에너지(11.3 eV)가 거의 비슷하기 때문이다.

(3) 저온분자 가스 영역: 분자구름의 가장 깊은 곳($A_V \geqq 4$)에는 가스의 주성분이 분자이며 온도는 10~100 K까지 떨어진다. 산소는 수소나 탄소에 비해 $A_V=5\sim10$까지 해리된 원자 상태에 있다. 여기에서 O_2는 해리 에너지(5.1 eV)가 낮고 생성반응률 또한 낮기 때문이다.

4.4.3 PDR에서의 복사 스펙트럼

PDR에서의 대표적인 복사 스펙트럼으로는 앞에서 서술한 근 · 중간적외선 파장대의 H_2 방출선 외에도 [C II] 158 μm, [O I] 63 및 146 μm, [S II] 35 μm, [Fe II] 26 및 35 μm, [C I] 370 및 609 μm의 미세 구조 천이선이나 CO의 회전천이선이 원자외선부터 서브밀리미터 파장대까지 존재한다. 이론 모델에서는 기본 매개변수인 G_0와 n을 이용하여 이것들의 방출선 세기나 세기비를 계산해 관측 결과와 비교함으로써 PDR의 물리 · 화학적 상태를 분석한다. PDR의 대표적 영역으로 오리온 대성운의 밝은 막대기bright bar라는 영역을 들 수 있다. 밝은 막대기는 PDR을 바로 옆에서 보고 있기 때문에 모델 계산 결과(그림 4.5)와 직접 비교할 수 있어 이론과 관측 모두에서 많이 연구하는 천체이기도 하다. 그림 4.6 위는 PDR의 단면을 관측한 결과로 그림 4.5처럼 이온화 파면에서 분자구름 쪽으로 H II 영역에서 나오는 전파의 자유－자유복사(21 cm 파장의 전파), H_2의 자외선 복사 및 분자구름 CS 방출선의 최댓값 위치가 이동하였음을 볼 수 있다.

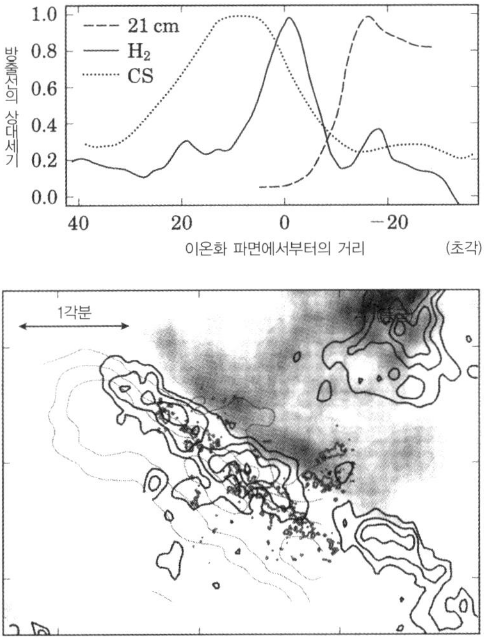

그림 4.6 밝은 막대기에 수직인 선상의 21 cm 연속파, 수소분자 H_2 방출선 및 CS 분자선의 분포(위)(van der Werf *et al.*, 1996, *Astr. Ap.*, 313, 633)와 그 단면적의 기준이 되는 세기분포도(아래)(Felli *et al.*, 1993, *Astr. Ap. Suppl.*, 98, 137). 위의 단면도는 이온화 파면에서부터의 거리를 왼쪽 아래 방향이 양(+)의 값이 되는 좌표로 표시된다. 각 그림의 선은 전파 21 cm(파선), 수소분자 H_2(실선), 그리고 CS분자(점선)를 나타낸다.

더 자세한 이론 모델로 다시 계산하여 비균일한 밀도 구조를 보이는 분자구름 내 PDR 영역의 시간 변화가 조사되었다.[6]

PDR의 응용으로 자외선 대신 X선 복사가 분자 가스의 해리 · 들뜸의 주요 원인이 되는 영역을 X선 해리 영역(XDR)이라고 한다. 이 영역은 활동은하의 중심핵에서 방출되는 근적외선 영역의 H_2 및 [Fe II] 방출선의 기원이며, 충격파에 따른 충돌들뜸, 자외선에 따른 복사에 이은 세 번째

6 예: 베르톨디와 드레인Bertoldi & Draine.

들뜸 메커니즘이라 할 수 있다.

4.5 행성상 성운

4.5.1 생성 원인과 중심별

행성상 성운은 이온화 영역의 일종이지만 그 원인은 보통의 가스 성운과는 완전히 다르다. 그것은 고온의 백색왜성을 둘러싼 팽창하는 이온화 가스라고 정의할 수 있다. NGC목록이 발행된 1887년 이전에는 작은 망원경을 이용하여 행성상 성운을 육안으로 관측할 때 마치 행성처럼 원반 모양의 상으로 보여 '행성상 성운' 이라고 이름을 붙였다. 하지만 '행성' 과는 아무런 관계가 없다. 그림 4.7은 대표적인 행성상 성운인 M 57의 사진이다.

결론부터 말하면 행성상 성운은 주계열성 시기의 질량이 1~8 $M_\odot$ 정도인 중소질량성의 진화 마지막 단계에서 질량방출 현상이 일어나면서 만들어진 것이다. 하지만 초기질량이 8 $M_\odot$ 이상인 대질량성의 경우에는 진화의 마지막 단계에서 초신성 폭발을 일으킨다.

중소질량성의 진화 도중, 점근거성가지 AGB(Asymptotic Giant Branch)별[7] 시기에 질량방출 현상을 일으킴으로써 그 별은 태양 질량 이하의 왜성으로 변한다(제7권 참조). 하지만 그 별의 질량방출 메커니즘은 아직도 풀리지 않는 수수께끼로 남아 있다. 팽창 가스의 중심에는 반드시 중심별이 존재한다. 일반적으로는 독립적으로 존재하는 별이라 생각하지만 쌍성으로 존재하는 경우도 있다. 하지만 그 어떤 경우에도 중심별은 고온의 왜성,

7 항성은 HR도에서 주계열성에서 거성으로 진화하는데, 이 거성가지로 접근하는 별의 무리를 뜻한다. 내부 구조와 핵반응 과정에서의 진화가 거성가지와는 달라 차이가 생긴다(제7권 참조).

그림 4.7 스바루 망원경으로 찍은 M 57의 Hα 영상(화보 2 참조, 일본국립천문대 제공).

즉 백색왜성이다. 지금까지 중심별 몇 개는 그 광도와 표면온도가 알려져 있으며, HR도[8] 상에서 그러한 중심별의 성질을 설명하려면 이론계산으로 그 질량이 0.5~1.4 $M_{\odot}$이라고 추정한다. 초기질량 1~8 $M_{\odot}$과의 차이는 질량의 대부분을 질량방출로 이미 성간공간으로 방출한 것으로 볼 수 있다. 단, 고리성운 M 57(그림 4.7)의 예에서도 알 수 있듯이 방출된 가스의 일부는 성운nebula 주위에 매우 희박한 가스로 존재할 것이다.

중심별에서의 질량방출 현상은 AGB별 단계에서 맥동현상[9] 등에 따라 발생하는 것으로 생각한다. 성운 내에 포함되어 있는 탄소(C)나 산소(O)는 중심별 내부에서 일어나는 핵융합반응의 생성물이지만, 대류에 따라 항성

8 헤르츠스프룽 - 러셀도, 항성의 표면온도를 가로축, 밝기를 세로축으로 놓고 그 성질을 나타낸 그림. 다수의 영역에 따른 좌표점의 집합체는 항성 진화경로를 나타낸다(제7권 참조).

9 항성 표면에서의 에너지 전달 요인으로 항성이 팽창과 수축을 규칙적으로 반복하는 현상(제7권 참조).

표면으로 이동하고 질량방출 현상으로 성운 내부로 운반된다. 따라서 항성 내부에서의 핵반응으로 일어난 원소합성의 결과가 반영되어 있어(제7권 참조) 탄소 대 산소의 조성비 C/O의 관측은 질량방출의 근원인 별을 알아내는 데 중요한 열쇠가 된다.

다음은 고온별이 된 중심의 백색왜성 주변을 둘러싼 팽창 이온화 가스에 대해 지금까지 알려진 사실들에 대해 살펴보겠다.

4.5.2 다양한 형태

지금까지 많은 천체사진이 실린 천문잡지의 지면을 장식한 행성상 성운은 비교적 작은 구경의 망원경을 이용해 영상을 얻었지만 최근에는 주로 CCD(charge coupled device)를 이용해 영상을 얻고 있다. 또 점점 커진 망원경으로 얻은 영상으로 지금까지 잘 알려지지 않았던 미세한 부분까지 볼 수 있게 되었다. 예를 들어 일본의 스바루 망원경으로 M 57(그림 4.7)을 관측한 결과, 지금까지 잘 알려진 성운(비교적 밝은 고리 모양의 부분) 주위에 매우 희박한 가스층이 존재한다는 사실이 새롭게 밝혀졌다.

그리고 적외선 영역이나 전파 영역도 관측하게 되면서 지금까지 가시광만을 이용했던 관측과는 다른 모습을 볼 수 있게 되었다. 적외선이나 전파 관측으로 비교적 저온 가스 영역이나 행성상 성운 주위에 있는 성간먼지의 분포와 그 조성 등이 밝혀지고 있다.

그림 4.8에서 보듯이 행성상 성운의 겉보기 모양은 매우 다양하며, 크게 원반형, 타원형, 쌍극형, 점대칭형으로 나눌 수 있다. 여기에 쌍극형이 변화한 4중극형과 다중극형이 더해진다. 다만 이 영상은 실제 행성상 성운의 모습이 아니라 천구상에 투영된 결과라는 사실에 유의해야 한다.

예를 들어 성운의 형태가 원통형일 경우에 원통의 축 방향과 시선이 평행이라면 투영된 영상은 고리 모양이며, 축 방향과 시선이 수직이라면 긴

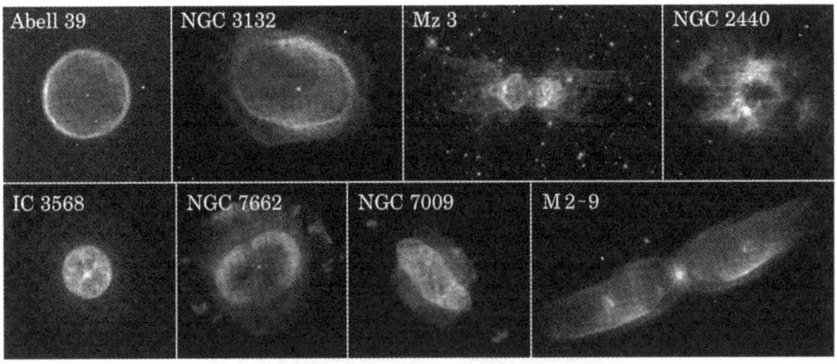

그림 4.8 행성상 성운의 형태 분류. Abell 39는 원반형(구대칭형), NGC 3132는 타원형, Mz 3과 M 2-9는 쌍극형, NGC 2440은 4중극형, NGC 7009는 점대칭형의 예. 또 IC 3568과 NGC 7662는 이중원반형과 이중타원형의 예로 알려져 있다(Abell 39는 G. Jacoby *et al.*,의 NOAO/AURA의 이미지 라이브러리에서, 다른 것은 NASA/STScI의 영상 자료이다).

사각형 모양으로 보인다. 따라서 행성상 성운의 모양을 고려할 때 어느 방향에서 관측해 투영된 영상인가에 따라 실제 모양을 분석해야 한다.

이런 다양한 형태는 거성가지giant branch 단계에서 저속항성풍(10 km s^{-1} 정도)과 후점근거성가지 단계post AGB의 고속항성풍(1000 km s^{-1} 정도)이 충돌하면서 생겼을 것이라는 해석이 일반적이다. 하지만 어떠한 항성풍을 내보낼 때 이처럼 다양한 형태가 생기는지에 대한 유체역학상의 일반적 이론은 아직 확립되어 있지 않다.

4.5.3 팽창 이온화 가스

이렇게 다양한 형태를 보이는 행성상 성운의 특징은 팽창운동을 하는 이온화 가스로 구성되어 있다는 점이다. 다양한 천체에 스펙트럼 관측을 응용하기 시작했을 때부터 잘 알려진 행성상 성운 스펙트럼의 특징은 강한 방출선을 나타낸다는 것이다. 이 방출선으로는 Hα나 [O III] 5007, [N II] 6583으로 동정된 금지선(4.7절 참조) 등을 들 수 있다. 이것 모두 팽창운동의 존재를 간접적으로 보여주며 적색이동(적색편이) 성분과 청색이동(청색편이) 성분으로 이루어진 이중최댓값double-peak을 가지는 방출선 구조를 보인다. 성운이 광학적으로 투명하다면 이온화 가스의 팽창운동은 도플러 효과에 따라 우리 쪽으로 접근하는 성분(청색이동)과 멀어지는 성분(적색이동)이 둘 다 관측되어 위와 같은 이중최댓값 모양의 구조를 보인다. 따라서 두 최댓값 차이의 1/2로 정의한 팽창속도를 v_{exp}라고 하면 일반적으로 행성상 성운은 $2v_{\text{exp}}=20\sim60\,\text{km s}^{-1}$로 팽창하는 것으로 알려졌다. 전자온도가 1만 K일 때 이온화 가스의 음속은 약 $14\,\text{km s}^{-1}$가 되므로 대부분의 경우 그 팽창속도는 초음속 상태에 있다고 생각할 수 있다.

4.5.4 은하계에서의 분포

우리은하계에는 이런 행성상 성운들이 많이 분포한다. 1992년에 출판된 목록(『스트라스부르-ESO목록』, 아커 외 지음[10])에는 1143개의 행성상 성운이 등록되어 있다. 1967년의 『은하계 내 행성상 성운의 목록』(페렉 & 코호우테크 지음)[11]에는 1036개가 있으며, 현재는 더 많은 수의 천체가 행성상 성운으로 등록되어 있다.

이 행성상 성운들이 은하계 내에 어느 정도 분포되어 있는지 정확한 정보를 얻으려면 먼저 거리를 알아야 한다. 천체까지의 거리는 일반적으로 삼각시차를 이용해 가장 정확하게 구할 수 있지만, 행성상 성운의 연주시차가 매우 작아서 실제로는 이 방법을 이용할 수가 없다. 그래서 행성상 성운의 크기, 전자밀도, 온도 등과 전파세기 또는 광학에서의 방출선 세기와의 사이에 성립하는 관계식을 기초로 통계적 방법으로 추정하고 있다.

10 A. Acker *et al.*, 1992, *Strasbourg-ESO CATALOGUE*, ESO, München, Germany.
11 L. Perek and L. Kohoutek 1967, *Catalogue of Galactic Planetary Nebulae*, Czechoslovakia Academy of Sciences, Prague, Czechoslovakia.

이 방법에서는 거리 D [pc]를 5 GHz의 전파세기 $S_{5\,\mathrm{GHz}}$ [Jy]와 겉보기지름 θ [초각]의 관측값으로, 다음과 같은 식을 이용해 구할 수 있다.[12]

$$\log D = 3.31 - 0.22 \log\theta - 0.39 \log S_{5\,\mathrm{GHz}} \tag{4.8}$$

행성상 성운은 우리은하계의 은경 및 은위 방향에 어떻게 분포되어 있을까. 은하계 중심에서 떨어져 있는 태양계에서 보면, 겉보기분포는 은하계 중심 방향($\ell \simeq 0°$)에 집중되어 있으며 은하계 원반부($b \simeq 0°$)에 주로 분포하는 것을 알 수 있다. 거리를 이용하여 실제 분포를 조사해 보면 확실히 은하계 중심 방향에 집중되어 있음을 알 수 있다. 원반 모양으로도 분포하고, 종족 I의 별이 차지하는 약 300 pc의 원반보다 약간 두꺼운 약 500 pc 정도 범위에 분포하고 있다.

4.5.5 은하계 외부의 행성상 성운

우리은하계 외에도 이 행성상 성운이 존재한다. 다른 은하계에서 행성상 성운을 관측한다는 것은 그 밝기로 모母 은하의 거리지표를 구할 수 있다는 뜻이다. 또한 각각의 행성상 성운의 거리가 일정하지 않다는 것을 걱정할 필요 없이 분포나 형태, 성질을 조사할 수 있다는 이점이 있다.

지금까지 대마젤란은하에서 137개, 소마젤란은하에서 51개의 행성상 성운이 발견되었다. 안드로메다은하 M 31에도 대략 2만 개가 존재하는 것으로 예측하는데, 지금까지 315개가 발견되어 목록으로 만들어졌다. 최근에는 국부 은하단뿐 아니라 처녀자리 은하단에 존재하는 행성상 성운의 후보 천체까지 알려졌다. 그리고 중소질량성의 진화 결과로 생성된 팽창

12 벤스비와 룬드스트룀Bensby & Lundström.

가스 성운의 성질을 이용하여 우주론 분야의 연구까지 행성상 성운이 등장하고 있다.

4.6 복사 스펙트럼

HII 영역이나 행성상 성운 등의 이온화 가스 영역에서 방출되는 스펙트럼은 연속파 성분과 방출선 성분으로 분류되며 X선부터 전파에 이르는 폭넓은 영역에서 관측되고 있다.

4.6.1 연속파 성분

성간 가스에서 나오는 연속파 성분에는 비열적 과정에 따른 것과 열적 과정에 따른 것이 있다. 비열적 과정은 전자가 성간자기장을 상대론적인 속도로 운동할 때 방출하는 싱크로트론Synchrotron 복사로, 강한 자기장과 함께 특이한 천체에 따르는 복사이다(7.2절 참조).

열적 과정에 따른 연속광 성분으로는 이온화 가스의 열운동으로 방출 또는 흡수되는 과정에서 일어나는 다음의 4가지 기여가 중요한 역할을 한다.

(1) 자유-자유 및 자유-속박천이의 연속 스펙트럼

이온화 가스 중의 자유전자는 양성자나 이온 사이에서 쿨롱 충돌을 반복하는데 충돌할 때에 전자가 가속되어 전자기파가 방출된다. 이 과정에서 나오는 전자기복사를 자유-자유복사(제동복사)라고 한다. 이러한 복사는 적외선에서 전파 영역에 걸쳐 HII 영역의 주된 연속파 성분이다.

이에 반해 자유전자가 양성자나 이온의 에너지 준위로 떨어지는 경우에는 중성수소나 이온의 전하가 감소하여 재결합이 일어난다. 이때도 자유전자의 운동에너지와 속박되는 들뜸에너지 준위와의 차이에 해당하는 광

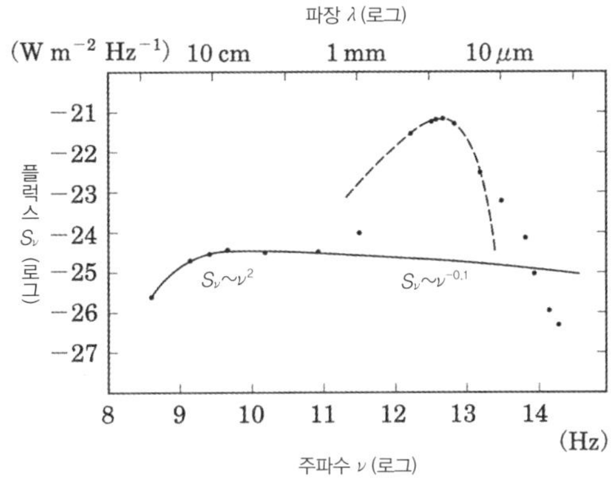

그림 4.9 HII 영역 W3의 전파–적외선 스펙트럼(Williams 1974, IAU Symp., 60, 259).

자가 방출되므로 연속 스펙트럼 성분을 가진다.

이온화 영역에서 이렇게 재결합된 원자나 이온은 그 후 높은 에너지 준위에서 바닥준위까지 떨어지는 과정에서도 재결합선을 방출한다. 이 재결합선은 주로 적외선이나 가시광에서 나타난다(4.8절 참조). 일반적으로 가시 · 적외선 영역에서는 재결합선 등의 선스펙트럼에 비해 연속 스펙트럼 성분의 플럭스가 작다. 하지만 고온별에서의 강한 자외선으로 이온화된 HII 영역에서는 가시광선 영역에서 자유–속박천이의 연속 스펙트럼 성분도 뚜렷이 나타난다. 수소원자에서의 파장 364.6 nm보다 긴 파장영역에서 파셴Paschen 연속파 성분이나 단파장 쪽의 발머Balmer 연속파 성분과 중심별의 연속파 성분을 볼 수 있다.(그림 4.11 참조)

그림 4.9는 W 3이라는 HII 영역의 전파에서 근적외선 파장에 걸쳐 관측되는 스펙트럼이다. 이러한 전파 영역의 연속 스펙트럼은 이온화 가스의 자유–자유천이에 따른 연속 스펙트럼($\nu^{-0.1}$에 비례하는 성분)과 HII 영역을 만드는 젊은 별의 복사로 따뜻해진 성간먼지의 매우 강한 열복사가 주를 이룬다(성간먼지의 열복사에 관해서는 다음의 (3)에서 설명). 그리고 10^9 Hz

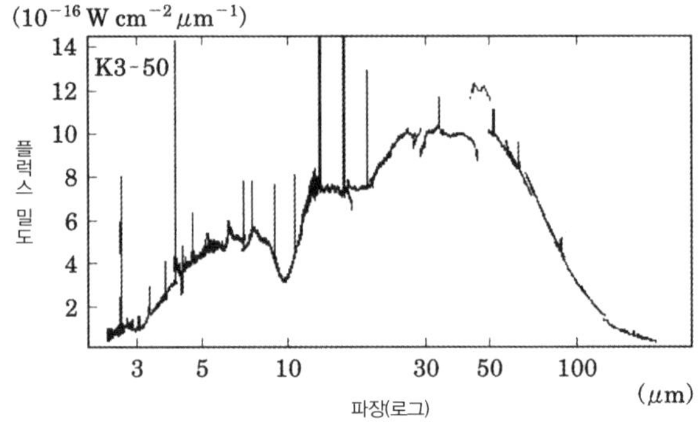

그림 4.10 밀집 HII 영역 K3-50의 적외선 스펙트럼(Peeters *et al.*, 2002, *Astr. Ap.*, 381, 571).

보다 저주파 영역에서는 광학적으로 두터워지고 흑체복사에 가까워지기 때문에 주파수의 제곱(ν^2)에 비례한다.

(2) 2광자 연속 스펙트럼

중성수소원자의 준안정준위 2 ^{2}S에서 바닥상태 1 ^{2}S로의 천이는 파울리의 배타원리에 의해 금지되었지만, 2광자 방출이 일어날 때 중간준위로의 이동에 따라 연속파가 방출된다. 이런 천이의 확률은 $A_{2\,^2\mathrm{S}\rightarrow 1\,^2\mathrm{S}}=8.23\ [\mathrm{s}^{-1}]$으로 수소원자가 광이온화될 확률($10^{-4}\sim10^{-8}\ \mathrm{s}^{-1}$)보다 훨씬 크다. 이 복사는 파장 364.6 nm의 발머선 부근에서의 기여가 크다.

(3) 성간먼지의 열복사

H II 영역에서는 강한 적외선 초과 스펙트럼이 관측되며, 성간먼지의 온도는 300 K 정도의 따뜻한 성분과 50 K 정도의 비교적 차가운 성분이 있는 것으로 알려져 있다. 이는 이온화 가스 중에 대량의 저온 성간먼지가 존재하고 있음을 보여주는데, H II 영역이 만들어질 때 성간먼지가 증발이나 파괴되지 않고 남아 있음을 뜻한다. 중심별에서의 강한 자외선으로 성

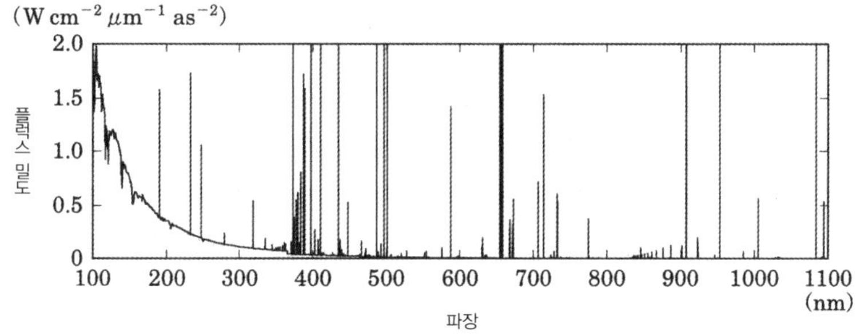

그림 4.11 오리온 성운(M42) 영역의 자외선에서 가시광선 영역까지의 스펙트럼(허블 망원경 데이터베이스, http://www.stsci.edu/hst/observatory/cdbs/cdbs_galactic.html).

간먼지의 증발이나 파괴가 진행되기 때문에 중심별의 나이가 젊은 H II 영역에서 적외선 초과가 강한 경향을 보인다. 그림 4.10은 H II 영역(K 3~50)의 적외선 스펙트럼으로 연속적 성분은 성간먼지에서의 열복사, 얇은 선 모양으로 솟아 있는 부분들은 이온화 가스에서의 허용선과 금지선 스펙트럼이다.

4.6.2 선스펙트럼

이온화 가스의 복사 스펙트럼 중에서 선스펙트럼이 또 하나의 중요한 요소라고 할 수 있다. 선스펙트럼은 허용선과 금지선으로 분류되며 허용선은 중성원자의 이온화에 이은 재결합선으로 형성되며, 작은 폭포cascade처럼 선스펙트럼을 방출한다. 재결합은 대부분 낮은 에너지 준위에서 일어나기 때문에 가시광선에서 적외선 영역에 걸쳐 선스펙트럼이 관측된다. 높은 에너지 준위에서는, 즉 주양자수 n이 50을 넘는 준위에서는 전파영역에서 재결합선이 방출된다.

한편, 이온화 가스에서 관측되는 가시광선 영역의 선스펙트럼으로 금지선을 들 수 있다. 가시광선 영역의 금지선은 4.7절에서, 재결합선은 4.8절에서 자세히 설명하기로 한다.

그림 4.11은 H II 영역(오리온 성운)의 자외선에서 근적외선 영역까지의 스펙트럼이며 다수의 선스펙트럼 성분이 보인다.

선스펙트럼의 세기는 시선을 따라 단위거리당 복사계수를 적분한 값에 비례한다. 이 값을 방출측도(emission measure, *EM*)라고 하며 다음 식으로 나타낼 수 있다.

$$EM = \int_0^L n_e n_p \, dl \tag{4.9}$$

가스 밀도가 균일한 이온화 가스의 경우 EM은 n^2L [$\mathrm{cm^{-6}\,pc}$]이다. 따라서 EM의 값은 시선을 따라 이온화 영역의 넓이 L을 이용해 전자밀도 n_e을 계산하는 데에도 이용된다. 은하계의 O형 별 주위에 있는 H II 영역의 경우 전형적인 EM의 값은 10^3~10^4 [$\mathrm{cm^{-6}\,pc}$]이므로 10 pc 정도의 넓이를 가진 H II 영역은 전자밀도가 10~30 $\mathrm{cm^{-3}}$ 정도로 계산된다.

4.7 광학 영역에서의 금지선

복수의 양성자와 중성자로 이루어진 원자핵을 갖는 원자는 같은 수의 양성자와 전자를 가진다. 이런 원자에서의 복사는 최외각에 배치된 전자들의 들뜸상태에서 다른 상태로의 천이에 따라 발생한다. 그런데 전자밀도가 특정 임계밀도보다 작으면 원자의 최외각 전자는 자유전자와의 충돌로 허용 에너지 준위에 비해 에너지 차이가 작은 준안정 상태의 준위로 들뜨게 된다. 게다가 전자밀도가 낮아 충돌역들뜸 확률도 매우 낮아져 충돌들뜸된 전자는 긴 시간 동안 준안정 준위에 머문다. 다음의 4.7.1절에서 설명하는 선택법칙으로 이 준위에서의 일반적인 전기 이중극자(쌍극자, dipole)

로서의 천이는 금지되지만, 확률이 아주 낮기는 해도 자기 이중극자나 전기 사중극자quadrapole로 복사천이가 일어난다. 이러한 천이로 생긴 스펙트럼선을 금지선이라고 한다.

4.7.1 양자화와 선택법칙

최외각 궤도에 배치된 전자에 따라 결정되는 에너지 준위는 주양자수 n, 궤도의 각운동량 양자수 또는 방위 양자수 ℓ, 스핀 양자수 s, 전체 각운동량 양자수 $j=\ell+s$로 양자화되는데 복수의 전자가 배치되어 있는 경우, 각각의 전자에 대해 양자수의 합을 취한 LS결합으로 나타낼 수 있다.

복수의 전자인 경우, $L=\sum\ell$, $S=\sum s$, $J=\sum j$, $J=L+S$ 및 다중도 $=(2S+1)$로 정의된다. $L=0$, 1, 2, 3, …에 대하여 에너지 준위는 S, P, D, F, … 등의 명칭이 붙는다. 일반적으로 다음과 같은 경우의 예에 대하여 설명하겠다. 기호의 의미를 첨부해보면,

$$2p^3\ {}^4\mathrm{S}^0_{3/2}$$

2	최외각 전자에 대한 양자수
p^3	$l=1$의 상태에 있는 3개의 최외각 전자
4	다중도$=4$, 즉 스핀 양자수 $S=3/2$
S	궤도 각운동량 $L=0$
3/2	$J=3/2$, 따라서 통계적 무게 $g=2J+1=4$
^{0}	에너지 준위가 홀수(짝수인 경우에는 생략, 이 예는 1+1+1로 홀수)

이런 기호로 표시하는 에너지 준위 간의 천이에는 다음과 같은 선택법칙이 존재한다.

(1) $\Delta J=0$, ±1 (단, $J=0$에서 $J=0$으로는 금지)

(2) $\Delta S=0$

표 4.2 금지선을 생성하는 천이의 예.

전자배치	이온	천이	J의 변화	파장[Å]
$2p^2$	[O III]	$^1D-^1S$	2−0	4363
		$^3P-^1D$	1−0	4958
		$^3P-^1D$	2−2	5007
	[N II]	$^1D-^1S$	2−0	5754
		$^3P-^1D$	1−2	6548
		$^3P-^1D$	2−2	6583
$2p^3$	[O II]	$^4S^O-^2D^O$	3/2−5/2	3728
		$^4S^O-^2D^O$	3/2−3/2	3726
		$^2D^O-^2P^O$	5/2−3/2	7319
		$^2D^O-^2P^O$	3/2−3/2	7329
$3p^3$	[S II]	$^4S^O-^2P^O$	3/2−3/2	4068
		$^4S^O-^2P^O$	3/2−1/2	4076
		$^4S^O-^2D^O$	3/2−5/2	6716
		$^4S^O-^2D^O$	3/2−3/2	6730
반半 금지선	C III]	$2s2p\ ^3P-1s^22s^2\ ^1S$	1−0	1909
적외선 영역	[O III]	$^3P_2-^3P_1$	2−1	52 μm
		$^3P_1-^3P_0$	1−0	88 μm
전파 영역	H I	$1^2S_{1/2}$		21 cm

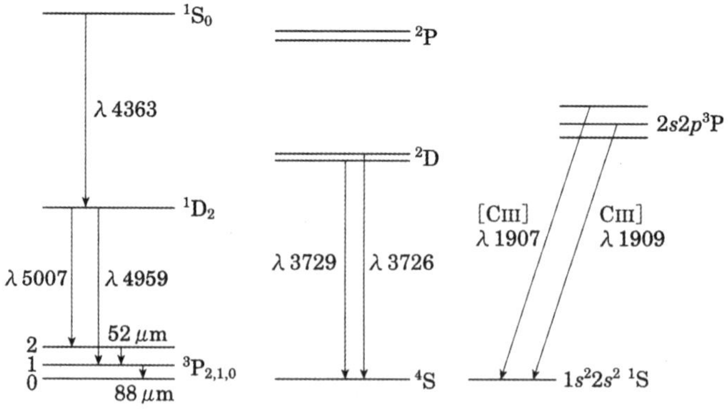

(a) [O III] $2p^2$ 배치 (b) [O II] $2p^3$ 배치 (c) C III], [C III]

그림 4.12 금지선의 에너지 준위 예.

(3) $\Delta L=0, \pm 1$ (단, $L=0$에서 $L=0$으로는 금지)

(4) 패리티($\sum \ell$의 짝수 · 홀수)는 변화되어야 한다.

이와 같은 선택법칙에 따르지 않는 천이로 생긴 스펙트럼선을 금지선이라고 한다. 이온 기호를 [ ]로 감싼 것은 금지선임을 나타낸다.

4.7.2 금지선을 생성하는 천이의 예

실제로 이온화 가스와 관련해서 대표적인 금지선의 예를 그림 4.12와 표 4.2에 나타냈는데, 여기에는 적외선 영역이나 전파 영역의 예도 포함되어 있다.[13]

처음의 4가지 이온, 즉 [O III], [N II], [O II], [S II]는 H II 영역이나 행성상 성운에서 관측되는 대표적인 예이다. 가스 성운 중에서 금지선이 중요한 역할을 하는 것은 일반적으로 광학적으로 얇아서 성운의 깊은 곳까지 분광관측이 가능한 천체에 한한다. 그런 천체들에서 방출선 세기비부터 전자밀도나 전자온도, 또는 화학조성에 대한 정보를 얻을 수 있기 때문이다.

다음의 C III]는 중간결합선intercombination line으로 자외선 영역에서 [C III] 1907과 더불어 중요한 역할을 하는 선스펙트럼이다. 이는 1중항과 3중항 사이의 천이로, 다른 항목은 선택법칙을 따름에도 반半금지선이라고 한다. 또 에너지의 준위 차가 작아 적외선 영역에서 관측되는 금지선도 있다. [O III]의 바닥상태와 3중항 사이의 천이로 생성되는 스펙트럼선을 말한다.

마지막으로 중성수소 영역에서 중요한 H I의 21 cm 선도 추가해 보자. 이것은 바닥상태의 초미세 구조 준위 사이의 천이로 전자스핀의 방향이 바뀌면서 생긴 것이다(2장 참조).

13 좀 더 상세한 예는 D.E. Osterbrock 지음, 田村眞一 옮김, 『ガス星雲と 活動銀河核の天体物理學』(東北大學出版會, 2001) 등을 참조.

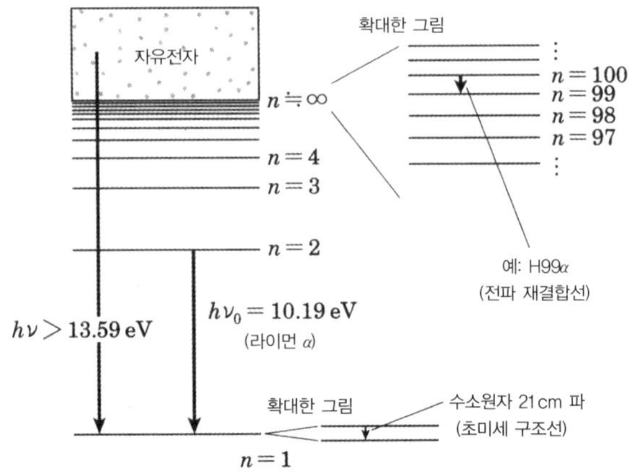

그림 4.13 수소의 재결합 에너지 준위와 천이.

4.8 재결합선

이온화 영역 내에서는 이온화된 후의 이온과 전자가 재결합할 때 바닥준위뿐 아니라 들뜸준위에도 전자가 들어간다. 높은 들뜸준위로 재결합되면 뒤이어 종속천이cascade transition가 잇따라 일어나면서 자외선에서 전파 영역까지 넓은 파장대에 다양한 재결합선이 방출된다(그림 4.13 참조). 흔히 관측되는 것이 수소의 재결합선이며 그 밖에 헬륨 등의 재결합선도 관측된다. 예를 들어 수소의 재결합선은 라이먼 α(자외선), Hα · Hβ 등의 발머선(가시광), Paβ · Brγ 등의 파셴 계열, 브래킷Brackett 계열의 방출선(적외선 영역), 좀 더 높은 들뜸 준위 사이에 천이되는 전파 재결합선(전파 영역) 등이 있다(제4권 4장의 칼럼 「허용선과 금지선」 참조).

수소원자의 경우 전파 영역에서의 천이는 매우 높은 준위에서의 천이로, 이온화 영역처럼 고들뜸 준위에서 재결합이 일어나는 상황에서는 전파 재결합선이 관측된다. 이것은 헬륨원자 등에서도 마찬가지이다. 그러므로 이온화 영역은 전파 재결합선이 관측되는 중요한 영역 중의 하나다.

원소 X의 원자 및 이온에서 전자가 주양자수 n_2의 준위에서 아래쪽의 n_1 준위로 천이할 때 방출되는 재결합선은 원소명 X, 이온 단계의 분광학적 표현(II, III, …), 하위의 주양자수 n_1, 주양자수의 변화 n_2-n_1의 순으로 나열해 표기한다. 이때 주양자수의 변화 1, 2, 3, …에 대해 그리스 문자인 α, β, γ, …를 이용하여 표기한다. 또 분광학적 표기는 중성원자의 경우 부여하지 않아도 된다. 예를 들어 수소원자의 주양자수가 100에서 99로 천이하면 H99α, 1차 이온화 헬륨의 주양자수가 130에서 128로 천이하면 He II128β 등으로 쓸 수 있다.

재결합선의 세기는 전자밀도(n_e)와 이온밀도(n_i)의 시선방향 적분인 $EM=\int n_e n_i dl$에 비례한다. 따라서 재결합선 세기에서 EM을 추정할 수 있어 전자밀도에 대한 정보 등을 얻을 수 있다. 또 재결합선의 세기는 전자온도 의존성이 강하기 때문에 여러 재결합선의 세기비로 이온화 영역의 전자온도도 추정할 수 있다. 단, 전자온도를 추정할 때는 실제의 이온화 영역이 열평형상태에 있지 않음을 감안해야 한다.

재결합선의 이점 중 하나는 재결합선을 방출하는 이온화 가스의 운동에 관한 정보를 얻을 수 있다는 점이다. 예를 들어 전파 재결합선의 시선속도를 관측할 수 있다면 은하계의 회전운동을 가정하여 이온화 영역까지의 운동학적 거리를 구하는 데 응용할 수 있다.

또 다른 이점은 이온화 영역의 소광을 구하는 방법으로의 응용이다. 앞에서 서술했듯이 재결합선은 전파에서 자외선에 이르기까지 넓은 범위에서 나타나며, 전자와 이온의 재결합과 그것에 이어지는 종속천이라는 공통의 복사 과정에 따라 생성된다. 그러므로 각 재결합선의 세기는 천이확률 등으로 서로 관련되어 있다. 또한 그 세기는 이미 살펴보았듯이 EM과도 관련이 있다. 따라서 전파 연속파나 전파 재결합선의 관측으로 EM을 구하여 전자온도를 가정할 수 있다면 적외선 영역의 재결합선 세기를 추정할 수 있다. 실제로 근적외선 영역의 재결합선은 성간물질 등의 소광에 따라 약해지기 때문에, 거꾸로 이 점을 이용하여 소광량을 추정할 수 있다. 또 적외선 영역의 다양한 방출선의 세기비를 이론값과 비교함으로써 적외선 영역의 관측만으로 소광을 추정할 수 있다.

4.9 화학조성

4.9.1 방출선 세기와 원소조성비

이온화 가스 내에 있는 중원소의 대부분은 핵반응으로 항성 내부에서 생성되어 항성 표면으로 운반되고, 별의 불안정성에서 비롯된 가스의 방출과정이나 초신성 폭발 같은 대규모 질량방출을 통해 성간공간으로 공급된다. 그 결과로 이온화 가스 내의 원소 존재량이 결정된 것으로 추정한다. 이온화 가스의 화학조성 또는 원소조성은 단위부피 [cm^3] 내의 원자 · 이온 개수나 질량을 수소 값에 대한 비율로 나타내며, 수소나 헬륨 등의 재결합선 스펙트럼, 탄소(C), 질소(N), 산소(O), 황(S) 등의 금지선 스펙트럼 관측으로 결정된다. 일반적으로 재결합선의 세기 I_r 및 금지선의 세기 I_f는 다음과 같이 나타낼 수 있다.

$$I_r = \int n_i n_e \alpha_r h\nu dl \tag{4.10}$$

$$I_f = \int n_j A_{ji} h\nu_{ij} dl \tag{4.11}$$

여기서 n_i는 이온의 개수밀도, n_e는 전자의 개수밀도, α_r는 재결합계수, $h\nu$

는 재결합하는 준위 간의 에너지 차, n_j는 위의 준위 j와 아래 준위 i 사이의 금지선 천이가 일어날 때 위의 준위 j에 머물러 있는 이온의 개수밀도, A_{ji}는 위의 준위 j에서 아래 준위 i로의 복사 천이확률, $h\nu_{ij}$는 두 준위 간의 에너지 차를 나타낸다. n_j는 복사 및 충돌천이 과정을 포함한 준위 간의 상세평형으로 결정되지만 바닥상태에 머물러 있는 이온수 n_i에 의존한다. 즉,

$$n_e n_i q_{ij} = n_e n_j q_{ji} + n_j A_{ji}$$

를 이용해 구한다. 단, q_{ij}는 준위 i에서 j로의(준위 i의 입자 · 충돌입자 · 단위부피 · 단위시간당의) 충돌천이비율을 나타낸다.

헬륨의 화학조성은 이온화 영역에서 H는 모두 H^+ 상태이지만, He는 보통 He^0 및 He^+ 상태로 존재하기 때문에 다음 식으로 구할 수 있다.

$$n(He)/n(H) = n(He^0)/n(H^+) + n(He^+)/n(H^+) \tag{4.12}$$

이때 우변의 첫 번째 항과 두 번째 항은 앞에서 서술한 재결합선을 이용하여 $I(\text{He I } 5876)/I(\text{H}\beta)$나 $I(\text{He II } 4686)/I(\text{H}\beta)$ 등의 방출선 세기비를 통해 얻을 수 있다.

한편, 산소(O)를 예로 들어 금지선을 이용하는 경우를 설명하겠다. 산소의 화학조성은 이온화 영역에서 O의 존재 형태가 주로 O^0, O^+, O^{++} 이기 때문에 다음과 같은 식으로 구할 수 있다.

$$\begin{aligned} &n(O)/n(H) \\ &= n(O^0)/n(H^+) + n(O^+)/n(H^+) + n(O^{++})/n(H^+) \end{aligned} \tag{4.13}$$

단, 우변의 각 항은 각각 산소의 금지선 세기비, $I(\text{[O I] } 6300)/I(\text{H}^+)$,

표 4.3 가스 성운 내의 화학조성.

원소	상대 조성비(로그)		
	행성상 성운 (평균값)	오리온 성운	태양
H	12.00	12.00	12.00
He	11.04	11.00	10.99
C	8.85	8.52	8.56
N	8.11	7.76	8.05
O	8.62	8.75	8.93
F	4.6:	—	4.56
Ne	8.02	7.90	8.09
Na	6.05	—	6.33
S	6.99	7.41	7.21
Cl	5.19	5.15	5.5
Ar	6.40	6.7	6.56
K	4.85	—	5.12
Ca	4.92	—	6.36

$I([\text{O II}]\,3727)/I(\text{H}^+)$, $I([\text{O III}]\,5007)/I(\text{H}^+)$를 이용해 계산할 수 있다. 재결합선과 달리 금지선은 이온화 영역 내부를 통과할 때 거의 흡수되지 않아(광학적으로 투명) 비교적 정확한 화학조성을 알아낼 수 있다.

4.9.2 이온화 가스 내의 화학조성

표 4.3에 지금까지의 결과를 정리했다. 수소의 개수밀도 로그값을 12.0으로 두고, 이와는 상대적으로 헬륨 및 그 밖의 원소의 개수밀도를 로그로 나타냈다. 첫 번째 행은 원소기호, 두 번째 행은 여러 개의 행성상 성운에 대하여 평균한 값, 세 번째 행은 H II 영역의 대표라 할 수 있는 오리온 성운(M 42/NGC 1976)의 화학조성이다. 마지막 행에는 비교를 위해 태양의 값을 함께 표기했다.

먼저 헬륨의 결과에 대해 살펴보면, 헬륨은 비교적 강한 재결합선으로 대부분의 이온화 영역에서 관측되고 있어 정확히 그 화학조성을 계산할 수 있다. 하지만 스스로 흡수하는 경우에는 복잡한 이온화 구조를 고려해야 하는데 이온화 가스 모델을 도입하여 다른 방출선의 관측 결과를 설명할 수 있도록 매개변수를 바꿔가며 반복 계산한 결과를 이용한다.

표 4.3의 결과는 행성상 성운, 오리온 성운, 태양 사이에 특별한 차이는 보이지 않으며 $n(\mathrm{He})/n(\mathrm{H})=0.10$으로 되어 있다.

헬륨원소는 항성 내부에서의 핵반응에 따른 생성물이므로 항성이 몇 세대에 걸쳐 탄생과 죽음을 반복한 결과로 현재의 값이 되었다고 추정할 수 있다. 별이 처음 탄생했을 때, 즉 우주 초기의 헬륨 조성에 비해 얼마나 많이 바뀌었을까? 우리은하계 내의 HII 영역이나 대마젤란은하와 소마젤란은하의 헬륨 조성과 산소 조성과의 관계에서 원시 헬륨 조성은 $n(\mathrm{He})/n(\mathrm{H})=0.069\pm0.006$으로 추정된다.[14] 이와 비교하면 표 4.3에서 헬륨이 증가한 것을 알 수 있다. 행성상 성운의 중심별인 경우 헬륨은 주계열, 적색거성, AGB별 단계의 핵반응으로 만들어진다. 이 헬륨이 대류로 별 표면까지 운반되고, 질량방출로 이온화 가스가 된 것이다. 이러한 헬륨 원소량의 증가를 고농도화enrichment라고 한다. 폭발적인 고농도화는 초신성 잔해 SNR에서 자주 목격된다. 특히 필라멘트라는 줄무늬 모양의 영역 내에서는 $n(\mathrm{He})/n(\mathrm{H})=0.47$[15]이라는 값을 얻었다.

이온화 가스 영역, 특히 HII 영역처럼 겉보기지름이 큰 천체에 대하여 분광관측을 할 때 슬릿 위치의 선택방법에 따라서도 방출선의 세기비 측

14 D.E. Osterbrock 지음, 田村眞一 옮김, 『ガス星雲と 活動銀河核の天体物理學』(東北大學出版會, 2001), p. 235에서 인용.
15 각주 14의 책과 같음, p.291.

정값이 변하기도 한다. 각각의 위치에서 이온화 단계가 다르니 헬륨선의 세기가 달라질 수밖에 없다. 따라서 헬륨 조성이 HII 영역에서 다른 값을 갖는다고 해석할 것이 아니라 헬륨의 이온화 구조에 따라 방출선 세기가 달라지기 때문이라고 해석해야 한다. 이러한 효과로 헬륨 조성 측정값에 몇 % 정도의 오차가 발생한다.

마지막으로 중원소, 특히 C, N, O의 조성에 대해 알아보자. 태양과 비교해 행성상 성운과 오리온 성운도 이 원소조성에는 큰 차이가 없는 것처럼 보인다. 하지만 행성상 성운에는 C, N이 약간 증가하는 데 비해 O는 감소해 있다. 행성상 성운의 중심별은 진화단계에서 내부에 CNO순환 핵반응(제7권 참조)이 일어나는데 그 생성물이 대류에 따라 별 표면으로 운반된다. 제1단계의 운반은 적색거성 시대에 일어나며 He이나 C, N가 증가한다. 제2단계의 운반은 AGB별의 초기 단계에서 일어나고 특히 He이나 N의 증가를 일으킨다. 하지만 이는 비교적 초기질량이 큰 별(≧3 $M_{\odot}$)에서만 일어난다. 제3단계의 운반은 헬륨 껍질이 타기 시작한 후의 AGB별(제7권 참조)에서 일어나며 이때 He, C가 증가한다.

가시광선 영역에서는 C의 강한 스펙트럼선이 보이지 않아 인공비행체로 대기권 밖에서 자외선 영역을 관측하기 전까지 C의 중요성은 잘 알려지지 않았다. 그러나 지금은 자외선 영역의 관측으로 얻은 C조성 결과는 이온화 가스 영역의 성질에 관해 중요한 진단 결과를 제공했다. C/O≧1 상태인 행성상 성운의 결과는 C의 고농도화를 잘 보여준다. 제2단계의 운반효과가 크게 눈에 띄지 않는 것은 중심별의 질량으로 따지면 소질량성이 다수를 차지하고 있음을 보여준다.

제 5 장
초신성 잔해와 고온 가스

2장부터 4장까지는 성간기체 중에서 저온의 분자 가스와 원자 가스, 따뜻한 이온화 가스에 대해서 알아보았다. 우리은하계의 성간공간에는 좀 더 고온($\gtrsim 10^5$ K)의 가스가 존재한다. 여기에서는 이 고온 가스에 대해 알아보고 이를 생성하는 것으로 추정되는 초신성 잔해에 대해 설명하겠다.

5.1 고온 가스

은하계 내부에는 초신성 폭발로 가열되어 고온 영역을 형성한 초신성 잔해(5.2절 이후에 자세히 설명) 외에도 넓게 분포하는 고온의 가스가 존재한다. 이것은 1960년대의 로켓 관측으로 우주 X선 배경복사를 발견함으로써 비로소 알려진 사실이다.

5.1.1 연질 X선 배경복사

그림 5.1은 1990년에 발사된 ROSAT(Röntgen Satellite) 위성에서 관측한 1/4 keV 밴드(위), 3/4 keV 밴드(가운데)의 X선 전천분포이다. 1/4 keV 밴드에서는 은하의 극 방향으로, 3/4 keV 밴드에서는 은하중심 방향으로 집중된 세기분포를 볼 수 있다. IRAS(Infrared Astronomical Satellite) 위성의 파장 100 μm의 복사(아래)는 H I 가스의 분포에 비례하므로 은하면을 따라 분포하며, 1/4 keV 밴드의 연질 X선 세기분포와는 음(−)의 상관관계를 보여준다. 1/4 keV의 X선 흡수에 대해 광학적 깊이 1에 해당되는 기둥밀도가 $N_{\mathrm{H}} \sim 10^{20}\ \mathrm{cm}^{-2}$이므로[1] 은하원반 방향으로는 겨우 100 pc 정도만 꿰뚫어볼 수 있으며($n_0 = 0.5\ \mathrm{cm}^{-3}$), 은하의 z방향에 대해서도 H I 가스의 기둥밀도가

1 X선을 흡수하는 것은 탄소나 산소 등의 중원소인데, 흡수량으로 추정된 중원소량의 기둥밀도에 중원소에 대한 수소의 존재비(태양 조성)를 곱해 수소의 기둥밀도로 환산한 것.

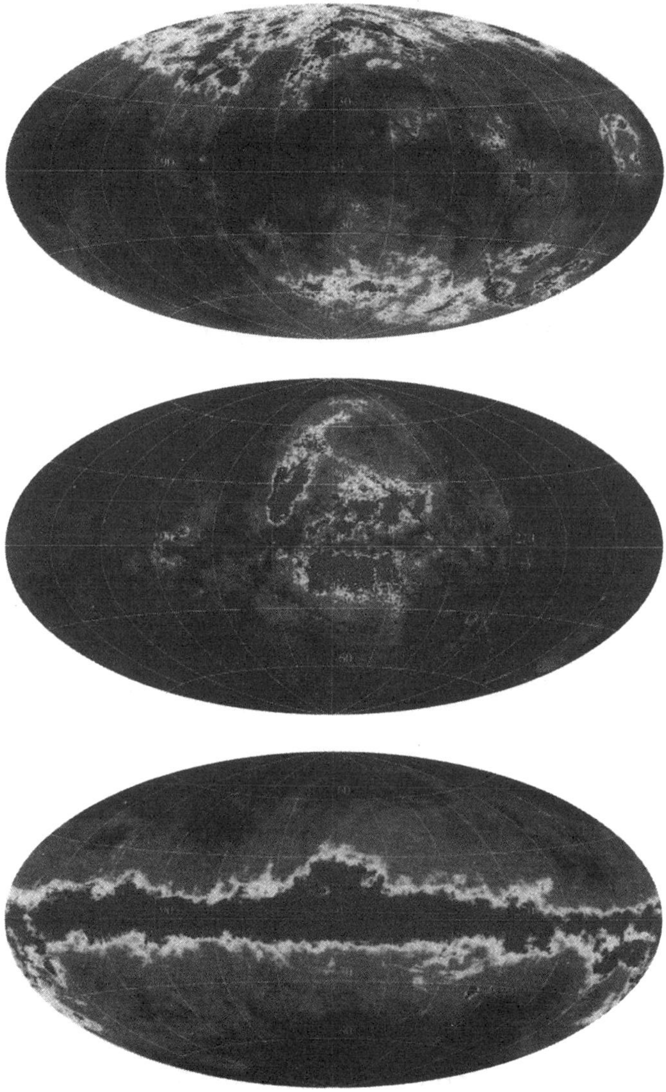

그림 5.1 ROSAT 위성으로 연질 X선 배경복사와 IRAS 위성의 원적외선 복사 관측. (위) 1/4 keV 밴드, (가운데) 3/4 keV 밴드. (아래) 파장 100 μm. IRAS 위성이 관측한 원적외선 복사는 성간먼지에서 나오는 복사이며 H_I처럼 차가운 가스의 분포를 나타내는 것으로 보인다(Snowden *et al.*, 1997, *ApJ*, 485, 125).

$N_H \sim 5 \times 10^{19}\,cm^{-2}$ 정도는 되기 때문에 은하계 바깥에서 오는 X선이라면 거의 흡수되어 버릴 것이다. 그래서 지금은 적어도 이 1/4 keV 밴드만큼은 태양 근방 기원이 정설로 받아들여지고 있다. 즉, 태양계 주변을 $T \sim 10^6$ K 정도의 고온 가스가 둘러싸고 있다고 생각한다.

5.1.2 태양 근방의 성간 가스

태양 근방의 성간 가스가 어떤 구조를 가지고 있는지 그 내부에 있는 우리로서는 밝혀내기가 힘들다. 중성나트륨(Na) D선(5890 Å)의 흡수선 등가폭에서 중성수소원자의 기둥밀도를 구할 수 있다. 이것을 히파르코스 위성으로 측정한 항성의 연주시차, 즉 항성까지의 거리 자료와 조합함으로써 3차원적인 기둥밀도분포를 구할 수 있다. 그 결과, 은하면의 수직 방향으로는 기둥밀도가 작고, 같은 은하면이라도 방향에 따라 차이가 있음을 알게 되었다. 이러한 방향에 따른 중성수소원자의 기둥밀도분포는 그림 5.2와 같이 나타낼 수 있다. 은하면과 수직 방향으로 자른 단면(그림 5.2 아래)에서는 저밀도 영역이 위아래 방향으로 널리 분포하고 있음을 볼 수 있다. 5.1.1절에서 설명한 연질 X선 배경복사를 내는 고온의 저밀도 가스는 중성나트륨의 흡수선으로 잰 중성수소원자의 벽 바로 앞, 그림 5.2의 흰 부분에 분포하는 것으로 보인다. 다시 말해 태양계는 연질 X선 배경복사로 기대되는 고온 영역에 둘러싸여 있다는 것이 이 관측으로 재확인된 셈이다. 이 고온 영역을 고온의 기포지역local hot bubble이라고 한다. 이 영역은 은하면 방향의 가장 좁은 곳에서도 반지름 50~100 pc(그림 5.2 위), 넓은 곳에서는 반지름 200 pc까지, 또 은하면의 수직 방향으로는 그 이상까지 넓게 퍼져 있는(그림 5.2 아래) 것으로 예상한다.

그림 5.2에는 그 밖에도 태양 근방에 있는 유명한 천체들의 예상 위치도 함께 나타냈는데 땅꾼자리, 황소자리, 남쪽석탄자루 같은 암흑성운이 고온

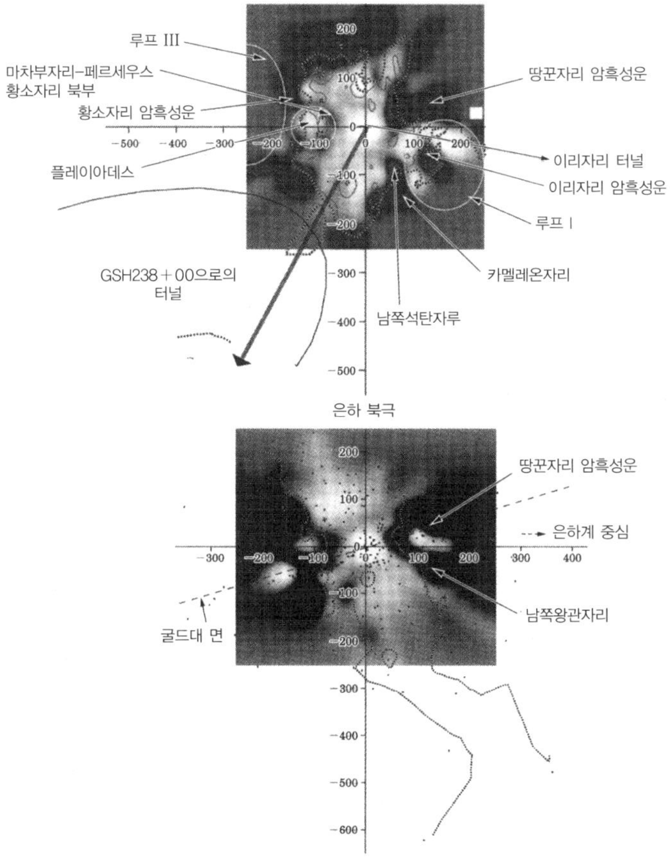

그림 5.2 히파르코스 위치관측위성(1988년 발사)으로 거리를 구할 수 있는 근방 항성을 대상으로 측정한 중성나트륨(Na I) 성간흡수선의 기둥밀도분포로 추정한 태양 근방의 중성가스분포(검은 부분). 위는 $b=0$ 인 은하면에 나란한 방향의 구조이고, 아래는 $l=0$, 180인 은하면에 수직 방향의 구조이다. 축의 눈금 수치 단위는 pc. 모든 원점은 태양의 위치이다(Lallement *et al.*, 2003, *Astron. Astrophys.*, 411, 447).

의 기포지역을 둘러싼 벽 부분에 위치하고 있음을 알 수 있다. 고리 I, III 등의 비열적 전파를 내는 고리는 고온의 기포지역과 같은 영역이라고 생각한다. 고리 I에 대응하는 X선 복사는 그림 5.1 가운데의 3/4 keV X선 배경복사에 은하계 중심 방향으로 퍼져나가는 반지름 60°에 걸친 분포로 나타나 있다. 은하원반 내부의 성간공간에는 10% 정도 부피의 고온($T \gtrsim 10^6$ K) 가스가 분포하는 것으로 보인다.

5.1.3 자외선 성간흡수선

C IV(1548.2, 1550.8 Å), N V(1242.8, 1238.8 Å), O VI(1031.93, 1037.62 Å) 등 자외선 영역의 흡수선은 $T \sim 10^5$ K 정도의 가스에 의해 생긴다. 우리은하계의 대질량성을 배경광으로 이용하여 그 천체까지의 고온 가스 기둥밀도를 구할 수 있다. 또 대마젤란은하의 대질량성이나 활동은하핵을 배경광으로 이용하면 우리은하계의 은하계 원반에 있는 고온 가스의 전체 기둥밀도를 방향에 따라 다양하게 값을 구할 수 있다.

은위 b에 있는 배경별이 은하면에서 떨어져 있는 높이를 z_*라고 하자. 관측되는 이온 X의 개수밀도분포를 $n_{\rm X}(z)=n_0({\rm X})\exp(-z/H_{\rm X})$로 나타낼 ($n_0({\rm X})$는 이온 X의 $z=0$에서의 개수밀도, $H_{\rm X}$는 높이척도) 때, 관측되는 기둥밀도는 $N_{\rm X}=\int_0^{z_*} n_{\rm X}(z)dz/\sin(b)$이므로

$$n_0({\rm X})H_{\rm X}[1-\exp(-z_*/H_{\rm X})]=N_{\rm X}\sin(b) \tag{5.1}$$

가 된다. 여기에서 외부은하계의 천체를 배경광으로 이용할 경우에는 $z_*=\infty$로 하면 된다.

그림 5.3은 '코페르니쿠스'(Copermicus, 1972년 발사), IUE(1978년), FUSE(1999년) 등과 같은 자외선 관측위성에 따른 분광관측을 바탕으로 O VI의 기둥밀도를 z_*에 대해 그린 것이다. 여기에서 O VI 이온은 원반 중앙($z=0$)에서 수밀도는 $n_0({\rm O\,VI})=2\times10^{-8}\,{\rm cm}^{-3}$ 정도이며, 대략 ~2 kpc의 높이척도로 분포하고 있음을 알 수 있다. 같은 방법으로 C IV, N V에 대해서도 각각 $H_{\rm CIV}\sim4$ kpc, $H_{\rm NV}\sim3$ kpc의 비슷한 높이척도를 얻을 수 있

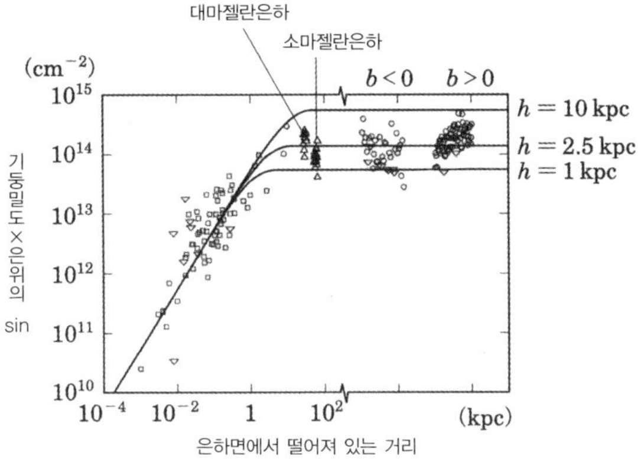

그림 5.3 흡수선 관측으로 구한 O VI 이온의 기둥밀도와 sin(은위)을 곱한 것(세로축)과 배경별이 은하면에서 떨어져 있는 거리(가로축)의 관계. 은하계의 배경에 대해서는 배경별의 z_*까지 적분한 기둥밀도를, 은하계 외부의 배경에 대해서는 은하 가스 원반 전체를 적분한 기둥밀도를 얻을 수 있다(Savage *et al.*, 2003, *ApJS*, 146, 125).

었다. 이러한 결과로 알 수 있는 사실은 성간 가스에는 z방향으로 두터운 분포를 보이는 $T\sim10^5$ K 정도의 가스가 광범위하게 존재한다는 것이다.

이러한 고온 가스의 기원으로 가장 유력한 것은 다음 절에서 설명할 초신성 잔해(SNR)이다. 초신성 폭발에너지 $E_0\sim10^{51}$ erg가 반지름 $R\sim30$ pc의 공 모양으로 확산된 밀도 $n_0\sim1\ \mathrm{cm}^{-3}$ 정도의 가스가 가진 열에너지로 바뀌었다면 초신성 잔해의 충격파 부근 온도는 $T\sim10^6\,\mathrm{K}(E_0/10^{51}\,\mathrm{erg})(n_0/1\,\mathrm{cm}^{-3})^{-1}(R/30\,\mathrm{pc})^{-3}$ 정도로 추정된다.

초신성 잔해는 $\tau\sim100$만 년 정도 걸려 $\ell\sim100$ pc 정도까지 팽창하며 그 부피는 $V\sim10^6\ \mathrm{pc}^3$에 이른다. 한편, 은하계 전체에서 초신성 폭발이 30년에 한 번꼴로 일어난다면, 나이 100만 년급의 초신성 잔해는 $N\sim100$만 년/30년$=10^{4.5}$개가 존재하며, 나아가 은하계 원반의 부피를 $V_G\sim\pi10\ \mathrm{kpc}^2\times0.1\ \mathrm{kpc}\sim10^{10.5}\ \mathrm{pc}^3$이라고 어림잡으면 은하계 원반 모든 곳이 100만 년에 한 번은 초신성 잔해 내부에 포함된다는 것을 알 수 있다.

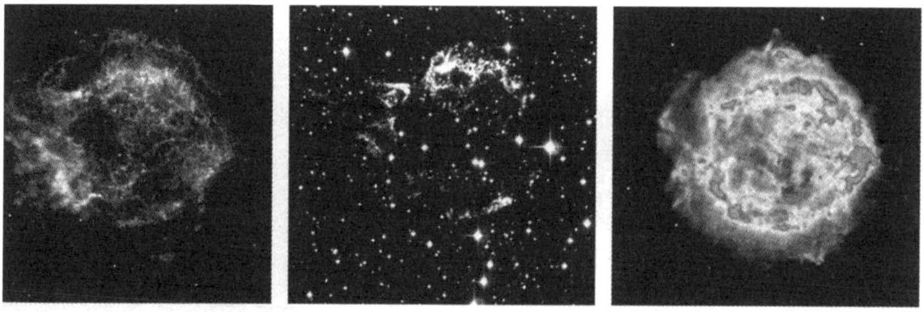

그림 5.4 껍질형 초신성 잔해 Cas A의 관측(화보 3 참조). 왼쪽은 X선(찬드라 위성), 가운데는 가시광(MDM천문대의 구경 2.4m 망원경, R 밴드, R.A. Fesen 연구팀), 오른쪽은 전파(NRAO/AUI), (http://chandra.harvard.edu/photo/1999/0237/index.html). 세 개의 이미지는 같은 축척으로 정리했다.

5.2 초신성 잔해

항성이 초신성 폭발을 일으키면 초음속으로 떨어져 나온 항성의 외층이 주위 성간물질 내부에 충격파를 일으켜 초신성 잔해라는 천체가 형성된다. 그 내부에는 충격파로 가열된 고온 가스를 품고 있다. 초신성 잔해는 비열적 전파복사, 충격파 기원의 Hα, [O III], S II 같은 광학 영역의 방출선 스펙트럼 복사, 충격파로 가열된 고온 가스의 열적 X선 복사 등으로 빛나고 있다.

SN 1006(1006년에 출현한 초신성), 게성운=3C 144(1054년 출현), 티코의 SNR=3C 10(Tycho Brahe; 1572년), 케플러의 SNR=3C 358(Johannes Kepler; 1604년), 카시오페이아 A(Cas A)=3C 461(1680년?[2])처럼 기록에 남아 있는 역사적인 초신성과 연관된 초신성 잔해도 있지만, 대부분의 초신성 잔해는 좀 더 나이가 많은 것으로 추정된다(3C는 제3케임브리지 전파원의 목록번호). 초신성 자체의 폭발 과정 등에 대해서는 제7권 7장을 참조하기 바란다.

2 존 플램스티드John Flamsteed가 관측한 기록이 1980년에 발견되었으나 초신성이라 기록되어 있지는 않았다. 폭발시기에 대한 의견이 달라 아직 정설로 받아들이지 않고 있다.

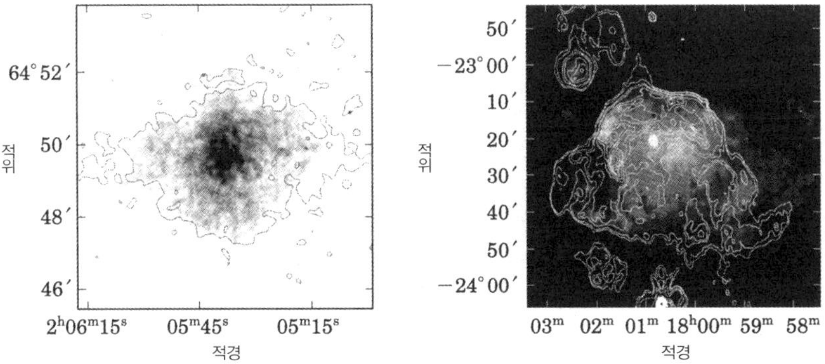

그림 5.5 왼쪽은 중심집중형 초신성 잔해 3C 58의 X선 이미지(찬드라 위성, Slane *et al.*, 2002, *ApJ*, 571, L45). 오른쪽은 복합형 초신성 잔해 W 28. 등고선으로 나타낸 껍질형의 전파 이미지(VLA 328 MHz: Dubner *et al.*, 2000, *AJ*, 120, 1933)와 회색으로 보이는 중심집중형 X선 이미지(ROSAT위성: Rho & Borkowski 2002, *ApJ*, 575, 201)는 복합형 초신성임을 보여준다.

초신성 잔해는 모양에 따라 껍질shell형, 중심집중형과 복합형으로 나뉜다.[3] 껍질형 초신성 잔해는 그림 5.4의 Cas A와 같이 거의 원형 부분에서 복사하는 듯이 보이는 것으로, 구면껍질spherical shell에 물질이 모여 있음을 잘 보여준다. 그 밖에 중심부에서 펄서pulsar가 관측되고 복사가 중심부에 집중되어 있는 중심집중형 초신성 잔해가 있다. 게성운은 이 유형의 대표적 천체로, 1초에 약 30회 회전하는 펄서가 성운을 빛나게 하는 것으로 보인다. 그림 5.5 왼쪽에 또 다른 전형적인 예로 3C 58의 X선 이미지를 실었다. 초신성 잔해 중에 전파에서는 껍질형이지만 X선에서는 중심에 집중되는 복합형도 존재한다. 그림 5.5 오른쪽은 복합형 초신성 잔해 W 28의 X선과 전파 이미지이다.

3 http://www.mrao.cam.ac.uk/surveys/snrs/에서 온라인 목록을 얻을 수 있다. 이 목록에는 그린(D.A. Green)이 2009년 3월 현재 우리은하계에 속하는 274개의 초신성 잔해를 정리해 놓았다.

5.3 초신성 잔해의 진화

초신성 잔해의 진화에 대해 살펴보자. 초신성 폭발이 일어나면 항성의 대기 대부분($M_{ej} \sim 1-10\,M_{\odot}$)은 $V_{ej} \sim 10^4\,\mathrm{km\,s^{-1}}$의 속도로 성간공간으로 방출된다. 그 에너지는 $(1/2)M_{ej}V_{ej}^2 \sim 10^{51}\,\mathrm{erg}$가 된다. 이 방출속도 V_{ej}는 성간공간의 음속 $c_s \simeq 15\,\mathrm{km\,s^{-1}}\,(T/10^4\,\mathrm{K})^{1/2}$보다 훨씬 빠르기 때문에 성간공간에 강한 충격파가 생긴다.

1차원 구대칭이라고 제한한 수치계산으로 현실적인 해를 얻을 수 있게 된 것은 1970년대부터였다. 초신성 잔해의 진화는 다음 세 단계로 나누어 볼 수 있다.

자유팽창기

초기에는 방출된 물질이 성간기체의 방해를 받지 않고 자유롭게 팽창한다. 방출된 물질 앞쪽에 있는 성간기체에는 바깥쪽으로 전파되는 충격파가 생기고, 방출된 물질에는 안쪽으로 전파되는 충격파가 생긴다. 초기에 그러모은 양은 바깥쪽 질량에 비해 아주 적기 때문에 별 외층의 팽창은 바깥쪽의 성간기체에는 영향을 받지 않고 초기의 속도와 운동에너지를 유지하면서 팽창한다.

단열팽창기

그러모은 바깥쪽 성간기체의 질량이 폭발한 별 외층의 질량보다 많아지면 별 외층이 가지고 있던 운동에너지는 그러모은 성간기체로 보내지고, 처음의 폭발 상태와는 상관없이 충격파가 성간기체 속으로 팽창하여 유입된 가스는 가열되는 상태로 옮아간다. 이때 유입된 성간 가스의 복사냉각에 따라 에너지를 잃지 않는(에너지가 보존되는) 단계를 단열팽창기라고 한다.

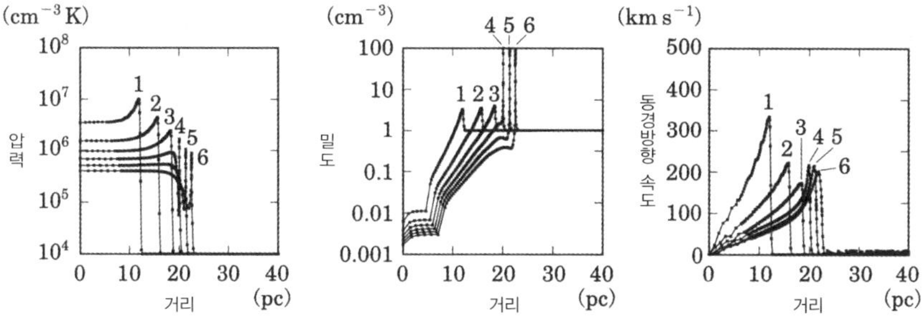

그림 5.6 복사에 따른 냉각을 고려한 수치 모의실험으로 얻은 초신성 잔해의 구조. 균일밀도 $n_0 = 1\text{cm}^{-3}$, 균일온도 $T_0 = 10^4\text{K}$의 성간물질 속에서 0.4×10^{51} erg의 폭발이 일어났을 때의 예. 가로축은 pc 단위인 중심에서의 거리. 압력(왼쪽), 밀도(가운데) 및 동경방향 속도(오른쪽)의 분포를 나타냈다. 1~6으로 나타낸 각각의 곡선은 $t = 10^4$년부터 10^4년마다 $t = 6 \times 10^4$년까지의 구조를 나타내고 있다.

이 진화는 폭발에너지 E_0, 주변 성간물질의 밀도 ρ_0, 폭발 후 경과시간 t만으로 결정된다. 이 시기에는 5.4절에 상세히 나와 있는 것처럼 자기유사해가 존재하며, 충격파 안쪽의 고온기체의 밀도, 압력, 온도와 같은 열역학적 양이나 팽창속도의 반지름 분포는 세도프L. Sedov와 테일러J. Taylor의 자기유사해(5.4절 참조)로 잘 나타낼 수 있다. 그림 5.6은 1차원 구대칭 유체역학 모의실험으로 얻은 초신성 잔해의 진화 모습을 보여주고 있다. 첫 번째부터 세 번째까지의 시각은 단열팽창기의 해를 나타내는데, 시각이 달라도 확대 또는 축소하면 서로 겹칠 수 있는 구조(이것을 자기유사적이라고 한다)로 되어 있음을 알 수 있다.

등온팽창기

충격파의 속도는 시간과 함께 감소한다. 그 결과, 팽창이 더 진행되면 충격파 뒷면에서 복사냉각이 효과를 발휘한다. 이는 단위시간당, 단위부피당 복사냉각으로 잃는 에너지(복사냉각률)가 온도 저하(충격파의 감속)와 함께 커지기 때문이다. 복사냉각으로 가스가 냉각되는 시간이 초신성 잔해가 팽창하는 시간에 비해 짧아지면 이미 단열이라는 가정은 무너진 것이므로 자기유사적인 진화에서 벗어난다. 이때 충격파 뒤에는 복사냉각으로 차가워진 성간기체가 껍질 모양으로 분포하며, 그 안쪽은 여전히 고온인 희박한 기체로 채워진 구조를 가진다. 이와 같은 시기의 초신성 잔해를 등온팽창기라고 한다. 그림 5.6에서 후반의 세 시각(그림 속의 4, 5, 6)이 여기에 해당한다.

이미 에너지 보존은 성립되지 않으며, 오히려 차갑고 밀도가 높아진 껍질 모양의 성간기체 운동량이 보존되는 형태로 팽창이 진행된다. 이때는 각주에서 설명하듯이 껍질의 반지름은 폭발 후의 경과시간 t의 1/4제곱에 비례해 팽창한다고 알려져 있다.[4]

5.4 자기유사해

이미 그림 5.6에서 보았듯이 단열되는 동안 초신성 잔해의 진화는 '자기유사적' 이다.

초신성 폭발의 에너지 E_0와 폭발이 일어난 성간기체의 밀도 ρ_0, 이 두 가지가 시스템을 설명하는 매개변수이다. E_0와 ρ_0의 차원은 $[E_0]=\mathrm{ML}^2/\mathrm{T}^2$, $[\rho_0]=\mathrm{M}/\mathrm{L}^3$이다(M은 질량, L은 길이, T는 시간 차원을 나타낸다). 이 시스템에서는 이것 외에 중심에서부터의 거리 r, 폭발 후 경과시간 t의 차원을 가진 양밖에 없으므로, 앞의 E_0, ρ_0와 조합하여 무차원의 양을 만들려면 $E_0t^2/\rho_0r^5=\xi$밖에 없다. 초신성 잔해의 해는 이 변수 ξ만으로 기술하는

4 가스는 충격파 바로 뒤의 껍질 안에서 냉각되어 그곳에 모두 모여 있다고 근사해 보자. 균일한 성간가스 밀도를 ρ_0, 껍질의 반지름을 R이라고 하면, 껍질이 그 운동량을 보존하며 팽창할 때는 $\frac{d}{dt}\left(\frac{4\pi}{3}\rho_0R^3\dot{R}\right)=0$이라는 운동방정식이 성립한다. 이때 이 방정식은 $R^4-R_0^4=4R_0^3\dot{R}_0(t-t_0)$라는 해를 가진다. 여기에서 R_0는 $t=t_0$일 때의 반지름, $\dot{R}_0$는 $t=t_0$일 때의 팽창속도를 나타낸다.

것은 아닐까 기대할 수 있다(이 해를 가로와 세로 방향으로 적절한 배수로 늘인 것이 물리적으로 의미 있는 해에 해당한다).

마찬가지로 성간기체의 밀도가 $\rho_0(r)=Br^{-m}$처럼 변하는 경우를 생각하면 B, E_0, r, t를 사용해 만든 무차원량은 $\xi=r(E_0/B)^{-1/(5-m)}t^{-2/(5-m)}$가 된다. $\xi=0$이 중심을 나타내고 $\xi=\xi_0=$ 일정이 충격파면을 나타내므로 이 식은 충격파면이 다음과 같이 팽창하는 것을 의미한다.

$$R_s = \xi_0\,(E_0/B)^{1/(5-m)}\,t^{2/(5-m)} \tag{5.2}$$

t의 지수에서 $m<3$처럼 균일에 가까운 밀도분포를 보일 때 충격파는 시간이 흐름에 따라 팽창속도가 감속하며, $m>3$처럼 밀도가 급격히 감소하는 분포를 보일 때 밖으로 퍼져나가는 충격파는 시간이 흐름에 따라 팽창속도가 가속한다는 것을 알 수 있다. 단위시간당 L_0의 에너지가 연속하여 방출될 때는

$$R'_s = \xi'_0\,(L_0/B)^{1/(5-m)}\,t^{3/(5-m)} \tag{5.3}$$

이 되므로 $m<2$에 감속, $m>2$에 가속이 된다.

자기유사성을 가정하면 쌍곡선 형태의 편미분방정식인 단열 유체역학의 기초방정식은 ξ를 독립변수로 하는 연립상미분방정식으로 바꿔 쓸 수 있다. 또 운동에너지와 열에너지의 합계가 폭발에너지와 같다는 에너지 보존을 이용하면 ξ_0 값을 결정할 수 있다($\gamma=5/3$일 때 $\xi_0=1.15$이다. 이 식들의 자세한 유도는 참고문헌을 참조). 이것을 풀면 수치계산으로 얻은 그림 5.6과 거의 비슷한 해를 구할 수 있다. 또 충격파의 전파는 균일밀도인 경우 $m=0$으로 한 (식 5.2)에서 다음과 같이 유도할 수 있다(단, n_0는 성간 가스의 개수밀도).

$$R_s(t) = 12.5\ \mathrm{pc}\left(\frac{t}{10^4\ \mathrm{yr}}\right)^{2/5}\left(\frac{E_0}{10^{51}\ \mathrm{erg}}\right)^{1/5}\left(\frac{n_0}{1\ \mathrm{cm}^{-3}}\right)^{-1/5} \tag{5.4}$$

온도와 충격파의 팽창속도는 각각 다음과 같이 주어진다.

$$T_s = 3.34\times 10^6\ \mathrm{K}\left(\frac{t}{10^4\ \mathrm{yr}}\right)^{-6/5}\left(\frac{E_0}{10^{51}\ \mathrm{erg}}\right)^{2/5}\left(\frac{n_0}{1\ \mathrm{cm}^{-3}}\right)^{-2/5} \tag{5.5}$$

$$V_s \equiv \frac{dR_s}{dt} = 490\ \mathrm{km\ s^{-1}}\left(\frac{t}{10^4\ \mathrm{yr}}\right)^{-3/5}\left(\frac{E_0}{10^{51}\ \mathrm{erg}}\right)^{1/5}\left(\frac{n_0}{1\ \mathrm{cm}^{-3}}\right)^{-1/5} \tag{5.6}$$

5.5 열적 복사와 플라스마 진단

초신성 잔해는 우주선의 가속원으로 추정되는 것 외에도 열적 · 비열적 X선, 감마선 등의 고에너지를 복사하고 있다고 알려졌다. 여기에서는 젊은 초신성 잔해에서 나오는 이러한 고에너지 복사에 대해 설명하겠다.

5.5.1 무충돌 플라스마와 무충돌 충격파

젊은 초신성 잔해는 밀도가 몇 개 cm^{-3}에 지나지 않는 희박한 플라스마로 구성되어 있다. 이렇게 희박한 플라스마 속에서 입자끼리 충돌하려면 이온 사이에 작용하는 쿨롱 산란이 아니라 입자의 집단운동으로 만들어진 전자기적 파동이 일어나야 한다. 이처럼 희박한 플라스마는 쿨롱 충돌이 힘을 발휘하지 못한다는 뜻에서 무충돌 플라스마라고 한다(제12권 2장 참조).

무충돌 플라스마에서도 충격파가 존재한다는 것은 지구 근방에 있는 플라스마 입자와 자기장의 현장in situ 관측으로 실증되었으며, 이를 무충돌 충격파라고 부른다. X선 관측에서 밝혀졌듯이 젊은 초신성 잔해에도 고온의 플라스마가 존재하는데, 이는 초신성 잔해의 무충돌 충격파로 플라스마가 뜨거워졌음을 보여준다. 그러나 실제로는 어떠한 물리 과정을 거쳐 뜨거워지는지 아직 충분히 밝혀지지 않았다. 또 플라스마 입자 간의 상호작용은 완벽한 열평형을 이루지 못할 정도의 세기이며 비열적 성분이 존재한다. 이렇게 초신성 잔해에 존재하는 무충돌 충격파 주변의 플라스마의 복사는 광학적으로 옅은 열적 성분과 비열적 성분이 뒤섞여 있어 다양성이 풍부하다.

5.5.2 비평형 플라스마의 플라스마 진단

충격파가 속도 V_s로 전파될 때 질량이 m_i인 입자의 충격파 하류(초신성 잔해의 안쪽)에서의 온도는 충격파의 접속(랭킨Rankine–위고니오Hugoniot) 조건에서 다음과 같이 주어진다.

$$kT_i = \frac{3}{16} m_i V_s^2 \tag{5.7}$$

여기에서 충격파의 압축비는 강한 단열 충격파의 극한값인 4로 가정했다. 젊은 초신성 잔해에서는 $V_s \gtrsim 1000\,\mathrm{km\,s^{-1}}$이므로 핵입자 플라스마의 온도는 수 keV 이상의 고온이다. 단, 젊은 초신성 잔해처럼 희박한 플라스마에서는 서로 다른 종류의 원소로 된 플라스마 사이에 온도 완화 과정이 서서히 진행된다. 따라서 서로 다른 종류의 원소로 된 플라스마는 각각 온도가 다른 이온화 비평형상태가 된다. 만약 서로 다른 종류의 플라스마 사이에 상호작용이 없으면 (식 5.7)을 통해 각 플라스마 사이의 온도비는 구성입자의 질량비와 일치하지만, 실제로 어떻게 분배되는지는 이론적으로 명확하지 않다.

전자온도는 충격파로 뜨거워진 순간에 1 keV보다 훨씬 낮을 수 있지만,

다른 종류의 플라스마와 상호작용하는 동안 1 keV 정도까지 올라가며, 충격파 하류에서는 열제동복사의 X선과 여러 가지 특성 X선이 복사된다. 고온의 이온화 비평형 플라스마에서는 플라스마의 이온화 상태가 전자밀도 n_e와 플라스마가 생긴 후의 나이 t의 곱인 $n_e t$에 따라 결정된다. 전자온도가 $kT_e \sim 1$ keV일 때 $n_e t \lesssim 10^{12}$ cm^{-3} s라면 플라스마는 이온화 비평형상태에 있다.

충격파 근방에서는 가시광 · 자외선 영역의 복사도 기대할 수 있다. 충격파 상류(성간공간)의 중성수소가 충격파 속으로 들어올 때 하류의 뜨거워진 양성자 등에서는 전하교환charge exchange이나 충돌들뜸을 일으켜 Hα 방출선 등이 복사된다. 이와 같은 복사는 충격파 하류의 매우 가까운 곳에서만 일어나므로 충격파 장소를 밝힐 때 편리하다.

가시광 · 자외선 영역과 X선 대역 스펙트럼의 방출선 세기로 전자, 질소(N), 산소(O), 네온(Ne), 마그네슘(Mg), 규소(Si), 철(Fe) 등 다양한 이온의 존재량이나 온도, 이온화 상태, 시선속도를 알아낼 수 있다(플라스마 진단). 예를 들면 전형적인 젊은 초신성 잔해인 SN 1006(나이는 약 1000년)에서는 $n_e t \sim 2 \times 10^9$ cm^{-3} s, 전자온도가 $kT_e \sim 1.5$ keV인 데 비해 이온화산소의 온도는 $kT_O \sim 500$ keV임을 빈크J. Vink 연구팀이 밝혀냈다.

초신성 잔해 내부는 폭발로 방출된 별의 외층ejecta에서 온 고온 플라스마로 채워져 있다. 따라서 플라스마 진단으로 중원소가 초신성 잔해 내부 어디에 얼마나 존재하는지 알아낼 수 있다. 이로써 초신성의 폭발 모습이나 폭발 전의 별 상태를 추측할 수 있다.

그림 5.4 왼쪽은 나이 320년 정도의 초신성 잔해 Cas A의 X선 이미지이다. 방출선 세기비로 구한 조성비와 열제동복사의 세기에서 방출물질의 질량은 태양 질량의 2배로 짐작된다.

또 같은 X선이라도 그림 5.7처럼 특정 금속이 방출하는 특성 X선 대역

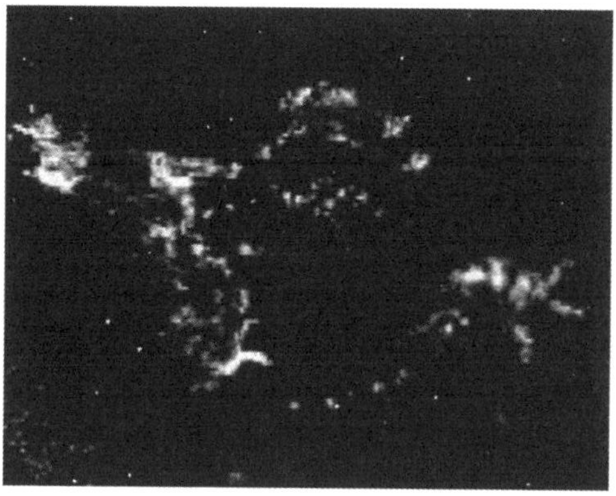

그림 5.7 초신성 잔해 Cas A의 1.78~2.0 keV와 1.3~1.6 keV의 세기비 지도. 밝은 부분이 세기비가 크며, 철보다 규소 쪽의 존재비가 상대적으로 큰 것을 알 수 있다. 좌우 방향으로 규소(Si)가 많은 가스가 튀어나오는 것처럼 보인다(Hwang *et al.*, 2004, *Astrophysical Journal*, 615, L117).

에만 주목해 세기분포를 살펴보면 그 공간분포는 구대칭이 아님을 알 수 있다. 이는 초신성에서 중원소가 비등방anisotropic으로 방출된다는 사실을 시사하는 것으로, 예를 들어 폭발이 구대칭이 아니거나 제트 형태이지 않을까 추측한다. 이처럼 최근의 X선 관측에서는 초신성 잔해의 위치별로 공간분해된 스펙트럼을 얻으면서 그 이온화 상태, 중원소 분포 등을 자세히 알 수 있게 되었다.

초신성 잔해의 나이가 수만 년 정도로 오래되면 하류의 온도는 낮아진다. 복사냉각을 무시할 수 없는 등온 충격파에서는 충격파 하류의 밀도가 증가한다. 이 때문에 충격파 하류에서는 밝은 가시광이나 자외선이 복사된다. 초신성 잔해 중심부에는 아직 식지 않고 남아 있는 고온 플라스마가 있어 열적 X선을 복사하는데 이것도 수십만 년이 지나면 점차 어두워질 것이다.

5.6 비열적 복사와 우주선 가속

제8권 4.3절에서 설명하듯이 초신성 잔해의 충격파는 지구에 도달하는 우주선 중 스펙트럼의 약 $10^{15.5}$ eV에 꺾이는 부분(이른바 '무릎 에너지knee energy')까지의 생성원이라 추정된다. 충격파에서 입자 가속은 제8권 4.2절의 서술에서처럼 충격파 근방에서 운동하는 입자 일부가 난류 자기장의 영향으로 산란되기 때문에 일어난다(페르미 가속). 즉, 우주선 입자는 충격파의 상류에서는 자기장파와 정면 충돌하여 에너지를 얻고, 하류에서는 추돌하여 에너지를 잃는다. 그러나 자기장파의 속도는 상류가 하류보다 빨라 상류와 하류 사이를 한 번 왕복하면 반드시 에너지를 얻는다. 실제로는 대부분의 입자가 배경 플라스마의 흐름을 타고 하류 쪽으로 흐르므로 에너지를 얻지 못하지만, 아주 일부 입자는 충격파의 상류와 하류를 여러 번 왕복하여 가속된다. 이것을 페르미Fermi 가속이라고 한다.

충격파에서 가속된 비열적 전자는 자기장 속에서 싱크로트론 복사를 일으킨다. 특히 1~10 μG의 성간자기장 안에서는 GeV 정도의 에너지를 갖는 전자는 전파를 방출하고, 10~100 TeV 정도의 에너지를 갖는 전자는 경질 X선을 방출한다(제8권 4.2~4.3절). 전파 영역의 싱크로트론 복사는 대부분 초신성 잔해에서 발견되지만, 몇몇 젊은 초신성 잔해에서는 경질 X선 영역의 싱크로트론 복사도 발견되어 젊은 초신성 잔해의 충격파에 수십TeV의 고에너지 전자가 존재한다는 사실이 실증되었다. 싱크로트론 복사 외에도 비열적 고에너지 전자는 비열적 제동복사, 역콤프턴 산란inverse Compton scattering에 따른 감마선 복사도 일으킨다.

한편, 가속된 비열적 양성자는 주위에 있는 성간 가스의 양성자와 충돌하여 π^0 입자가 생성되는데 그 입자가 붕괴($\pi^0 \rightarrow 2\gamma$)하면 GeV에서 TeV 감마선이 방출된다. 이러한 복사는 표적이 되는 성간 가스로 밀도가 높은

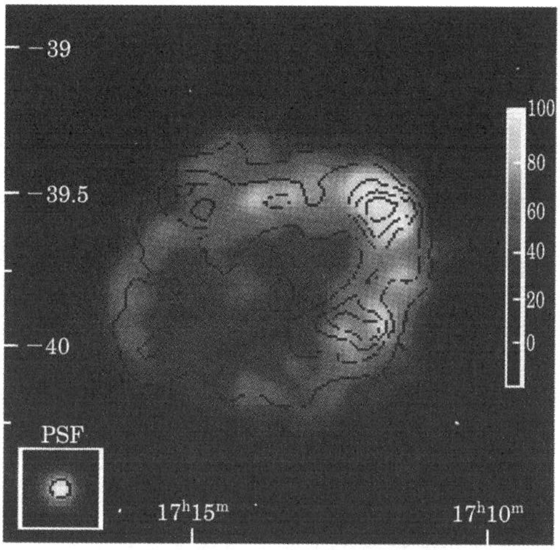

그림 5.8 RX J1713.7−3946의 감마선 이미지(회색 부분)와 ASCA 위성으로 측정한 1~3 keV의 X선 세기(등고선). 고에너지 전자의 싱크로트론 복사로 X선이 복사된다(Aharonian *et al.*, 2006, *A&Ap*, 464, 235−243).

분자구름 등이 초신성 잔해 주위에 있으면 세기가 강해진다. 실제로 콤프턴 위성에 탑재된 EGRET 검출기로 몇몇 초신성 잔해 주위에서 GeV 감마선이 검출되었다. 고에너지 양성자와 성간 가스 속의 양성자 반응에서는 그와 함께 $\pi^{\pm}$ 입자도 생성되며, 이것들이 붕괴하면 뉴트리노 복사가 일어난다. 동시에 2차적 전자도 만들어져 싱크로트론 복사를 일으키는 과정도 생각할 수 있는데, 젊은 초신성 잔해에서는 1차적 전자의 싱크로트론 복사 성분 쪽이 밝아 실제로 관측하기는 어려울 듯싶다. 또 비열적 고에너지 양성자가 중성 금속원소와 충돌하여 들뜨게 함으로써 특성 X선을 복사하는 과정도 고려할 수 있다.

현재 여러 개의 초신성 잔해에서 TeV 감마선이 검출되었다. 그림 5.8은 RX J1713.7-3946에서 방출된 TeV 감마선의 복사세기를 보여주는데, 싱크로트론 X선과 같은 껍질 모양의 영역에서 강하게 방출하는 것을 알 수 있다. TeV 감마선의 복사기구에 대해서는 고에너지 양성자가 일으키는 π^0 입자 붕괴에 따른 양성자 기원인지, 아니면 고에너지 전자로 우주 마이크로파 배경복사광의 역콤프턴 산란에 따른 전자 기원인지는 아직 결말이 나지 않았다. 양성자 기원이라면 지구로 쏟아지는 우주선 핵입자의 생성 장소를 확인한 셈이 된다. 이 경우에는 동시에 $\pi^{\pm}$ 기원의 뉴트리노가 검출될 것으로 기대한다.

5.7 초신성 잔해에서의 비선형입자 가속 메커니즘

고에너지 양성자(핵입자 우주선)의 양이 충격파 근처에서 꽤 많아지면 그 운동량 플럭스가 열적 플라스마의 압력에 비해 무시할 수 없게 되므로 충격파 구조에 변화가 일어난다. 고에너지 입자가 충격파에서 점점 에너지를 빼앗아가 유체의 하류는 온도가 내려가고 밀도는 증가한다. 즉, 충격파 앞뒤에서 유체 압력비가 더 커지면서 가속효율이 올라간다. 따라서 고에너지 우주선은 그 자체가 우주선 가속을 상대로 양의 되먹임feedback 효과를 갖는다. 이러한 효과를 우주선이 지닌 비선형효과라고 하며, 기존에 부드럽게 가속한다는 생각과는 달리 매우 격렬하다.

우주선의 비선형효과를 보여주는 결정적 증거는 아직 없지만, 한 가지 가능성으로 초신성 잔해 1E 0102.2-7219를 들 수 있다. 그 이유는 이 초신성 잔해에서 하류의 전자온도가 단순히 충격파 속도와 접속 조건으로 예상하는 것보다 극단적으로 낮기 때문이다. 또 우주선의 비선형효과가 커지면 가속된 우주선 스펙트럼은 단순한 거듭제곱법칙에서 벗어나는 것으로 예상하는데, 이를 확인하려면 여러 파장에 걸쳐 정밀한 스펙트럼을 얻어야 한다.

우주선의 비선형효과가 나타나려면 우주선의 가속효율이 좋아야 하는 것은 물론, 반드시 충격파 근처의 우주선 밀도가 커야 한다. 그러기 위해서는 충격파 근처에 꽤 강한 자기장 산란 상태가 존재하여 전형적인 성간 공간보다 몇 배에서 몇십 배 강한 자기장이 있어야 한다. 또 가속하는 양성자의 최고 에너지는 제8권 4.2절의 설명처럼 자기장의 세기에 비례하지만, 수백 μG의 난류 자기장이 있는 경우에는 대략 10^{15} eV 정도가 되면서 '무릎 에너지' (스펙트럼에서 꺾어지는 지점의 에너지)의 우주선까지 초신성 잔해의 충격파에 따른 가속으로 설명할 수 있다. 충격파 부근에서 자기장을 증폭시키는 과정에 대해서는 아직 분명하지 않지만, 가속된 양성자 스스로 주위 플라스마와 두 유체 불안정을 일으킬 때 자기장이 증폭되는 메커니즘이 주장되고 있다(제8권 4.2절 참조).

싱크로트론 X선복사의 상세한 공간분포를 조사함으로써 가속현장의 자기장에 대한 정보를 얻을 수 있다. 제8권 4.3절의 설명처럼 싱크로트론 X선은 충격파 부근의 약 0.2 pc 이내의 폭에 집중되어 있음을 알 수 있다. 이러한 사실과 싱크로트론의 복사 스펙트럼에서 충격파 부근의 자기장은 우주선이 가속될 때의 비선형효과가 나타나는 조건에 가깝고, 그 에너지 밀도는 충격파 하류의 열에너지 밀도의 1 % 정도임이 밝혀졌다.

5.8 복합형 초신성 잔해의 물리적 의미

그림 5.6에서 보듯이 표준적인 초신성 잔해는 구면껍질에 물질이 모여 있는 모양이며, Cas A에서 보이는 껍질형 초신성 잔해는 이렇게 만들어진 단열팽창기, 등온팽창기의 초신성 잔해를 관측하는 것이라 할 수 있다. 또 중심집중형 초신성 잔해에서는 강한 자기장을 가지고 회전하는 중성자별 펄서(제8권 1장)가 많이 발견되므로 그것이 초신성 잔해를 빛나게 한다고 생각하면 중심부에 집중되어 있는 점도 그럴싸하게 설명된다.

그렇다면 그림 5.5 오른쪽의 복합형 초신성 잔해는 어떤 원인으로 껍질형과 중심집중형이 함께 있게 되었을까? 껍질 모양으로 분포하는 비열적 전파는 공 모양으로 퍼지는 충격파에 따라 가속된 고에너지 전자가 방출하는 싱크로트론 복사로 생각하며, 이것이 껍질형 초신성 잔해에서 보이는 것과 같다면 열적 X선을 방출하는 고온 가스의 분포는 껍질형과는 다를 것으로 생각한다. 그 원인에 대해서는 아직도 의견이 분분하다. 휩쓸린 성간구름이 초신성 잔해 고온 가스에서 열전도나 충격파 가열로 따뜻해진 가스를 초신성 잔해 내부로 공급함으로써 충격파면에서 떨어진 안쪽에 열적 X선이 빛나고 있는 것으로 보인다.

5.9 초신성 잔해와 성간물질의 상호작용

초신성 잔해의 막대한 운동에너지는 주위 성간물질에 영향을 주는데, 장기적으로는 은하 규모scale에서 성간물질의 운동 요인이 된다. 또 초신성 폭발과 함께 태어난 방사성 동위원소가 방출하는 감마선 등도 주위의 화학조성을 변화시킨다. 더 나아가 초신성 잔해는 우주선 가속의 현장도 볼 수 있다는 점에서 가속된 우주선이 주위 성간물질에 내리쬠으로써 감마선 발생으로 이어진다고 추정한다. 이처럼 초신성 잔해가 성간공간에 미치는 효과가 중요하다.

5.9.1 성간물질의 압축

가장 전형적인 예는 초신성 잔해 IC 443, W 28, W 44 등에서 볼 수 있는 성간 가스의 가속이다. 그림 5.9에 IC 443에서 관측된 스펙트럼을 나타냈다. 초신성 잔해의 가장자리(IC 443 C1과 IC 443 C2)에서 음속을 훨씬 넘어선 속도폭(약 40 $km\,s^{-1}$)을 보이는 분자 가스가 발견된다. 이는 분자구름

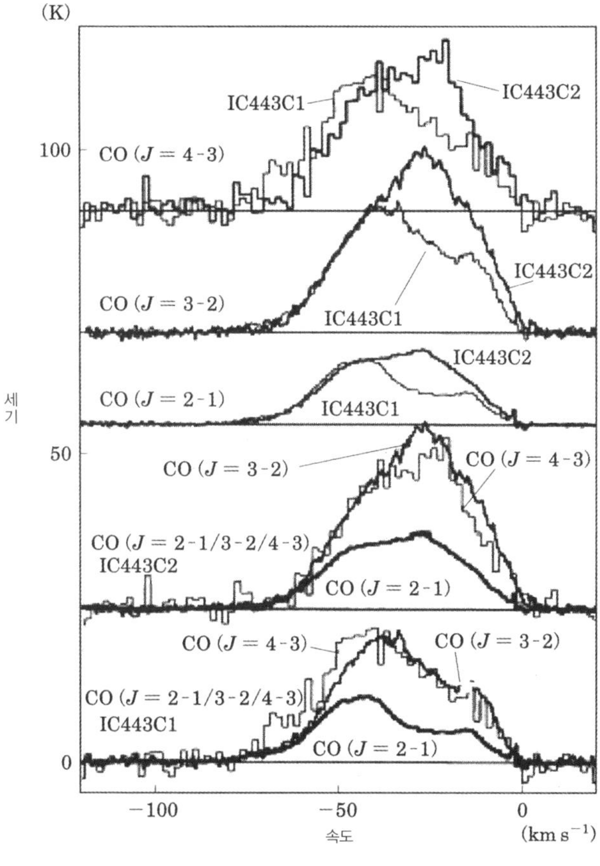

그림 5.9 초신성 잔해 IC 443에 인접한 분자구름의 최댓값 위치 C1, C2에서 측정한 CO(J=2−1), CO(J=3−2), CO(J=4−3) 스펙트럼(White 1994, *A&A*, 283, L25–L28).

속에서 충격파가 생겼다는 것, 나아가 초신성 잔해의 폭풍이 성간 가스를 가속한다는 사실을 실증하고 있다. 수소분자의 진동−회전천이가 검출되는 것도 충격파의 존재를 뒷받침한다.

이 밖에 고속 가스는 보이지 않지만 주위 물질과의 상호작용으로 특이한 초신성도 있다. 그림 5.10에 나타낸 G 109.1-1.0은 반달 모양의 초신성 잔해로, 이지러진 부분에 분자구름이 붙어 있는 것으로 알려졌다. 충격파

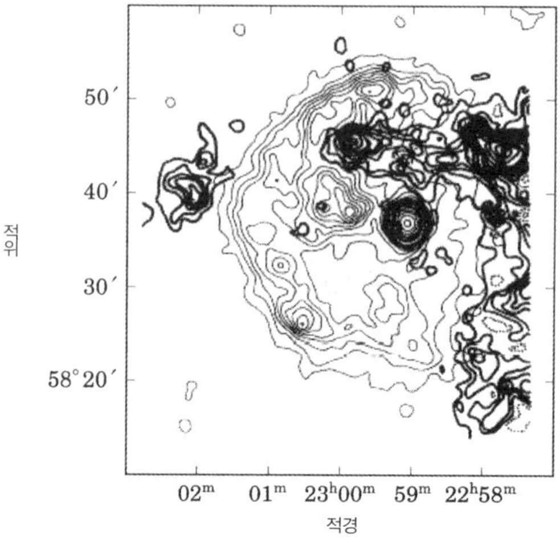

그림 5.10 초신성 잔해 G109.1-1.0. 아인슈타인 위성의 0.5~4.5keV X선 영상과 노베야마 45m 전파망원경의 CO(J=1-0)(굵은 선) 영상을 겹친 것(Tatemastu *et al.*, 1990, *ApJ*, 351, 157).

가 고밀도 분자구름에서 감속한다는 점을 고려하면, 상호작용이 초신성 잔해가 반달 모양으로 나타나는 원인이라 생각한다. 상호작용하는 부분에서는 초신성 잔해가 분자구름을 확실히 압축하고 있어 이를 계기로 별이 탄생한다는 의견도 있다.

5.9.2 감마선의 발생

5.6절에서 언급한 초신성 잔해의 비열적 복사도 초신성 잔해와 성간 가스의 상호작용이 중요한 역할을 하고 있다.

그림 5.11에 5.6절에도 다루었던 초신성 잔해 RX J1713.7-3946의 CO(J=1-0)의 적분세기(분자 가스의 기둥밀도) 등고선을 감마선 세기에 겹쳐서 나타냈다. 이 초신성 잔해는 TeV 영역의 감마선원으로 알려졌을 뿐만 아니라 분자구름과 강력한 상호작용을 한다는 특징도 있다. 감마선의 분포와 분자구름 CO 적분세기의 분포는 아주 비슷하며, 분자구름의 밀도

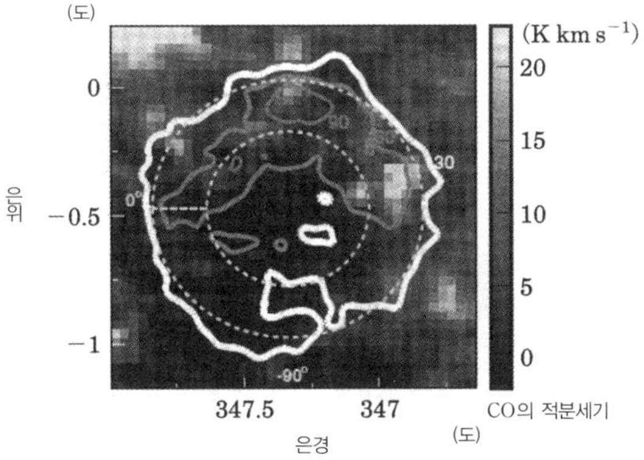

그림 5.11 RX J1713.7−3946의 초고에너지 감마선망원경 H.E.S.S.로 관측한 감마선의 세기분포(등고선, 밑에서부터 30, 60, 90카운트)에 난텐망원경에 따른 CO(J=1−0)의 적분세기 영상(회색 부분)을 겹친 것 (Aharonian *et al.*, 2006, *A&A*, 449, 223).

와 우주선 양성자의 상관관계, 즉 감마선의 양성자 기원($p+p \rightarrow \pi^0 \rightarrow 2\gamma$)을 시사하는 것으로 보인다. 앞으로 더 넓은 에너지 범위에서 감마선을 측정함으로써 검증될 것으로 보인다.

5.10 초기포

초신성 잔해는 그 팽창속도가 성간 가스의 무질서속도(~10 km s^{-1}) 정도가 될 때까지 계속 팽창한다. 등온팽창기 과정을 유체 모의실험해 보면 초신성 잔해의 최종 반지름은 84.5 pc $(E_0/10^{51}\,\mathrm{erg})^{0.32}\,(n_0/1\,\mathrm{cm}^{-3})^{-0.36}$ 정도임을 알 수 있다. 초신성 잔해 내부에는 고온 · 저밀도의 가스가 휩쓸려 들어오는데, 초신성 잔해 기원의 고온 가스 덩어리 크기가 이 정도라고 할 수 있다. 그러나 은하계에서는 이 정도 크기를 훨씬 뛰어넘는 고온의 거대 가스 덩어리도 발견되고 있다.

그림 5.2에 나타난 태양 부근의 고온의 기포 구조도 이 같은 존재가 아

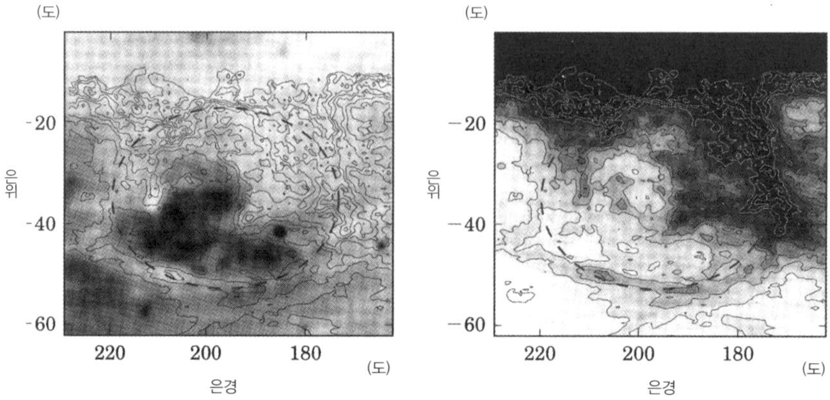

그림 5.12 오리온-에리다누스자리의 초기포 구조. 중성수소 HI, 연질 X선으로 본 오리온-에리다누스자리 영역에는 지름 300 pc에 이르는 고온 · 저밀도 영역(초기포, 왼쪽 그림의 회색으로 보이는 부분)과 그것을 둘러싼 HI의 벽(초껍질, 오른쪽 그림의 회색 부분과 등고선 및 왼쪽 그림의 등고선)이 펼쳐져 있다.

닐까 생각하는데, 그림 5.12의 오리온자리에서 에리다누스자리의 영역에 지름 300 pc에 걸친 고온 가스 영역이 발견되었다. 그림 5.2나 그림 5.12에서 보듯이 이러한 고온 가스는 주위에 중성수소 HI의 구면껍질과 함께 발견되는 경우가 많다. 이것들은 앞에서 설명했던 초신성 잔해에서 예상했던 크기보다 훨씬 크다. 다시 말해 초신성 잔해로 설명하려면 폭발에너지가 일반적인 값($E_0 \sim 10^{51}$ erg)보다 훨씬 커야 하므로 이러한 고온 가스를 초기포superbubble라고 한다. 또 중성수소원자 HI이나 CO분자로 발견되는 구면껍질과 공 모양의 저밀도 영역을 초껍질supershell이라고 한다.

초신성 잔해의 크기는 은하원반 HI 가스의 z방향 밀도 영역 $H \equiv (d\log\rho(z)/dz)^{-1} \sim 100-200$ pc에 비해 작고, 은하원반 안의 기체밀도가 위쪽으로 갈수록 감소해 밀도층을 이루는 효과는 작은 것으로 보인다. 그러나 대질량성에서 기원한 II형 초신성은 OB성협(4장 참조)에 모여 발생하기 때문에[5] 특정 초신성 잔해의 내부에서 다음 초신성 폭발이 일어날 가능성이 매우 높다. 이런 장소에서는 연달아 일어나는 초신성 폭발로 더 큰 부피의 고온 영역이 형성된다. 이것이 초기포가 만들어지는 원인으로 유력하다.

$\Delta t=10^6$년 주기로 $E_0 \sim 10^{51}$ erg의 초신성이 폭발한다면 단위시간당 $L_0=3\times10^{37}$ erg s^{-1}의 에너지가 방출된다. 연속적인 에너지 방출로 형성된 초기포의 자기유사해를 이용한다면 (식 5.3)에서 외부로 향하는 충격파면의 반지름은 다음과 같이 주어져 큰 반지름까지 퍼지는 것을 알 수 있다.

$$R_s=350\ \mathrm{pc}\,\xi_0' \left(\frac{L_0}{3\times10^{37}\ \mathrm{ergs}^{-1}}\right)^{1/5}\left(\frac{\rho_0}{6\times10^{-25}\ \mathrm{g\ cm}^{-3}}\right)^{-1/5}\left(\frac{t}{10^7\ \mathrm{yr}}\right)^{3/5} \tag{5.8}$$

(식 5.3)에서 충격파가 가속하는 것은 $m\equiv -d\log\rho/d\log r>2$일 때이다. 따라서 z방향으로 밀도가 층을 이룰 때 $m=2$가 되는 은하면에서의 높이를 구해 보자. 단, 여기에서는 편의상 r에 대한 미분을 z에 대한 미분으로 치환해서 생각한다. $\rho(z)=\rho_0\exp(-z/H)$일 때 $m=z/H$이므로 $z=2H\sim200-400$ pc 정도가 된다. 결국 z방향 밀도분포 높이척도의 2배 정도까지 전파되면, 충격파는 저밀도 z방향으로 가속하여 초기포는 z방향으로 늘어난 구조를 갖는 것으로 예상된다. 태양 부근 고온의 기포와 오리온-에리다누스 초기포는 이 같은 구조를 잘 보여준다.

그림 5.13은 $L_0=3\times10^{37}$ergs^{-1}의 연쇄적인 초신성 폭발로 생성된 초기포의 3000만 년 후의 구조(초신성 폭발은 30회)이다. 성간물질의 밀도는 은하면에서 $n_0(z=0)=0.3\ \mathrm{cm}^{-3}$이며, $H\simeq180$ pc에서 감소한다고 가정한다. 또 성간자기장은 초기에는 은하면과 평행(x방향)하며 세기는 은하면에서 $B_0(z=0)=5\ \mu G$로 $B\propto\rho^{1/2}$ 꼴로 감소하는 것으로 가정한다. 그림

5 하나의 OB성협 주변에는 대략 $\sim10^6$년에 한 번꼴로 초신성 폭발이 예상된다.

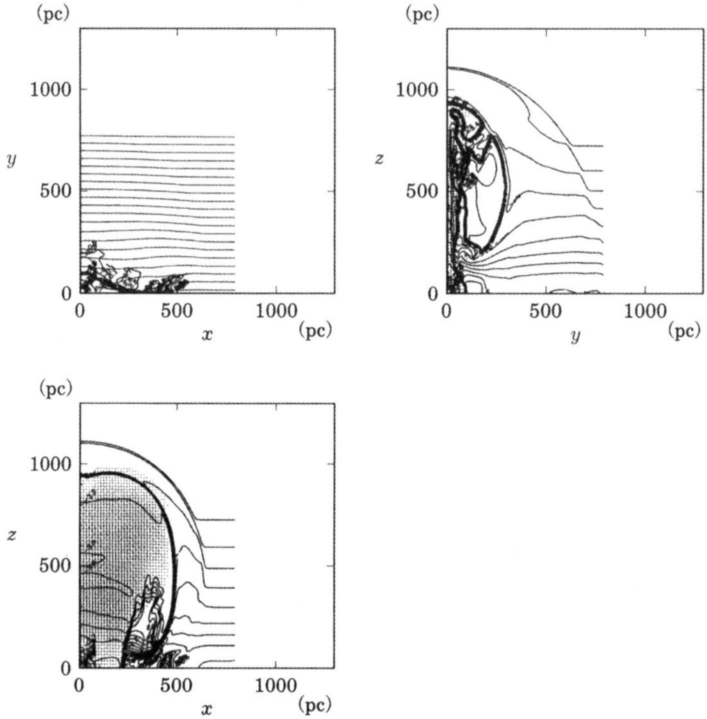

그림 5.13 자기장을 가진 성간공간에 퍼져 나가는 초기포 구조. $\Delta t=10^6$년 주기로 $E_0=10^{51}\,\mathrm{erg}$의 초신성 폭발에 해당하는 단위시간당 $L_0=3\times10^{37}\,\mathrm{erg\,s^{-1}}$의 에너지를 은하면 $z=0$에 주입했을 때의 3000만 년 후의 구조. $z=0$ 면(왼쪽 위), $x=0$ 면(오른쪽 위), $y=0$ 면(아래)에서의 압력 등고선을 나타낸다. 왼쪽 위 그림에서 좌우로 뻗은 것은 자기력선. 밀도의 z방향 높이척도는 약 $H=180\,\mathrm{pc}$으로, 초기에 자기장은 x방향과 나란하며 상공의 자기장 세기는 $B\propto\rho^{1/2}$에 따라 약해진다고 가정한다(Tomisaka 1998, *MNRAS*, 298, 797).

에서 기준이 되는 $z=0$ 부분은 성간 가스의 밀도가 높고 자기장의 로렌츠 힘도 y방향의 안쪽으로 작용하여 기포의 크기가 한정되어 있지만, 밀도가 작아지고 자기장이 약해지는 위쪽에서는 $z\simeq1\,\mathrm{kpc}$ 정도까지 초기포가 팽창하고 있음을 알 수 있다. 이렇게 형성된 초기포는 은하원반에서 헤일로로 고온 가스를 뿜어 올리는 것으로 보인다.

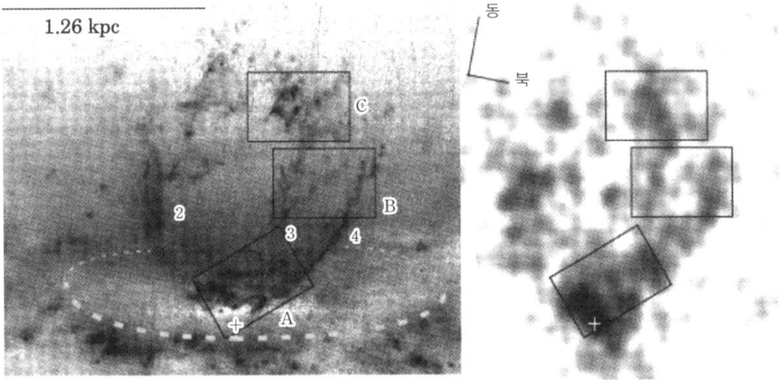

그림 5.14 은하중심부에 활동은하핵이 있고 그 주위에 폭발적 항성생성 은하 NGC 3079에서 방출되는 Hα(왼쪽, HST)와 X선(오른쪽, 찬드라 위성)의 분포. 두 그림은 축척이 같으며 그림 속 직사각형들은 같은 영역을 나타낸다. 좌우 방향으로 펼쳐진 긴 은하원반에서 수직 방향으로 고온 가스가 휩쓸려 나가고(오른쪽), 그 주위를 굴뚝 벽처럼 따뜻한 가스가 감싸고 있는 것처럼 보인다(왼쪽)(Cecil *et al.*, 2002, *ApJ*, 576, 745).

5.10.1 은하의 가스 유출

은하 중에는 은하 중심부만으로 은하 전체에 상당할 정도로 활발하게 별을 만들고 있는 폭발적 항성생성starburst 은하가 있다(제4권 4장 참조). 대표적인 폭발적 항성생성 은하인 M 82를 보면 은하 중심부(수백 pc)에서 국부적인 초신성 출현율이 0.01~0.1년$^{-1}$에 이르는 것으로 추정되며, 은하계의 OB성협보다 10^4~10^5배 많은 초신성 출현율을 보인다. 그에 따라 거대한 초기포가 생성되고, 가열된 가스는 은하면에 수직 방향으로 흘러나온다. 그림 5.14는 폭발적 항성생성 은하 NGC 3079의 예로, 은하면에 수직으로 서 있는 굴뚝 모양의 구조에서 흘러나오는 뜨거운 가스(오른쪽)와 그것을 둘러싼 굴뚝의 벽에 해당하는 가스(왼쪽)를 보는 듯하다. 항성 내부에서 합성된 여러 중원소는 초신성 폭발로 성간공간으로 방출되지만, 초기포는 중원소를 은하간공간으로 옮긴다고 생각한다.

제6장
성간먼지

성간공간에는 성간 가스와 함께 크기가 10^{-3} mm(1 μm) 이하인 고체 미립자가 다수 존재하면서 별에서 오는 빛을 산란하거나 흡수하는 것으로 알려져 있다. 이 고체 미립자를 성간먼지dust 또는 성간미립자라고 한다. 성간먼지는 별빛을 흡수하여 적외선을 복사하는 것 외에도 자외선을 흡수할 때 방출되는 전자로 성간 가스를 데우거나 성간먼지의 표면에서 촉매반응으로 성간분자의 생성을 촉진하는 등, 성간물질의 다양한 과정에 관여하여 은하물질의 진화에 큰 역할을 하고 있다. 여기에서는 성간먼지와 관련한 기본적인 관측량과 성간먼지의 성질, 조성에 관해 설명하겠다.

6.1 성간소광

성간먼지의 가장 기본적인 관측량은 가시광에서 자외선에 걸친 성간소광 interstellar extinction이다. 소광이란 별빛을 얼마나 미립자가 가로막고 있는지를 나타내는 지표로 산란과 흡수 성분으로 나눈다. 산란은 별빛을 반사 또는 회절시켜 빛의 방향의 바꾸는 현상이고, 흡수는 광자를 흡수하는 것을 말한다(자세한 것은 6.5절 참조). 이로써 별빛은 성간먼지에 가로막혀 소광 $A(\lambda)$등급만큼 어두워진다. 여기에서 λ는 빛의 파장을 나타낸다. 별의 절대등급을 $M(\lambda)$라고 하면, 성간소광을 고려한 겉보기등급 $m(\lambda)$는 다음 식으로 나타낼 수 있다.

$$m(\lambda) = M(\lambda) + 5\log d - 5 + A(\lambda) \tag{6.1}$$

여기에서 d는 별까지의 거리(pc)다.

성간소광 $A(\lambda)$의 절대량은 별까지의 거리와 그 사이에 있는 성간먼지의 양에 의존하기 때문에 직접 구하기는 어렵지만, 상대적으로 파장 의존성은 다음과 같은 관측으로 구할 수 있다. 먼저 지구와 충분히 가깝고 성간소광이 충분히 작은 별, 그리고 그 별과 스펙트럼형 및 광도계급이 같은 성간소광을 받고 있는 별의 조합을 선택한다. 파장 의존성과 절대등급은 두 별 모두 같은 것으로 간주하여 특정 파장 λ에서 관측한 두 별의 등급 차이 $\Delta m(\lambda)$는 다음과 같이 표현할 수 있다.

$$\Delta m(\lambda) = 5\log(d/d_0) + A(\lambda) \tag{6.2}$$

여기에서 d, d_0는 각각 소광을 받는 별과 받지 않는 별까지의 거리(pc)이다. 이 파장 λ의 등급차이는 V밴드(중심파장 0.55 μm)에서의 등급차이에 대해 상대적으로 나타낸 양을 $E(\lambda - V)$로 한다. 이 양은 (식 6.2)에 따라 다음과 같다.

$$E(\lambda - V) = \Delta m(\lambda) - \Delta m(V) = A(\lambda) - A(V) \tag{6.3}$$

$E(\lambda - V)$는 상대적인 소광 스펙트럼으로 선택소광이라고도 한다. 이 소광 스펙트럼 $E(\lambda - V)$를 B밴드(중심파장 0.44 μm)의 값 $E(B-V)$로 규격화한 양 $E(\lambda - V)/E(B-V)$가 전통적으로 이용되고 있다. 일반 성간공간에 대해 이런 방식으로 구해 규격화한 선택소광 스펙트럼(성간소광 곡선)을 그림 6.1에 나타냈다(가로축을 파장의 역수 [μm^{-1}]으로 표시한 것에 주의한다).

그림 6.1에는 몇 가지 중요한 특징이 있다. 먼저 가시광선 영역($1/\lambda$~1−3 μm^{-1})에서는 거의 $1/\lambda$에 비례한다. 이는 파장과 비슷한 크기의 미립자에 따른 소광의 특징을 보여준다(6.5절 참조). 따라서 가시광선 영역에서 소광에 기여하는 성간먼지의 전형적인 크기는 100 nm 정도라고 생각한다. 자외선 영역($1/\lambda > 8\ \mu m^{-1}$)에서도 소광곡선은 계속 증가하는 경향을

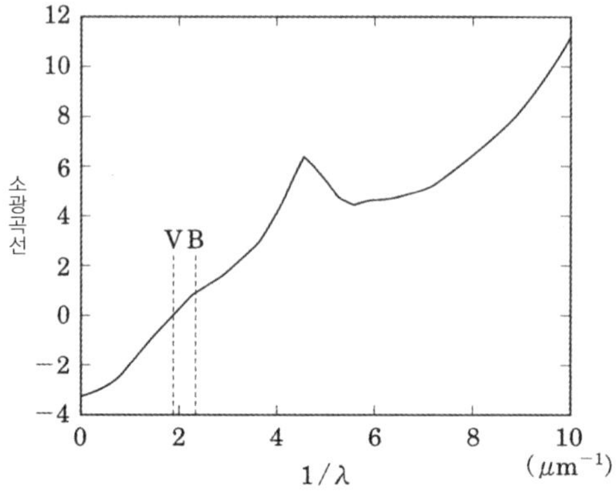

그림 6.1 규격화한 선택소광곡선.

보이므로 100 nm보다 더 미세한 미립자도 있다는 것을 알 수 있다. 이와 같이 가시광선 영역에서 자외선 영역까지의 소광곡선의 특징은 성간먼지의 크기가 다양하게 분포한다는 것을 암시한다. 정량적인 해석으로 공 모양 입자를 가정한 경우, 반지름 a의 분포는 $f(a) \propto a^{-\alpha}$와 같은 지수함수에 근사되어 그 지수 α는 대략 3.5가 된다. 또 소광곡선은 $1/\lambda = 4.6\ \mu\mathrm{m}^{-1}$에서 특징적인 혹 모양을 볼 수 있다. 현재 알려진 바로는 탄소계열의 성간먼지에 따른 것이라 추정한다.

선택소광에서 성간소광 $A(\lambda)$는 다음과 같이 유도한다. 소광은 파장이 길어지면 0에 가까워지고, 파장 무한대의 극한은 $E(\lambda - V)$는 $-A(V)$가 되어 규격화된 선택소광 $R = -A(V)/E(B-V)$가 된다. 이 값은 그림 6.1의 세로축 절편intercept이다. 이 비율 R을 파장이 긴 적외선 영역의 선택소광으로 어림잡으면 $E(B-V)$에서 $A(V)$를 얻을 수 있다.

성간소광곡선은 관측 방향에 따라 달라진다. 일반적인 성간공간에서 R은 3.1 정도의 값을 갖지만 밀도가 높은 영역에서는 이보다 큰 값을 갖는 것으로 알려져 있다. R은 성간먼지의 평균 크기와 관련이 있으며 밀도가

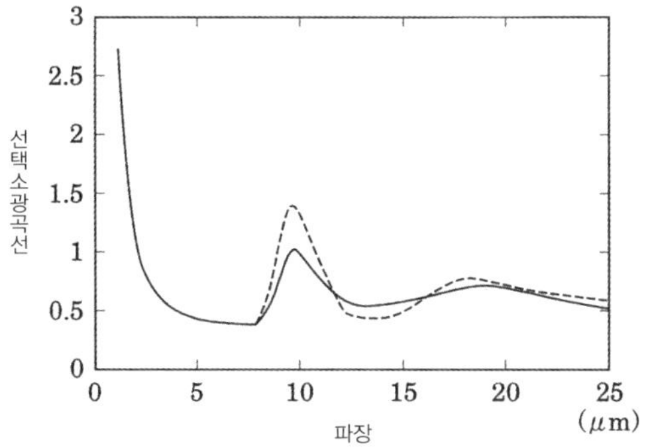

그림 6.2 2.2μm로 규격화한 적외선 영역의 소광곡선. 실선은 일반적 성간공간, 점선은 은하중심 방향의 소광곡선을 나타낸다.

높은 영역에서는 평균 크기가 커지기 때문이라 생각한다. 또 선택소광 $E(B-V)$는 (식 6.4)에 나타냈듯이 시선방향의 수소원자의 양($N_{\rm H}$)과 상관관계가 매우 큰 것으로 알려졌으며, 성간먼지가 성간 가스와 잘 공존하고 있음을 알 수 있다.

$$N_{\rm H}/E(B-V) = 5.8 \times 10^{21}\ {\rm cm}^{-2}\ {\rm mag}^{-1} \qquad (6.4)$$

이제 그림 6.1에서는 충분히 표현하지 못한 적외선 영역(1 μm 이상의 파장)에서의 성간소광에 대해 알아보자. 그림 6.2는 2.2 μm에서 규격화한 적외선 영역에서의 소광곡선을 나타냈다. 파장 5 μm까지는 거의 파장의 거듭제곱에 반비례해서 소광이 감소한다는 사실이 관측으로 알려졌다. 또 그림에서 보는 것과 같이 10 μm와 18 μm 부근에서 혹 모양이 보인다. 이것들은 규산염 미립자의 규소-산소 결합의 격자진동에 따른 밴드라고 생각하는데, 규산염이 성간먼지의 주성분이라는 관측적 증거가 된다. 그림에서 볼 수 있듯이 이 밴드의 세기는 은하계 중심 방향과 일반적 성간공간에서 다르다는 것을 알 수 있다. 또 성간공간에서 관측되는 이 적외선 밴드에는 미세한 스펙트럼 구조가 보이지 않는다는 점에서 성간 규산염 미립자는 결정질은 적고 주로 비결정질 성분으로 이루어졌다고 추정한다.

6.2 성간 가스의 결핍과 성간먼지의 원소조성

성간먼지의 원소조성을 추정하는 유효한 수단으로는 성간공간에 존재하는 성간 가스의 원소량을 통해 추정하는 방법이 있다. 즉, 가스 중의 존재량이 예상보다 적은 원소는 성간먼지에 갇혀 있다고 본다. 이 예상보다 적은 존재량을 성간 가스의 결핍 D라고 하며 다음 식으로 정의한다.

$$D = \log(\text{성간 가스 내의 원소량}/\text{참조조성}) \qquad (6.5)$$

여기에서 참조조성은 원소가 모두 가스가 되어 있는 경우의 조성으로, 보통 태양의 조성을 사용하고 있다. 미립자에 갇히지 않은 원소의 D는 대략 0이다. 한편, D가 마이너스에 절댓값이 큰 원소는 대부분 미립자에 갇혀 있는 것으로 본다. 성간 가스 중의 원소량은 주로 자외선 영역의 흡수선에서 구할 수 있다. 그림 6.3에 이렇게 구한 결핍량을 존재비(수소를 12로 한 로그값)에 대응해 나타냈다.

그림 6.3에서 알 수 있듯이 성간먼지의 주요 원소에는 존재량이 큰 것부터 산소(O), 탄소(C), 마그네슘(Mg), 규소(Si), 철(Fe) 등이 있다. 원소 가스의 부족과 6.1절의 소광 스펙트럼을 고려한 고전적 성간먼지 모델에서는 성간먼지의 주요 성분을 탄소계열과 마그네슘, 철을 포함한 규산염 미립자로 생각한다. 그러나 최근의 새로운 관측에서 다른 성분도 존재하는 것으로 보여 앞으로 좀 더 자세한 연구가 이루어져야 할 것이다.

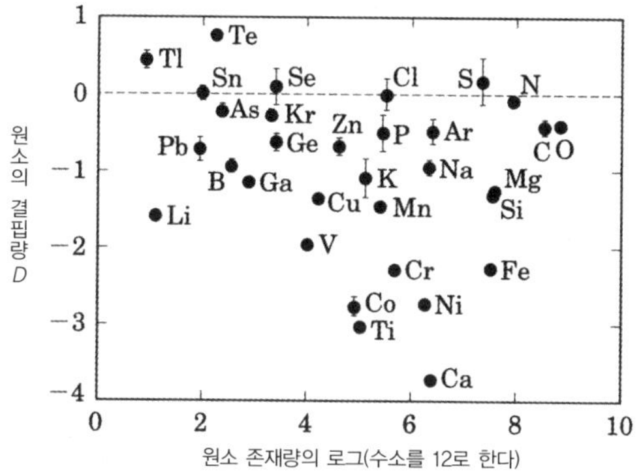

그림 6.3 원소의 존재량에 대한 성간 가스의 결핍량 D. 점선은 결핍이 없는 경우(태양 조성)를 나타낸다.

6.3 성간먼지의 적외선 복사

성간먼지는 흡수한 별빛의 에너지를 적외선으로 복사한다. 성간공간의 평균적 복사장 세기를 F_λ라고 하면 성간먼지 1개가 흡수하는 에너지는 단위시간당 다음과 같다.

$$\int_0^\infty \sigma_{\text{abs}}(\lambda) F_\lambda d\lambda \tag{6.6}$$

한편, 이 성간먼지가 단위시간당 열복사로 잃는 에너지는 다음과 같이 주어진다.

$$4\pi \int_0^\infty \sigma_{\text{em}}(\lambda) B_\lambda(T) d\lambda \tag{6.7}$$

여기에서 σ_{abs}, σ_{em}은 각각 성간먼지의 흡수단면적과 복사단면적이며, 성간먼지의 크기에 의존하는 인자이고(자세한 것은 6.5절 참조), $B_\lambda(T)$는 온도 T의 플랑크 함수(2.2.1 참조)이다.

평균적인 성간공간의 복사세기 F_λ를 대입하고 성간먼지 모델에서 예상되는 σ_{abs}, σ_{em}을 이용하면 (식 6.6)과 (식 6.7)을 같다고 했을 때의 평형온도로 대략 16~18 K 정도를 구할 수 있다. 따라서 성간먼지의 열복사는 원적외선(100~150 μm)에서 최댓값을 가질 것으로 예상한다.

성간먼지의 크기보다 훨씬 긴 파장의 원적외선으로 방출되는 열복사의 경우, 표면복사의 유효 단면적은 기하학적 단면적 크기를 파장으로 나눈 양(즉 a/λ)을 곱한 것에 비례한다. 따라서 미립자의 복사세기는 그 부피, 즉 미립자의 질량에 비례하게 된다. 이에 따라 거리가 d에 해당하는 천체에서 원적외선의 세기 $f_\lambda(\lambda)$를 관측하면 복사하고 있는 미립자의 전체 질량 M_d를 다음 식으로 어림할 수 있다. 단, 여기에서는 미립자의 질량당 복사율을 $\kappa(\lambda)$로 나타낸다.

$$M_d = f_\lambda(\lambda)\, d^2/\kappa(\lambda)B_\lambda(T) \tag{6.8}$$

그림 6.4에 우리은하면의 성간먼지에서 나오는 적외선 복사에 따른 은하면의 표면밝기 스펙트럼을 나타냈다. 점선으로 연결된 검은색 원은 COBE 위성에 탑재한 DIRBE 데이터,[1] 실선은 일본 최초로 위성에 탑재된 적외선 관측장치 IRTS의 MIRS 데이터이다.[2] (식 6.6)과 (식 6.7)이 같다고 가정한 경우에 예상되는 복사를 굵은 점선으로 나타냈다. 그림에서 알 수 있듯이 굵은 점선으로 표시한 예상 열복사 성분보다 훨씬 강한 복사가 10~60 μm대에 보인다. 또 실선으로 나타낸 6~14 μm 복사에서는 자잘하게 울퉁불퉁한 부분(밴드 부분)을 볼 수 있다. 이 초과 성분은 어디에서

1 COBE는 1989년에 NASA가 쏘아올린 우주배경복사 탐사위성의 약칭COsmic Background Explorer, DIRBE는 COBE에 탑재한 확산적외선 복사계이다.
2 IRTS는 1995년에 일본이 쏘아올린 적외선 서베이 관측위성의 약칭InfraRed Telescope in Space, MIRS는 IRTS에 탑재한 중간적외선 분광기이다.

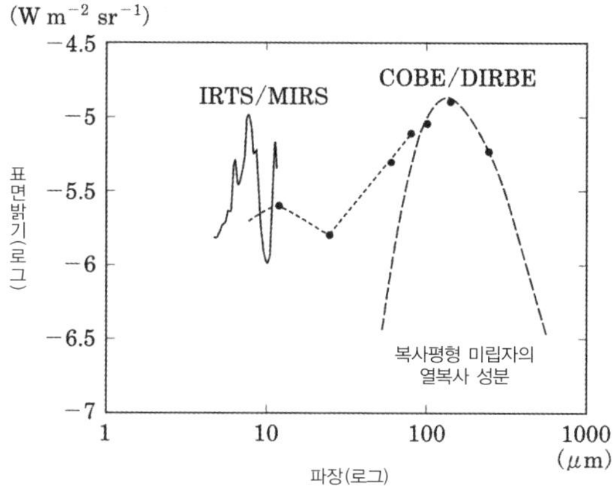

그림 6.4 은하면의 표면밝기 스펙트럼. 굵은 점선은 복사평형 상태의 온도 18K인 미립자에서 나오는 열복사 성분. 점선으로 연결된 검은색 원은 COBE/DIRBE, 실선은 IRTS/MIRS의 각 위성탑재 관측장치의 데이터를 나타낸다.

온 것일까? 지금까지의 연구를 바탕으로 이 초과 성분은 10 nm 이하의 매우 미세한 초미립자에서 온 것이라 추정할 수 있다. 즉, 이러한 초미립자는 내부 자유도가 적기 때문에 별에서 나오는 광자에너지에 비해 열용량이 작다.[3] 따라서 광자 하나를 흡수할 때마다 일시적으로 (식 6.6)과 (식 6.7)이 같다고 가정할 때에 예상되는 온도를 훨씬 뛰어넘는 높은 온도까지 출렁거리게 된다. 10~60 μm의 초과 복사는 이렇게 온도가 출렁거리는 고온상태에서의 열복사를 관측하는 것으로 추정한다.

한편, 6~14 μm 범위에서 볼 수 있는 몇몇 복사 최댓값으로 구성된 스펙트럼(밴드 구조를 나타내는 스펙트럼)은, 벤젠 고리가 여러 개인 다환방향

3 예를 들면 N개의 원자로 구성된 미립자를 가정하여 비열을 간단히 $3Nk_B$라고 하자. 여기에서 k_B는 볼츠만 상수이다. $N=100$이라고 하면 입자의 반지름은 대략 0.5 nm, 비열은 약 4×10^{-14}ergK^{-1}이 된다. 300 nm의 자외선이 가진 에너지는 약 6.6×10^{-12}erg이므로 이 광자를 흡수하면 미립자의 온도는 160 K 가까이 높아져, 복사평형으로 예상되는 온도 16~18 K보다 훨씬 높다. 실제로는 저온에서 비열이 $3Nk_B$보다 작기 때문에 이 효과는 100 nm 정도 크기의 미립자까지 나타난다.

족 탄화수소(Polycyclic Aromatic Hydrocarbon, PAH) 분자의 스펙트럼 특징과 비슷하다. 관측된 밴드에는 그다지 세밀한 구조가 보이지 않는다는 점에서 다양한 PAH 구조를 가지는 미립자가 성간공간에 존재하는 것으로 추정한다. 밴드 구조를 가진 물질을 지상의 실험실에서 합성하는 시도가 이루어지고 있다. 예를 들어 메탄 플라스마를 급랭하여 합성한 급랭탄소질 물질(Quenched Carbonaceous Composite, QCC)은 관측한 밴드 구조를 잘 재현한 것으로 알려져 있다(6.8절 참조).

이와 같이 자외선과 가시광의 소광을 일으키는 성간먼지에는 원적외선으로 열복사하는 10~100 nm 정도 크기의 미립자와 15~60 μm의 적외선에 초과 성분을 가지는 10 nm 이하의 초미립자, 그리고 6~14 μm의 밴드 구조를 담당하는 PAH를 포함한 미립자가 존재하는 것으로 생각한다. PAH는 탄소계열의 미립자이지만, 초미립자의 조성을 결정하는 단서는 아직 많지 않다. 10~100 nm의 미립자는 규산염계열 및 탄소계열로 구성된 것으로 생각한다.

6.4 성간먼지의 분포

우리은하계(은하수)와 외부은하는 항성과 행성 사이 공간에 성간 가스와 성간먼지를 포함하고 있다. 평균밀도는 가스가 수소원자 환산으로 1 cm^{-3}당 1개 정도, 성간먼지(크기 100 nm 정도의 것)가 한 변이 100 m인 정육면체 공간에 1개 정도로 매우 낮다. 하지만 우주 공간은 대단히 넓기 때문에, 은하수 방향에서 이 성간먼지가 뒤에 있는 별빛을 차단하면 암흑성운으로 보일 정도이다. 또 이러한 성간물질을 재료로 하여 새로운 항성이나 행성이 탄생하는데, 특히 성간먼지는 행성계의 주원료인 것으로 보인다. 이 성간먼지의 분포는 주로 원적외선이나 중간적외선 복사의 밝기분포를 관측

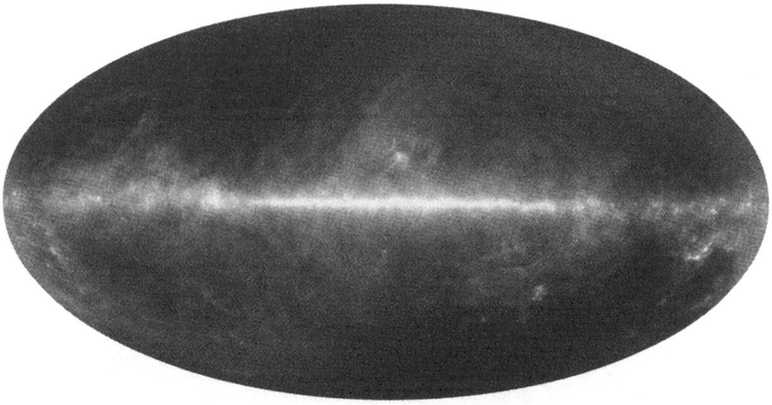

그림 6.5 우주배경 복사탐사기(COBE)의 적외선 확산복사측정기(DIRBE)로 측정한 전천 원적외선 세기분포도(파장 100, 140, 240 μm 세기에서 합성). 성간먼지의 대략적인 분포를 보여준다(NASA 제공).

하여 알아냈다.

그림 6.5에 표시되어 있는 전천의 원적외선 밝기분포도는 은하계의 성간먼지 분포를 반영한 것이다. 이 그림은 은하좌표로 나타냈으므로 그 중심은 은하계의 중심 방향에 해당한다. 이 밝기분포에서 다음과 같은 특징을 찾을 수 있다. 먼저, 항성의 분포를 반영한 중심 부근의 타원형 분포(별지)는 성간먼지의 분포에서는 볼 수 없다. 한편, 은하원반에 따라 얇은 원반 모양의 분포가 두드러지는데 성간분자구름의 분포와 비슷하다. 벌지를 구성하는 항성이 늙은 별(종족 II)인 데 비해 원반을 구성하는 항성은 비교적 젊은 별(종족 I)이라는 것을 고려하면, 원반부에서는 지금도 성간 가스나 성간먼지를 재료로 하여 꾸준히 별을 만드는 것으로 생각한다.

또 성간먼지의 분포는 은하원반에서 멀리 떨어져 몽실몽실한 모습을 보여준다. 이것을 권운(cirrus, 새털구름)이라 하는데, 수소원자구름의 분포와 비슷하다. 은하원반부보다는 적외선 밝기가 낮기 때문에 밀도 또한 낮다. 이런 사실들로 미루어 성간먼지는 원자 가스나 분자 가스 양쪽에 모두 포함되어 있으며 잘 혼합되어 있는 것으로 보인다. 한편, 은하계 원반부의 여러 장소에서는 OB형 별 주위에 이온화 가스 영역이 형성되어 있다(초밀집 HII 영역, 4장 참조). 이 HII 영역 또는 그 주위 공간에서 성간먼지가 강한 자외선에 노출되어 따뜻해진 성간먼지에 따라 중간적외선이 강하게 복사된다. 특히 강한 자외선에 노출된 영역에서는 성간먼지의 변성이나 증발 등이 일어난다. 성간충격파로 가스가 뜨거워진 영역에서도 비슷한 현상이 일어난다.

성간먼지가 흡수한 자외선이나 가시광 같은 에너지는 미립자의 내부 에너지가 된다. 그 결과 성간먼지의 온도가 올라가고 그 온도에 상응하는 적외선이 복사된다. 하지만 개개의 성간먼지가 모두 정상상태로 존재하는 것은 아니다. 크기가 큰(10~100 nm) 미립자는 열용량이 커서 광자 하나에 따른 온도 변화가 작지만, 작은(1~10 nm) 미립자는 광자 하나를 흡수해도 온도가 100~1000 K까지 올라가고 열용량과 복사효율로 결정되는 시간상수에 따라 온도가 떨어진다. 이를 '성간먼지의 일시적 가열현상'이라고 한다.

한편, 성간먼지가 자외선을 흡수할 때 10 % 정도의 확률로 광전자 방출현상이 일어난다. 이때 에너지는 성간먼지의 내부 에너지로 축적되지 않고, 전자가 고체 중에 속박되었던 에너지(수 eV)만큼을 제외한 부분이 전자의 운동에너지로 변환된다. 방출된 전자의 운동에너지는 수천 도의 온도에 해당하므로 전자가 주변의 성간 가스 분자와 반복해 충돌함으로써 가스를 가열한다. 이 과정을 '광전자 가열'이라고 하며, 중성 성간 가스의 중요 가열 과정이다. 이 현상은 '광해리 영역 모델'에서 자세히 연구하고 있다(4장 참조). 이에 따르면 수소원자 영역이나 분자 영역처럼 중성 성간 물질에서 볼 수 있는 다양한 현상은 입사하는 자외선·가시광의 복사장 세기로 결정되는 경우가 많다. 복사세기는 태양 부근의 복사장 세기

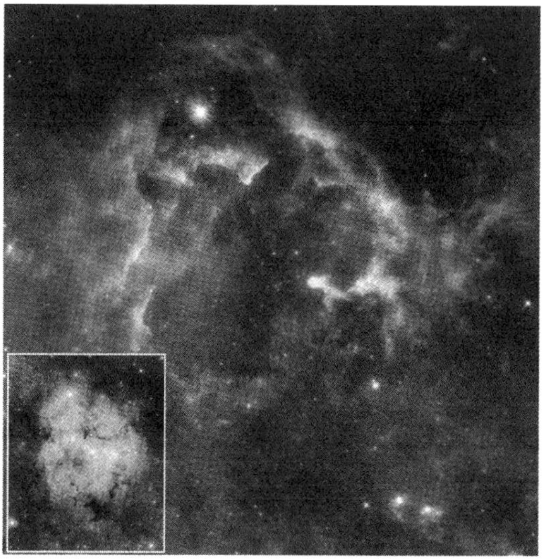

그림 6.6 아카리 위성이 찍은 IC 1396의 중간적외선과 가시광(왼쪽 아래의 작은 그림)의 세기분포도(화보 4 참조, 아카리 이미지는 JAXA 제공. 가시광 그림은 ESA/ESO/NASA FITS Liberator & Digitized Sky Survey에서).

$1.6\times10^{-3}\,\mathrm{erg\,s^{-1}\,m^{-2}}$을 단위로 나타낸다. 이 단위로 1000을 넘으면 복사장에 노출된 성간먼지는 광전자 방출로 많은 전자를 빼앗겨 '양(+)' 전기를 띠고, 그 결과 광전자 방출 및 그에 따른 가스 가열효율이 억제된다고 생각한다.

그림 6.6은 발광성운emission nebula IC 1396의 가시광 및 '아카리' 위성에 따른 중간적외선 영상이다. 가시광선은 배후에 있는 항성의 빛을 차단하여 암흑성운으로 보이는 반면, 중간적외선은 마치 흑백을 반전한 것처럼 암흑성운 부분이 밝게 빛난다. 이처럼 성간먼지는 가시광이나 자외선을 차단하고 그 에너지를 흡수하여 적외선으로 방출하는 것이 분명하다.

6.5 성간먼지에 따른 빛의 산란과 흡수

6.1절에서 성간먼지의 존재로 발생하는 성간소광과 관측의 관계에 대하여 설명했는데, 여기에서는 미립자에 따른 산란과 흡수 과정을 정량적으로 서술하겠다. 성간먼지에 입사하는 단일파장의 전자기파(단색파)를 그 진행 방향의 앞쪽에서 관측하는 것을 가정해 보자. 그러나 관측자는 입자에서 충분히 떨어져 있는 것으로 여긴다. 전자기파가 입자에 부딪히면 전자기파 에너지의 일부가 성간먼지에 제거되어 앞쪽에서 관측하는 관측자에게 도달하지 않는다. 이를 소광extinction이라고 한다. 소광의 원인은 입자에 따른 전자기파의 흡수absorption와 산란scattering이다.

$$\text{소광} = \text{흡수} + \text{산란} \tag{6.9}$$

흡수된 전자기파는 열로 바뀐 뒤에 열복사의 형태로 여러 방향으로 다시 방출된다. 입자 내부로 입사된 전자기파는 입자 안의 전자나 분자를 진동시킨다. 이러한 진동은 새로운 전자기파를 여러 방향으로 방출한다. 입자 표면 부근에서의 반사, 입자 내부를 통과해서 되돌아나올 때에 생기는 굴절, 입자 표면 근처를 통과하는 전자기파가 입자 뒤쪽으로 휘어 들어오는 현상(회절)도 산란으로 본다. 흡수와 산란은 모두 전자기파의 진행 방향을 바꾸게 한다. 이 때문에 앞쪽에서 관측했을 때 입자가 없는 경우보다 도달하는 전자기파의 에너지가 줄어들어 소광이 나타난다. 산란은 보통 전자기파의 진동수는 변하지 않지만, 흡수로 생기는 열복사에서는 다양한 진동수의 전자기파가 방출된다.

흡수나 산란의 효율은 단면적이라는 값으로 나타낸다. 성간먼지에 일정한 세기로 입사하는 단색평면 전자기파를 가정해 보자. 이때 입사파의 세기는 그 진행 방향에 수직인 평면의 단위면적을 단위시간당 통과하는 에너지(플럭스) F_0로 나타낸다. 입자에 입사한 전자기파 중 단위시간당 흡수되는 에너지를 P_{abs}라고 하면 흡수단면적은 다음과 같이 정의한다.

$$\sigma_{abs} = P_{abs}/F_0 \qquad (6.10)$$

σ_{abs}는 면적의 차원을 가진다. 이 식을 $P_{abs}=F_0\sigma_{abs}$로 고쳐 쓰면 흡수단면적의 의미를 쉽게 이해할 수 있다. F_0는 단위시간당 단위면적에 입사한 전자기파의 에너지이므로 $F_0\sigma_{abs}$는 σ_{abs}의 면적에 단위시간당 입사하는 에너지이다. 이 양은 단위시간당 흡수되는 에너지 P_{abs}와 같다. 즉, σ_{abs}는 전자기파 흡수에 대한 입자의 실제 면적과 같다. 마찬가지로 단위시간당 입자에 따라 산란되는 전자기파 에너지를 P_{sca}라고 할 때 산란단면적은 다음과 같이 정의한다.

$$\sigma_{sca} = P_{sca}/F_0 \qquad (6.11)$$

(식 6.9)에서 구한 소광단면적은 다음과 같다.

$$\sigma_{ext} = \sigma_{abs} + \sigma_{sca} \qquad (6.12)$$

공 모양 입자에 대해서는 이러한 단면적들을 그 기하학적 단면적 πa^2으로 규격화한 무차원량이 자주 사용된다.

$$Q_{ext} = \sigma_{ext}/\pi a^2,\ Q_{abs} = \sigma_{abs}/\pi a^2,\ Q_{sca} = \sigma_{sca}/\pi a^2 \qquad (6.13)$$

이 양들을 각각 소광계수extinction coefficient, 흡수계수absorption coefficient, 산란계수scattering coefficient라고 한다.

Q_{ext}, Q_{abs}, Q_{sca}는 입자 반지름 a와 입사 전자기파의 파장 λ의 비율로

정의하는 크기인자 $x=2\pi a/\lambda$와 입자의 복소complex굴절률 $m=n+ik$의 함수이다. m의 실수부 n은 입자를 구성하는 물질의 굴절률이다. 허수부 k는 입자에 따른 전자기파의 흡수를 나타낸다. 일반적으로 n, k 모두 전자기파 파장에 따라 달라진다. 입자에 입사한 전자기파의 전기장이 입자 속에 전류를 일으키고, 그 전류가 줄Joule 열로 없어져 흡수가 일어난다. 따라서 입자를 구성하는 물질의 전기전도도가 클수록 k는 크다. 완전 유전체percent dielectric라면 $k=0$이고, 금속은 k가 n과 크기가 비슷하다. 복소굴절률 m은 입사 전자기파의 파장에 따라 달라진다. 다양한 성간먼지의 후보물질에 대해서는 복소굴절률 m의 값이 파장의 함수로 실험실에서 측정되고 있다.

공 모양 입자는 크기인자 x와 복소굴절률 $m(\lambda)$가 주어지면 $Q_{\rm ext}$, $Q_{\rm abs}$, $Q_{\rm sca}$를 미 이론Mie theory[4]으로 계산할 수 있다. 그림 6.7에 $Q_{\rm ext}$의 한 예를 나타냈다. 크기인자 x가 작은 곳에서는 $Q_{\rm ext}$도 작아 x가 0에 가까워지면 $Q_{\rm ext}$도 0에 가까워진다. 이는 입자의 반지름보다 파장이 긴 전자기파일수록 소광되기 어렵다는 것을 보여준다. x가 커지면 $Q_{\rm ext}$도 증가하며 출렁이는데, k가 작은 유전체 입자일수록 격렬하게 출렁인다. 반면에 k가 큰(흡수가 큰) 입자는 출렁거림이 작다. $x\gg 1$에서는 $Q_{\rm ext}$가 점차 2에 가까워진다.

입자 반지름보다 파장이 훨씬 짧을(즉 $x\gg 1$) 때의 전자기파는 '광선' 으로 여겨도 된다. 광선의 경우 소광단면적 $\sigma_{\rm ext}$는 입자의 기하학적 단면적 πa^2이며 이에 따라 $Q_{\rm ext}=1$이 된다. 그러나 실제로는 $Q_{\rm ext}=2$가 된다. 이것은 얼핏 보면 역설처럼 느껴진다. 실제로는 전자기파를 광선다발로만 다룰 수 없다. 입자 반지름보다 파장이 훨씬 짧을 때에도 파동의 성질에

4 미 이론은 공 모양 입자에 따른 빛의 산란을 다루는 엄밀한 이론으로, 1908년에 출판된 미G. Mie의 논문에서 정식화되었다.

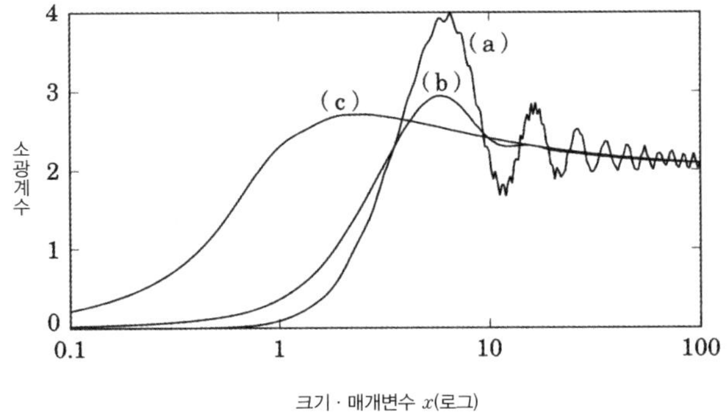

그림 6.7 공 모양 얼음입자 (a) $m=1.3$와 '오염된' 얼음입자 (b) $m=1.3+0.1i$, (c) $m=1.3+i$의 소광계수 Q_{ext}. 가로축은 $x=2\pi a/\lambda$(a: 입자 반지름, λ: 입사 전자기파의 파장)로 크기인자라고 한다.

따라 가장자리를 돌아 들어오거나 방향이 휘어져 나아가는 회절광의 성분이 있어 그러한 부분까지 보태면 전체적인 소광량은 기하학적 단면적만으로 계산한 경우보다 2배가 된다.

입자에 따라 여러 방향으로 산란되는 전자기파의 세기분포에 대해 생각해 보기로 하자. 입자의 한가운데를 원점으로 잡고, 입사 전자기파의 진행방향을 z축으로 한다. 입사 전자기파 플럭스가 F_0일 때, 원점에서 본 입체각 $d\Omega$의 방향으로 산란되는 전자기파의 세기를 dP_{sca}라고 하면 다음과 같이 쓸 수 있다.

$$dP_{sca} = F_0 \frac{d\sigma_{sca}}{d\Omega} d\Omega \tag{6.14}$$

이때 $d\sigma_{sca}/d\Omega$를 미분산란단면적이라고 한다. 미분산란단면적은 산란파 세기의 방향 분포, 즉 입사파가 어느 방향으로 얼마나 산란하는지를 나타내는 양이다. σ_{sca}와 마찬가지로 이것도 면적의 차원을 가진다. 미분산란단면적을 전산란단면적으로 나눈 무차원량 $(d\sigma_{sca}/d\Omega)/\sigma_{sca}$를 위상함수

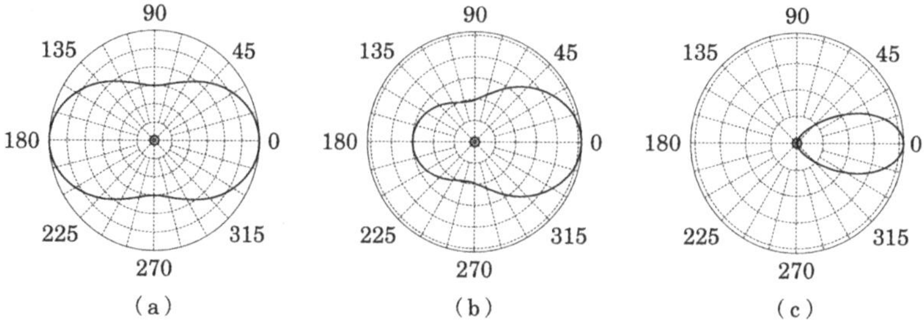

그림 6.8 크기인자 x가 (a) $\ll 1$, (b) $\ll 0.8$, (c) $\ll 3$인 공 모양 얼음입자($m=1.3$)의 산란파 세기의 방향 분포. 극좌표로 나타냈다. 원점의 원은 산란입자를 나타낸다.

phase function라고 한다.

유전체로 된 공 모양 입자에 따른 산란파의 세기분포 예를 그림 6.8에 나타냈다. 공 모양 입자의 산란파의 세기분포는 입사파의 진행방향인 z축에 대칭이고, 세기분포는 산란각 θ만의 함수이다. 여기에서 θ는 z축과 산란파의 진행방향이 이루는 각이다. 크기인자 $x=2\pi a/\lambda \ll 1$인 경우, 즉 파장에 비해 입자가 작은 산란파의 세기분포는 공 모양의 중심을 지나 z축과 직교하는 평면에 대칭이다. 앞쪽($\theta=0°$)과 뒤쪽($\theta=180°$)에서 산란세기는 최대가 되며, 그것과 직교하는 방향($\theta=90°$)에서는 최소가 된다. $x \ll 1$의 산란을 레일리 산란Rayleigh scattering이라고 한다. x가 커질수록 전방산란이 강하다. $x>1$에서는 전방산란이 두드러진다. 이런 경향은 금속입자(k가 크다)에서 좀 더 뚜렷하다.

6.6 자기장에 따른 성간먼지의 정렬과 별빛의 편광

멀리 떨어져 있는 별에서 성간공간에 전파된 빛은 편광한다. 관측에 따르면 별빛의 전기장 벡터는 성간자기장에 평행한 성분이 수직인 성분보다 크다. 별에서 막 나온 빛의 전기장 벡터를 평균하면 어느 방향으로도 치우치지 않는다. 별에서 나온 빛은 성간공간으로 전파되는 사이에 편광된다. 이와 같은 관측 사실은 별빛이 성간공간에 전파되는 사이에 자기장에 수직인 전기장 벡터의 성분이 더 많이 흡수되고 있음을 뜻한다.

별빛을 그 진행방향 앞쪽에서 관측할 때 공 모양 입자에서는 편광이 일어나지 않는다. 관측한 편광을 설명하려면 공 모양이 아닌 입자, 예를 들면 회전타원체 입자의 존재가 필요하다. 또한 회전타원체 입자의 짧은 축이 자기장과 평행하도록 정렬되어야 한다.

데이비스L. Davis와 그린스테인J.L. Greenstein은 정렬 메커니즘으로 회전타원체 입자에 따른 상자성paramagnetic 완화를 제안했다. 그림 6.9에서 그 개념을 정성적으로 설명하겠다.

먼저 자기장이 없을 때, 회전타원체 모양의 입자가 가스 분자의 충돌로 회전하는 상황을 가정한다(a). 회전타원체는 팬케이크 모양oblate으로 하자. 회전타원체의 세 축 주변의 관성 모멘트를 각각 I_x, I_y, I_z라고 하고, 짧은 축을 z축이라고 하면 다음 식이 성립한다.

$$I_z > I_x, I_y \tag{6.15}$$

가스 분자와 열평형상태에서 회전하는 회전타원체에서는 에너지 등분배 법칙이 성립하므로 각 축 주위의 회전에너지는 같다. 즉,

$$\frac{L_x^2}{2I_x} = \frac{L_y^2}{2I_y} = \frac{L_z^2}{2I_z} \tag{6.16}$$

여기에서 L_x^2, L_y^2, L_z^2은 각 축에 회전하는 회전타원체의 각운동량 성분의 제곱평균이다. 따라서 (식 6.15)에서 다음의 관계가 성립한다.

$$L_z > L_x, L_y \tag{6.17}$$

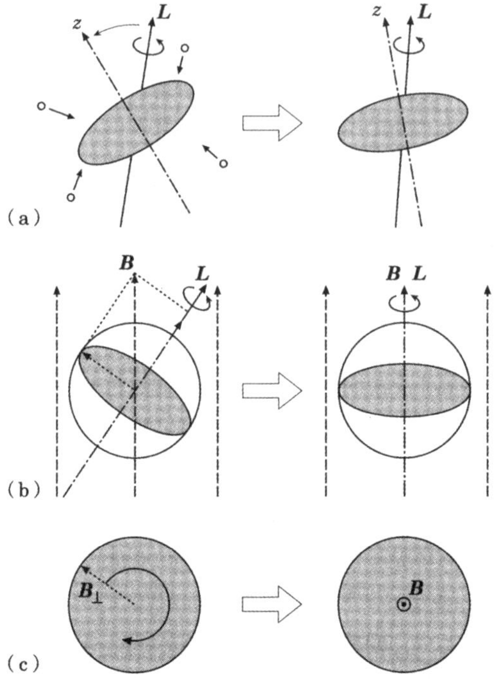

그림 6.9 자기장에 따른 성간먼지의 정렬 메커니즘.

결국 각운동량 벡터의 성분 중에서 짧은 축(z축)에 평행한 성분이 크다. 즉, 가스 중에서 회전타원체 입자가 회전하면 그 각운동량의 방향은 짧은 축에 평행이 되는 경향이 있다. 회전이 비열적인 원인, 예를 들어 입자 표면에 생성된 분자가 튀어나올 때의 반동이라 하더라도 통계적으로 그 반동이 등방적이라면 이러한 경향은 바뀌지 않는다.

한편, 공 모양 입자가 자기장 내에서 회전하는 상황을 가정해 본다[(b)와 (c)]. 초기에는 각 미립자가 임의의 방향으로 회전하고 있었던 것으로 하자. 각운동량 벡터 $\boldsymbol{L}$인 입자가 스스로 정지해 있는 좌표계에서 보면, $\boldsymbol{L}$에 수직인 평면에 투영된 자기장 성분은 이 평면 안에서 회전하는 것처럼 보인다. 따라서 시간적으로 변하는 자기장에 따라 내부 자기화는 시간에 따라 변하므로 에너지 소모(자기장 에너지가 열에너지로 변환되는 것)가 일어난다. 미립자가 전기전도도를 가지면 입자에 유도전류가 발생하여 그 전류가 입자의 전기저항 때문에 뜨거워짐으로써 에너지 소모가 일어난다.

이에 비해 $\boldsymbol{L}$이 자기장 $\boldsymbol{B}$와 평행일 때는 회전속도가 극도로 빠르지 않는 한 입자에 고정된 좌표계에서 보더라도 자기장은 변하지 않으므로 에너지 소모가 없다. 현상은 에너지 소모가 적은 방향으로 진행되므로 자기장 안에서 회전하는 입자는 각운동량 벡터가 자기장과 평행이 되는 경향이 있다.

(a)와 (b), (c)를 함께 생각하면 다음과 같이 예측할 수 있다. 자기장 안에서 회전하는 회전타원체 입자는 짧은 축이 회전축이 되고, 또 그 축이 자기장과도 평행이 되게 정렬하는 경향을 보인다. 이렇게 정렬한 다수의 회전타원체 입자군은 마치 자기장에 수직인 전기장 벡터 성분을 선택적으로 흡수하는 슬릿 역할을 한다. 멀리 떨어져 있는 별빛이 띄엄띄엄 분포하는 회전타원체 입자군을 통과할 때 별빛의 전기장 벡터 중 자기장에 평행하는 성분 쪽이 흡수되기 어렵다. 결국 자기장에 평행한 편광이 생긴다. 이는 관측과 일치하는 결과를 보여준다. 물론 가스 분자의 충돌은 입자가 완전히 정렬하는 것을 방해하기 때문에 완벽한 편광은 기대할 수 없다.

여기에서 설명한 정렬 메커니즘은 성간편광의 특징을 정성적으로는 설명하지만 그 크기를 정량적으로 설명하는 데는 문제가 있다. 따라서 이 밖에도 몇 가지 정렬 메커니즘이 제안되고 있다.

6.7 성간먼지의 생성

은하계에서 성간먼지의 생성과 그 순환을 그림 6.10에 나타냈다. 성간먼

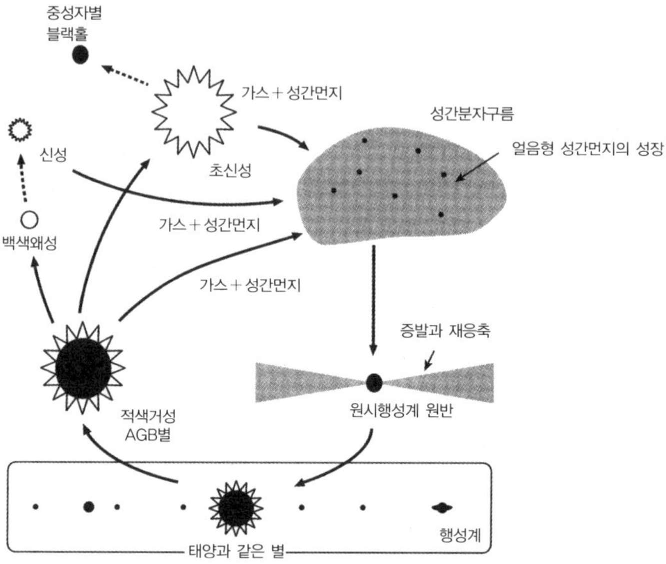

그림 6.10 우주에서 성간먼지의 생성과 순환.

지는 진화한 별에서 방출한 가스 속에서 만들어진다. 적색거성, AGB별, 신성, 초신성 등에서 다량으로 방출한 가스가 주위의 공간으로 팽창하면서 1000 K 정도까지 차가워졌을 때 가스 속의 중원소가 성간먼지로 응축한다. 규소(Si), 마그네슘(Mg), 철(Fe), 탄소(C) 및 이 원소들과 결합하는 산소(O), 수소(H)가 성간먼지를 구성하는 주요 원소이다. 실제로 이 원소들은 성간 가스에 결핍되어 있다(6.2절 참조). 이 원소들에서 규산염(예를 들면 Mg_2SiO_4) 또는 탄소계열 미립자가 형성된다.

또 성간먼지를 다량 포함한 성간분자구름과 같이 100 K 이하의 저온 환경에서는 H, C, N, O 원자로 구성된 가스 성분도 규산염 입자나 탄소 입자의 표면에 H_2O, CO, CO_2 등의 얼음으로 응고된다. 그리고 성간분자구름에서 별과 그 주위의 원시행성계 원반이 생성된다. 이 원시행성계 원반의 성간먼지에서 행성계가 생겨난다. 또한 그 중심별은 모두 적색거성으로 진화하고, 그 주변에 성간먼지를 만들어낸다.

이렇게 성간먼지는 은하계에서 별이나 생성의 형성과 진화에 관여하여 여러 단계의 생성 과정을 거치면서 순환한다.

6.7.1 성간먼지의 조성과 결정 요인

어떤 원소조성을 가진 가스에서 성간먼지가 생성될 때 그 조성을 결정하는 가장 중요한 요인은 가스의 원소조성 중 탄소원자 C와 산소원자 O의 개수비율인 C/O이다.

그림 6.11에 C, O 이외의 원소조성이 태양계 원소조성과 같은 조성을 가진 가스에서 응축하는 고체의 조성과 평형온도를 나타냈다. 평형온도는 가스와 응축한 고체 사이에 화학평형이 이루어지는 온도이다. 가스가 매우 천천히 식는 경우에는 평형온도에서 가스와 고체(덩어리)가 공존한다.

그림에서 C/O=1($\log_{10}$ C/O=0)에서 응축하는 고체의 조성이 크게 달라지는 것에 주의한다. C/O<1에서는 커런덤Cor. Al_2O_3, 페로브스카이트Per. $CaTiO_3$, 스피넬Sp. $MgAl_2O_4$과 같은 산화광물이나 게일나이트Gehl. $Ca_2Al(AlSi)O_7$ 같은 칼슘-알루미늄-규산염이 고온에서 응축한다. 또한 가스 온도가 내려가면 포스테라이트For. Mg_2SiO_4 같은 마그네슘-규산염이나 철(Fe)이 응축한다. 태양계 원소조성에는 Mg과 Fe은 Ca, Al, Ti보다 10배 이상 많으므로 C/O<1일 때에는 마그네슘-규산염과 철이 주성분 고체이다. 쉽게 말하면 규산염은 '돌' 또는 '모래'를 가리킨다. 태양계 조성에서는 C/O<1이라 태양계 고체의 주성분은 '돌'과 철이다. 그 결과 태양에 가까운 궤도에서 생성된 지구형 행성은 '돌'과 철로 되어 있다. 이와는 대조적으로 저온 환경인 목성보다 바깥쪽 영역에는 얼음이 주성분인 고체로 되어 있다.

한편, C/O>1이 되면 고체 조성은 완전히 달라진다. 고온 영역에서는

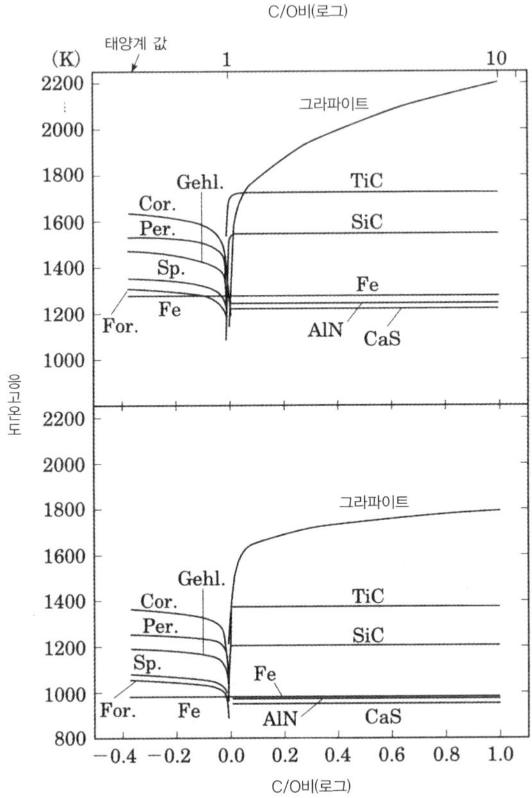

그림 6.11 태양계 원소조성 가스가 고온에서 천천히 식을 때 응축하는 고체의 조성과 평형온도. 단, 가스의 원소조성 중 탄소와 산소의 비(C/O비)만 변수로 태양계 C/O비와는 다른 다양한 값을 취한다. 각각의 조성을 가진 고체에서 가스 온도가 평형온도보다 낮아지면 가스에서 그 고체가 응축된다. 그림의 기호는 응축하는 고체 조성을 나타낸다. Cor.: Al_2O_3, Per.: $CaTiO_3$, Gehl.: $Ca_2Al(AlSi)O_7$, Sp.: $MgAl_2O_4$, For.: Mg_2SiO_4. 나머지는 화학식이다. 위의 그림은 가스의 전체 압력이 10^{-5} bar, 아래 그림은 가스의 전체 압력이 10^{-10} bar(1 bar≃1기압)일 때의 평형온도를 나타낸다. 이 값들은 각각 원시태양계 원반에서 지구형 행성이 생성되는 영역에서 예상되는 가스의 전체 압력과 적색거성 주위에서 성간먼지가 응축하는 영역의 전형적인 가스 전체 압력이다. 가스의 전체 압력이 크게 달라도 각 고체의 평형온도의 순서는 바뀌지 않는 것에 주의한다(Lodders & Fegley 1995, *Meteoritics*, 30, 661).

탄소고체 C(graphite, 흑연)와 탄화티탄Titanium carbide TiC, 탄화규소Silicon carbide SiC 같은 탄소계열 고체가 생성된다. 온도가 떨어지면 Fe, AlN, CaS가 고체로 응축한다. 이것들의 주성분인 고체는 C, SiC, Fe이다. C/O>1의 상황은 탄소별이나 초신성에서 방출하는 가스 껍질에서 실현된다.

6.7.2 성간먼지 생성의 기초 과정

가스에서 고체 미립자를 생성하는 과정은 기본적으로 공기 중의 수증기에서 물방울 또는 얼음입자로 응결하는 과정과 같다. 즉, 과포화된 증기에서 입자가 분리되어 나온다. 그러나 H_2O의 응축은 수증기가 물방울이나 얼음입자가 될 뿐 화학조성은 변하지 않는 반면, 우주에서의 규산염, 예를 들어 Mg_2SiO_4의 응축은 Mg_2SiO_4 같은 증기분자가 아니라 Mg, SiO, H_2O 같은 증기분자에서 Mg_2SiO_4의 고체 입자가 응축된다. 성간분자구름처럼 저온 환경에 있는 성간먼지 표면의 H_2O 얼음이나 CO_2 얼음이 생성될 때도 마찬가지이다. 즉, 화학반응으로 원래의 증기조성과 다른 조성의 입자가 만들어진다.

지구의 대기에서 수증기 응축은 '씨앗'이 되는 먼지가 존재하고 그 먼지 표면에 수증기가 응축하는 데 비해 별에서 방출된 가스처럼 고온 가스에서 고체 입자가 생성되는 경우에는 '씨앗'이 될 먼지는 존재하지 않는다. 이 경우 가스 가운데 다양한 분자나 이온이 고체 입자의 생성에 관여한다(6.8절 참조).

따라서 우주에서 고체 입자의 생성과 그 변성 과정은 상당히 복잡한 양상을 띤다. 이제 화학반응과 원래 존재하는 '씨앗'은 잠시 잊고, 성간먼지 생성의 기초적인 모습을 명확히 해두자. 이어서 성간먼지 생성의 일반론으로 고체 미립자 생성에 대해 알아보도록 하겠다.

별에서 방출된 가스가 식어 어떤 온도 T_e에 도달하면 가스 가운데 중원소로 이루어진 증기의 분압이 포화증기압에 도달한다. 이 온도가 6.7.1절에서 설명한 평형온도이다. 하지만 실제로는 $T=T_e$에서 응축이 일어나지 않는다. 온도가 더 떨어져 증기가 과포화되어야 한다. 과포화증기 중에 증기분자끼리 충돌하여 증기분자가 몇 개씩 모인 클러스터가 생기는데, 그 크기는 시간이 지나면서 달라진다. 작은 클러스터는 그것을 구성하는 분자의 이탈확률(증발률)이 증기분자의 부착확률(성장률)보다 크다. 그러나 클러스터의 크기가 우연히 어떤 임계 크기를 초과하면 고체 내 분자끼리의 결합력이 좋아져 성장률이 증발률보다 커진다. 이러한 클러스터는 증기분자를 차례로 흡착하여 고체 미립자로 성장한다. 임계 크기의 클러스터는 곧 고체 미립자의 '씨앗'으로 이를 응축핵이라고 한다. 그리고 과포화증기 중에서 응축핵이 만들어지는 현상을 핵생성nucleation이라고 한다.

응축핵의 크기와 핵생성률은 응축물질의 표면장력 크기와 증기의 과포화비율, 즉 증기의 분압과 포화증기압의 비율에 따라 결정된다. 표면장력이 작고 과포화비율이 클수록 응축핵의 크기가 작고 핵생성률은 크다. 즉, 고체 미립자가 만들어지기 쉽다. 증기온도와 함께 과포화비율이 증가해서 어떤 임계값에 도달하면 핵생성률은 급속히 증가한다. 여기에서 생성된 응축핵은 주위의 증기분자를 흡착하여 고체 입자로 성장한다.

그림 6.12에 그 과정을 나타냈다. 시각 $t=0$에서 포화에 도달한 증기가 더 냉각되면 과포화상태가 되고, 과포화도가 임계값에 도달하면 뚜렷한 응축핵 생성이 일어난다. 이때의 온도가 실제로 응축이 일어나는 온도인 응축온도 T_c이다. 뚜렷한 핵생성은 응축온도 T_c에 도달한 시각 $t=t_J$를 중심으로 짧은 시간에 일어난다. 여기에서 생성된 핵은 증기분자를 흡착하여 성장하는데, 가스 중의 증기분자가 전부 소비되는 시점에서 입자의 성장도 끝난다.

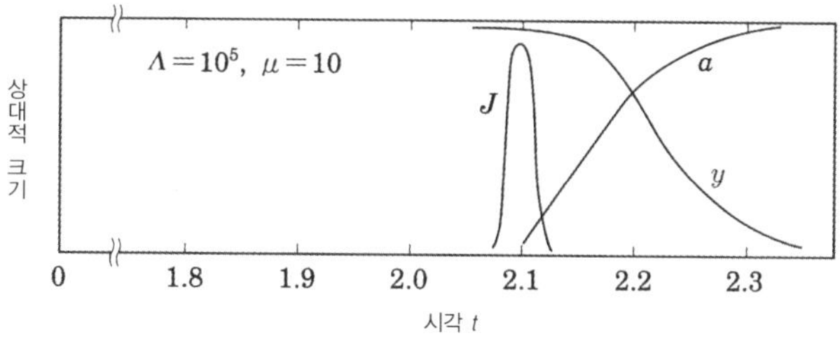

그림 6.12 과포화상태인 증기에서 고체 미립자의 생성 과정. 가로축은 시각 t이다. 냉각된 증기가 포화에 도달한 시각을 $t=0$으로 잡는다. 이때의 온도가 평형온도 T_e이다. J는 핵생성률, a는 고체 입자의 반지름, y는 고체 입자의 원료가 되는 증기분자의 양을 나타낸다. 핵생성은 J가 최댓값에 도달한 시각 t_J 부근에서 짧은 시간에 일어난다. 이때의 온도가 응축온도 T_c이다. $t=t_J$ 부근에서 생성된 입자의 '씨앗'은 원료인 증기분자를 소비하면서 성장하여 증기분자가 없어지는 시점에 최종 반지름에 이른다. Λ, μ에 대해서는 본문을 참조하라(Yamamoto & Hasegawa 1977, *Prog. Theor. Phys.*, 58, 816).

이처럼 냉각되는 증기에서의 고체 미립자가 생성되는 과정은 (1) 평형온도 T_e에 도달한 후 뚜렷한 핵생성이 일어날 때까지의 대기시간, (2) 핵생성, (3) 핵에서 고체 미립자로 성장이라는 세 단계를 거친다. 각 단계의 지속시간은 1 : 1/100 : 1/10의 비율이다.

고체 미립자의 생성 과정은 두 개의 인자만으로 특징지을 수 있다. 첫 번째 인자 Λ는 미립자가 생성되는 환경의 물리조건으로 결정되며 증기의 수밀도에 비례하고 냉각속도에는 반비례한다. 이에 비해 응축하는 미립자 종류의 차이는 표면장력에 비례하는 두 번째 인자 μ에 반영된다.

$$\Lambda \propto \frac{\text{증기분자의 수밀도}}{\text{가스의 냉각속도}}, \quad \mu \propto \text{입자의 표면장력} \qquad (6.18)$$

성간먼지가 생성되는 천체가 다르더라도 두 개의 인자 Λ와 μ가 같은 조건에서는 미립자의 생성 과정이 비슷해진다. 그 결과 생성되는 미립자의 크기와 개수도 Λ와 μ만으로 결정된다. 입자 크기 및 단위면적당 생성된 입자의 개수(입자 수밀도)와 Λ, μ 사이에 대략 다음과 같은 관계가 성립된다.

$$\text{입자의 크기} \propto \Lambda, \qquad \frac{\text{입자 수밀도}}{\text{증기분자의 수밀도}} \propto \Lambda^{-3} \tag{6.19}$$

즉, 증기분자의 수밀도가 작아 빨리 차가워질수록 작은 입자가 많이 만들어진다. 그 반대도 마찬가지이다. 입자 크기와 수밀도는 두 번째 인자 μ에는 그다지 의존하지 않는다. 입자 크기는 그것이 생성된 환경의 물리적 상태를 반영한다는 점에 유의한다. 한편, 과냉각過冷却의 정도 $\Delta T = T_e - T_c$는 Λ에는 크게 의존하지 않고 입자의 표면장력에 비례하는 두 번째 인자 μ에 따라 결정되는데 거의 다음과 같은 관계식이 성립된다.

$$\Delta T \propto \mu^{3/2} \tag{6.20}$$

다시 말해, 표면장력이 큰 물질일수록 그 입자가 응축하려면 상당한 과냉각이 필요하다.

6.8 성간먼지의 모의실험

성간먼지는 주로 죽어가는 별이 그 질량을 많이 잃을 때 방출하는 가스로 만들어진다(별 주변의 미립자 또는 별 주변의 먼지). 이 고체 미립자 위로 얼음이 퇴적하면서 반응 장소로 사용된다(성간먼지). 또 새로운 별이 탄생하는 과정에서는 성간먼지끼리의 충돌파괴, 별에서 별빛의 입사, 가열에 따른 결정화나 증발, 재응축 등으로 대부분 변성을 겪는다. 별, 행성, 혜성 등의 생성 과정을 알려면 성간먼지의 성장 내력을 알아야 한다. 그러나 안타깝게도 이 미립자들을 직접 가져와 조사하기는 힘들다. 그래서 성간먼지의 유사물질을 실험실에서 만들어 여러 단계에서 나타나는 성간먼지의 움직임을 연구하고 있다.

6.8.1 실험실에서 성간먼지 유사물질의 생성

천체와 비슷한 환경에서 다양한 미립자를 합성하는 실험이 이루어지고 있다. 가스버너처럼 혼합 가스에서 만들어내는 방법으로 별에서 방출하는 가스의 주성분인 수소나 헬륨 가스 중에 반응성 가스를 혼합해 연소하여 미립자를 생성한다. 예를 들어 탄소와 모노실란(SiH_4) 가스를 혼합하여 수백 도로 가열하면 가스버너처럼 연소하는데, 이 가스를 식히는 과정에서 비결정 규산염 미립자가 만들어진다. 여기에 철, 마그네슘, 알루미늄, 칼슘 등을 추가해 6.7.1절에서 언급한 각종 산화물 및 규산염 미립자가 성간먼지 유사물질로 생성된다(그림 6.13). 이때 가스 분자의 반응 과정에 대응하는 성간먼지 생성 영역에서의 반응경로 찾기도 이루어지고 있다.

또 연소 과정 대신 플라스마 상태의 가스에서 미립자를 생성하는 실험도 있다. 우주에는 플라스마 상태의 가스가 널리 존재하는데, 플라스마에서 만들어진 규산염 미립자는 산소동위원소의 존재비가 운석에서처럼 비정상적인 경우가 최근 연구에서 보고되었다(제9권 5.2절 참조). 6.3절에서 설명했듯이 적외선 복사의 세세한 밴드 구조를 잘 보여주는 QCC(Quenched Carbonaceous Composite; 급랭탄소질물질)도 플라스마를 이용해 생성했다. 메탄을 원료로 하여 적색거성의 표면온도(3000 K) 정도로 가열하여 플라스마 상태가 된 가스를 진공 속으로 방출해 기판plate board 위로 분사하면 급랭한 탄소질물질인 QCC가 만들어진다. 이 QCC는 흑연을 감은 양파 모양의 구조에 반지름 10 nm 정도의 미립자로, 가시광 및 자외선 스펙트럼은 그림 6.1에 나타낸 성간소광곡선도 잘 재현하고 있다. 그림 6.14은 QCC 생성실험의 모습과 전자현미경 사진이다.

적외선 복사의 밴드 구조를 설명하는 물질로는 PAH가 활발하게 연구되고 있다(6.3절 참조). 아르곤 가스와 다양한 PAH의 가스를 동시에 냉각

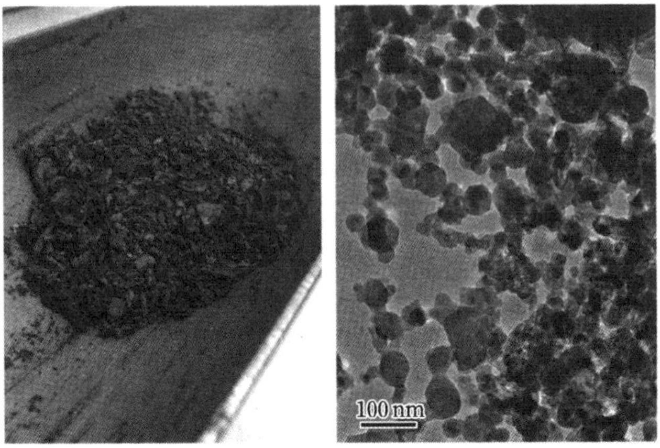

그림 6.13 혼합 가스에서 만든 성간먼지 유사물질(규산염)과 투과형 전자현미경 사진.

기판 위에 퇴적하고 아르곤 얼음에 있는 PAH 분자의 적외선 스펙트럼을 측정한다. 또 자외선을 비춰 이온화한 PAH 스펙트럼을 동시에 측정하여 별 주변에서의 이온화 환경(6.4절 참조)과 함께 성간공간에 떠다니는 PAH 분자의 화학적 진화도 연구하고 있다. 또 에틸렌과 벤젠을 레이저로 열분해하여 만든 탄소질 미립자에서 PAH를 추출하여 성간먼지를 구성하는 분자의 생성조건을 찾아내는 연구도 진행되고 있다. 최근에는 다음에 언급하는 가스 중 증발법을 이용한 PAH 클러스터(PAH로 이루어진 미립자)의 생성실험과 스펙트럼 측정도 하고 있다.

일본에서 개발한 가스 중 증발법이라는 기술로 물질을 다양한 가스 중에서 가열 및 증발시켜 금속, 산화물, 탄화물, 황화물 같은 여러 종류의 미립자의 성장을 제어하면서 생성할 수 있다. 또 화합물 입자의 경우는 기체상태 중 고체상태-기체상태 또는 고체상태-고체상태 사이(초미립자에서 적극적으로 일어난다)의 반응에서 얻을 수 있는 입자가 다르기 때문에 그 성장 과정을 밝힌다면 성간먼지의 생성환경 등도 논의할 수 있다. 예를 들어

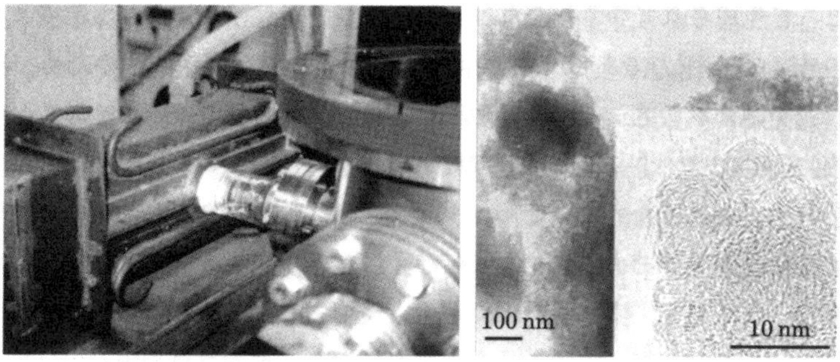

그림 6.14 플라스마에서의 QCC를 생성하는 실험. 중앙에서 밝게 빛나는 부분이 플라스마 가스이다(왼쪽). 생성된 QCC의 투과형 전자현미경 사진(오른쪽, 와다 세쓰코和田節子 씨 제공).

황화철의 경우에는 증발할 때 분해가 일어나고 구조가 다른 다양한 황화철 입자와 철 입자가 동시에 생성된다. 한편, 철과 유황을 따로따로 증발시키면 고체상태-고체상태 사이의 반응으로 단일 구조인 황화철 입자를 생성할 수 있다. 운석에서 발견되는 입자 구조와 비교하면 태양계가 생성될 때의 환경을 알 수 있는 단서가 된다. 물질을 레이저로 가열하여 증발시키는 레이저 조사법으로는 휘발하기 힘든 물질의 미립자라도 비교적 쉽게 생성할 수 있다.

실험실에서 성간먼지 유사물질을 만들어내기 위해 위에서 언급한 여러 방법들이 고안되었지만, 어떤 방법도 자연적인 성간먼지의 생성환경을 충분히 만족하지는 못한다. 이 방법들에서는 실험장치 내의 압력이 10^3~10^4 Pa 정도에서 미립자가 생성된다. 이는 성간먼지가 만들어지는 실제 환경과 비교하면 10^3~10^9배나 압력이 높다. 짧은 평균자유이동거리와 급격한 온도기울기로 입자의 성장은 증발된 곳에서 수cm, 시간으로는 10^{-1}~10^{-2}초 정도의 짧은 시간에 일어난다. 실제로는 더 낮은 압력에서 매우 긴 시간규모에서 성간먼지가 생성되므로 모의실험 결과를 실제 환경과 비교하여 고찰하는 것이 중요하다. 또 미립자의 전기장, 자기장, 플라스마장 속에서 생성하는 실험도 진행하고 있는데, 미립자의 성장이 생성 환경에 크게 의존한다는 점을 알게 되었다. 따라서 실험조건을 정확히 파악해서 이론계산과 운석의 분석, 천체 관측 등 여러 부분에 걸친 연구와 함께 논의해야 한다.

6.8.2 미립자의 분석과 전개

가장 빈번하게 이루어지는 미립자 분석방법은 광학 스펙트럼 측정이다. 진화의 여러 단계에 있는 천체와 성간먼지 유사물질의 스펙트럼(주로 적외선 영역)의 특징을 비교함으로써 관측 천체 주변에 존재하는 물질을 동정할 수 있다. 물질의 스펙트럼은 결정 구조, 크기, 모양, 구조 결함 등에 따라 두드러지게 바뀌고, 그 변화 정도는 물질마다 크게 다르다. 따라서 전자현미경을 사용하여 생성 입자의 모양과 구조를 연구하여 성간먼지의 생성조건과 환경을 논의할 수도 있다. 또한 성간먼지 유사물질을 성간먼지로 가정하여 촉매로 이용함으로써 입자 표면에서의 유기물 생성실험도 진행하고 있다. 열변성 실험에서는 성간먼지 유사물질의 결정화와 스펙트럼 변화의 결과로 성간먼지가 받은 열 이력을 예측하고, 원시태양계 성운의 생성 과정을 논의하고 있다. 이 밖에도 증기압 측정, 무중력에서의 생성실험, 증발 과정의 해명, 동위원소 분리 메커니즘의 탐구 등 많은 실험들을 진행하고 있다.

6.8.3 미립자의 특징

성간먼지의 크기는 작은 것은 몇 나노미터(nm)밖에 되지 않는데, 이 크기라면 평소 우리가 생활하면서 보는 크기에서는 상상할 수 없는 새로운 특성을 가지게 된다. 그 대표적인 예로 녹는점 강하와 구조의 변화를 들 수 있다. 일반적으로 물질은 나노미터 크기까지 작아지면 상태도의 녹는점 온도가 70 % 정도 내려가는 것으로 알려졌고, 안정적인 구조도 달라질 수 있다. 녹는점 강하는 고체 미립자의 성장에서 중요하며 구조의 변화는 스펙트럼의 변화를 일으킨다. 실제로 운석에서만 발견되는 테트라테나이트 Tetrataenite(철 – 니켈 합금) 입자는 나노 영역 특유의 성질에 따라 합성된다는 것이 비로소 설명되었다. 또 탄화실리콘이나 황화철 등은 수십 종류 이상의 다형체를 가지며 생성환경이나 온도에 따라 상태가 달리 나타나고, 그 스펙트럼도 크게 바뀐다. 따라서 전자현미경 등을 이용해 생성된 입자를 직접 관찰함으로써 생성물질과 구조를 파악하여 스펙트럼과 함께 생성환경에 대해 논의해야 한다.

제 7 장
성간자기장

성간자기장은 성간물질의 물리 과정에서 본질적 역할을 맡고 있다. 은하처럼 큰 규모에서는, 예를 들어 은하계 원반에서는 자기장에 붙잡힌 고에너지 하전입자의 압력과 자기압력이 입자의 운동에 따라 가스압력에 더해지고, 이것이 중력과 균형을 이룸으로써 원반에서 수직 방향의 물질분포를 결정한다.

은하계에서는 태양계 주위에서 평균 수 μG 정도의 자기장이 지나가는데, 중성수소 원자구름(H I 구름), 분자구름, 분자구름 핵, 별주위 공간 등의 성간물질에도 다양한 세기의 자기장이 존재한다. 예를 들면 밀도가 10^3~10^4 cm^{-3} 정도인 분자구름에서는 10~100 μG 정도의 자기장이, 밀도가 10^8 cm^{-3} 정도인 메이저 영역에서는 10 mG 정도의 자기장이 존재한다.

전하 q를 가진 하전입자가 자기장 $\boldsymbol{B}$인 공간을 속도 $\boldsymbol{v}$로 움직인다면 로렌츠 힘 $\boldsymbol{F}=q\boldsymbol{v}\times\boldsymbol{B}$를 받아 자기장 주변을 회전하고, 자기장과 하전입자는 밀접하게 결합한다. 여기에 중성입자(원자, 분자)가 돌아다니면서 하전입자와 빈번하게 충돌하여 운동량을 교환하면 중성입자는 하전입자와 밀접하게 결합해 일체화되어 움직인다. 결과적으로 중성입자도 자기장과 밀접하게 결속한다. 이것을 가스와 자기장의 '동결'이라고 한다. 이런 상태에서 가스 덩어리가 움직이면 자기장도 거기에 이끌려 움직이고, 거꾸로 가스는 자기장의 압력을 받게 된다. 성간공간에서는 매우 고밀도인 영역을 제외하고는 이렇게 성간물질이 자기장에 동결되어 있다(8.2.4절 참조). 따라서 성간자기장은 가스의 회전이나 압력, 난류와 마찬가지로 성간분자구름이나 분자구름 핵 같은 작은 규모의 구조를 중력수축에 맞서 유지하는 데 중요한 역할을 한다. 분자구름 수축에 따른 가스밀도(n)의 증가와 함께 자기력선속磁氣力線束 밀도(B)도 증가한다. 뒤에서 다룰 제만 효과의 관측 등에서 $B\propto n^{0.5}$의 관계가 간접적으로 나타난다.

자기장은 벡터량이고 관측적으로는 시선에 수직인 성분 $B_\perp$와 시선에 평행하는 성분 $B_{/\!/}$로 나뉜다. 자기장의 영향으로 전자기파의 진동면에 치우침(편향)이 생긴다. 전자기파 진동면의 편향을 X선 · 자외선 · 가시광선 · 적외선 등 짧은 파장에서는 편광이라 하고, 서브밀리미터파 · 밀리미터파 · 전파 등 긴 파장 영역에서는 편파라고 한다.

대표적인 편광 또는 편파 측정법에는 시선에 수직인 성분 $B_{\perp}$를 관측하는 것(고체 미립자, 먼지 등 성간먼지에 따른 성간편광, 싱크로트론 복사, 찬드라세카르-페르미 방법)과 시선에 평행하는 성분 $B_{/\!/}$를 관측하는 것(제만 효과, 패러데이 회전)이 있다. 최근 성간편광과 제만 효과에 따른 별탄생 영역의 관측에서 큰 발전이 있었다. 이 장에서는 이 두 가지를 중심으로 설명하겠지만 다른 방법에 대해서도 간단히 언급하겠다.

7.1 성간편광 관측

성간편광은 성간물질 중에 있는 성간먼지가 어떤 원인으로 정렬되어 배경 천체의 빛이 그 매질을 통과할 때 선택적 흡수를 받기 때문에 생긴다(6.7절 참조). 선택적 흡수가 일어나려면 성간먼지는 광학적으로 반드시 비등방적(예를 들어 공 모양이 아닌 형태 등)이어야 한다. 성간먼지가 정렬되는 원인으로는 자기장이 가장 유력하지만(따라서 성간편광은 자기장을 조사하는 수단[지시자]이 될 수 있다), 영역에 따라서는 자기장이 필요 없는 정렬 메커니즘이 우월한 경우도 예상된다. 자기장에 따른 성간먼지의 정렬 메커니즘 이론으로 데이비스-그린스테인L. Davis, Jr. & J.L. Greenstein의 방법을 이용한다(자세한 내용은 6장 참조).

원자와 분자의 충돌로 스핀을 받은 공 모양이 아닌 성간먼지는 상자성paramagnetic에 따른 자기장 모멘트와 자기장과의 상호작용으로 성간먼지의 장축major axis이 자기장에 수직으로 정렬된다. 이렇게 정렬된 성간먼지가 들어 있는 매질을 빛이 통과하면 성간먼지의 장축을 따라서 선택적 흡수가 크기 때문에 투과한 빛은 성간먼지의 장축에 수직으로, 즉 정렬을 일으키는 자기장에 평행한 방향으로 편광한다. 그러므로 관측된 편광 벡터의 방향이 그대로 천구에 투영된 자기장의 방향을 나타낸다.

약한 자기장 또는 교란이 큰 매질 중에서도 편광이 관측되고 있어 정렬 효율을 높이기 위해 다양한 방법들이 제안되고 있다. 성간자기장은 1949년에 힐트너W.A. Hiltner와 홀J.S. Hall이 각각 발견하였는데, 현재는 가시광 · 근적외선 · 중간적외선 파장에서 검출되고 있어 은하계 자기장에서 분자구름 핵 규모까지의 자기장 구조를 측정하는 데 이용된다. 최근에는 원적외선 · 서브밀리미터파 · 밀리미터파 파장 영역에서 성간먼지의 선택적 열복사에 따른 편광(편파)도 검출되었으며, 마찬가지로 자기장의 지시자tracer로 이용하고 있다. 이로써 분자구름 핵이나 별주위 구조 같은 고밀도 영역의 자기장 구조에 한 걸음 더 다가갈 수 있게 되었다.

7.1.1 가시광에 따른 성간편광 관측

우리은하계에서 자기장의 광역 구조를 보여주는 것으로는 매튜슨과 포드D.S. Mathewson & V.I. Ford의 편광목록(약 7000개 별)과 최근 하일스C. Heiles의 성간편광목록이 유명하다(그림 7.1). 대국적으로는 은하면과 평행인 자기장 구조가 두드러지지만 국소적(100~600 pc 거리)으로는 이에 따르지 않고 자기장이 나선형으로 소용돌이치는 독특한 구조도 보인다.

가시광의 파장에서는 분자구름의 미립자에 따른 흡수 때문에 내부를 들여다볼 수는 없지만 주변부에서 보이는 비교적 흡수가 작은 배경별을 관측함으로써 분자구름 주변부의 자기장 구조를 밝힐 수 있다. 예전에는 주로 광전자 측광관을 이용해 관측했지만 현재는 CCD를 이용한 편광촬영 장치로 많은 배경별을 동시에 관측하고 있다. 그러나 편광측광의 정밀도

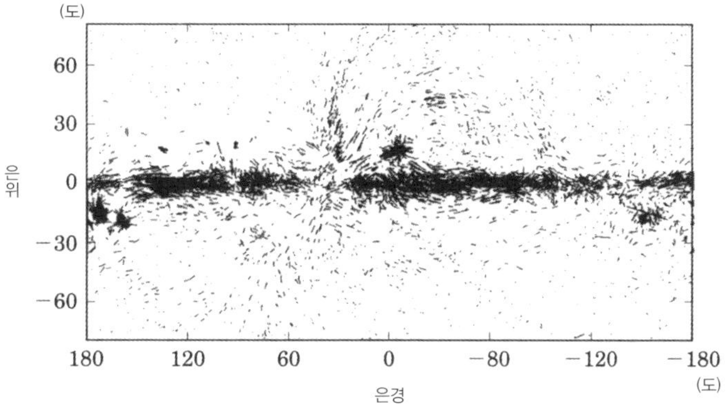

그림 7.1 은하좌표로 나타낸 가시광의 성간편광 자료. 각 벡터의 길이와 방향은 그 위치에 있는 별의 편광 크기와 방향을 나타낸다(Whittet 2003, *Dust in the Galactic Environment*, IoP Publishing, London).

측면에서 반드시 이전보다 정밀도가 높은 성간편광 자료를 얻을 수 있다는 것이 아니라는 점에 주의해야 한다.

브르바F.J. Vrba 연구팀의 관측은 별탄생 영역의 분자구름에서 자기장이 어떤 역할을 하는지를 밝힐 목적으로 실시한 최초의 사례이다. 사진 건판에서 선택한 배경별을 표본으로 해서 2~4 m 망원경으로 정밀도가 0.2 % 정도인 가시광 편광관측을, 암흑성운 B 42(땅꾼자리), L 1630(오리온자리), L 1450(페르세우스자리), 남쪽왕관자리 R, L 1551(황소자리)에 대해 실시하여 분자구름 주변부의 자기장 구조를 그려냈다. 분자구름에 따라 가지런하게 모인 자기장을 볼 수 있는 것과 불규칙한 자기장이 지배하는 것이 존재한다. 특히 B 42의 가늘고 길게 뻗은 구조streamer에 모여 있는 자기장의 존재와 그 밖에 흐트러진 성분의 존재는 흥미롭다.

황소자리 분자구름의 주변부 관측에서 가장 상세한 성간편광 자료가 존재한다. 황소자리 분자구름 복합체 주변부의 가시광 성간편광 관측에 따르면, 국소적으로는 자기장 방향이 잘 정돈되어 있으며 자기장은 분자구름 전체에 걸쳐 부드럽게 이어져 있다(그림 7.2 위). 이 결과에서 황소자리

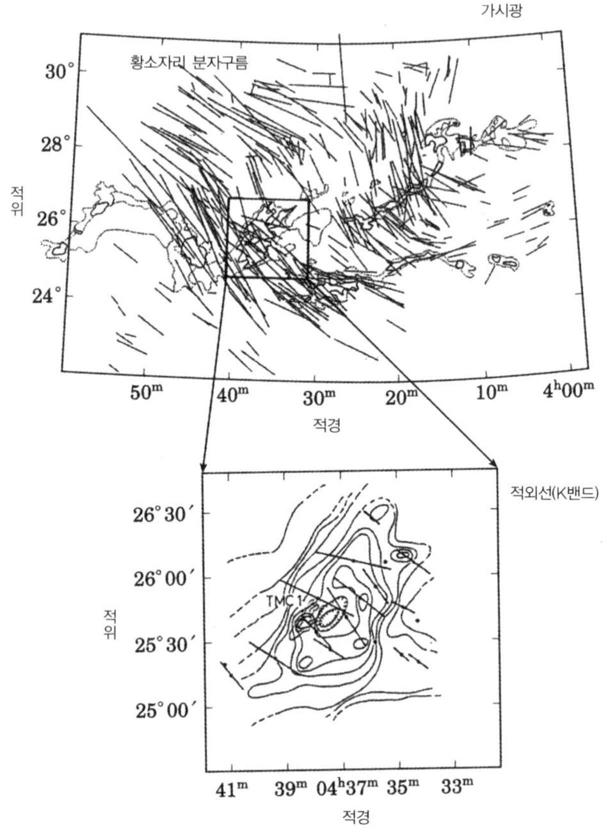

그림 7.2 황소자리 분자구름 복합체의 가시광 성간편광 및 그 일부인 하일스 분자구름(Heiles Cloud) 2의 적외선 성간편광(Tamura & Sato 1989, *AJ*, 98, 1368; Tamura *et al.*, 1987, *MNRAS*, 224, 413).

분자구름의 수축에 자기장이 중요한 역할을 했을 가능성을 보여주고 있다.

7.1.2 근적외선에 따른 성간편광 관측

분자구름은 암흑성운이라는 이름처럼 가시광으로 꿰뚫어볼 수 없어 가시광의 성간편광 관측은 암흑성운 내부의 자기장 모습을 그려낼 수 없다. 근적외선 파장(1~2.5 μm)은 성간소광이 작아 분자구름의 내부를 꿰뚫어볼 수 있다. 이를 활용한 것이 근적외선편광 관측이다. 실제로 같은 별의 성간편광을 가시광과 근적외선 파장으로 관측하면 같은 편광각을 나타내고 있어 근적외선 파장의 성간편광 메커니즘은 가시광의 성간편광과 같은 데이비스-그린스테인 메커니즘이라고 생각할 수 있다.

초기의 근적외선 성간편광 관측으로는 앞에서 언급한 브르바 연구팀에도 일부 자료가 포함되어 있었지만, 근방 분자구름에 대한 체계적인 근적외선 성간편광 탐사관측은 교토그룹이 수행했다(그림 7.2 아래). 지금까지 적외선 탐사관측으로 발견한 분자구름(황소자리, 땅꾼자리, 페르세우스자리) 내부의 배경별 또는 내부의 젊은 별을 대상으로 한다. 편광 방향으로 판단한 패턴은 근적외선편광과 가시광편광이 거의 일치하는 경우, 그리고 근적외선편광에서만 다른 성분이 있는 경우로 나눌 수 있다. 각 분자구름마다 차이는 있지만 각 분자구름에서 가장 밀도가 높은 핵에서 '핵의 장축 ⊥ 자기장 방향'이라는 관계를 간접적으로 보여준다. 이는 자기장이 중요한 경우에 분자구름의 핵이 수축한다는 묘사와 맞아떨어진다.

그 후 근적외선에 따른 성간편광 관측이 정말 분자구름 내부의 자기장을 잘 보여주고 있는지에 대한 문제가 제기되었다. 그 이유는 가시광으로 잰 성간편광 방향과 근적외선으로 잰 성간편광 방향이 정확히 일치한다는 것과 근적외선 성간편광의 크기가 A_V에 비례하지 않으며 A_V가 큰 곳에서 편광효율이 작아진다는 것이었다. 그러나 땅꾼자리 ρ 분자구름의 핵 B(ρ Oph B) 영역처럼 적외선 성간편광에서만 관측되는 A_V가 큰 영역에서는 가시광으로 잰 분자구름 주변부의 자기장 방향과는 분명히 다른 성분이 존재한다. 또한 황소자리 분자구름의 가장 짙은 영역에서 보이는 배경별 Elias 16에서 얼음의 흡수로 편광이 증가하고, 그 방향은 근적외선 이외의 다른 파장에서 측정한 방향과 같다. 이러한 사실은 얼음 맨틀이 형성되어 있는 것 같은 분자구름 내부에 자기장이 존재하는 동시에 정렬하고 있다는 증거이기도 하다. 최근에는 열복사의 편광관측에서 저온 분자구름 핵의 자기장을 직접 관측하는데, 땅꾼자리에서는 그 방향이 근적외선 편광과 수직이며 자기장의 정렬로 기대되는 방향과 일치한다.

앞으로 2차원 적외선 및 서브밀리미터파 검출기를 이용한 대규모 자기장 탐사관측과 더불어 이의 비교 연구가 기대되고 있다.

7.1.3 근적외선 · 서브밀리미터파에 따른 편광관측

분자구름 또는 별탄생 영역에 정렬한 공 모양이 아닌 성간먼지가 존재하고 그것이 열복사하고 있다면, 그 열복사는 편광[1]할 것이라 예측할 수 있었다. 이 영역들에서 원적외선, 서브밀리미터파 및 밀리미터파 복사의 일부는 성간먼지에서 방출된 열복사가 차지한다.

천체에서의 열복사 편광을 측정하려는 시도는 코넬대학 그룹이 비행기 탑재 망원경을 이용해 처음으로 시도했으나 오리온 KL 천체[2]의 상한값을 얻는 데 그쳤다. 그러나 1980년대 초 런던대학 그룹이 기구氣球탑재 망원경으로 파장 40~350 μm에서, 또 시카고대학 그룹이 카이퍼비행기 탑재 망원경KAO으로 파장 270 μm에서 둘 다 오리온 영역을 관측하여 처음으로 의미 있는 편광을 검출했다. 편광도는 겨우 2 % 정도였지만 원적외선에서 서브밀리미터파 파장 영역의 열복사가 실제로 편광한다는 것이 증명되었다.

그 후로도 KAO를 이용한 원적외선 편광관측이 계속되어 은하계 중심에서도 편광 검출에 성공했지만 편광도가 여전히 수 % 정도로 작다는 점 등으로 별탄생 영역에서는 별다른 진전이 없었다. 그런데 서브밀리미터파

1 전자기파의 치우침은 적외선에서는 편광, 서브밀리미터파에서는 편파라고 하는 경우가 많은데 이 두 파장에서 열복사에 따른 편광을 논의하는 이 절에서는 용어를 '편광'으로 통일한다.
2 클라인만-로우Kleinmann-Low 천체. 오리온 대성운 중심에 있는 적외선원(8.2.1절 참조).

나 밀리미터파 전용 대구경大口徑망원경으로 고분해능(약 10~수십 초각) 편광 관측이 가능해짐으로써 별탄생 영역에 대한 자기장 관측이 급속도로 진전을 보이기 시작했다(JCMT 15 m경, NRAO 12 m경, FCRAO 14 m경[3] 등). 또한 이러한 파장에서 2차원 검출기(서브밀리미터파 · 밀리미터파 카메라)의 등장으로 감도가 크게 높아져 자기장 지도도 그릴 수 있게 되었다(JCMT 15 m 망원경의 SCUBA편광기,[4] CSO 10 m 망원경의 Hertz 및 SHARP 편광기,[5] 남극의 SPARO 등).

서브밀리미터파와 원적외선에서 편광관측이 가지는 의미는 가시광은커녕 근적외선파장에서도 꿰뚫어볼 수 없었던 분자구름 내부와 젊은 별주위의 원반이나 껍질 등에 대한 자기장 구조를 직접 조사할 수 있다는 것에 있다. 또 전경이나 배경에서 성간편광의 영향을 무시할 수 있고 별주위 구조 때문에 생기는 산란에 따른 편광 성분도 거의 무시할 수 있다는 장점이 있다. 흡수에 따른 성간편광 관측과 달리 광원이 연속적으로 분포하므로 원리적으로는 해상도가 높은 관측도 가능(미래에는 특히 유망)하다. 한편, 중간적외선에서도 열복사를 검출할 수 있지만, 별주위 구조에 따른 산란의 영향과 전경 영역의 흡수에 따른 편광의 영향을 무시할 수는 없다고 생각한다.

서브밀리미터파와 밀리미터파에서의 자기장 관측은 간섭계로 해상도를 더욱 높일 수 있다. 낮은 해상도로는 편광이 평균화로 작아져 관측할 수 없는 영역도 고해상도로 편광을 검출할 수 있게 될 것이다. 이미 BIMA

3 JCMT 15 m경=James Clerk Maxwell 망원경, NRAO=National Radio Astronomical Observatory(미국 국립전파천문대), FCRAO=Five College Radio Astronomy Observatory(5대학[매사추세츠대학, 애머스트 칼리지, 햄프셔 칼리지, 마운트 홀리요크 칼리지, 스미스 칼리지]) 전파천문대, 제16권 참조.
4 SCUBA=Submillimetre Common-User Bolometer Array; SPARO=Submillimeter Polarimeter for Antarctic Remote Observing.
5 CSO=Caltech Submillimeter Observatory(칼텍 서브밀리미터파 천문대), SHARP=second generation Submillimeter High Angular Resolution Camera Polarimeter.

(Berkeley Illinois Maryland Association) 간섭계와 SMA(Submillimeter Array) 간섭계를 이용해 수 초각 정도의 해상도로 편광관측을 진행하고 있다. 앞으로 ALMA(Atacama Large Millimeter/Submillimeter Array)가 완성되면 0.1초각 수준의 편광관측도 할 수 있어 여러 별탄생 영역과 별주위 구조의 자기장 구조가 밝혀질 것으로 기대한다.

소질량성 생성 영역의 서브밀리미터파 편광관측으로는 다무라田村元秀 등의 선구적 관측이 있다. 이로써 I형 천체에 대한 별주위 구조의 자기장 구조, II형 천체(10.2.2절 참조)에 대한 원반의 자기장 구조 및 그 주변 분자구름의 자기장 구조와의 비교 등이 비로소 이루어졌다. 한편, 최근의 다파장 관측 결과에서 별주위 원반에서는 상당히 큰 성간먼지(밀리미터 또는 그 이상의 크기)가 존재한다는 사실이 밝혀졌다. 이렇게 큰 성간먼지에서는 서브밀리미터파에서도 산란 효과를 무시할 수 없으므로 주의해야 한다.

땅꾼자리 분자구름의 핵에서의 자기장 지도가 800 μm로 상세하게 그려졌다(그림 7.3). 핵 전반에 걸쳐 비교적 잘 정돈된 자기장 구조를 볼 수 있으며, 근적외선 성간편광에서 구한 자기장 구조와도 일치한다(근적외선편광 ⊥ 서브밀리미터파 편광).

최근에는 구상체(globule, 3.1.2절 참조)의 서브밀리미터파 편광관측도 진행되고 있다. 예전에는 낮은 온도 때문에 내부의 자기장이 정렬하지 않는다는 의견도 있었지만 실제로는 상당한 편광이 검출되고 구상체의 자기장 영상도 그려져 있다. 분자구름 속의 원시별에서 나오는 방출류의 방향과 자기장 방향을 비교할 때 서로 평행인 경우와 수직인 경우의 두 가지로 나뉘는 경향을 보인다는 지적이 있다.

대질량성 생성 영역에 관해서는 서브밀리미터파와 원적외선 양쪽에서 많은 수의 편광 매핑mapping 관측을 하고 있다. 여기에서는 오리온 영역의 결과만 소개하겠다. 그림 7.4에 나타냈듯이 오리온 영역의 편광영상은 파

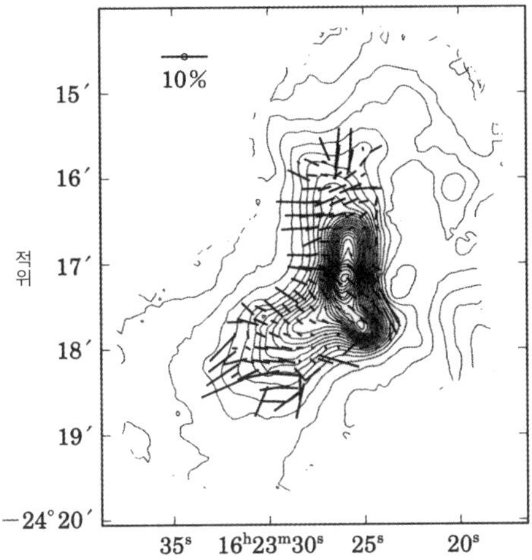

그림 7.3 JCMT/SCUBA로 얻은 분자구름 핵 ρ Oph A의 850 μm 편광을 나타낸 그림. 벡터는 자기장의 방향을 나타낸다.

장 100~1300 μm에서 거의 일치한다. 또 열복사에서 구한 자기장 구조는 근적외선 성간편광 관측에 따른 자기장 구조와도 매우 비슷하다. OMC－1 영역에서 자기장은 능선 모양의 분자구름 장축에 수직으로 나타난다. 자세히 보면 모래시계 모양의 자기장이 휘어져 있으므로 OMC－1 분자구름은 오로지 자기장을 따라 수축하여 중심에서 태어난 대질량성 BN/KL－IRc 2의 방향으로 휘어져 있다고 생각한다. 대질량 원시별(성단) IRc 2 영역에서 나온 대규모 분자흐름은 자기장의 방향을 따라 흐른다. 한편, 밝은 막대부분에서는 자기장이 흐트러져 있어 사다리꼴 성단trapezium cluster[6]이 만든 H II 영역이 분자구름을 압축하기 때문이라 생각한다.

6 오리온 대성운의 중심부에 있는 젊은 대질량성 집단. 4개가 특히 밝고 부등변 사각형이라는 특징에서 이런 이름이 붙었다.

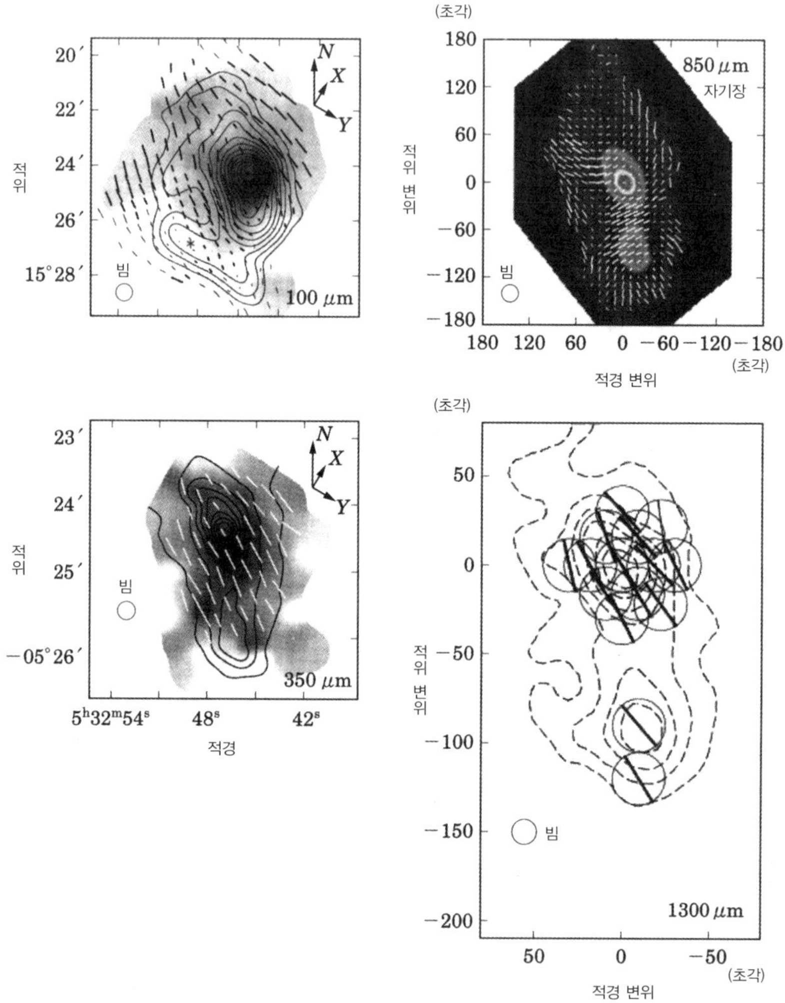

그림 7.4 오리온 분자구름 OMC−1에서 관측된 원적외선, 서브밀리미터파, 밀리미터파의 편광된 전기장 벡터의 분포. 파장 100 μm(왼쪽 위)는 KAO, 350 μm(왼쪽 아래)는 CSO, 850 μm(오른쪽 위)는 SMT, 1300 μm(오른쪽 아래)는 NRAO에서 얻은 것. 850 μm 그림에만 전기장과 수직인 자기장의 방향을 나타냈다(Schleung 1998, *ApJ*, 493, 811, Siringo *et al.*, 2004, *A&Ap*, 422, 751; Leach *et al.*, 1991, *ApJ*, 370, 257).

7.2 싱크로트론 복사의 관측

성간공간의 자기장 주변을 자유전자가 고속으로 회전하면 하전입자가 가속도운동을 하게 되어 전자기파를 방출한다(그림 7.5). 이것을 싱크로트론 synchrotron 복사라고 한다. 이 복사는 자기장이 강할수록, 그리고 전자의 수가 많고 그 에너지가 클수록 강하지만 성간공간에서는 일반적으로 큰 에너지를 가진(따라서 큰 에너지 $h\nu$를 가진 광자를 복사할) 전자의 수는 거듭제곱으로 줄어들기 때문에 높은 주파수에서는 세기가 약해진다. 즉, 주파수를 ν라고 하면 플럭스 밀도 (S_ν)는 다음과 같다.

$$S(\nu) \propto \nu^{-\alpha} \tag{7.1}$$

이때 $\alpha > 0$이다. 따라서 보통 전파 영역에서 관측된다. 일반적인 성간공간이나 초신성 잔해, 펄서 등에서 관측되지만, 활동은하 중심핵에서 나오는 제트 등도 강한 싱크로트론 복사를 하는 것으로 알려졌다.

자기장의 자기력선속 밀도를 $\boldsymbol{B}$, 자기장 주위를 도는 전자의 회전속도를 $\boldsymbol{v}$라고 하면 복사되는 전기장 $\boldsymbol{E}$는

$$\boldsymbol{E} = \boldsymbol{v} \times \boldsymbol{B} \tag{7.2}$$

로 주어지므로 전기장 방향은 자기장과 수직이다. 따라서 관측된 전파의 편파면과 수직인 방향이 자기장 방향이다. 그러나 실제로는 관측자의 위치까지 복사된 전파가 성간공간을 지나오는 동안 성간공간의 플라스마에 따라 7.5절에서 설명하는 패러데이 회전이 일어나 편파면이 회전해 버린다. 이 때문에 관측된 편파 방향이 복사원의 자기장 방향과 달라진다. 복사원의 전기장 방향(따라서 그에 수직인 자기장의 방향)을 구하려면 이 패러

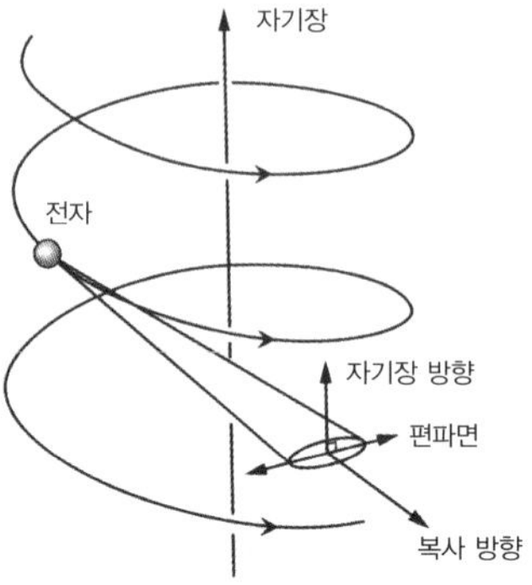

그림 7.5 자기장 주위를 고속으로 회전하는 전자에 따른 싱크로트론 복사.

데이 회전량을 측정해서 보정해야 한다(보정방법은 7.5절 참조). 나선은하에서 이렇게 보정하여 은하 전체의 자기장 방향을 구하면 깔끔하게 나선팔을 따라가고 있음을 볼 수 있다.

싱크로트론 복사 관측에서는 시선방향과 수직인 자기장 $B_{\perp}$이 관측되는데 그 자기장의 세기를 구하기가 쉽지 않다. 싱크로트론 복사의 세기는 자기장의 세기뿐만 아니라 전자의 개수밀도와 그 에너지에도 의존하기 때문이다. 자기장의 에너지 밀도와 전자의 에너지 밀도가 같다는 가정을 이용해 추정할 수도 있지만, 다른 방법으로 이 가정이 옳다는 것을 확인할 필요가 있다.

7.3 찬드라세카르-페르미 방법

찬드라세카르S. Chandrasekhar와 페르미E. Fermi는 1953년 은하계의 성간자기장의 국부적인 교란의 정도로 은하계 자기장의 세기를 약 7 μG라고 추정했다. 이 방법은 가시광, 근적외선, 서브밀리미터파, 밀리미터파 등에서의 편광관측 결과로 분자구름과 별탄생 영역을 포함한 성간물질의 자기장 세기를 추정하는 데 이용할 수 있다.

작은 규모로 일어나는 자기력선의 교란은 자기장의 세기와 관계가 있다. 자기장이 강하면 자기력선은 직선에 가까운 모양이 된다. 반대로 자기장이 약하면 가스의 난류운동에 따라 자기력선이 끌려가면서 흐트러진다. 따라서 자기장의 교란 정도에서 자기장의 세기를 추정할 수 있다.

성간매질 중에 자기장을 따라 전해지는 진폭이 매우 작은 횡파, 즉 알프벤Alfven파가 자기력선의 교란을 나타낸다면, 천구에 투영된 자기장의 세기 ($B_\perp$)는 다음 식과 같이 유도된다.

$$B_\perp = Q\sqrt{4\pi\rho}\,(\delta V/\delta\phi) \sim 9.3\sqrt{n}\,(\Delta V/\delta\phi)\mu G \tag{7.3}$$

여기에서 $\rho = mn$은 가스 밀도, δV는 속도의 분산, $\delta\phi$는 편광각의 분산(°), Q는 1 정도의 계수, n은 개수밀도(cm^{-3}), ΔV는 선폭(FWHM, $km\ s^{-1}$)이다. Q값은 수치 모의실험 결과와 비교해 정하며, 0.3~0.5로 나타내지만 여기에서는 $Q = 0.5$로 한다.

이 방법을 이용하여 크러처R.M. Crutcher 연구팀은 별탄생 전 핵pre-stellar core의 서브밀리미터파 편광관측 결과로 자기장의 세기를 추정했다. $n = 4 \times 10^5\ cm^{-3}$, $\Delta V = 0.3\ km\ s^{-1}$, $\delta\phi = 13°$일 때, 전형적인 자기장의 세기는 $B_\perp = 140\ \mu G$ 정도이다.

단, 이 방법에서 자기장의 추정은 어디까지나 통계적인 것으로, 실제 개별 분자구름에서는 두 배 정도의 오차가 있음에 주의해야 한다.

7.4 제만 효과

제만Zeeman 효과의 발견은 천체 자기장 세기를 직접 측정할 수 있게 되었다는 점에서 천체물리학 분야에도 엄청난 영향을 끼쳤다. 천체 자기장에 따른 제만 효과가 처음 발견된 것은 1908년 헤일G.E. Hale의 태양흑점의 자기장 측정이며, Hα 방출선으로 수천 G의 자기장 세기를 얻었다. 그로부터 약 50년 후 중성수소원자 HI의 21 cm 선을 이용하면 아주 약한 μG 수준의 성간자기장을 탐지할 수 있을 것이라는 제안이 나왔다. 이를 계기로 세계 각국은 대구경 전파망원경으로 수천 시간에 이르는 관측 시간을 들여 HI의 제만 효과를 먼저 검출하려고 경쟁을 벌였다. 그 후 약 10년간의 시행착오를 거친 끝에 1968년, 베르슈어G.L. Verschuur는 미국 국립전파천문대NRAO 그린뱅크의 43 m 전파망원경으로 초신성 잔해인 카시오페이아 A의 연속파를 배경으로 한 HI 흡수선의 제만 효과를 처음으로 검출하는 데 성공하면서 10~20 μG의 성간자기장을 측정했다.

별탄생 과정에서 자기장의 역할을 계통적으로 이해하려면 다양한 밀도 영역을 조사할 수 있는 여러 종류의 원자와 분자의 방출선에 따른 제만 효과와 진화단계가 다른 별탄생 영역을 대상으로 측정해야 한다. HI에서 조사할 수 있는 밀도가 낮은 성간물질뿐만 아니라 분자구름과 분자구름 핵의 자기장도 제만 효과가 강하게 나타나는 몇몇 분자를 이용해 측정하는 것이 원리적으로 가능하다. 그러나 7.4.1절에서 설명하듯이 그 크기가 매우 작아 제만 효과의 관측은 메이저 등으로 조사할 수 있는 특별한 영역 외에서는 매우 곤란해 실제 관측 예는 한정되어 있다. 현재에도 HI이나 OH 관측이 가장 의미가 있고, 최근에는 다른 분자에 따른 관측이 시도되고 있다.

7.4.1 원리

제만 효과는 원자와 분자가 에너지 준위 간의 천이로 방출선과 흡수선을 생성할 때, 자기장이 없으면 단일 성분의 스펙트럼선을 보이지만 자기장이 있으면 여러 성분으로 나누어지는 현상을 말한다. 이는 그 원자와 분자의 바닥상태 또는 들뜸상태에서 자기장 모멘트 μ를 지녀 자기장이 걸리면 자기 양자수, 즉 자기 모멘트 방향에 대한 축퇴가 풀려 에너지 준위가 분열되고 이에 따라 천이 스펙트럼이 나눠지기 때문에 일어난다. 이로써 원형 편파(원형 편광)인 전자기파가 복사된다.

자기장 속의 원자와 분자는 어떻게 움직일까. 자기력선속 밀도 B인 자기장 속에 놓인 자기쌍극자가 지닌 퍼텐셜 에너지를 생각해 보자. 자기 모멘트의 크기를 μ, 자기장 방향에 대한 자기쌍극자의 각도를 θ로 한다. 자기장 속의 자기쌍극자가 받는 비틀림torque τ는 다음과 같다.

$$\tau = \mu B \sin\theta \tag{7.4}$$

자기쌍극자가 지닌 퍼텐셜 에너지는 $-\mu B \cos\theta$로 표현한다. 원자 안의 전자에 대한 자기 모멘트는 전하량을 e, 전자의 회전반지름을 r, 회전주파수를 ν라고 하면 다음과 같이 주어진다.

$$\mu = -e\nu\pi r^2 \tag{7.5}$$

전자의 질량을 m_e라고 하면 전자의 각운동량은 $L = 2\pi m_e \nu r^2$으로 나타낼 수 있다. 위의 자기 모멘트와 각운동량의 식을 비교하면 궤도운동하는 전자의 비틀림은

$$\mu = -\frac{e}{2m_e}L \tag{7.6}$$

이 되는 것을 알 수 있다. 따라서 자기장 속에 있는 원자와 분자의 자기 모멘트에 따른 퍼텐셜 에너지 U_m은 다음과 같다.

$$U_m = \frac{e}{2m_e} LB\cos\theta \tag{7.7}$$

여기에서 m_l이 자기 양자수, l이 궤도 양자수일 때, 각도 θ는

$$\cos\theta = \frac{m_l}{\sqrt{l(l+1)}} \tag{7.8}$$

로 지정되는 값만을 취한다. 한편, L이 얻을 수 있는 값은 $L=\sqrt{l(l+1)}\hbar$이다. 자기 양자수 m_l의 원자와 분자가 자기장 B 속에 있을 때 가지는 자기 에너지를 구하려면 (식 7.7)에 위의 $\cos\theta$와 L 식을 대입하면, 다음 식을 얻을 수 있다.

$$U_m = m_l \frac{e\hbar}{2m_e} B = m_l \beta B \tag{7.9}$$

위의 식에서 $\beta = e\hbar/2m_e$를 보어 자기자(Bohr magneton, 1.3996 Hz μG^{-1} 또는 0.046686 cm^{-1} kG^{-1})라고 한다.

그림 7.6에 $l=2-1$ 천이의 경우를 나타냈다. 오른쪽 그림의 π 성분은 자기장이 없는 경우이고, σ 성분은 제만 효과로 분리된 경우의 원형 편광 성분이다.

m_l값은 $+l$부터 $-l$까지 $2l+1$개의 값을 취할 수 있으므로 주어진 궤도 양자수 l의 상태는 원자가 자기장 속에 있을 때 에너지가 $\frac{e\hbar}{2m_e}B$만큼 떨어진 $2l+1$개의 딸림(副)상태로 나뉜다. 하지만 m_l의 변화는 $\Delta m_l = 0, \pm1$로 제한되므로 l이 다른 천이에서 만들어지는 스펙트럼선은 그림 7.6에 나타낸 것처럼 세 가닥으로만 나뉜다. 이런 경우를 정상 제만 효과라고 하며, 이 세 가지 스펙트럼선의 진동수는 다음과 같다.

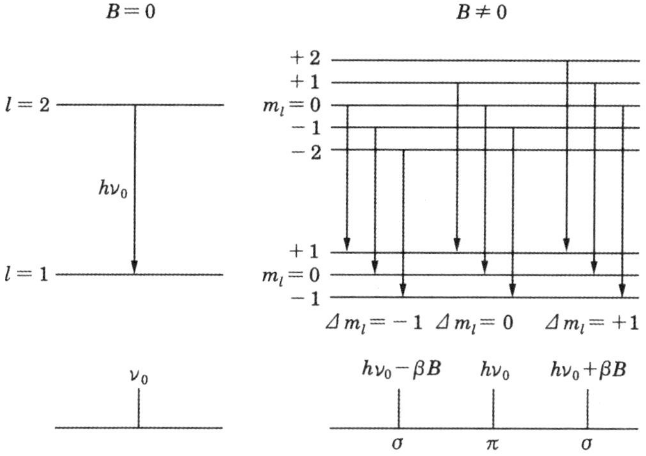

그림 7.6 정상적인 제만 효과 모식도. 자기장이 없는 경우(왼쪽)와 자기장이 있는 경우(오른쪽)가 있다.

$$\begin{aligned} \nu_1 &= \nu_0 - \beta B \\ \nu_2 &= \nu_0 \\ \nu_3 &= \nu_0 + \beta B \end{aligned} \tag{7.10}$$

그림 7.7에 나타난 편파의 특성은 강한 자기장을 가지는 경우이다.

대부분의 안정적인 2원자 분자는 전자 각운동량이 없는 $^1\Sigma$로 표시되는 바닥상태를 가진다. 핵 사이에 결합이 없을 때에는 각운동량을 강체회전 rigid rotation으로 근사할 수 있고, 원심력 비틀림이나 진동-회전 간의 상호작용은 무시할 수 있을 정도로 작다.

전자의 각운동량이 분사의 회전과 상호작용할 때, 분지는 전자의 스핀 각운동량 또는 궤도 각운동량을 갖게 되어 비교적 강한 제만 효과가 나타난다. 이러한 전자 각운동량과 회전이 상호작용하는 분자의 스펙트럼 특성은 전자상태의 유형, 각종 전자 각운동량 벡터(전자 스핀, 궤도 각운동량) 간의 결합 정도에 따라 달라진다. 스핀에 따른 분리에 가해지는 회전의 효

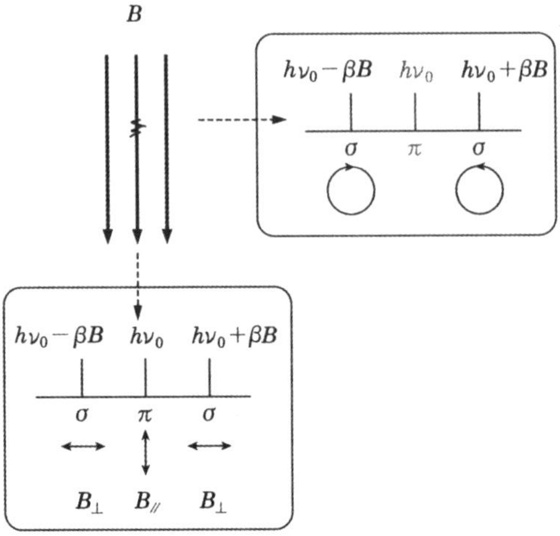

그림 7.7 강한 자기장 아래에서 원자와 분자의 정상 제만 효과를 자기장과 수직 또는 평행인 방향에서 관측했을 때의 π, σ 성분 편파.

과에는 몇 가지 유형이 있다. 그중에서도 중요한 예로 훈트Hund의 결합형 (a), (b)를 들 수 있다. 훈트의 결합형 (a)는 스핀–궤도 결합은 크지만 핵의 회전과 전자운동의 결합이 매우 약하다고 가정하는 경우이며, 훈트의 결합형 (b)는 스핀과 핵 사이의 축 결합이 매우 약해 스핀이 분자의 회전축과 결합하는 경우이다. 전자의 바닥상태가 Σ, Π인 분자는 훈트의 두 가지 결합형 중 하나 또는 그 중간으로 분류된다.

한 가지 예로 $^3\Sigma$의 바닥상태인 경우를 살펴보자. $^3\Sigma$의 바닥상태에서 자기장의 에너지 E_z는 다음과 같이 나타낼 수 있다.

$$E_z(J=N) = g_s\beta B_0 M_J/[N(N+1)] \tag{7.11}$$

$$E_z(J=N-1) = -g_s\beta B_0 M_J/N \tag{7.12}$$

$$E_z(J=N+1) = g_s\beta B_0 M_J/(N+1) \tag{7.13}$$

여기에서 g_s는 자유전자의 스핀 g인자(2.00232)이고 β는 보어 자기자이며

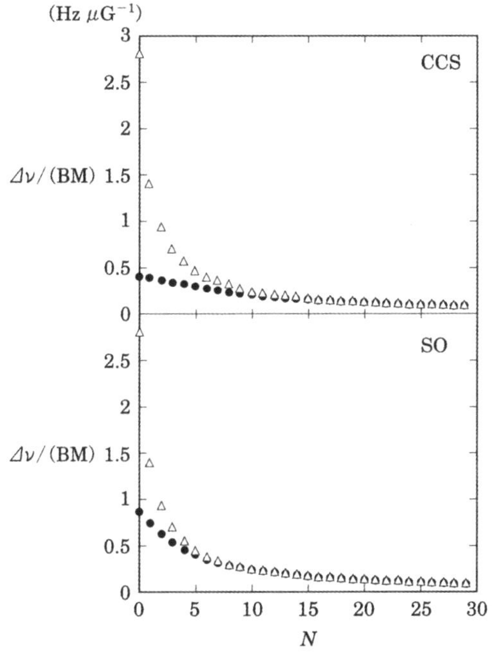

그림 7.8 훈트의 결합형 (b)인 경우(△ 표시)와 실제 경우를 나타내는 제만 효과(● 표시)를 CCS 분자와 SO 분자에 대해 나타낸 그림(Shinnaga & Yamamoto 2000, *ApJ*, 544, 33).

M_J는 각운동량을 회전축에 투영한 성분이다.

그림 7.8은 전자상태 $^3\Sigma^-$인 CCS와 SO 분자의 주파수 분리의 모습을 보여준다. 이 그림에서 알 수 있듯이 들뜸상태가 낮은 천이일수록 제만 효과의 분리량이 크다. 이것은 다른 분자의 제만 효과에서도 마찬가지이다. CCS 방출선의 경우는 훈트의 결합형 (a)와 (b) 사이 해당하며, 실제 제만의 분리량은 결합형 (b)보다 작다. 제만 효과를 검출할 가능성이 있는 원자와 분자의 방출선과 제만 분리량을 표 7.1에 정리했다.

7.4.2 제만 관측을 포함한 성간자기장 관측

H I 흡수선으로 분자구름 핵을 둘러싸고 밀도가 10~10^3 cm^{-3} 정도인 영

표 7.1 수소원자와 몇몇 분자의 제만 분리의 크기.

분자 등	천이	주파수 (GHz)	분리 주파수 ($Hz \mu G^{-1}$)
H I	$^2S_{1/2}$, $F=1-0$	1.4204058	2.8
$OH(^2\Pi_{3/2})$	$J=3/2$, $F=2-2$	1.665402	3.27
$OH(^2\Pi_{3/2})$	$J=3/2$, $F=1-1$	1.667359	1.96
$CCS(^3\Sigma^-)$	$J_N=1_0-0_1$	11.119446	0.813
$SO(^3\Sigma^-)$	$J_N=1_0-0_1$	30.001543	1.740
$CN(^2\Sigma^+)$	$N=1-0$, $J=3/2-1/2$, $F=3/2-1/2$	113.48814	2.18

역의 자기장을 추적할 수 있다. 자기장과 성간물질이 충분히 동결된 영역에서는 밀도가 높을수록 자기장의 세기도 강해진다(식 7.14 참조). 별이 생성되는 분자구름의 밀도는 $10^3 \sim 10^6\,cm^{-3}$ 정도이므로 자기장의 세기는 10 μG에서 1 mG 정도로 예상된다. 표 7.1에서 알 수 있듯이 제만 분리는 기껏해야 1 μG당 1 Hz 수준이다. 성간자기장을 관측할 때에 검출되는 자기장의 세기는 시선방향으로 적분한 자기장 세기(평균한 자기장 세기)이며, 따라서 관측된 세기는 실제 자기장 세기보다 약해 기대되는 제만 분리는 10~1000 Hz 수준이다.

한편, 분자구름의 가스 운동에 따른 분자방출선이 관측되는 선폭은 중·소질량성 생성 영역에서 CCS로 측정하면 $\Delta v = 0.4 \sim 1\,km\,s^{-1}$ 정도 이하이며, 이에 해당하는 주파수폭은 예를 들어 $\nu = 11$ GHz인 CCS의 천이에서 $\Delta\nu = \nu\Delta/c = 15 \sim 35$ kHz 정도이다(c는 빛의 속도). 따라서 H I이나 OH처럼 주파수가 낮은 천이는 주파수폭 $\Delta\nu$도 작아져 제만 분리를 탐색할 때 유리하다는 것을 알 수 있다. 그렇더라도 제만 효과로 분리되는 주파수 간격은 선폭의 100분의 1 수준이다. 이처럼 아주 작은 제만 분리 주파수 차이를 어떻게 검출할 것인가. 먼저 좌우 양쪽의 원형편파 스펙트럼을 매우 높은 신호 대 잡음의 비율로 관측한 후, 이 두 스펙트럼의 차를 취

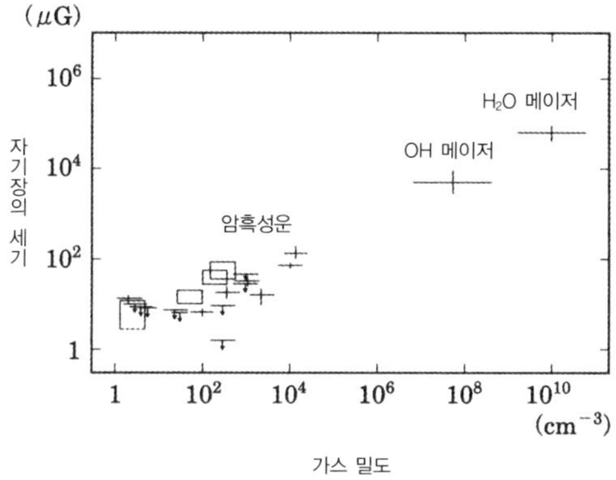

그림 7.9 관측된 자기장의 세기와 밀도의 상관도(Fiebig & Guesten 1989, *A&Ap*, 214, 333).

한다. 두 원형편파 스펙트럼 사이에 주파수 차이가 미세한 경우에는 원래 스펙트럼에 나타난 최댓값의 절반에 해당하는 주파수 부근에서 차분差分 스펙트럼의 최댓값과 최솟값이 나타나는데 이 파형으로 주파수 분리의 정도를 구하고, 여기에서 자기장 세기를 측정한다. 따라서 제만 효과를 검출하려면 제만 분리가 크게 나타나는 분자방출선으로 선폭이 좁고 최대 세기가 좀 더 큰 천체를 선택해야 한다.

성간자기장 관측은 1968년에 첫 발견한 이후 주로 H I과 OH(열적 들뜸 방출선 및 메이저 방출선)의 제만 효과를 이용해 적극적으로 수행해 왔다. 1970년대에는 W3 OH 등의 대질량성 생성 영역에서 강한 원형편광 성분이 VLBI(초장기선 전파간섭계)를 이용해 높은 공간분해능으로 관측되어 1~10 mG의 자기장을 검출했다. 또 물분자는 자기magnetic 모멘트가 없지만 엄청나게 밝은 메이저원이 만기형 별이나 별탄생 영역에 많이 존재하는 동시에 이러한 메이저원은 대질량성 생성 영역에서는 비교적 강한 자기장(1~10 mG 수준) 속에 있어 물 메이저의 제만 효과도 관측되고 있다. 물분자의 제만 효과(그림 7.9의 □ 표시)는 핵의 자기 모멘트와 자기장의 상호작용으로 일어나며, 분리량은 OH나 CCS 등의 1000분의 1 정도에 지나지 않는다.

물 메이저 선을 이용한 최초의 제만 관측은 1989년에 독일의 막스프랑크 연구소에서 100 m 전파망원경을 사용해 그 길을 열었고, 여러 대질량성 생성 영역에서 50~80 mG의 자기장 세기가 측정되었다. 메이저는 매우 밝고 개별 속도 성분의 선폭이 비교적 좁아 제만 효과 측정에는 매우 유리하다. 이와 같은 대질량성 생성 영역에 존재하는 메이저를 VLBI로 관측하면 넓은 시선속도 범위에 걸친 여러 속도 성분이 중심별 주위에서 복작거리는 여러 개의 덩어리로 분해되어 관측되며, 대부분 원시별의 원반과 쌍극분자흐름에 관련되어 있다. 이러한 덩어리들은 밀도가 매우 높고 OH 메이저는 10^7~10^9 cm^{-3}, H_2O 메이저는 10^9~10^{11} cm^{-3} 정도의 밀도 영역으로 추정한다.

자기장 에너지가 자체 중력 에너지와 균형을 이룬 경우에 자기장의 세기 B_{eq}는 다음과 같이 표현한다.

$$B_{eq} \approx 3\pi mN\sqrt{\frac{G}{5}} \tag{7.14}$$

여기에서 m은 평균 분자질량, N은 분자 가스의 평균 기둥밀도이다. 이와 같이 가정하면 밀도가 높은 곳일수록 자기장의 세기가 강해지는 것을 알 수 있다. 이 예상대로 상대적으로 밀도가 높은 영역에서 좀 더 강한 자기장의 세기가 관측되고 있다(그림 7.9).

최신 제만 효과의 관측으로 자기장 분포를 측정한 예로 백조자리 X영역에 있는 대질량성 생성 영역 DR21 OH의 관측 결과를 그림 7.10에 나타냈다. 이 천체는 밀리미터파에서 보면 두 개의 작은 핵으로 이루어져 있으며, 이 핵들 각각에서 강한 쌍극분자흐름이 나오고 있다. 핵의 질량은

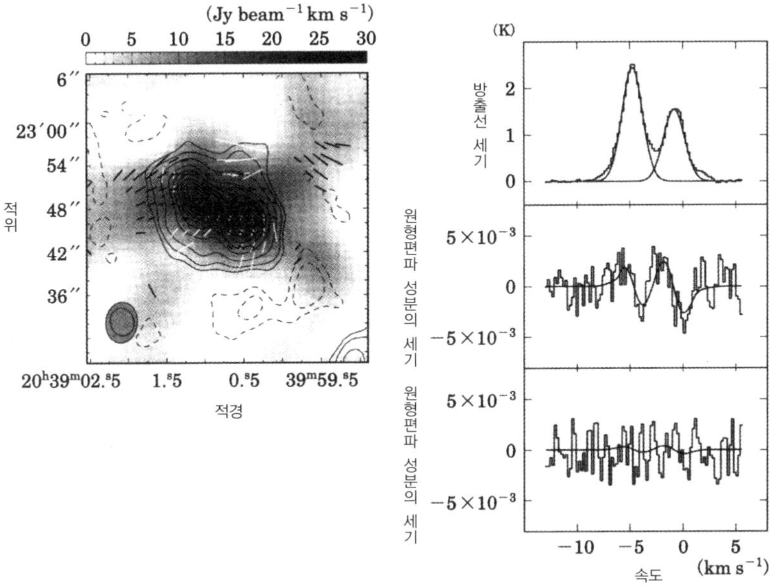

그림 7.10 대질량성 생성 영역 DR21 OH 핵의 일산화탄소(CO)와 성간먼지의 선형편광 관측(왼쪽 그림, Lai *et al.*, 2003, *ApJ*, 598, 392)과 CN $N=1-0$ 방출선으로 관측된 제만 효과의 스펙트럼(오른쪽 그림, Crutcher *et al.*, 1999, *ApJL*, 514, L121).

$100\,M_\odot$ 정도이며 OH, H_2O, CH_3OH 등의 여러 메이저가 따라붙는 전형적인 젊은 대질량성 생성 영역이다. 이 천체는 분자구름의 고밀도 영역을 조사할 수 있는 CN($N=1-0$)의 제만 효과가 검출된 몇 안 되는 천체 가운데 하나로, 시선방향의 자기장 세기는 -0.45 ± 0.15 mG로 측정된다(그림 7.10 오른쪽). 성간먼지의 선형편광 자료에서 찬드라세카르-페르미 방법을 이용하면 자기장의 세기를 추정할 수 있고, 이 방법으로 추정한 자기장의 세기는 각각 -0.4 ± 0.1 mG와 -0.7 ± 0.1 mG이다. 이 값은 CN의 제만 효과로 측정된 자기장 세기와 크게 다르지 않다.

지금까지 살펴본 것처럼 1968년부터 시작된 제만 효과에 따른 성간자기장의 관측 연구는 큰 성공을 거두었다고 할 수 있다. 앞으로는 좀 더 고밀도 영역을 조사할 수 있는 CN이나 CCS 등을 이용하여 더 높은 공간분해능으로 제먼 효과의 2차원 분포를 구할 수 있을 것으로 기대한다. 노베야마 45 m 전파망원경, 그린뱅크 100 m 전파망원경, IRAM 30 m 전파망원경, JCMT 15 m 전파망원경, CSO 10 m 전파망원경 등을 비롯한 밀리미터파 · 서브밀리미터파의 대구경 망원경이나 고감도 전파간섭계를 이용하여 밀도가 높은 분자구름 핵에 대한 제만 관측을 포함한 편파관측을 적극적으로 수행한다면 별탄생의 물리적 과정에서 성간자기장의 역할에 대한 이해가 더욱 깊어질 것이다.

칼럼 제만 효과의 발견

제만(P. Zeeman, 1865~1943)이 제만 효과를 발견한 것은 그가 31세 때인 라이든대학 실험실에서였다. 그가 제안한 실험은 그때까지의 실험이 실패로 끝났다는 이유로 실험실 책임자에게 허가를 받지 못했다. 그래서 책임자가 출장으로 자리를 비운 틈을 타 이 역사적인 실험을 시행할 수 있었다.

소금물에 적신 석면 조각을 태워 나트륨 방출선을 만들고, 1만 G의 자기장을 만들어내는 두 쌍의 룸코르프 유도 코일 사이에 넣은 다음, 새로 개발한 회절격자를 사용해 분광 관측했다. 유도 코일에 전류를 흘리자 순식간에 나트륨 방출선이 본래 선폭의 몇 배로 부풀어 올랐다. 개별 방출선이 여러 개로 분리된 것이다. 허가를 받지 않고 실험을 진행했다는 이유로 제만은 대학에서 해고를 당했지만 그 실험이 있고 나서 6년 후에 제만 효과를 발견한 공로로 동료(박사 과정을 밟을 때의 지도교수 중 한 사람)인 이론물리학자 로런츠(H. Lorentz, 1853~1928)와 함께 노벨물리학상을 받았다(출전: Dr. G.L. Verschuur, *Hidden Attraction: The History and Mystery of Magnetism*, Oxford University Press, 1993).

7.5 패러데이 회전

성간 가스는 어느 정도 이온화되어 있는데, 거기에 자기장이 있으면 선형편광하는 전자기파가 전파될 때 편파면이 회전한다. 이것을 패러데이 회전이라고 한다(1972년에 최초 검출).

선형편광은 오른쪽과 왼쪽으로 회전하는 두 가지 원형편광의 합성으로 나타낼 수 있다. 이온화 가스(플라스마)의 자유전자는 자기장이 있으면 그 주위를 회전하는데, 전자의 회전방향과 같은 방향으로 도는 원형편광과 반대 방향으로 도는 원형편광은 그 위상속도가 다르기 때문에 합성된 선형편광의 편파면이 회전하는 것이다.

편파면의 회전량 $\Delta\phi$는 전자기파의 파장 λ의 제곱에 비례하고, 성간 가스 중의 자유전자 밀도를 n_e, 성간자기장의 시선방향 성분의 세기를 $B_{/\!/}$라고 하면 다음 식이 주어진다.

$$\Delta\phi\,[\mathrm{rad}] = 0.81\lambda\,[\mathrm{m}]^2 \int_0^L B_{/\!/}\,[\mu\mathrm{G}]\, n_e\,[\mathrm{cm}^{-3}]\, dx\,[\mathrm{pc}] \qquad (7.15)$$

여기에서 x는 시선방향의 거리, L은 그 방향의 플라스마의 깊이이다. 이 식을

$$RM\,[\mathrm{rad\ m}^{-2}] \equiv 0.81 \int_0^L B_{/\!/}\,[\mu\mathrm{G}]\, n_e\,[\mathrm{cm}^{-3}]\, dx\,[\mathrm{pc}] \qquad (7.16)$$

패러데이 회전량rotation measure이라고 하며, 자기장이 관측자에서 멀어지는 방향으로 뻗어 있을 때는 양(+)으로, 가까워지는 방향으로 뻗어 있을 때는 음(−)으로 정의한다. (식 7.15)에서 편파면의 회전량 $\Delta\phi$는 파장 λ에 따라 달라지므로 두 파장 λ_1, λ_2에서 측정한 선형편광의 편파면 각도 차이

$\Delta\phi_1 - \Delta\phi_2$를 구하면 패러데이 회전량 RM을 측정할 수 있다.

$$RM = \frac{\Delta\phi_1 - \Delta\phi_2}{\lambda_1^2 - \lambda_2^2} \tag{7.17}$$

만약 n_e와 L을 다른 방법으로 측정한다면 시선방향에 있는 자기장의 평균 세기 $B_{/\!/}$를 구할 수 있다. 패러데이 회전량은 펄서와 퀘이사 등의 은하계 외부의 전파원, 초신성 잔해 또는 성간공간의 싱크로트론 복사처럼 편광된 전파원의 관측으로 측정한다. 예를 들어 펄서를 서로 다른 두 파장의 전파에서 관측하고, 그 편광각의 차이를 이용해 패러데이 회전량을 측정한다.

한편, 선형편광된 펄서의 전파는 플라스마 속으로 전파될 때 전파속도가 진공상태보다 느리지만 파장 λ가 길수록 더 느리다. 주파수가 낮으면(긴 파장) 전자기장의 변화가 완만해져 플라스마 속의 자유전자가 그 변화를 쉽게 따라갈 수 있고, 전자기장과 자유전자의 상호작용이 커지기 때문이다. 반대로 주파수가 높으면(짧은 파장) 전자기장의 변화가 빨라져 자유전자는 그 변화를 따라갈 수 없어 진공상태에서 전파되는 것과 비슷해진다. 두 가지 다른 파장에서 펄서를 관측했을 때 두 전파의 도달시간 차이는 분산량dispersion measure에 비례한다.

$$DM \equiv \int_0^L n_e(\mathrm{cm}^{-3})dx(\mathrm{pc}) \tag{7.18}$$

따라서 분산량 DM을 측정하여 패러데이 회전량 RM을 그 값으로 나누면 (식 7.16)에서 시선방향에 있는 자기장의 평균 세기 $B_{/\!/}$를 구할 수 있다.

그림 7.11은 펄서의 관측으로 구한 성간자기장의 시선방향에 대한 분포를 나타낸 것이다. 여기에서 태양계 근방에서는 자기장이 은경 270° 방향

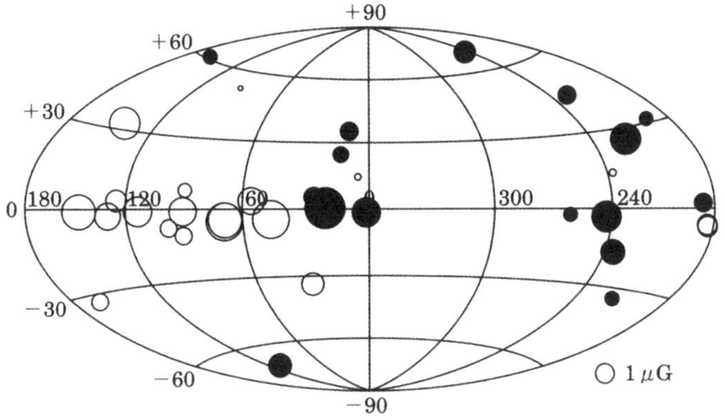

그림 7.11 태양계 근방의 펄서를 관측해서 구한 성간자기장의 시선방향에 대한 분포. 가로축은 은경, 세로축은 은위이다. 검은색 원은 우리 방향으로 향한 자기장을, 흰 점은 그 반대 방향의 자기장을 나타낸다. 원의 크기는 자기장의 크기를 나타낸다(Manchester 1974, *ApJ*, 188, 637).

에서 90° 방향으로 뻗어 있음을 알 수 있다.

제8장
별탄생의 전체 모습
_ 관측 결과와 기본개념

항성은 우주의 가장 기본적인 구성요소이며, 46억 년 전에 탄생한 태양은 인류에게 가장 친근한 항성이라 할 수 있다. 은하계에 2000억 개나 있는 항성 가운데 태양은 어떤 천체로 자리매김하고 있으며, 또 어떻게 해서 탄생했을까?

우리는 과거로 거슬러 올라가 태양이 탄생하는 모습을 확인할 수는 없다. 하지만 은하계에서는 지금도 여전히 이곳저곳에서 항성들이 탄생하고 있다. 우리는 관측으로 그러한 항성이 탄생하는 장소의 상태를 알고, 그곳에서 생성되는 별의 성질을 알아내며, 그것을 물리적으로 이해하기 위한 이론 모델을 구축하여 태양과 같은 항성이 어떻게 해서 태어났는지를 추측할 수 있다.

제I부에서는 별이 생성되는 장소로 생각되는 성간 가스구름이 전형적으로 어떠한 물리상태에 있으며 은하계 내에 어느 정도 존재하고, 또 생성된 별이나 초신성 등과 어떠한 상호작용을 하는지와 그것을 어떻게 관측하는지를 개략적으로 설명했다. 제II부에서는 지금까지 얻은 관측자료들을 근거로 하여 현재 생각하는 항성의 탄생 시나리오가 어떤 것인지, 공통적으로 인식하는 개념은 무엇이며 아직 충분히 해명하지 못한 과제에는 어떤 것이 있는지에 대해 설명하겠다.

이 장에서는 먼저 지금까지의 별탄생에 관한 관측 연구의 진척 상황을 되돌아보고, 가스구름의 역학을 이해하기 위한 기본개념을 정리한 후에 별탄생 연구의 문제점과 과제를 개략적으로 살펴본 후 다음 장에서 상세한 논의를 이어가기로 한다.

8.1 별탄생의 관측적 증거

8.1.1 20세기 중반까지의 가시광에 따른 관측 _ 저온의 성간 가스를 인식하기 이전의 성운설

17세기 중반쯤 독일의 철학자 칸트I. Kant와 프랑스의 수학자 라플라스P.S. Laplace가 각각 '성운설'을 태양계의 기원으로 주장했다. 이것이 현재의 별탄생 시나리오의 원점이라고 생각한다. 다만 당시는 행성, 태양(=항성), 은하와 같은 현대 천문학의 기초적인 개념이 아직 확립되지 않았던 시대로, 항성의 기원보다는 오히려 지구와 행성계의 기원에 관심이 쏠려 있었다. 그렇지만 그들은 우주공간에 존재하는 물질이 응축되어 항성과 행성이 생성된다는 오늘날의 별탄생 시나리오로 이어지는 최초의 생각을 주장한 것으로 볼 수 있다.

오늘날에는 별이 성간분자구름이라는 가스구름(3장 참조) 안에서 생성되는 것으로 알려졌지만, 가스의 중요성에 대한 천문학자들의 공통적 이해를 얻은 것은 전파관측에 따라 저온 가스의 분포와 운동을 직접 관측한 20세기 중반 이후의 일이었다. 20세기 전반까지는 아직 광학망원경을 이용한 가시광 관측밖에 없어 성간물질에 관한 지식이 매우 한정적일 수밖에 없었다. 그 때문에 자주 관측 결과에 대한 해석이 잘못된 방향으로 전개되곤 했다. 그러나 당시 수집이 가능한 정보가 아주 한정된 상황에서도 천문학자들은 최대한 상상력을 발휘하여 별탄생의 원리를 밝히고자 노력했으며, 그러한 사고 과정은 대단히 교훈적이다.

오리온자리의 대질량성 주변에 있는 HII 영역은 젊은 별 주위에 가스가 존재한다는 증거로 성운설을 지지하는 하나의 상황증거였지만 별의 모체가 될 법한 개수밀도가 수천~수만 개 cm^{-3}로 밀도가 높은 가스구름의 존재는 여전히 인식하지 못했다. 단, 성간먼지의 존재는 성간공간에서의 가시광 소광이나 암흑성운의 존재를 통해 20세기 초부터 알려졌다. 1947년에 보크B.J. Bok와 라일리E.F. Reilly 박사는 공 모양의 작은 암흑성운에 주목했고 여기에 구상체globule라는 이름을 붙였다(3장 참조). 보크 연구팀은 그런 둥근 모양이 별에 좀 더 가까운 겉보기(형태)이므로 넓게 분포하는 암흑성운보다는 이러한 구상체가 오히려 별의 전 단계가 아닐까 하고 생각했다. 오늘날에는 전파관측으로 분자구름의 질량과 밀도를 관측으로 구할 수 있어 구상체보다는 질량이 큰 암흑성운 내의 고밀도 영역 쪽이 별을 더 활발하게 만들어내고 있음이 밝혀졌지만, 당시의 가시광 측정으로는 암흑성운 안의 밀도 구조를 제대로 관측할 수 없었다. 따라서 '공 모양(球狀)'이라는 형태의 선입관이 아마도 컸을 것으로 보인다. 또 그린스테인 등이 선택소광량(6.1절 참조)을 측정하여 성간먼지의 밀도에 관한 정량적 연구를 한 이후 성간먼지에 대해서는 어느 정도 이해가 깊어졌다.

이런 상황에서 위플F.L. Whipple 등은 두 미립자가 일정한 복사장 내에 근접해 있을 경우 두 미립자가 서로의 그림자를 드리운 부분의 복사압이 주변의 복사압보다도 약해져 두 미립자가 서로 끌어당겨 결합하고, 미립자를 응축하여 별로 성장한다는 모델을 주장했다. 스피처L.J. Spitzer 연구팀은 정량적 검토를 전개한 적도 있다(복사압이 미립자에 미치는 효과는 스피처 박사의 고전적 교과서인 『성간물리학』에서도 다루었다. 단, 1977년에 발간된 『성간물리학』에서는 앞에서 설명한 별탄생의 주요 원인으로 복사압 효과를 강조한 부분은 없으며, 자기장과 가스 등의 상호작용까지 포함해 적절하게 다루고 있다).

지금의 우리 입장에서 보면 별의 모체인 가스는 고려하지 않은 채 전혀 다른 방향으로 추측하고 토론이 진행된 것처럼 보이지만, 당시 성간 가스에 관한 정량적 관측자료가 없었고 가시광에서 정량적인 정보를 얻을 수 있는 것이 성간먼지뿐이었던 점을 감안하면 성간먼지 쪽으로 논의가 쏠린 것은 어쩔 수 없었는지도 모른다. 이러한 과거사에서도 우주에서 일어나는 현상을 이해하는 데 관측자료가 얼마나 중요한지를 알 수 있다.

한편, 별의 '모체'가 아닌 생성되는 별 '자체'의 측면에서 항성의 기원에 다가가려는 방향에서는, 20세기 중반 이후에 별의 스펙트럼 분광관측에서 큰 진전이 있었다.

1945년에 윌슨 산 천문대의 조이A.H. Joy는 T-타우리형 별(황소자리의 T별과 같은 형태의 스펙트럼을 가진 별)로 분류된 방출선 스펙트럼을 내는 불규칙 변광성 목록을 발표했다. T-타우리형 별의 질량은 태양 정도이며 주계열성에 이르기 전의 별(전주계열성)로, 오늘날 별탄생 연구에도 매우 주요한 위치를 차지하는 천체이다(자세한 것은 10.2절 참조). 태양과 같은 주계열성에서는 프라운호퍼선과 같은 흡수선 스펙트럼이 관측되지만, 방출선 스펙트럼은 관측되지 않는다. 방출선 스펙트럼을 내고 있다는 것은 근처에 고온 가스가 별을 둘러싸고 있음을 뜻한다. 즉, T-타우리형 별은 별의 재료인 가스의 잔해가 여전히 별 주변에 남아 있는 천체라고 볼 수 있다. 또 이따금씩 암흑성운이나 HII 영역 안 또는 근처에 성협을 생성하고 있음이 밝혀짐에 따라 T-타우리형 별은 한창 생성이 진행 중인 별이라는 인식이 정착되었다.

그 뒤 1961년 일본의 하야시林忠四郎 박사는 정유체 압력평형hydrostatic equilibrium이 실현되는 별의 유효온도에는 하한선이 존재한다고 이론적으로 제시했으며, 태양 정도의 질량인 전주계열성은 헤르츠스프룽-러셀도(HR도)에서 거의 수직하향 방향으로 이동한다는 것을 밝혀냈다. 이러한 이동경로를 하야시 경로track라고 한다. 지금은 T-타우리형 별이 하야시 경로 위에 있는 전주계열성임을 모두가 알고 있다.

1950년대 초반에는 마찬가지로 가시광선의 분광관측으로 허빅-아로 천체가 발견되었다. 허빅-아로 천체Herbig-Haro object는 허빅G.H. Herbig과

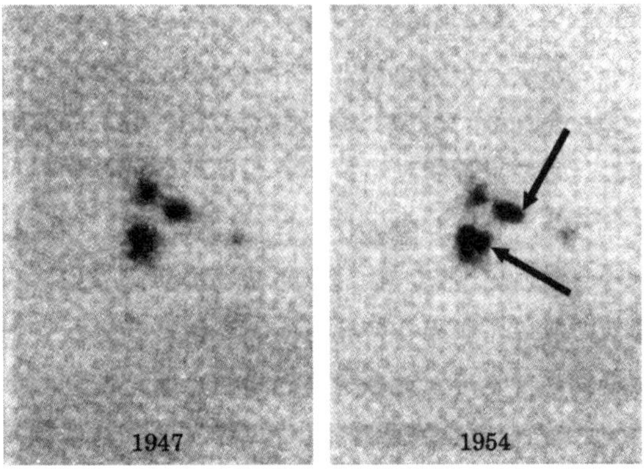

그림 8.1 발견 당시 생성 중인 별로 오해했던 오리온자리의 허빅-아로 천체. 왼쪽은 1947년 1월, 오른쪽은 1954년 12월에 각각 촬영한 사진으로, 화살표로 표시한 두 부분이 8년 사이에 새롭게 생성된 것이라는 소동이 일었다(Herbig 1957, *Non-stable stars*, IAU Symp., 3, p.3).

아로G. Haro가 제각기 오리온자리에서 발견한 천체로, T-타우리형 별과 비슷한 방출선 스펙트럼을 내는 천체이다. 이 천체의 큰 특징이자 T-타우리형 별과 크게 다른 점은 작은 성운상의 천체라는 점이다. 그래서 허빅-아로 천체야말로 T-타우리형 별의 전 단계인 성운상 원시별이라는 주장이 나왔다. 허빅은 오리온자리의 영역에서 1947년과 1954년에 촬영한 같은 시야의 사진을 비교하여 새로운 허빅-아로 천체가 나타났음을 보여주었다(그림 8.1). 발표 당시에는 8년 사이에 새로운 별이 만들어졌다고 한바탕 소동이 일었지만, 그 후의 관측에서 허빅-아로 천체의 모양과 분포가 쉬지 않고 변하고 있으며 또 내부에 항성이 있음을 보여주는 칼슘(Ca), 칼륨(K)과 같은 금속선 등의 스펙트럼이 관측되지 않는다는 점을 들어 실체를 가진 천체라는 견해는 서서히 부정되었다. 그리고 스트롬S.E. Strom 연구팀이 근처에 있는 T-타우리형 별의 빛을 반사하는 반사성운이 아닐까 하는 등의 모델도 제기했다.

현재는 1975년에 슈바르츠R.D. Schwartz가 제시한, 생성 도중의 별에서 나오는 질량방출(제트)에 따른 충격파가 가스를 이온화하여 방출선을 복사하고 있다는 모델로 이해한다. 발견 당시 원시별이라는 해석은 오늘날에는 완전히 부정하지만, 허빅-아로 천체는 생성 도중의 별에서 방출하는 제트 및 제트와 주변 가스구름과의 상호작용을 이해하는 것은 물론, 별탄생 과정을 이해하는 데 중요한 역할을 하고 있다.

8.1.2 20세기 중반에서 후반까지 전파 · 적외선에 따른 관측 _ 저온의 성간 가스에 대한 인식

현재의 수준까지 별탄생 과정에 대한 연구가 진전되려면 별탄생의 모체인 '저온의 가스구름'에 대한 인식이 반드시 필요하다. 그러나 앞에서 설명했듯이 20세기 중반까지의 가시광 관측으로는 이를 충분히 인식하지 못했으며, 20세기 후반부터 본격화된 전파관측에 따른 새로운 자료를 기다릴 수밖에 없었다. 3장에서도 설명했던 것처럼 별이 생성되는 모체인 분자구름은 절대온도 수십 K이라는 우주에서 가장 저온의 천체라고 할 수 있다. 이처럼 저온의 천체에서는 더 이상 가시광선은 방출되지 않으며, 광자에너지가 작은 전파가 복사될 뿐이다. 전파천문, 그중에서도 특히 수소원자나 각종 분자의 방출선 스펙트럼 관측은 별탄생의 모체인 분자구름을 이해하는 데 크게 기여했다.

1944년 네덜란드의 헐스트H. van de Hulst는 이온화되지 않은 중성수소원자에서 파장 21 cm의 스펙트럼이 방출된다는 것을 암시했으며, 1951년에 이웬H.I. Ewen과 퍼셀E.M. Purcell이 우주공간의 중성수소에서 나오는 방출선 스펙트럼 검출에 성공했다. 그 후 1950년대부터 1960년대에 걸쳐 네덜란드, 오스트레일리아, 미국 등의 전파천문대에서 우리은하계 내의 중성수소 분포와 선스펙트럼의 도플러 효과에서 중성수소구름(H I 구름)의 시선방향 운동을 밝혀냈으며, 은하계 내의 별과 마찬가지로 우리은하 중심 주위를 250 km s^{-1} 정도 속도로 회전하는 50~150 K 정도의 저온 가스가 우리은하계 내에 넓게 분포한다는 것을 확인했다(자세한 것은 2장 참조).

특히 1963년에는 1.6 GHz의 수산기(OH) 분자의 흡수선이 관측되어 저온 성간분자의 존재가 확인되었다. 1970년대에는 윌슨R.W. Wilson 연구팀이 분자구름을 관측하는 데 중요한 수단 중의 하나인 일산화탄소(CO)분자의 방출선 스펙트럼(파장 2.6 mm)을 검출했다. 그 후로도 1970년대 초에 포름알데히드(H_2CO)나 시안화수소(HCN) 및 그 동위원소인 DCN 등이 연이어 성간공간에서 검출됨으로써 분자구름의 존재와 별탄생 과정에 그 중요성이 널리 인식되기에 이르렀다.

한편, 생성된 별 자체에서 항성의 기원으로 다가서려는 쪽에서는 적외선 관측으로 새로운 지식을 얻게 되었다. 가시광선에서 성간먼지의 흡수로 통과하지 못해 가스구름 내부에 파묻혀 있는 젊은 별이 발견되었던 것이다. 4장에서 설명한 전형적인 H II 영역의 하나인 오리온 대성운은 이제 막 생성된 대질량성에 따라 주변의 가스구름이 이온화한 영역이다. 이 성운 가까이에는 대질량성이나 T-타우리형 별이 모여 있는 성협이 있으며, 별이 만들어지는 고밀도의 가스구름이 존재할 가능성이 높은 데다가 그러한 가스구름 속에는 가시광선에서 관측되지 않는 별탄생의 과정에 있는 별이 묻혀 있을 가능성도 높다. 그래서 T-타우리형 별보다 전 단계인 천체를 찾는 데 오리온 대성운은 더없이 좋은 대상이었다.

1965년 베클린E.E. Becklin과 노이게바우어G. Neugebauer는 오리온 대성운에서 2 μm의 근적외선에서 밝게 빛나는 점원(BN 천체)을 발견했다. 그들은 1967년까지 1.6~10 μm까지 측광관측하여 온도 700 K에 지나지 않은 보통의 항성보다 훨씬 저온의 천체라는 것을 밝혀냈다. 같은 1967년에 클라인만D.E. Kleinmann과 로우E.J. Low는 22 μm 관측에서 BN 천체로부터 20초각 떨어진 장소에서 온도는 70 K으로 더 낮고 태양광도보다 10만 배

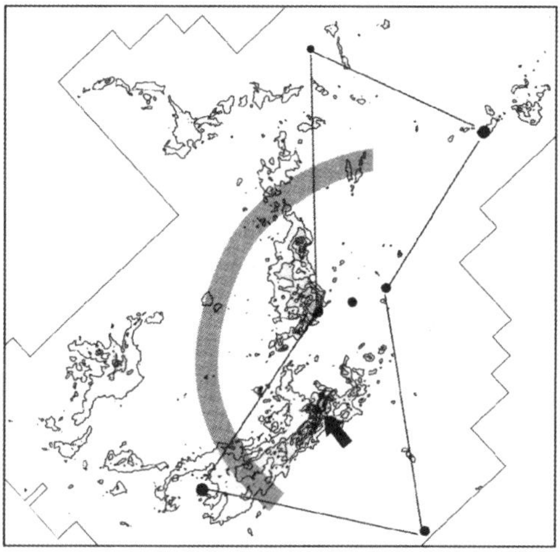

그림 8.2 오리온자리의 분자구름 분포. 분자구름 자료는 나고야대학의 난텐전파망원경의 일산화탄소 분자 스펙트럼(J=1-0) 관측에 따른 것이다. 검은 점(●)과 선은 오리온자리의 밝은 별들의 위치이고, 화살표는 오리온자리 대성운의 위치를 표시한 것으로, 이곳에서 BN 천체와 KL 천체가 발견되었다. 회색 부분은 바너드 루프라는 거대한 발광성운이다.

더 밝은 적외선성운(KL 천체)을 발견했다. 가시광선이 아니라 적외선으로 관측된 것은 이 천체들이 분자구름 내부에 묻혀 있음을 의미한다. 그리고 항성보다 온도가 낮다는 것은 이 천체들이 주위의 성간먼지를 가열하는 열복사를 내고 있음을 시사함으로써 그야말로 이러한 장소에서 항성이 생성되고 있음을 분명히 보여주었다. 1971년에는 새디어스P. Thaddeus 연구팀의 파장 2 mm H_2CO의 방출선 스펙트럼 관측은, BN−KL 천체가 분자구름 내에서 H_2CO 스펙트럼 세기의 최댓값 위치에 있으며 그 최댓값에서의 가스 밀도가 $10^5\,cm^{-3}$ 정도로 성간공간으로는 매우 밀도가 높은 영역이라는 것을 밝혀냈다(그림 8.2).

이와 같이 우리는 전파(밀리미터파)와 적외선 관측자료를 조합하여 분자구름 속의 고밀도 영역에서 별이 생성되고 있다는 관측적 증거를 얻게 되었다.

8.1.3 1970년대 후반 이후의 관측 _ 별탄생과 관련된 현상들의 발견

1970년대 후반 이후 전파(특히 밀리미터파) 및 적외선 관측 기술의 비약적인 발전으로 별탄생 영역의 관측이 크게 향상되었다. 광범위한 영역에 걸친 탐사관측으로 새로운 별탄생의 영역이 발견되었고, 고분해능 관측으로 각각의 별탄생 영역의 질량 · 온도 · 가스의 운동 상태를 밝히는 한편, 적외선의 스펙트럼 분포로 생성 과정에 있는 별의 성질을 상세히 알 수 있게 되었다. 9장부터는 주로 1970년대 후반 이후의 관측 결과를 토대로 이해가 깊어진 별탄생 과정을 설명하기로 하겠다. 따라서 여기에서는 중요한 갈림길이 된 관측 결과를 중심으로 연구의 진전 과정을 개략적으로 살펴보고 이어지는 장의 내용도 소개하겠다.

(1) **분자구름 핵의 관측**

분자구름 관측에서 가장 많이 이용하는 것은 일산화탄소 분자(CO)의 방출선 스펙트럼이다. 분자구름의 주요 성분인 수소분자는 같은 종류의 2원자 분자로, 분자 대칭성이 좋고 전기쌍극자 모멘트가 0이라 회전천이에 따른 전파방출이 일어나지 않는다. 그래서 수소분자 다음으로 존재량이 많은 일산화탄소가 관측에 이용되는 것이다. 또 일산화탄소는 화학적으로 안정적이어서 수소분자와의 존재비가 분자구름의 환경에 상관없이 거의 일정(약 1/10,000)하다고 해도 될 만큼 수소분자의 밀도를 정밀하게 추정할 수도 있다. 또 전기쌍극자 모멘트가 다른 분자보다 10배 가까이 크기 때문에 수소분자의 개수밀도가 $10^3 cm^{-3}$ 정도인 밀도에서도 충분히 들뜨는 등의 특징을 보인다.

한편으로는 분자구름 핵과 같은 고밀도 영역의 방향에서는 광학적 깊이가 커져 복사세기가 포화되기 때문에 분자구름 핵 내부의 밀도분포를 관측하기에는 적합하지 않다. 따라서 분자구름 핵 관측에는 좀 더 존재량이 적고 광학적으로 옅은 ^{13}CO와 $C^{18}O$ 같은 일산화탄소 동위원소 분자나 CS, NH_3, $H^{13}CO^+$, N_2H^+처럼 들뜸을 위해 임계밀도(3.4절 참조)가 높은 분자 스펙트럼선을 이용한다. 일산화탄소 분자의 동위원소는 전파세기가 비교적 강하고 저밀도 영역에서도 상위의 에너지 준위로 들뜨기 때문에 저밀도 영역의 기여까지 포함한 기둥밀도(시선방향으로 밀도를 적분한 양)를 반영한다. 한편, CS나 그 밖의 분자는 저밀도 영역에서의 기여는 적지만 전파세기가 약하고 분자에 따라서는 충격파에 따른 가열과 성간먼지에서의 방출이 있으며, 반대로 저온 영역에서는 성간먼지에 흡착되는 등의 이유로 수소분자에 대한 존재비가 바뀌기도 한다. 그래서 실제로는 복수의 분자 스펙트럼 관측을 조합해 분자구름 핵의 밀도 구조를 면밀히 조사해야 한다.

1970년대 후반부터 밀리미터파 대역의 다양한 분자 스펙트럼 관측으로 분자구름 내의 고밀도 영역의 물리상태가 속속 밝혀졌는데, 정작 '분자구름 핵'이라는 단어가 정착된 것은 마이어스P.C. Myers와 벤슨P.J. Benson 연구팀이 작성한 「암흑성운 내의 분자구름 핵Dense cores in dark clouds」이라는 논문이었다. 그들은 광학적으로 동정한 암흑성운 중에 소광이 큰 영역을 90개 정도 골라내어 이 영역들의 전형적인 물리상태를 밝혔다. 수백만 년에서 수천만 년의 시간규모로 진행되는 별탄생 과정의 변화 모습을 시간에 따라 관측할 수는 없다. 천문학에서는 이와 같이 긴 시간 동안의 변화를 추적하기 위해 다양한 시계열 단계에 있는 표본을 많이 구해서 이것들을 비교하고 종합함으로써 시간 변화의 양상을 추정하는 방법을 사용하곤 한다. 마이어스의 연구는 분자구름 핵의 모습을 통계적으로 밝히고 이를 근거로 별탄생 과정을 확인하려 한 선구적 연구였다. 그러나 마이어스 연구팀의 관측 대상은 광학적 소광량의 관측자료에 기초하고 있어 표본의 추출단계에서 이미 편향적일 수밖에 없었다. 그 뒤로 후쿠이福井康雄 연구

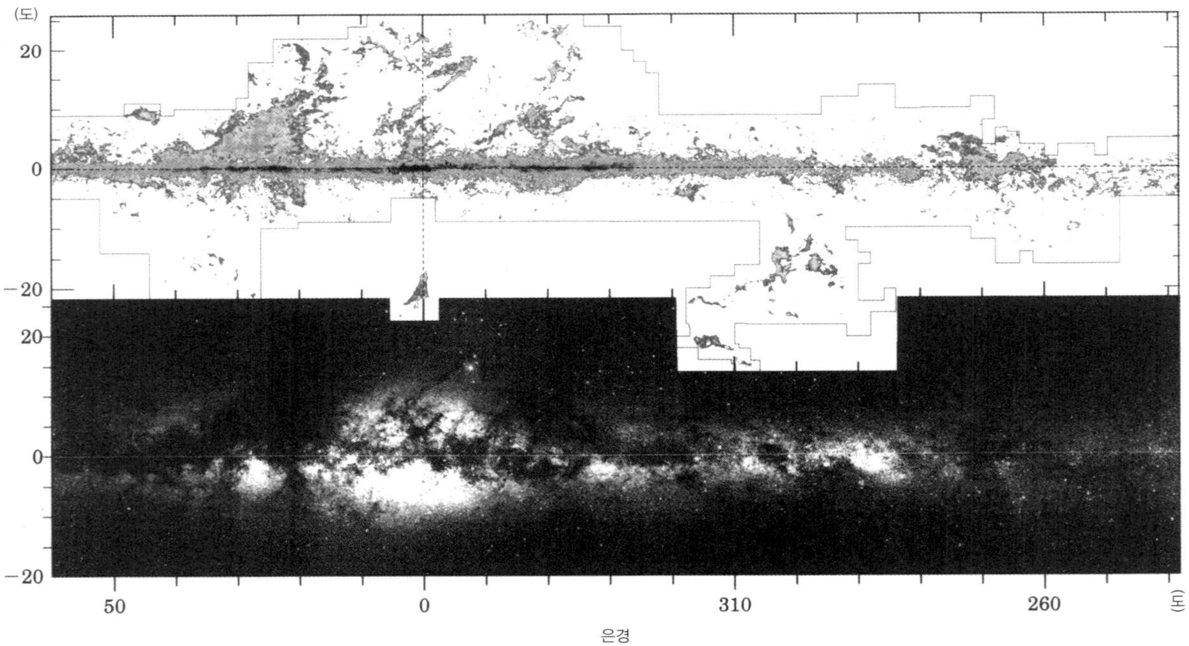

그림 8.3 후쿠이 연구팀의 나고야대학 전파망원경에 따른 은하면 분자구름의 편견 없는 탐사 결과(화보 5 참조). 위의 그림(왼쪽)은 일산화탄소 분자 스펙트럼으로 관측한 분자구름의 분포이며, 아래 그림(오른쪽)은 같은 범위 내의 광학사진(S. Laustsen *et al.*, "*Exploring the Southern Sky: A Pictorial Atlas from the European Southern Observatory*(ESO)", Springer-Verlag, 1987). 은하면에서 위아래로 뻗은 암흑성운과 분자구름 분포 사이에 좋은 상관관계가 있음을 알 수 있다.

팀은 광학관측에 기초하지 않고 일산화탄소의 분자 스펙트럼을 이용한 탐사관측에만 근거, 편견 없는unbias 탐사관측을 제창하며 분자구름 핵의 통계적 연구를 더욱 발전시켜 나갔다(그림 8.3).

(2) 원시별의 관측적 단서

분자구름 핵 안에서는 별의 씨앗이라고 할 수 있는 원시별 핵이 만들어진다. 원시별 핵 표면에는 주변의 가스가 거의 자유낙하속도 정도로 강착accretion되면서 원시별 핵이 성장한다. 관측적으로는 각분해능의 한계 때문에 원시별에 가스가 붙는 것을 상세히 조사하기가 쉽지 않다. 그러나 밀리미터파 대역 및 서브밀리미터파 대역의 관측으로 얻은 비대칭적 이중최댓값의 자기흡수 프로파일로 적당한 모델을 가정함으로써 가스의 강착운동을 연구하고 있다. 원시별에 강착하는 가스는 원시별과 매우 가까이 있는 가스에 비해 온도가 낮다. 따라서 강착 가스는 원시별의 매우 가까이에 있는 따뜻한 가스에서 스펙트럼선을 흡수한다. 이때 강착 가스는 안쪽에 있는 원시별 쪽(시선방향에서 먼 쪽)으로 떨어지기 때문에 흡수의 최댓값이 적색이동 쪽(저주파 쪽)으로 밀린다. 좀 더 자세한 논의는 9.4절에서 다루겠다.

원시별 핵은 분자구름 안쪽 깊숙이 숨어 있고 주위의 성간먼지를 데워서 적외선을 복사하므로 막 태어난 별이 적외선원으로 관측된다. 1983년에 발사된 적외선 천문위성 IRAS(Infrared Astronomical Satellite)는 12~100 μm의 원적외선으로 거의 모든 하늘(93 %)에 걸쳐 적외선원의 분포를 밝혀냈으며, 1980년대 중반 이후의 별탄생 연구 발전에 크게 기여했다. IRAS에 포착된 적외선원에는 갓 태어난 별뿐만 아니라 만기형 별과 은하 등도 포함되어 있지만, 갓 태어난 별은 주위에 수백 도에 이르는 성간먼지가 많이 존재하여 장파장에서 적외선 플럭스 밀도가 높은 원적외선 초과형 스펙트럼 분포를 보인다. 이러한 원적외선뿐만 아니라 근적외선을 포함한 모든 적외선 영역의 에너지 스펙트럼 분포는 중심별의 온도와 별주위의 물질분포(즉 별주위 구조, circumstellar structure)를 연구하는 데 귀중한 정보를 제공한다.

라다C.J. Lada와 윌킹B.A. Wilking은 활발한 별탄생 영역인 땅꾼자리 암흑성운의 적외선원의 스펙트럼을 관측한 후, 에너지 스펙트럼 분포를 바탕으로 적외선원을 I형~III형까지 세 유형으로 분류했다. 이 분류는 이후의 별탄생 연구에서도 별탄생 과정의 진화단계를 특징짓는 지표로 널리 이용된다. 또 그 후 원적외선보다 긴 파장에서만 검출되는 적외선원을 0형으로 분류하자는 제안이 있었다. 0형 천체는 질량강착 시기의 원시별에 해당한다는데, 그 정의가 애매하고 0형 천체가 진화의 한 단계를 나타내는 것이 타당한지도 아직 충분한 합의가 이루어지지 않은 상태이다. 각각의 스펙트럼 유형별 별탄생 과정에 대한 내용은 10.2절에서 자세히 설명하겠다.

(3) 분자흐름 천체와 광제트의 발견

1980년대 초쯤 질량강착 시기와 관련한 주요 현상으로 별탄생 중심부에서 바깥쪽으로 질량이 방출되는 쌍극분자흐름과 광제트 현상이 잇따라 발견되었다. 이 현상들은 당시의 별탄생 이론으로는 전혀 예상할 수 없는 일이었다. 쌍극분자흐름은 1980년에 스넬R.L. Snell 연구팀이 일산화탄소 스펙트럼 관측으로 황소자리의 암흑성운 L 1551에서 발견했다. 초속 수 km에서 수십 km의 초음속으로 분자 가스가 질량방출하는 현상으로, 가스 방출은 구球대칭이 아니라 양극 방향에 모여 분출하는 예가 많은 것이 특징이다. 이처럼 극 방향 쪽으로의 질량방출은 원시별을 향한 질량강착이 구대칭이 아니라 축대칭으로 일어나고 있음을 보여주며, 가스 원반의 존재를 시사하는 관측적 증거이기도 하다. 또 이 양극 방향으로의 질량방출은 회전원반과 원반에 딸린 자기장에 따라 일어날 가능성을 보여주어

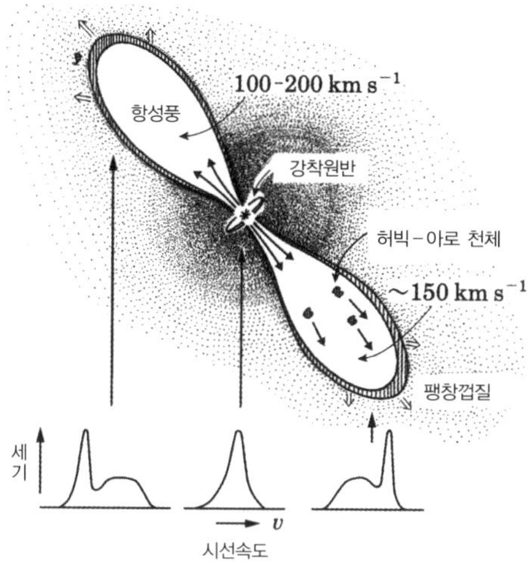

그림 8.4 분자흐름 천체의 개념도. 아래 그래프는 관측한 일산화탄소 스펙트럼의 대략적인 모습을 나타낸 것이다. 세 가지 스펙트럼에 공통적으로 높게 솟아 있는 성분은 별의 모체인 분자구름과 분자구름 핵에서 나오는 성분에 해당한다. 분자흐름으로 방출되는 초음속 가스 성분은 도플러 효과로 모체 성분에서 벗어난 주파수를 가지기 때문에 왼쪽과 오른쪽 스펙트럼의 혹 모양 성분처럼 관측된다(Snell *et al.*, 1980, *Astrophysical Journal*, 239, L17~L22).

별탄생 과정에서 큰 문제 중의 하나인 각운동량의 방출(10.3.2절 참조)에서 중요한 역할을 맡는 것으로 생각한다(그림 8.4).

한편, 광제트도 1980년대에 대부분의 별탄생 영역에서 잇따라 발견되었다. 광제트의 발견에는 그 이전에 발견된 허빅-아로 천체가 중요한 열쇠를 쥐고 있었다. 광제트는 1980년대에 이르러 허빅-아로 천체 근처에서 많이 발견되었다. 광제트는 앞에서 언급한 분자흐름보다 더 중심천체에 가까운 영역에서 관측되었고, 방출 가스의 수렴도도 분자흐름보다 높으며 속도도 초속 수백 km에 이른다. 또 허빅-아로 천체는 이러한 광제트의 연장선상에 위치하는 경우가 많다는 것이 관측으로 밝혀졌다. 제트가 주변의 분자구름과 상호작용하여 생긴 충격파가 가스를 이온화해 빛을 내는 것이 허빅-아로 천체이다. 밀도가 높고 소광이 큰 중심별 근처에서 이러한 가시광선의 제트가 관측된다는 것은 원시별 근처의 고밀도 강착

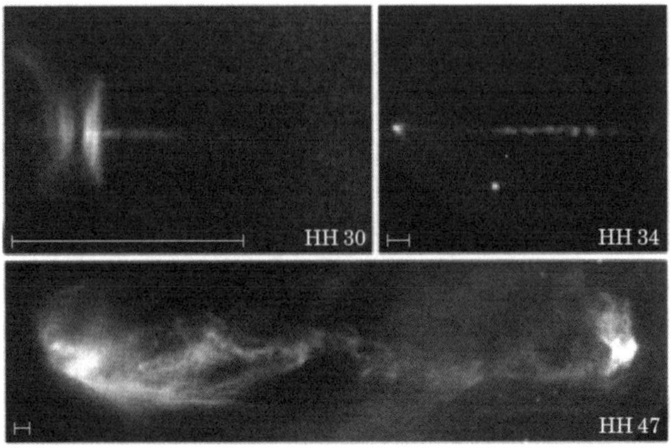

그림 8.5 광제트와 허빅-아로 천체의 관측 예. HH30에서는 왼쪽에서 오른쪽으로 뻗은 가느다란 제트의 시작 부분에 원시행성계 원반과 원반 안쪽에 산란광이 보인다(왼쪽 위). HH34에서는 가늘게 수렴된 제트에 옅고 진한 부분이 있는데 이는 제트 방출에 강약이 있었음을 나타낸다(오른쪽 위). HH47에서는 제트가 주위 분자구름에 만든 공동cavity의 충격파면이 빛나고 있음을 보여준다(아래). (허블우주망원경 촬영).

가스가 원반 모양으로 분포하고 있음을 보여주는 관측적 증거이다. 또 광제트는 대부분 청색이동을 보여준다. 이는 기울어진 원반의 앞쪽에는 제트가 관측되지만 반대쪽의 적색이동 성분의 제트는 원반에 가려져 보이지 않기 때문이라 해석한다(그림 8.5).

(4) 전주계열성 관측

원시별 핵으로의 질량강착이 멈춘 뒤, 별은 HR도에서 하야시 경로를 따라 하강하는 전주계열성 단계로 들어선다. 1945년에 조이Alfred Joy가 분류한 T-타우리형 별이 전주계열성에 해당한다는 것은 앞에서도 설명했는데, 1983년에 몽트메를T. Montmerle 연구팀이 아인슈타인 위성Einstein Observatory 관측으로 땅꾼자리의 암흑성운에서 시간 변화하는 T-타우리형 별의 X선 복사를 발견했다. 일본에서도 고야마小山勝二 연구팀이 '깅가' '아스카'와 같은 X선 천문위성으로 T-타우리형 별의 X선 세기가 급격히 증가하는 X선 플레어(10.5절 참조)에 관한 선구적인 관측을 수행했다.

오늘날 T-타우리형 별은 더욱 세분화해 고전적 T-타우리형 별과 약한 방출선 T-타우리형 별로 분류한다. 고전적 T-타우리형 별은 수소의 방출선 스펙트럼과 리튬 흡수선이 관측되며 적외선에서도 밝게 빛난다. 약한 방출선의 T-타우리형 별은 수소 방출선의 폭이 10Å보다 좁기 때문에 리튬 흡수선도 거의 보이지 않는다는 점에서 고전적 T-타우리형 별보다 진화가 진행된 단계라고 여겨진다. 약한 방출선의 T-타우리형 별은 가시광선보다는 X선으로 검출하기 쉬우며, 1990년에 발사한 ROSAT 위성 등의 X선을 이용한 전천탐사관측이 약한 방출선의 T-타우리형 별을 탐사하는 유효한 수단이 되고 있다. X선에서의 플레어 규모의 변광은 T-타우리형 별의 자기장 구조나 항성계의 근원인 별주위 원반에서 T-타우리형 별 표면으로의 가스가 강착하는 데 깊이 관여하는 것으로 보인다는 점에서 T-타우리형 별에서 가장 가까운 곳의 물리현상을 확인하는 실마리를 제공한다. T-타우리형 별의 X선 복사에 관해서는 10.5절에서 자세히 설명하겠다.

8.2 기본개념에 대하여

8.2.1 비리얼 정리

구대칭 구름의 평형상태를 기술하는 유체방정식은 자기장이나 회전의 효과를 무시하면 다음과 같다.

$$\frac{dP}{dr} = -\rho\frac{GM}{r^2} \tag{8.1}$$

여기에서 $M = M(r)$은 반지름 r의 안쪽에 있는 질량을 나타낸다. 이 식의 양변에 $4\pi r^3$을 곱하고, 구름의 중심($r=0$)에서 바깥쪽($r=R$)까지 r로 적분하면 다음과 같다.

$$\int_0^R 4\pi r^3 \frac{dP}{dr} dr = -\int_0^R 4\pi r^3 \rho \frac{GM}{r^2} dr \tag{8.2}$$

좌변과 우변은 각각 다음과 같다.

$$\text{좌변} = \int_0^R 4\pi r^3 \frac{dP}{dr} dr = 4\pi R^3 P_{ex} - 3\int_0^R 4\pi r^2 P dr \tag{8.3}$$

$$\text{우변} = -\frac{1}{2}\int_0^R \frac{G}{r}\frac{dM^2}{dr} dr = -\frac{GM(R)^2}{2R} - \frac{1}{2}\int_0^R \frac{GM^2}{r^2} dr \tag{8.4}$$

여기에서 $P_{ex} = P(R)$은 구름 표면에서의 압력이다. 구대칭 시공간에서의 중력 퍼텐셜 $\Phi(r)$은 무한원($r=\infty$)에서 0이 되는 것으로 정의하면 $r<R$에서는 다음과 같이 쓸 수 있다.

$$\Phi(r) = \int_\infty^r \frac{GM(s)}{s^2} ds = -\int_r^R \frac{GM(s)}{s^2} ds - \frac{GM(R)}{R} \tag{8.5}$$

이것을 적분해 정의하는 중력에너지 E_G는 다음과 같이 계산된다.

$$\begin{aligned} E_G &= \frac{1}{2}\int_0^R 4\pi r^2 \rho \Phi(r) dr \\ &= -\frac{1}{2}\int_0^R \frac{GM(s)}{s^2}\left[\int_0^S 4\pi\rho(r) r^2 dr\right] ds - \frac{1}{2}\frac{GM}{R}\int_0^R 4\pi\rho r^2 dr \\ &= -\frac{1}{2}\int_0^R \frac{GM(s)^2}{s^2} ds - \frac{GM(R)^2}{2R} \end{aligned} \tag{8.6}$$

또 두 번째 행으로 변형할 때 $\int_0^R\left(\int_r^R\cdots ds\right)dr=\int_0^R\left(\int_0^s\cdots dr\right)ds$ 관계를 이용해 적분 순서를 교환한다. 따라서 다음과 같은 관계식이 유도되는데 이것을 비리얼 정리virial theorem라고 한다.

$$4\pi R^3 P_{\text{ex}} - 3\int_0^R 4\pi r^2 P(r)dr = E_{\text{G}} \tag{8.7}$$

또 분자구름의 온도는 절대온도 약 10K의 등온으로 근사할 수 있으므로 다음 식으로 나타낼 수 있다.

$$4\pi R^3 P_{\text{ex}} = 3\frac{k_{\text{B}}TM}{\mu m_{\text{H}}} - a\frac{GM^2}{R} \tag{8.8}$$

여기에서 k_{B}는 볼츠만 상수, T는 구름의 온도, μ는 평균분자량이다. 또 우변의 두 번째 항은 중력에너지를 나타내며 a는 크기 1 정도의 상수로 밀도가 균일한 구球인 경우는 $a=3/5$이다. 양변을 3으로 나누고 구름의 가스 입자의 총개수를 n이라고 하면, 우변 첫 번째 항은 $nk_{\text{B}}T$라고도 쓸 수 있으므로 이 비리얼 관계식은 일반적인 열역학에서의 가스 상태방정식 $PV=nk_{\text{B}}T$와 비슷한 모양이 되고, 우변 두 번째 항은 상태방정식으로의 자기중력에 따른 보정으로 해석할 수도 있다.

만약 구름 표면에서의 압력이 작아 (식 8.8)의 좌변을 무시할 수 있다면 다음 식처럼 구름의 질량은 온도 T와 구름의 반지름 R로 결정된다.

$$M = \frac{3k_{\text{B}}TR}{aG\mu m_{\text{H}}} = \frac{3R(\Delta v)^2}{8(\ln 2)aG} \tag{8.9}$$

여기에서 Δv는 가스 입자 분포함수의 반값폭(full width at half maximum,

FWHM)이며, 온도 T와는 $(\Delta v)^2=8(\ln 2)k_BT/(\mu m_H)$의 관계에 있다. 길이 R을 파섹(pc)으로, 속도 Δv를 $km\ s^{-1}$으로 표시하면 위의 식은 $M=210R(\Delta v)^2M_{\odot}$이 되어 편리한 식으로 바뀐다. 관측 결과를 이용하여 이때의 속도폭에 관측되는 초음속의 속도폭을 대입해서 도출한 질량을 비리얼 질량이라고 하는 경우가 많다.

평형상태에 있는 구름의 질량이 이 비리얼 질량보다 작으면 구름은 중력만으로 가둬지지 않아 외부압력 P_{ex}가 무시할 수 없을 만큼 커진다. 또 실제로는 자기장의 힘 등도 있다는 점에 주의해야 한다.

실제 분자구름 핵의 관측에 따르면 고밀도 분자구름 핵의 질량은 비리얼 질량 정도인 경우가 많다. 이는 이와 같은 고밀도 핵에서는 자기중력이 중요한 역할을 하고 있으며, 별탄생 활동과 관계가 있음을 시사한다.

8.2.2 가스 구의 동력학

여기에서는 수식을 간단하게 하기 위해 가스의 압력 P와 밀도 ρ에 다음 식과 같은 관계가 있는 경우로 가정한다.

$$P = K\rho^{\gamma_{\text{eff}}} \tag{8.10}$$

여기에서 K는 적당한 상수이고 γ_{eff}는 가스의 실효적인 비열비이며, 2원자분자가 단열적인 경우에는 $\gamma_{\text{eff}}=1.4$, 등온 가스에서는 $\gamma_{\text{eff}}=1$이다.

자기自己중력의 성질을 이해하기 위해 질량 M, 반지름 R의 구대칭 모양의 구름을 가정하고, 바깥쪽 유체소편의 단위질량당 미치는 자기중력(F_g)과 압력기울기의 힘(F_p)를 비교해 보자(그림 8.6).

$$F_g = \frac{GM}{R^2} \tag{8.11}$$

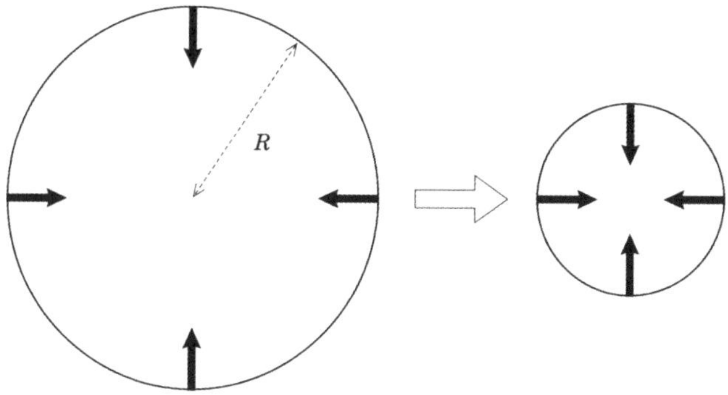

그림 8.6 구대칭 가스구름에서의 힘의 균형. 가스구름이 구대칭성을 유지하면서 수축할 때, 중력과 압력기울기의 힘은 반지름 *R*의 함수로서 어떻게 증가할까?

$$F_{\mathrm{p}} = \frac{1}{\rho}\frac{\partial P}{\partial r} \approx \frac{K\rho^{\gamma_{\mathrm{eff}}-1}}{R} \tag{8.12}$$

여기에서 구름이 수축하여 반지름 R이 작아지는 것을 감안하면 밀도는 $\rho \propto R^{-3}$이므로 F_{p}는 다음과 같다.

$$F_{\mathrm{P}} \propto \frac{1}{R^{3\gamma_{\mathrm{eff}}-2}} \tag{8.13}$$

즉, 다음 식과 같이 된다.

$$\frac{F_{\mathrm{P}}}{F_{\mathrm{g}}} \propto R^{4-3\gamma_{\mathrm{eff}}} \tag{8.14}$$

이로써 그 후의 진화는 다음과 같이 분류하는 것으로 나타났다.

(1) $\gamma_{\mathrm{eff}} < 4/3$인 경우, 만약 중력이 압력보다 커서 가스구름이 수축하여 반지름 R이 작아지면 중력이 압력보다 더 커져 수축이 멈추지 않으므로 불안정하다.

(2) $\gamma_{\text{eff}}=4/3$인 경우, 중력과 압력기울기의 힘이 균형을 이루는 구름의 임계질량이 존재한다. 구름의 자기중력과 압력이 균형을 이루는지의 여부는 구름의 질량 크기에 달려 있다.

(3) $\gamma_{\text{eff}}>4/3$인 경우, 충분히 수축하면 압력기울기의 힘이 중력보다 커져 구름은 더 이상 수축할 수가 없으므로 안정적이다.

이와 같이 임계가 되는 비열비 $\gamma_{\text{crit}}=4/3$는 공球 모양일 때 특유의 값을 가지며, 구름 모양이 바뀌면 이 값도 달라진다(예를 들면 길고 가늘게 펼쳐진 원주 모양의 구름은 $\gamma_{\text{eff}}=1$이 임계이다. 제11권 참조). 만약 가스가 전혀 식지 않고 단열적으로 움직인다면 주로 수소분자로 구성된 가스의 비열이 1.4가 되므로 중력적으로 안정되어 충분히 수축해 별이 되는 것은 불가능하다. 따라서 별탄생이 가능하려면 반드시 가스가 냉각되는 것이 본질적이다. 3장과 다음 절에서 언급하듯이 성간 가스의 냉각시간은 밀도가 높아질수록 짧아진다. 특히 고밀도 분자구름의 냉각시간은 매우 짧아 절대온도 10K 정도의 매우 낮은 온도에 머문다. 이 때문에 분자 가스의 실효적 비열비는 $\gamma_{\text{crit}}\approx 1$이 되며 가스압은 중력수축에 대해 불안정 상태가 된다.

8.2.3 중력수축

여기에서는 가스압에 따라 지탱하지 못하는 자기중력계의 중력수축현상에 대한 기본적인 성질을 이해하기 위해, 매우 간단하게 정리하여 가스압이 존재하지 않는 일정한 밀도의 구球 동역학에 대해 알아보기로 한다. 초기 밀도를 $\rho(0)$라 하고, 초기 $(t=0)$ 반지름이 a에서 정지해 있는 구면껍질의 시각 t에서의 반지름을 $R(t)$라고 하면, 시각에 따른 구면껍질의 발전 상황을 기술하는 운동방정식은 다음과 같다.

$$\frac{d^2R}{dt^2} = -\frac{GM(a)}{R^2} = -\frac{4\pi G\rho(0)a^3}{3R^2} \tag{8.15}$$

이 식은 양변에 dR/dt를 곱해서 적분하면

$$\frac{dR}{dt} = -a\left[\frac{8\pi G\rho(0)}{3}\left(\frac{a}{R} - 1\right)\right]^{1/2} \tag{8.16}$$

이 되므로 $R/a = \cos^2\beta$로 치환해서 다시 한 번 적분하면 다음과 같이 풀 수 있다.

$$\beta + \frac{1}{2}\sin(2\beta) = t\left(\frac{8\pi G\rho(0)}{3}\right)^{1/2} \tag{8.17}$$

여기에서는 초기에 정지해 있던 구면껍질을 고려해야 하므로 $t=0$에서 $dR/dt=0$으로 했다. 이 식은 a에 의존하지 않는 식이므로 $t>0$이라는 임의의 시각에 β는 모든 구면껍질에서 같다는 것을 알 수 있다. 즉, 모든 구면껍질은 같은 시각에 중심에 도달한다. 이 시각을 $t_{\rm ff}$라고 하면 이것은 $\beta=\pi/2$에 대응하므로

$$t_{\rm ff} = \left(\frac{3\pi}{32G\rho(0)}\right)^{1/2} \tag{8.18}$$

이 시간 $t_{\rm ff}$를 자유낙하시간free fall time이라고 한다. 초기의 밀도분포가 균일하지 않은 경우도 구대칭이라면 위 식의 밀도를 평균밀도로 바꾸면 답은 같은 식으로 나타난다. 이 식은 밀도가 크면 클수록 낙하가 빨라짐을 의미한다. 따라서 중심만큼 밀도가 큰 구대칭 구조를 가진 형태가 중력수축하는 경우에는 중심부분이 주변부를 내버려두고 수축함으로써 밀도분

포가 점점 더 중심에 집중한다. 이처럼 균일하지 않은 수축현상은 자기중력계 특유의 현상으로, 폭주적 수축run-away collapse이라고 하며 천체물리의 여러 현상에서 자주 볼 수 있다.

8.2.4 분자구름에서의 자기장 효과

별탄생의 무대인 분자구름을 구성하는 가스의 대부분은 전기적으로 중성인 수소분자와 헬륨원자이다. 그러나 3장에서 살펴보았듯이 아주 미량이지만 하전입자도 존재한다. 여기에서는 극소량에 지나지 않는 하전입자가 별탄생 과정에서 얼마나 중요한 역할을 하는지 설명하겠다. 분자구름 중에서 수소분자와 같은 중성입자 성분에 대한 거대 운동을 기술하는 운동방정식은 다음과 같다.

$$\frac{d\boldsymbol{v}_{\rm n}}{dt} = -\frac{\nabla P_{\rm n}}{\rho_{\rm n}} - \nabla \Phi - A\rho_{\rm i}(\boldsymbol{v}_{\rm n} - \boldsymbol{v}_{\rm i}) \tag{8.19}$$

여기에서 아래첨자 n, i는 각각 중성입자, 하전입자에 대한 물리량을 나타내며, Φ은 중력 퍼텐셜이다. 마지막 항은 중성입자와 하전입자의 충돌에 따라 중성입자가 느끼는 마찰항이다. 이것은 충돌하는 대상이 많을수록 커지므로 $\rho_{\rm i}$에 비례하며, A는 그 계수이다. 하전입자 성분에 관한 운동방정식은 자기장에서 받은 로렌츠 힘($\boldsymbol{J} \times \boldsymbol{B}$) 항이 더해져 다음과 같은 식이 된다.

$$\frac{d\boldsymbol{v}_{\rm i}}{dt} = -\frac{\nabla P_{\rm i}}{\rho_{\rm i}} - \nabla \Phi + \frac{1}{4\pi\rho_{\rm i}}(\nabla \times \boldsymbol{B}) \times \boldsymbol{B} - A\rho_{\rm n}(\boldsymbol{v}_{\rm i} - \boldsymbol{v}_{\rm n}) \tag{8.20}$$

여기에서 마찰항은 중성입자와 하전입자 사이에 작용하는 힘이며, 작용·

반작용의 법칙에 따라 각각의 밀도를 곱해 합을 취하면 0이 된다. 마찰항의 비례계수 A는 입자 간의 충돌에 따른 운동량의 주고받음으로 결정되는 기본적인 상수이다. $\tau_n \equiv 1/(A\rho_i)$는 중성입자의 감속시간stopping time이라고 하며 충돌로 운동량을 잃는 시간규모이다. 중성입자와 하전입자의 질량 m_n, m_i 두 입자 간의 충돌단면적 σ와 입자의 속도를 곱해 평균한 것 $\langle \sigma v \rangle$을 이용해서 마찰항의 비례계수 A로 나타내면 다음과 같다.

$$A = \frac{\langle \sigma v \rangle}{(m_n + m_i)} \tag{8.21}$$

밀도가 큰 분자구름에서는 입자가 자주 충돌하기 때문에 충돌시간은 자유낙하시간 등과 비교하여 상당히 작아 이 마찰항은 큰 값이 된다. 특히 하전입자의 운동방정식에서 관성항, 압력항, 중력항은 이 항에 비해 작아 이를 무시하면 근사적으로 다음과 같은 식이 성립한다.

$$A\rho_n(\boldsymbol{v}_i - \boldsymbol{v}_n) = \frac{1}{4\pi\rho_i}(\nabla \times \boldsymbol{B}) \times \boldsymbol{B} \tag{8.22}$$

이 식을 (식 8.19)의 마찰항에 대입하면 다음과 같다.

$$\frac{d\boldsymbol{v}_n}{dt} = -\frac{\nabla P_n}{\rho_n} - \nabla \Phi + \frac{1}{4\pi\rho_n}(\nabla \times \boldsymbol{B}) \times \boldsymbol{B} \tag{8.23}$$

이 식은 중성입자에 관한 정보만을 이용하여 나타낸 운동방정식이며, 중성입자가 마치 완전 이온화된 플라스마처럼 운동한다는 전자기 유체역학적 방정식이다.

이와 같이 (식 8.20) 대신 (식 8.22)를 이용하는 방법을 강결합근사strong coupling approximation라고 한다. 실제로 하전입자와 중성입자는 완전히 결합되어 있는 것은 아니며 이 입자들의 상대속도는 (식 8.22)에서 다음 식 정도일 것이라 추정할 수 있다.

$$|\boldsymbol{v}_{\mathrm{i}}-\boldsymbol{v}_{\mathrm{n}}| = \frac{|(\nabla\times\boldsymbol{B})\times\boldsymbol{B}|}{4\pi A\rho_{\mathrm{n}}\rho_{\mathrm{i}}} \tag{8.24}$$

따라서 하전입자가 자기장에 동결되어 있는 경우에도 자기장은 중성입자에 비해 상대적으로 잘 빠져나간다. 이러한 현상을 플라스마 표류plasma drift 또는 양극성 확산ambipolar diffusion이라고 한다. 별탄생 과정에는 이때 빠져나가는 시간규모가 중요한 양이 된다(8.2.5절 및 9.5.3절 참조).

8.2.5 다양한 시간규모

8.3.1절에서는 별탄생의 효율이 대단히 낮다는 것이 관측을 통해 밝혀졌음을 설명할 텐데, 이를 이해하려면 별탄생의 시간규모를 확실히 해둘 필요가 있다. 그러기 위해서는 적어도 다양한 물리 과정의 전형적인 시간규모를 이해하는 것이 필수이다. 따라서 이 절에서는 별탄생 과정을 고찰하는 데 필요한 여러 가지 시간규모에 대해 정리하기로 한다.

(1) 자유낙하시간(t_{ff})

분자구름에서의 자유낙하시간 t_{ff}는 수소 핵자의 개수밀도 $n=n(H)+n(H_2)$를 이용하면 (식 8.18)에서 다음 식이 된다.

$$t_{\mathrm{ff}} = 4\times10^{6}\left(\frac{10^{2}\ \mathrm{cm}^{-3}}{n}\right)^{1/2}\text{년} \tag{8.25}$$

실제로는 가스압에 따라 중력수축의 힘이 줄어든다고 생각하지만, 8.2.2절에서 설명했듯이 $\gamma_{\mathrm{eff}}<4/3$가 되어 수축하는 가스의 운동은 대부분의 경우

자기유사해로 근사하게 되며 그 수축시간은 앞의 t_{ff}와 같은 양이라고 알려졌다. 8.3.1절의 내용도 참조하도록 하자.

(2) 복사냉각시간(t_{cool})

분자 가스의 복사냉각시간은 온도 · 밀도에 의존해서 크게 변화하는데, 정적인 열평형상태에서의 냉각률을 이용하면 밀도는 $10^2\,\mathrm{cm}^{-3}$에서 10^4년 정도이다. 밀도가 $10^4\,\mathrm{cm}^{-3}$인 핵에서는 10^3년 정도로, 다른 시간규모와 비교해 매우 짧다고 할 수 있다. 또 성간먼지의 냉각시간은 더 짧아 성간먼지는 항상 저온(절대온도가 약 10 K)이며 열평형상태에 있다고 생각해도 좋다. 따라서

$$t_{\mathrm{cool}} \ll t_{\mathrm{ff}} \tag{8.26}$$

이다. 즉, 분자 가스의 냉각시간은 매우 짧다.

(3) 자기장의 소산시간(t_{drift})

3장과 7장에서 설명하듯이 성간매질에는 자기력선이 가로지르고 있으며 분자구름이나 분자구름 핵도 예외가 될 수 없다. 따라서 분자구름 핵에서 자기장의 세기가 중력(수축)을 능가할 만큼 센지 아닌지는 분자구름 핵의 진화를 이해하는 데 매우 중요하다. 그러나 고밀도 분자구름 핵에서는 자기장의 세기를 측정하기가 매우 어려워 분자구름 핵이 자기장에 따라 유지되는지의 여부는 아직 확실하지 않다(9장도 참조). 여기에서는 분자구름 핵이 자기장에 따라 유지되는 경우를 가정해서 그 진화에 대해 생각해 보고자 한다.

8.2.4절에서도 살펴보았듯이 분자구름에서의 이온화도는 매우 낮아 분자구름 핵을 수축시키려는 자기중력의 원천은 질량의 대부분을 차지하는

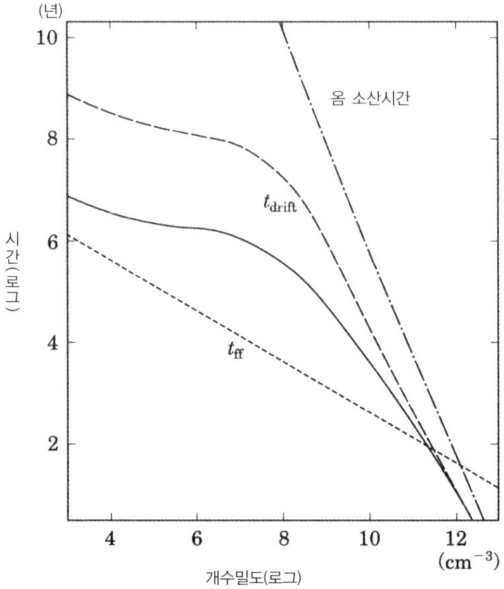

그림 8.7 분자구름 핵에서 자기력선이 빠져나가는 시간규모. 가로축은 구름의 중심밀도에 해당한다. 세로축의 다양한 시간규모는 각각 점선은 자유낙하시간, 실선은 자기장으로 지탱한 구름에서 자기력선이 빠져나가는 시간, 파선은 가스압으로 지탱한 구름 가운데 매우 약한 자기장이 빠져나가는 시간, 일점쇄선은 옴 소산시간으로, 각각 1년 단위로 나타낸다(Nakano *et al.*, 2002, *ApJ*, 573, 199).

중성입자(H_2나 He)이다. 이 중성입자의 압력이 별로 크지 않다면 자기력선에 동결된 하전입자가 중성입자와 충돌함으로써 중력에 대항하는 바깥 방향의 힘을 줄 수 있다. 즉, 자기장의 힘이 하전입자(의 마찰력)를 매개로 중성입자에 주어진다는 뜻이다. 그러나 이 하전입자 집단과 중성입자 집단에는 전체적으로 속도의 편차drift가 생겨 자기력선은 이 편차속도로 분자구름 핵에서 벗어난다. 그림 8.7은 상세한 계산으로 추정한 자기장이 빠져나가는 시간규모를 구름의 중심밀도 함수로 나타낸 것이다. 이와 같이 자기력선이 충분히 빠져나가는 시간규모 (t_{drift})는 자유낙하시간의 수십 배에서 수백 배 정도로 추정된다. 즉, 다음 식과 같이 쓸 수 있다.

$$t_{\mathrm{drift}} \gg t_{\mathrm{ff}} \tag{8.27}$$

또 그림 8.7에는 전류가 전기저항에 따라 흩어지는 시간인 옴(기호 Ω) 소산 dissipation시간도 표시되어 있다.

따라서 분자구름의 대부분이 분자구름의 자기중력을 이길 만큼 충분히 강한 자기장에 따라 지탱하는 경우에는 수축하는 데 시간이 걸리므로 그 분자구름에서의 별 탄생률은 낮아지고, 8.3.1절에서 언급하듯이 관측되는 작은 별탄생의 효율을 설명할 수 있는 가능성이 보인다. 그러나 이러한 가능성에 대해서는 여러 문제점이 지적되고 있으며, 지금도 활발하게 연구하는 주제이기도 하다.

8.3 별탄생 연구의 과제

지금까지는 20세기 전반부터 오늘날까지 관측을 통해 우리가 어떤 지식을 얻었는지에 대해 개략적으로 살펴보고, 별탄생 과정을 이해하는 데 필요하다고 생각하는 기본적인 개념에 대하여 설명했다. 지금까지 얻은 관측 결과를 토대로 관측 결과를 설명하기 위한 이론과 모델을 구축하였고, 또 이렇게 구축한 모델이 실제 관측 결과로 재현할 수 있는지를 계산기로 모의실험하고 있다. 자세한 내용은 다음에 차례로 설명하겠지만 현시점에서도 아직 활발하게 논의 중인 주제가 많아 앞으로 별탄생 연구에서 해명해야 할 과제로 남아 있다. 먼저 이러한 별탄생의 연구 과제에 대해 살펴보기로 하겠다.

8.3.1 별 탄생률

우리은하 안에서 일산화탄소(CO) 방출선을 이용하여 관측한 분자구름의 총질량 M_{H_2}는 $10^9\ M_\odot$으로 추정한다. 또 이 일산화탄소(CO) 방출선의 대부분을 담당하는 것으로 보이는 가스의 밀도는 $10^2\ \mathrm{cm}^{-3}$ 정도로 생각한다(3장 참조). 이 정도 밀도를 가진 가스 자유낙하시간 t_{ff}는 10^6년 정도이다. 따라서 만약 우리은하 안에 존재하는 분자구름 가스의 대부분이 자유낙하시간 정도로 수축해 별을 생성한다고 가정하면, 이때의 별의 탄생률은 은하 전체에서 다음과 같이 매우 큰 값이라 별 관측에서 추론한 별의 탄생률 $\mathrm{R_{SF}} \sim 3\ M_\odot$년$^{-1}$과 모순된다.

$$\frac{M_{H_2}}{t_{ff}} \sim \frac{10^9 M_\odot}{10^6\text{년}} = 10^3 \frac{M_\odot}{\text{년}} \gg \mathrm{R_{SF}} \tag{8.28}$$

그 때문에 관측한 것과 같은 작은 별의 탄생률을 얻으려면

(a) 분자구름 가스에서 별이 될 확률이 작을 것

또는

(b) 별탄생 과정에 걸리는 시간이 자유낙하시간보다 훨씬 길 것

이 필요하다고 생각한다. 어느 쪽이든 은하에서 별이 만들어지는 평균 효율은 위의 단순한 묘사에 비해 훨씬 낮다. 그렇지만 왜 이렇게 효율이 낮은지에 대해서는 아직 충분히 해명되지 않은 상황이다.

8.3.2 각운동량 문제

별이 태어나는 장소인 분자구름 핵의 전파관측에 따르면 매우 드물기는 하지만, 회전하고 있다고 해석하는 속도 성분을 지닌 경우가 있다. 분자구름 핵을 포함하는 분자구름이 은하회전을 기원으로 하는 회전 성분을 가지고 있다는 것이 자연스럽기 때문에 분자구름 핵이 극히 작게나마 회전운동을 한다는 것이 이상한 일은 아니다. 그러한 분자구름 핵의 회전에너지는 중력에너지의 몇 %에 해당하기도 하며, 다음에 나타내듯이 회전운

동은 그 후의 진화에 큰 영향을 미친다.

공 모양에 가까운 분자구름이 각운동량을 보존하면서 수축하는 경우, 각속도는 급격히 증가한다. 분자구름 핵의 초기 반지름은 R_{init}, 질량은 M, 초기의 각속도가 Ω_{core}라면 핵의 총 각운동량은 $MR^2_{\mathrm{init}}\Omega_{\mathrm{core}}$ 정도이다. 이것이 보존되는 경우 각속도는 $\Omega=\Omega_{\mathrm{core}}(R_{\mathrm{init}}/R)^2$으로 변한다. 이때 분자구름 핵의 가장 바깥쪽에 작용하는 단위질량당 원심력 F_{c}는

$$F_{\mathrm{c}} = R\Omega^2 = \frac{R^4_{\mathrm{init}}\Omega^2_{\mathrm{core}}}{R^3} \tag{8.29}$$

이며, 중력 $F_{\mathrm{g}}=GM/R^2$과의 비는 다음과 같다.

$$\frac{F_{\mathrm{c}}}{F_{\mathrm{g}}} \propto \frac{1}{R} \tag{8.30}$$

구름이 수축하면 원심력은 중력보다 급격히 커진다. 즉, 반지름이 충분히 작아지면 원심력은 중력보다 커져 더 이상 중력수축을 할 수가 없다. 이는 별탄생 과정에서 수축하는 부분의 총 각운동량은 보존되는 것이 아니라 주변으로 버려야 한다는 것을 뜻한다. 실제로 전형적인 별의 총 각운동량은 분자구름 핵에 비해 상당히 작아 언제, 어떻게 이 각운동량을 바깥으로 버리는지를 아는 것이 별탄생 과정을 이해하는 데 큰 문제가 된다.

생성되는 천체의 각운동량을 줄이는 방법으로는

- 생성 도중에 천체가 분열하여 여러 개의 천체(쌍성)로 되면 처음에 가지고 있던 각운동량 가운데 일부를 이것들의 궤도 각운동량으로 바꿈으로써 각각의 천체가 지닌 자전 각운동량을 줄이는 것
- 자기장 등의 힘으로 회전하는 가스를 천체에서 방출하여 각운동량을 바깥으로 내보내는 것

등이 중요하겠지만, 사실 이 첫 번째 과정만으로는 충분하지 않다(8.3.3절 참조). 따라서 젊은 천체에서 가스가 방출되는 현상이 있을 때의 각운동량 방출에 대한 더 많은 이해가 필요하다.

8.3.3 쌍성계의 생성

관측기술의 발전으로 갓 태어난 젊은 천체 중에도 쌍성이 다수 존재한다는 사실을 알게 되었다. 근접쌍성과 멀리 떨어진 쌍성계에서는 관측 방법이 다르고 탐사관측의 연구 달성 또한 일정하지 않다. 또 중간 정도 거리의 쌍성은 관측이 쉽지 않다. 그러나 1992년 마티외R. Mathieu의 논문에 따르면 젊은 별의 쌍성빈도는 주계열성 쌍성빈도보다 거의 2배 정도 많다고 주장했다. 그림 8.8은 쌍성빈도를 최근에 정리한 결과물이다. 이 그림에서는 쌍성끼리의 겉보기거리가 110~1400 AU인 경우의 결과만 보여주는데, 황소자리 분자구름(왼쪽의 두 개)과 땅꾼자리 분자구름(가운데 두 개)의 쌍성 비율을 나타낸다. 이 2개의 분자구름은 지구에서 가장 자세하게 관측되는 별탄생 영역이며, 각각의 막대에서 빗금친 부분은 원시별의 쌍성빈도, 오른쪽은 T-타우리형 별의 쌍성빈도에 해당한다. 가장 오른쪽에 있는 막대는 은하계 안에서 성단에 속하지 않는 보통별(필드별)을 나타낸다. 쌍성 사이의 거리가 다른 모든 경우를 포함하면 필드별 대부분이 쌍성임을 알 수 있다. 따라서 이렇게 제한적인 쌍성 간 거리에서 젊은 별의 쌍성빈도가 필드별보다 높다는 것은 거의 모든 별이 쌍성으로 태어난다는 것을 시사한다. 그러므로 별탄생 과정을 정확히 이해하려면 '쌍성계는 어떻게 생성되는가?' 하는 문제의 답을 알아야 한다. 또 8.3.2절에서 언급했듯이 이론적으로도 쌍성계의 생성 과정은 중요한 의미를 가진다.

그래서 쌍성계의 생성 과정에 대해 1980년대부터 활발해진 수치유체 모의실험기법을 이용한 이론적 연구가 다수 진행되어 왔다. 그렇지만 이

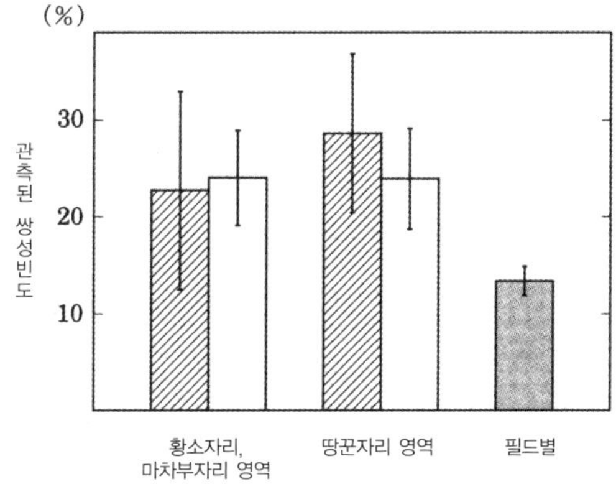

그림 8.8 분자구름에 깊이 파묻혀 있는 젊은 별(원시별)의 쌍성빈도. 황소자리 분자구름의 원시별(빗금)과 T-타우리형 별(빈칸)(왼쪽), 땅꾼자리 분자구름의 원시별(빗금)과 T-타우리형 별(빈칸)(가운데), 필드별(우리은하에서 성단에 속하지 않은 보통별)(오른쪽). 단 쌍성끼리의 겉보기거리가 110~1400 AU인 경우만 나타낸 통계이다(Duchêne *et al.*, 2007, *Protostars and planets* V, p.379).

론적인 문제의 해명에 필요한 계산의 정밀도가 대단히 엄격해 전문가 사이에서도 논쟁이 끊이지 않는다. 특히 생성 직후의 소질량 쌍성에 대한 가스의 강착 과정 연구는 진척을 보이지 못하고 있으며, 쌍성이 어떻게 살아남는지도 명확하지 않다. 또 거리가 수 AU 이내로 근접한 쌍성 탄생의 그럴듯한 해법도 아직 확실하게 제시하지 못하고 있다. 따라서 크고 작은 여러 가지 거리를 가진 다양한 쌍성계의 탄생 과정에 대해서는 앞으로 좀 더 긴밀한 연구가 필요하다(10.6절도 참조).

8.3.4 원시행성계 원반의 생성

보통 분자구름 핵의 중심부분이 수축해서 별이 만들어진다고 생각하는데, 이러한 자기중력에 따른 천체의 수축 과정은 별로 균일하지 않다.

첫 번째 단계로 밀도가 큰 중심부분이 먼저 수축해서 질량이 매우 작은(태양 질량의 약 100분의 1 정도) 갓 태어난 원시별이 된다. 그 주변 가스가 원시별로 천천히 강착되어 원시별의 질량이 늘어나 태양 질량 정도의 원시별이 되는 것이다. 그 뒤에 강착하는 가스는 각운동량을 가지고 있어 직접 원시별에 강착하지 않고 별주위 원반에 강착한다. 별주위 원반의 질량은 초기에는 상당히 크며, 그 자기중력이 중요한 역할을 하여 강착 과정을 촉진하는 것으로 보인다.

이 단계의 별탄생 과정에 대한 연구는 이론적으로는 부분적으로만 진행되고 있으며, 관측적으로도 짙은 가스에 파묻혀 있어 쉽지가 않다. 따라서 앞으로 적외선과 서브밀리미터파에 따른 고해상도 관측에 거는 기대가 크다. 그 다음 단계의 진화는 별주위 원반의 질량이 중심별보다 훨씬 작은 상태가 될 때까지 가스 강착이 진행되며, 그 후의 진화속도가 느려지는 것으로 추정한다. 이 단계의 별주위 원반은 행성 탄생의 무대로 여겨 **원시행성계 원반**protoplanetary disk이라고 한다. 주계열성 주변에는 성간먼지 원반이 존재하는 경우도 있지만 가스 원반은 존재하지 않는 것 같다. 즉, 원시행성계 원반 속의 가스는 언젠가는 없어질 것이다. 근적외선에 따른 관측에서는 원반 중심부분에 존재하는 성간먼지의 산란광 세기가 나이가 많을수록 약해지는 것을 알 수 있으며, 원반 중심부분의 소실 시간규모는 수백만 년 정도일 것으로 생각한다. 원시행성계 원반에서 가스의 강착 과정을 구동하는driving 과정으로 자기회전 불안정성에 따른 난류가 유력하지만, 원시행성계 원반의 이온화도 분포에 의존하는 등 그에 대한 세밀한 연구가 계속되고 있다.

태양 질량의 몇 배에 해당하는 질량을 가진 젊은 별(Herbig AeBe 별) 주변의 원시행성계 원반에 대해서는 스바루 망원경 등으로 직접 화상관측이 진행되고 있다(10장 참조). 특히 나선팔과 같은 특이한 구조가 밝혀졌으며, 앞으로도 ALMA(아타카마 대형 밀리미터파 · 서브밀리미터파 간섭계Atacama Large Millimeter/Submillimeter Array)와 같은 대형 장비를 이용하는 등 관측의 발전이 이루어지리라 기대한다.

8.3.5 초기질량함수

주계열성은 태양 질량의 0.08~30배 정도 범위에 존재한다. 질량의 하한선은 별 중심부에서 수소 연소의 발생 여부에 따라 결정되며, 그보다 가벼운 별은 갈색왜성이 된다. 탄생하는 별의 질량은 어떻게 결정될까? 우리는 아직 이 문제에 대한 명확한 답을 얻지 못하고 있지만, 분명히 별탄생 과정과 밀접한 연관이 있을 것이라 생각한다. 살피터E.E. Salpeter는 은하계 내에 있는 별의 질량빈도분포에 관한 선구적 연구를 진행했는데, 이때 주의해야 할 점은 별의 수명이 별의 질량에 따라 다르다는 것이다. 태양의 수명은 거의 백억 년인 데 비해 태양보다 질량이 10배나 무거운 주계열성의 수명은 태양의 약 1000분의 1인 백만 년 정도로 짧다. 서로 질량이 다른 별이 과거의 어느 시점부터 각각의 질량마다 일정한 비율로 정상적으로 생성되었다면, 무거운 별의 수명보다 긴 시간대에서는 수명이 짧은 별의 수가 수명이 긴 별에 비해 상대적으로 적다. 수명을 보정한 별의 질량빈도분포를 초기질량함수(initial mass function, IMF)라고 한다. 살피터는 1955년 은하계 별의 IMF는 별 질량의 −2.35제곱에 비례한다는 관계식을 발표했다. 그 후로 밀러G.E. Miller와 스칼로J.M. Scalo를 비롯한 많은 연구자가 외부은하와 산개성단, OB성협 등의 별에 대한 IMF 연구를 진행해 다음의 내용들을 알아냈다(그림 1.5 참조).

(1) 여러 은하에서 IMF는 거의 공통적이다.

(2) 별의 수는 별의 질량이 커질수록 눈에 띄게 감소한다.

(3) 태양 정도의 소질량성이 전체의 90% 가까이 차지한다.

(4) 별의 질량이 작아질수록 별의 수가 늘어나는 경향은 0.3 $M_\odot$ 부근에서 한계점에 이르며, 0.3 $M_\odot$ 이하에서는 거의 일정해진다.

별탄생의 원리를 정확히 이해한다는 것은 별의 질량분포를 제대로 재현할 수 있는 이론을 구축하는 것과 같다. 단, 모든 질량 범위에 대해 IMF를 결정하는 메커니즘을 반드시 통일하여 생각할 필요는 없다. 실제로 0.3 $M_{\odot}$ 정도에서 IMF의 증가가 멈추는 소질량성의 탄생 메커니즘과 거의 멱함수로 표현하는 대질량성의 생성 메커니즘은 다르다고 보고 있다(9~11장 참조). 초기질량함수의 기원에 대한 설명은 대질량성 생성 영역에서의 클러스터 생성 메커니즘과 원시별에 대한 질량강착이 어느 시점에 어떠한 방법으로 멈추는지의 문제를 이해하기 위한 별탄생 연구에 대단히 중요한 주제이다.

8.3.6 은하 규모의 별탄생

은하계는 2000억 개 정도의 별이 모인 집단으로, 그 대부분은 지름 30 kpc 정도의 원반부에 집중되어 있다. 이 원반부의 별들은 중원소 비율이 큰 종족 I 별이라고 하는데, 대질량의 O형 별과 B형 별은 반값폭에서 100 pc 정도 두께로, 태양과 같은 중소질량의 별까지 포함하면 반값폭에서 350 pc 정도 두께로 분포한다. 또 원반 안의 가스는 100 pc 정도 두께로 분포한다.

한편, 원반에서 위아래 방향으로 떨어진 은하계의 헤일로 영역에는 구상성단과 만기형 별 등이 분포하며, 이 별들의 금속량은 원반 안의 별보다 적다. 이 은하 헤일로에 있는 별은 종족 II 별이라고 하며 은하계가 탄생했을 즈음에 만들어졌으리라 추정한다.

원반 내의 별탄생으로 눈을 돌리면, 수명이 짧은 O형 별과 B형 별 같은 대질량성은 은하계의 나선팔을 따라 분포한다. 이는 대질량성이 은하계 원반의 소용돌이를 따라 생성하기 쉽다는 것을 보여준다. M 51과 같은 외부은하의 나선팔 사진을 보면 소용돌이를 따라 검은 그림자 형태(암흑영역, dark lane)가 보이는데, 이것은 OB형 별이 생성하는 거대 분자구름(태양의 수만~수십만 배의 대질량 분자구름. 3장 참조)이 존재하는 부분이다. 이러한 암흑 영역에서는 군데군데 분홍색으로 빛나는 부분을 볼 수 있는데, 이는 곧 갓 태어난 OB형 별이 만든 거대한 이온화수소(H II) 영역이다. 은하계 내 별의 실제 회전속도는 소용돌이의 회전속도와는 다르다. 소용돌이는 별이나 가스 밀도의 크고 작음에 따라 만들어진 중력장의 형태라 생각하며(밀도파 이론), 별과 가스는 이 형태를 옆으로 가로지르면서 회전한다. 단, 이 중력 퍼텐셜이 큰 소용돌이 부분을 가스가 가로지를 때 그 속도가 줄어들면서 가스 압축이 일어나고 가스 밀도가 올라가 대질량의 가스구름이 쉽게 생성되는 것으로 보인다(자세한 내용은 제5권 참조).

8.3.7 대질량성의 탄생 과정과 촉진

태양의 몇 배 이상 대질량성은 단독으로는 만들어지지 않고 거대 분자구름 안에서 집단cluster적으로 생성된다는 것이 관측을 통해 밝혀졌다. 클러스터 안에는 태양 정도의 소질량성도 같은 시기에 다수 생성되는데, 클러스터 안에서 생성된 별의 질량분포는 초기질량함수를 이해하는 데 중요하다.

소질량성의 탄생 과정은 1980년대부터 1990년대에 걸쳐 큰 진척을 보였지만, 태양의 10배가 넘는 대질량성의 탄생에 대한 이해는 아직 부족한 상태이다. 이처럼 이해의 속도가 붙지 않는 것은 관측적으로 다음과 같은 제약이 따르기 때문이다.

(1) 초기질량함수에서도 알 수 있듯이 관측 대상의 절대수가 적다.

(2) 진화의 시간이 짧고, 중간 진화단계에 대응하는 표본이 적어 통계적으로 진화 과정을 추적하기가 어렵다.

(3) 태양계 근방의 거대 분자구름이 적어 공간분해능이 좋지 않다(가장 가까운 오리온자리 거대 분자구름까지의 거리만 해도 500 pc 정도 떨어져 있다).

대질량성의 탄생 과정을 이해하려면 이러한 관측적인 곤란한 문제뿐 아니라 보다 본질적인 몇 가지 문제들을 해결해야 한다. 예를 들어 대질량성은 진화가 빨라 주위의 가스가 한창 질량을 강착할 때 중심별은 이미 주계열성에 이르고 만다. 중심별이 주계열성까지 진화한 후에는 별이 복사를 하여 가스의 질량강착이 멈추는 것으로 보인다. 이러한 경우에 중심별은 10~20 $M_\odot$ 이상으로 성장할 수 없다. 대질량성의 탄생 과정은 9장과 10장에서 설명하는 소질량성 탄생 과정의 단순한 연장선상으로 설명하기는 어렵다. 이에 대해서는 11장에서 자세히 설명하기로 하겠다.

또 대질량성이 만들어지는 대질량의 분자구름 핵이 생성되려면 분자구름의 압축기구, 즉 촉진제trigger가 필요하다는 몇 가지 견해가 제안되었다. OB성협 주변의 강렬한 자외선 복사로 인한 가스의 압축과 그에 따른 연속적인 별탄생, 초신성 폭발의 충격파에 따른 압축과 수십 개 OB형 별 집단의 초신성 폭발로 초껍질이라는 대규모 충격파에 따른 압축, 거대 분자구름끼리의 충돌에 따른 압축, T-타우리형 별 집단의 항성풍으로 만들어진 기포에 따른 압축, 대질량성의 자외선이 인근의 구상체 표면을 이온화해서 중심집중형 압축효과가 나타나는 복사 구동에 따른 압축 등 지금까지 많은 촉진 모델이 제안되었으며, 이 제안들을 지지하는 관측 결과가 속속 발표되었다. 그럼에도 은하계 전체 규모로 확장해 보면 이 촉진제들이 대질량성 탄생의 대부분에 관여하는지, 아니면 소수의 특정한 예에서만 볼 수 있는지는 아직 분명한 답은 얻지 못했다.

고온 · 고밀도의 대질량 분자구름 핵을 관측할 수 있는 서브밀리미터파의 간섭계, 최신 위성망원경에 따른 적외선 · X선 등의 고감도 · 고분해능 관측으로 원거리의 대질량성 집단 별탄생 영역에 대한 관측자료를 축적하여 대질량성의 생성 과정을 밝혀나가는 것이 앞으로의 주요 과제이다.

8.3.8 우주 초기의 별탄생

성간 가스가 중력으로 수축되려면 가스는 냉각되고 압력의 상승이 억제되어야 한다. 보통 은하계 내 성간공간에서는 CO 등의 분자와 같은 선스펙트럼의 복사와 성간먼지에서의 적외선 연속광 같은 복사가 냉각에 효과적이다. 그러나 우주 초기에는 이러한 중원소나 성간먼지가 존재하지 않아 현재의 성간 가스구름과는 전혀 다른 냉각 과정을 거치는 가스구름의 수축을 고려해야 한다. 특히 최근의 관측에서 우주 초기에 이온화되었던 가스가 일단 중성화되었다가 다시 이온화된 사실을 알게 되었는데, 처음에 만들어진 별은 우주 재이온화의 에너지원으로서 우주론 연구에도 중요한 의미를 지닌다. 중원소가 없는 수소분자만의 가스구름이 어떤 조건에서 수축하고, 어떻게 해서 별이 탄생하는지를 이해하는 것은 우주의 진화를 알아가는 매우 중요한 과제이다. 이러한 초기의 별탄생 과정에 대한 연구의 진행 상황은 12장에서 자세히 설명하겠다.

제9장

소질량성의 탄생 (1)

_ 분자구름에서 원시별로

앞장에서 말했듯이 소질량성 탄생의 관측적 · 이론적 이해는 대질량성보다 상당히 앞서 있다. 그 이유로는 다음의 것들을 들 수 있다.

(1) 진화의 시간규모가 길다.

(2) 소질량성 탄생 영역에는 그 모체인 분자구름의 환경을 크게 바꾸는 폭발적 현상(초신성 폭발, 대형별에 따른 항성풍 등)이 존재하지 않는다.

(3) 비교적 태양계 근처에 관측 대상이 있다.

이 장에서는 소질량성 탄생 영역 부근의 분자구름에서 분자구름 핵, 그리고 원시별 탄생 순간까지의 관측적 연구와 분자구름에서 분자구름 핵을 거쳐 원시별이 탄생하기까지의 이론적 연구에 대해 소개하겠다.

9.1 분자구름에서 분자구름 핵으로

분자구름은 수축하려는 자기自己중력과 이에 대항하는 난류, 회전에 따른 원심력, 자기장 등의 역학관계에 따라 진화한다. 따라서 분자 가스의 질량, 분자 스펙트럼의 속도선폭 등을 관측적으로 밝히는 것은 분자구름의 역학적 진화를 이해하는 데 중요하다. 일반적으로 분자구름의 전형적 밀도는 수백~수천 개 cm^{-3} 정도이며, 3장에서 언급했듯이 $^{12}CO(J=1-0)$, $^{13}CO(J=1-0)$ 분자선 등으로 관측된다. 황소자리 근처의 소질량성 탄생 영역에서는 분자구름 전체의 질량이 수천~수만 $M_\odot$, 각각의 덩어리는 수십~수백 $M_\odot$이다. 이때의 질량이 크다는 점에서 별이 탄생하려면 더 많은 분열과 수축이 필요하다는 것을 알 수 있다. 수천 개 cm^{-3} 밀도의 가스를 관측할 수 있는 $^{13}CO(J=1-0)$ 분자선으로 관측하면, 시선방향의 속도 분포가 복잡하고 각각의 덩어리가 반드시 자기중력에 속박되어 있지는 않다는 것을 알 수 있다. 그림 9.2에서 보듯이 $^{13}CO(J=1-0)$ 분자선이 비교

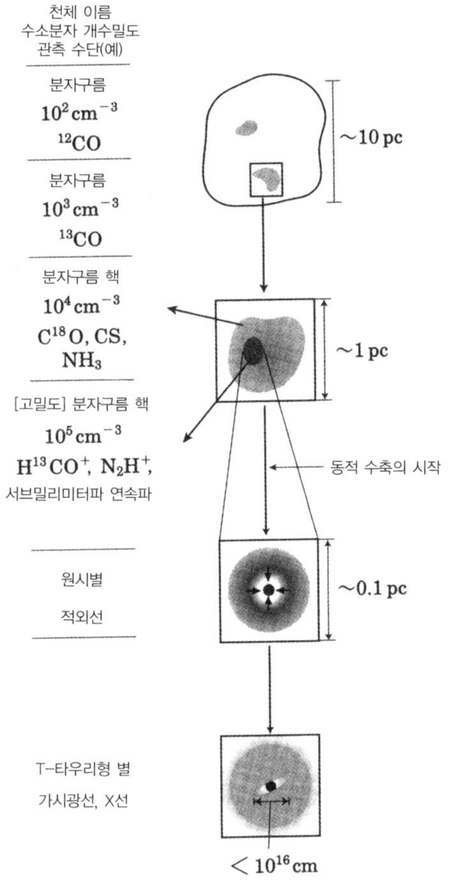

그림 9.1 분자구름에서 T-타우리형 별까지의 진화 모습.

적 강한 장소와 갓 태어난 원시별의 위치 상관관계가 좋다는 점에서 1 pc 정도 크기로 보면 이 분자선의 세기분포는 별탄생의 좋은 시표가 된다는 것을 알 수 있다. 한편, 이보다 작은 규모에서는 $^{13}CO(J=1-0)$ 분자선의 세기분포가 반드시 가스의 밀도분포를 반영하지는 않으며 원시별과의 위치 상관관계가 좋지 않은 경우도 볼 수 있다. 이러한 이유로 $^{13}CO(J=1-0)$ 분자선은 가스의 기둥밀도가 좋은 지표이기는 하지만, 그렇다고 반드시

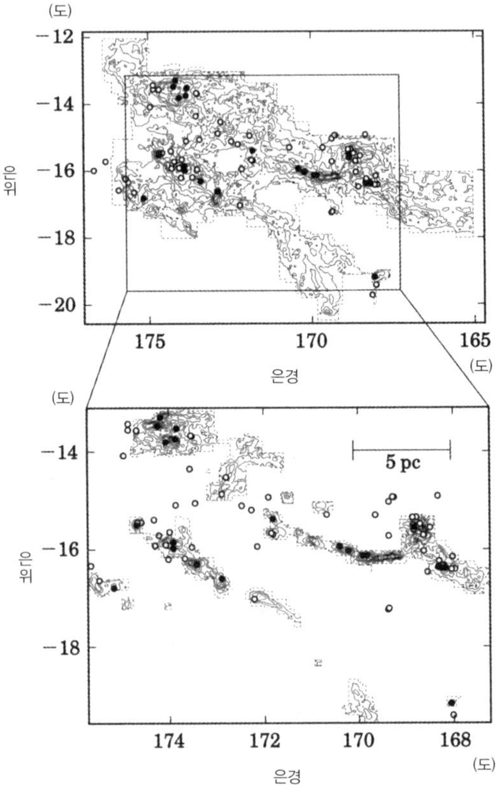

그림 9.2 일산화탄소 동위원소 ^{13}CO(J=1−0)에 따른 황소자리 암흑성운의 전파 지도(위). 미즈노水野亮 연구팀이 나고야대학의 4 m 전파망원경으로 관측한 결과이다. 가시광선으로 볼 수 없는 젊은 원시별(검은 점)과의 위치 상관관계가 가시광선으로 볼 수 있는 T-타우리형 별(흰 점) 분포와 비교해 볼 때 좋다는 것을 알 수 있다. C^{18}O(J=1−0) 분자선을 이용한 분자구름 핵 분포도(아래). 오니시大西利和 연구팀이 나고야대학의 4 m 전파망원경으로 관측한 결과이다. 옆으로 길게 늘어진 띠 모양의 분자구름 속에 분자구름 핵이 파묻혀 있음을 알 수 있다. 가시광선으로 볼 수 없는 젊은 원시별(검은 점)과의 위치 상관관계는 ^{13}CO에서 관측되는 분자구름 분포에 비해 좀 더 좋아졌음을 알 수 있다. 그림에서 점선으로 둘러싼 영역은 각각의 스펙트럼으로 관측된 영역을 나타낸다(화보 6 참조).

밀도를 반영하는 것은 아니라는 점을 들 수 있다. 따라서 밀도가 더 높은 영역을 관측하려면 임계밀도가 높은 스펙트럼 등을 이용해야 한다(임계밀도에 대해서는 3장 참조).

9.2 분자구름 핵의 관측

분자구름 중에서도 가스 밀도가 높아 별이 생성될 가능성이 높은 영역을 일반적으로 분자구름 핵molecular cloud core이라고 한다. 고밀도 핵dense core이라고 부르는 경우도 많다. 전형적인 밀도는 수소분자 개수밀도로 10^4개 cm^{-3} 정도 이상이다. 비교적 관측이 쉬운 분자 스펙트럼이 존재한다는 점[($C^{18}O(J=1-0)$, $NH_3(1, 1)$, $CS(J=2-1)$ 등], 근처의 소질량성 탄생 영역에서는 이런 밀도를 가진 가스 덩어리의 전형적인 질량은 1~10 $M_\odot$ 정도이며 각각의 별탄생에 직접 관여하는 것으로 보이는 점, 적외선으로 관측되는 원시별과의 위치 상관관계가 매우 좋다는 점 등으로 미루어볼 때, 이 정도의 밀도를 가진 분자구름 핵에 대한 관측은 별탄생을 이해하는 데 대단히 중요하다. 이 절에서는 소질량성 탄생 영역에서의 분자구름 핵의 관측 예, 물리량, 별탄생의 모습 등을 설명하겠다.

9.2.1 분자구름 핵의 관측 수단과 방법

우리 태양계 근방 약 150 pc 거리에는 황소자리, 땅꾼자리, 카멜레온자리, 이리자리 같은 분자구름의 질량이 수천 $M_\odot$를 넘는 비교적 규모가 큰 소질량성 탄생 영역과 그리고 고립된 분자구름인 분자구름 구상체(보크 구상체)가 다수 존재하며, 거리가 가깝다는 이점을 살려 분자구름에서 분자구름 핵을 거쳐 원시별이 탄생하기까지 관측적 연구가 비교적 상세히 이루어져 왔다.

분자구름 핵을 관측하는 데 이용하는 분자 스펙트럼($C^{18}O$, NH_3, CS, N_2H^+, HOC^+ 등)의 세기가 비교적 약해 별탄생 영역 전체를 탐사하기는 곤란하다. 이 때문에 역사적으로는 마이어스P.C. Myers 연구팀이 1980년대부터 가시광선 사진에 나타난 소광 영역 방향(3.2.1절 참조)에 대한 탐사를 추진해 왔다. 그 결과 분자구름 핵의 크기는 0.1 pc, 질량은 1 $M_\odot$, 밀도는 10^4개 cm^{-3} 정도이며, 그 절반 이상이 원시별과 함께 있음을 알게 되었다. 또 적외선에 검출된 원시별 방향으로도 탐사가 이루어졌는데 적외선에서 원시별의 적외선 색온도가 낮을수록, 즉 원시별이 젊을수록 분자구름 핵이 검출될 확률이 높은 점 등으로 보아 분자구름 핵은 별탄생의 직접적인 현장이라는 사실이 밝혀졌다.

그러나 위의 관측 수단과 방법에는 별탄생 이전의 분자구름 핵 탐사에 큰 문제가 있었다. 모든 분자구름에 원시별 등의 가시광선과 적외선에 따른 관측적 '지표'가 반드시 존재하지는 않는다는 점, 그리고 분자구름 핵은 분자구름에 파묻혀 있어 시선방향의 모든 성간먼지 양의 적분값인 소광량만으로는 밀도가 높은 원래 분자구름 핵의 위치를 정확히 알아낼 수 없다는 점 등을 이유로 들 수 있다. 이를 해결하기 위해 나고야대학 연구팀은 황소자리의 별탄생 영역에서 분자선만을 이용한 분자구름 핵의 탐사 관측을 진행했다. 처음에는 스펙트럼 세기가 크고 밀도가 10^3개 cm^{-3} 정도인 가스를 포착할 수 있는 $^{13}CO(J=1-0)$ 분자선으로 전체 영역을 관측하고, 세기가 큰 영역은 밀도 10^4개 cm^{-3} 정도의 가스를 포착할 수 있는 $C^{18}O(J=1-0)$ 분자선(그림 9.2 아래), 그리고 이보다 밀도가 10배 정도 더 높은 영역은 $H^{13}CO^+(J=1-0)$ 분자선을 이용해 관측함으로써 밀도 10^3~10^5 cm^{-3} 정도인 가스 분포의 전체 모습을 단계적으로 밝히게 되어 별탄생 이전의 핵에 대한 통계적 논의가 가능해졌다.

또 IRAM 30 m 망원경의 MAMBO, JCMT 15 m 망원경의 SCUBA

등 100소자(素子, device) 정도의 밀리미터파와 서브밀리미터파 카메라가 등장하면서 고밀도 가스 영역의 광역탐사가 이루어지고 있다. 현재는 성단 생성 영역을 주로 관측하고 있지만, 몇 년 후로 예정된 수천 소자급 카메라를 이용하면 소질량성 탄생 영역에 대해서도 대규모의 분자구름 핵 탐사가 가능해질 것이다.

9.2.2 분자구름 핵의 성질

분자구름 핵의 전형적인 크기는 0.1~1 pc, 질량은 수~수십 $M_\odot$ 정도이다. 이 값은 전형적인 분자구름 핵의 밀도 10^4개 cm^{-3}, 온도 10 K인 일정한 구球를 가정했을 때의 진스 임계길이 0.13 pc, 진스 질량 1.3 $M_\odot$과 비교해 약간 크다. 핵 형태는 완전한 공 모양인 경우는 드물고 긴 축과 짧은 축의 비율이 대략 2 정도이다. 실제 3차원 형상의 측정은 분자구름 핵의 역학적 진화에 대한 이론연구와 비교할 때 중요하지만, 직접 측정하기는 매우 힘든 일이다. 긴 축과 짧은 축의 비율을 통계적으로 해석하면 원반형oblate보다는 럭비공 형prolate에 가깝다는 보고도 있지만, 분자구름 핵 형성의 이론적 이해와 형상에 영향을 크게 미치는 자기장에 대한 상세한 관측 등을 감안하여 종합적으로 판단해야 한다.

분자구름 핵의 밀도 구조를 분명히 밝히는 것도 이것들의 역학적 상태를 이해하는 데 중요하다. 단일분자 스펙트럼에서 측정할 수 있는 밀도범위는 매우 한정적이라 서로 다른 밀도를 파악할 수 있는 여러 개의 분자 스펙트럼을 이용한 관측, 분자구름 핵 중심부에서도 광학적으로 얕은 밀리미터파와 서브밀리미터파의 연속파 관측, 투과력이 강한 근적외선 화상 관측을 이용한 소광량분포 측정으로 밀도분포를 추정한다. 일반적으로 중심부의 밀도기울기는 거의 평평한 상태로, 바깥쪽으로 가면서 기울기가 급해진다. 바깥쪽의 기울기는 보통 중심에서의 거리 1.5~2제곱에 비례하

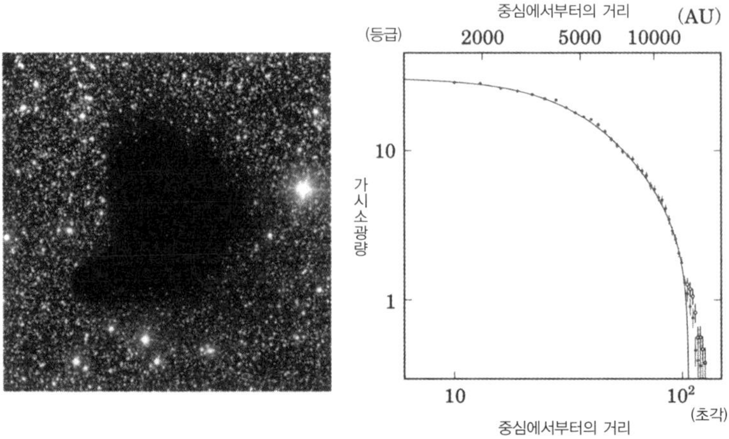

그림 9.3 보크 구상체 B68의 가시광선 사진(왼쪽)과 소광량분포(오른쪽). 소광량 기울기가 바깥쪽일수록 급속하게 커진다. 오른쪽 그림의 실선은 보너-에버트 구 모델을 나타낸다(Alves *et al.*, 2001, *Nature*, 409, 159).

는 경우가 많다. 소광량분포의 측정은 분자구름 복합체에서는 분자구름 핵 바로 앞쪽에 있는 성간먼지의 영향을 받아서 정확한 밀도분포를 구하기 어렵지만, 보크 구상체처럼 고립된 분자구름 핵을 측정할 때에는 대단한 위력을 발휘한다. 이는 중심부에서 밀도가 상당히 낮은 바깥 가장자리 부분까지 연속적으로 밀도분포를 구할 수 있기 때문이다. 한편, 알베스J. Alves 연구팀은 근적외선 관측으로 고립된 보크 구상체의 밀도분포를 측정한 결과, 바깥쪽에서 밀도기울기가 급격히 커진다는 점과 그 밀도기울기가 외압에 갇혀 있는 자기自己중력으로 유지하는 등온isothermal 구球를 기술한 보너-에버트Bonner-Ebert 구 모델로 잘 표현할 수 있음을 보여주었다(그림 9.3).

암모니아 분자선 관측 등으로 관측한 분자구름 핵의 역학적 온도는 10 K 정도이다. 분자구름 핵은 분자구름 깊숙이 파묻혀 있고, 주위 분자구름에 포함되어 있는 성간먼지의 흡수로 성간복사장이 분자구름 핵까지 거의 미치지 못하며, 그 온도는 우주선에 따른 가열과 분자 · 성간먼지에 따른 복사냉각으로만 결정된다(3장 참조). 소질량성이 만들어질 때는 갓 태어난 별이 분자구름 핵 전체를 데울 수가 없어 대부분 분자구름 핵의 온도는 10 K에서 크게 벗어나지 않는다.

분자선 관측으로 측정한 선폭은 반값폭으로 0.1~1 km s^{-1} 정도이며, 10 K 가스의 열적 선폭과 같거나 몇 배에 이른다. 모체인 분자구름의 선폭과 비교하면 몇 배 정도 작은 값이지만, 분자구름 핵의 역학적 균형을 감안할 때 난류에 따른 비열적 선폭은 반드시 고려해야 한다. 이 비열적 선폭을 고려하면 분자구름 핵에서는 중력에너지와 선폭에서 구한 운동에너지가 대개는 비슷한 것처럼 보인다(비리얼 평형, 8장 참조).

복수의 분자선을 이용하여 다양한 분자구름과 분자구름 핵을 관측하면 크기가 커질수록 스펙트럼의 선폭도 커지는 것처럼 보인다(크기-선폭 관계, 3.2.4절 참조). 맨 처음 라슨 R.B. Larson 연구팀의 연구를 시작으로 수많은 연구가 진행되었으며, 일반적으로 선폭은 크기의 0.3~0.7제곱에 비례한다. 분자구름과 분자구름 핵의 선폭은 대부분 비열적, 즉 난류적이므로 성질 이러한 난류의 성질을 반영하는 것으로 보인다. 분자구름 핵의 경우도 같은 천체에서 밀도가 다른 영역을 포착하는 몇 개의 분자선으로 관측하면 비슷한 경향을 보이지만, 단일 분자선으로 여러 개의 분자구름 핵을 관측하면 그러한 경향을 보기가 어렵다. 분자구름 핵의 관측에서는 일반적으로 선폭이나 크기의 범위를 크게 취하기가 어렵고, 크기-선폭 관계가 있다 해도 관측자료에서 그것을 유도해내기가 쉽지 않다. 또 관측 감도가 좋지 않은 때 전파세기가 강한 분자구름 핵만 선택적으로 관측되기도 하므로 관측으로 구한 가스의 기둥밀도의 측정범위가 좁아진다. 이 경우 분자구름 핵이 비리얼 평형에 있다고 가정하면, 스펙트럼의 선폭이 크기의 0.5제곱에 비례하는 것으로 유도하기 때문에 이 경우의 크기-선폭 관계는 역학적 평형조건이 반영되었을 가능성이 있다는 점에 주의해야 한다.

9.2.3 분자구름 핵에서의 별탄생

적외선의 색온도가 더 낮고 좀 더 젊은 원시별의 방향에서는 분자구름 핵이 검출될 확률이 높다. 이는 분자구름 핵이 말 그대로 별탄생의 현장임을 시사한다. 일반적으로 별탄생을 볼 수 있는 분자구름 핵에는 한 개 또는 몇 개의 원시별이 딸려 있으며, 태어난 별의 질량을 1 $M_\odot$, 분자구름 핵의 질량을 10 $M_\odot$이라 하고, 모든 분자구름 핵이 별을 형성한다고 가정하면 그 탄생효율은 10에서 수십 % 정도이다.

그러나 별탄생을 동반하는 분자구름 핵의 비율은 별탄생 영역에 따라 크게 다르게 나타난다. 예를 들어 비교적 활발한 별탄생 영역인 황소자리 분자구름에는 50 % 정도의 분자구름 핵에 원시별이 딸려 있고 별의 탄생률은 약 10 %, 땅꾼자리 분자구름에는 약 20 %의 분자구름 핵에 원시별이 딸려 있어 별의 탄생률은 수 %, 중질량성 탄생을 동반하는 남쪽왕관자리 분자구름에는 약 40 %의 별 탄생률을 보인다. 분자구름 핵의 비리얼 질량과 분자 스펙트럼의 세기에서 구한 질량과의 비율은 별탄생을 보여주는 분자구름 핵 쪽이 더 작아 1에 가깝다. 이는 시간의 경과와 함께 난류의 소산 등으로 선폭의 비열적 성분이 작아지고, 이에 따라 중력이 우세해짐을 뜻한다. 이러한 시간규모의 차이는 별탄생의 영역별 별의 탄생률이 달라지는 데 영향을 끼칠 가능성이 있다. 이러한 요인들로는 분자 가스의 이온화도 차이, 원래 난류량의 차이, 주위 대질량성의 영향 유무 등을 들 수 있지만 확실하게 구분되어 있는 것은 아니다.

9.3 분자구름 핵의 질량분포와 별의 초기질량분포

천체의 질량분포는 그 천체의 생성 메커니즘을 이해하는 데 커다란 실마

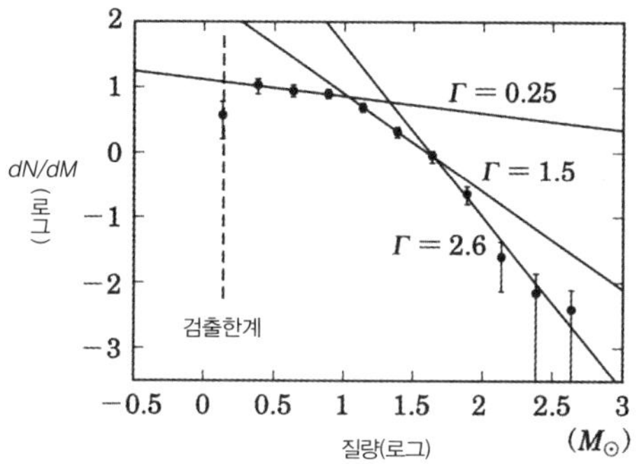

그림 9.4 다양한 근처 별탄생 영역에 존재하는 137개 $C^{18}O(J=1-0)$ 핵의 질량분포. 질량이 클수록 기울기를 나타내는 거듭제곱의 절댓값이 커지고, 별의 초기질량함수(IMF)에 가까워진다(Tachihara *et al.*, 2002, *A&Ap*, 385, 909).

리가 된다. 분자구름의 질량분포함수는 단위질량당 분자구름의 개수가 질량의 -1.7제곱 정도의 거듭제곱값 $dN/dM \propto M^{-1.7}$으로 나타낼 수 있다(3장 참조). 한편, 주계열 단계에 막 다다른 별의 질량분포함수= '별의 초기질량함수' 는 좀 더 기울기가 큰 -2.5~-2.7의 거듭제곱값으로 표기하는데, 이처럼 급격한 기울기가 어느 단계에서 만들어지는지가 큰 문제였다.

2000년 전후부터 시작된 성간먼지에서 방출되는 연속파 및 분자방출선 스펙트럼에 따른 분자구름 핵의 계통적 조사에서 분자구름 핵의 질량분포함수의 거듭제곱값은 -2.5 정도로 별의 초기질량함수와 비슷하다는 결과를 여럿 얻었다(1장 참조). 그림 9.4와 같이 일반적으로는 질량이 큰 천체에서 거듭제곱값이 커지고, 질량이 작아질수록 거듭제곱값이 작아지는 경향을 보인다. 별의 초기질량함수에도 마찬가지로 소질량 천체 쪽 거듭제곱값이 작아지고 있으며, 이러한 유사점에서 분자구름 안에서 분자구름 핵이 생성되는 구조가 그곳에서 생성되는 별의 질량분포를 지배하고 있다는 견해가 제시되었다.

9.4 원시별 탄생까지 분자구름 핵의 진화 관측

분자구름 핵의 진화는 핵 자체의 중력, 난류나 열에 따른 운동에너지, 자기장 에너지 등의 균형 변화에 따라 좌우된다. 분자구름 핵의 중력이 우세해지면 별의 탄생은 가속도가 붙게 되고 별탄생의 속도는 자유낙하시간에 따라 결정된다. 분자구름의 역학적 균형은 중력이 우세하지 않다는 점에서 분자구름 핵의 일부 진화단계에서 중력이 우세해지는, 즉 중력적으로 불안정한 상황이라고 추정한다. 그것이 어떤 상황에서 언제 일어나는지를 아는 것은 별탄생의 초기 조건을 이해하는 데 매우 중요하다.

9.4.1 분자구름 핵의 진화 과정 관측

분자구름 핵에서 별이 탄생할 때까지 시간이 수십만 년 이상 걸리기 때문에 하나의 분자구름 핵의 진화 양상을 추적하는 일은 실질적으로 불가능하다. 따라서 다양한 진화단계에 있는 분자구름 핵을 여럿 관측하여 그 핵들의 시간적 진화를 추정한다. 즉, 특정 진화단계에 있는 천체의 개수와 그러한 단계에 머무는 기간이 비례한다는 생각이다. 이러한 종류의 통계적 연구에는 거의 완전하면서도 균일한 분자구름 핵의 데이터베이스가 반드시 필요하다.

나고야대학 연구팀은 9.2.1절에서 서술한 것처럼 황소자리의 분자구름에 대한 거의 완전한 분자구름 핵 데이터베이스를 이용하여 밀도 10^5개 cm^{-3}의 분자구름 핵에서 별이 탄생하는 데 40~50만 년이 필요하다는 사실을 밝혀냈다. 이 정도 밀도에 온도가 10 K인 가스의 자유낙하시간이 10만 년 정도이므로 아직 중력이 우세한 단계에는 이르지 못했음을 알 수 있다.

한편, 밀도가 10^6개 cm^{-3}을 넘는 분자구름 핵은 위와 같은 영역에서 1개만 검출되었으며(그림 9.5), 여기에 머무는 시간은 수만 년 정도로 예상되

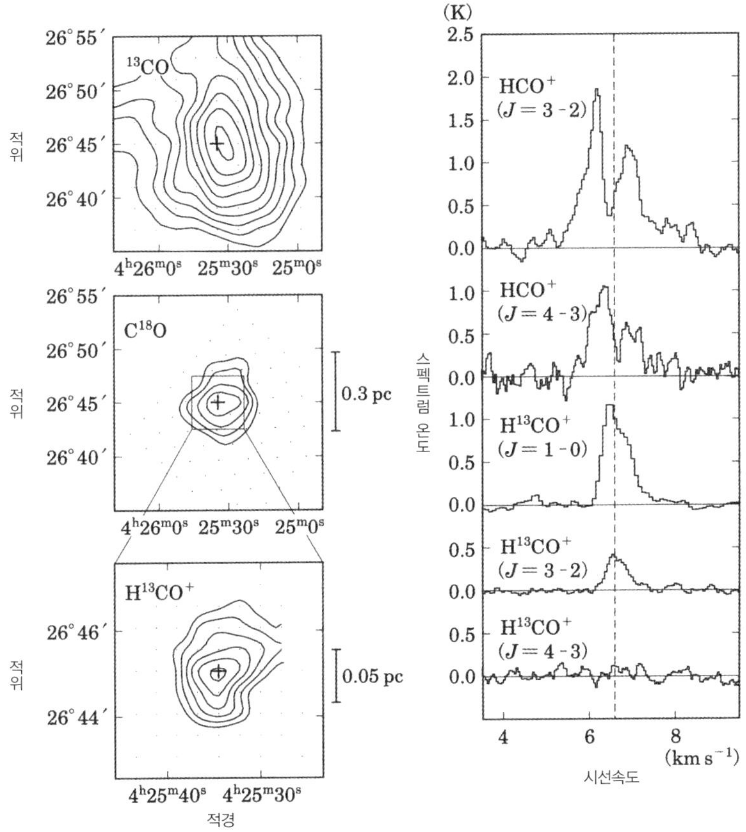

그림 9.5 첫 번째 핵 생성기에 가까운 단계에 있는 것으로 생각되는 황소자리 영역의 분자구름 핵 MC 27(L1521F). 중심으로 갈수록 밀도가 높아지는 양상을 왼쪽 그림에서 볼 수 있다. 오른쪽 그림은 중심 방향에서 관측되는 다양한 분자 스펙트럼이다. 들뜸 상태의 임계밀도가 높고, 광학적으로 두꺼운 스펙트럼인 HCO$^+$(J=3−2), HCO$^+$(J=4−3)는 청색이동(스펙트럼의 왼쪽 방향)에서 강한 비대칭의 이중최댓값을 볼 수 있다(Onishi *et al.*, 1999, *PASJ*, 51, 257).

고 밀도가 10^6개 cm^{-3}인 가스의 자유낙하시간과 거의 같다. 이는 밀도가 10^6개 cm^{-3}을 넘어설 즈음에 분자구름 핵이 중력적으로 불안정해지기 시작한다는 것을 보여준다.

분자구름 핵이 중력적으로 불안정해지면 가스가 중심으로 낙하하기 시작하여 원시별이 탄생하고 성장하며, 분자흐름 천체와 제트가 검출되기 시작한다. 이러한 현상에 대해서는 10장에서 자세히 다루겠지만, 원시별이 탄생하는 순간에 그 근처의 천체는 분자 가스가 생성된 별의 영향을 아직은 거의 받지 않아 분자구름 핵에서 별탄생의 초기 상태를 탐사할 수 있다. 10장에서 다룰 원시별의 첫 번째 핵은 그야말로 이러한 단계에 해당하며, 그 검출은 첫 번째 핵의 물리적 상태를 해명할 뿐만 아니라 별탄생의 초기 상태를 알아내는 데도 매우 중요하다. 단, 광도가 매우 낮고($< 0.1\,L_\odot$) 체재시간이 1만 년 정도로 짧다는 점에서, 이 단계에 있는 천체를 몇 개 더 찾아내려면 적어도 수백 개 이상의 분자구름 핵을 탐사해야 한다. 앞에서 말했던 밀도가 10^6개 cm^{-3}를 넘는 분자구름 핵은 이 단계에 있는 유력한 후보이며, 앞으로 ALMA 등에 따른 중심 천체의 상세한 관측이 기대된다.

9.4.2 중력수축 시작단계의 검출

분자구름 핵은 중력적으로 불안정해지면 수만 년 정도의 짧은 시간에 원시별을 생성한다. 이때 가스가 중심쪽으로 수축(유입, infall)하기 시작한다. 유입은 별에 대한 질량공급의 가장 본질적인 과정이지만, 소질량성의 경우 중심에서 수백 AU 이상 떨어진 곳에서의 수축속도는 $1\,km\,s^{-1}$도 되지 않아 이것을 직접 검출하는 것은 매우 곤란하다. 그러나 이러한 유입 과정을 분자선 관측을 통해 간접적으로 검출하려는 시도가 폭넓게 이루어지고 있다. 들뜸 임계밀도가 높고 광학적으로 두꺼운 분자 스펙트럼을 이용하여 유입 과정이 보이는 분자구름 핵 중심부를 관측하면 가끔 청색이동(우리 쪽에 가까워진다) 쪽에서 좀 더 강하고 비대칭적인 이중최댓값을 나타내는 스펙트럼을 볼 수 있다. 이중최댓값이 나타나는 것은 밀도가 높은 중심 영역만 들뜸온도가 높고, 주변의 들뜸온도가 낮은 가스의 광학적 깊이가 크기 때문이다.

청색이동 쪽에서 스펙트럼이 강하게 나타나는 것은, 흡수요인인 앞쪽 방향에 있는 들뜸온도가 낮은 가스가 중심방향 쪽, 즉 우리에게서 멀어지는 방향으로 운동하므로 적색이동 쪽보다 흡수를 많이 받기 때문이다(그림 9.6). 이 스펙트럼 형상은 중심에 젊은 원시별이 존재하는 분자구름 방향에서 비교적 흔히 관측되며, 유입 과정에 대한 간접적인 관측 증거로 알려져 있다. 또 9.4.1절에서 언급했던 황소자리 영역의 밀도 10^6개 cm^{-3}를 넘는 분자구름 핵에서도 비슷한 스펙트럼을 볼 수 있으며, 이로써 중력수축이 시작되고 있음을 강하게 보여주고 있다.

한편, 별탄생 이전의 분자구름 핵 방향에 대해서도 비슷한 관측이 여럿 진행되었으며, 청색이동 쪽이 강한 스펙트럼은 그 밖의 것과 비교해서 수십 % 정도 빈도가 높아 상당히 빠른 단계에서 중심부로 가스 운동이 시작되고 있음을 보여준다. 스펙트럼에서 예측한 수축속도는 $0.1\ \mathrm{km\ s^{-1}}$ 정도 또는 그 이하이며, 자기중력으로 자유낙하하는 속도와 비교할 때 이보다 느려 자기장과 난류 등으로 지탱하면서 천천히 수축하는 것으로 생각한다. 그러나 별탄생 이전의 분자구름 핵 중심의 동정이라든지, 바로 앞에 놓인 흡수물질이 실제로 중심 부근에 존재하여 그곳에서 별탄생에 관여하고 있는지 등의 여러 가지 불확정 요소가 있어 청색이동 쪽이 좀 더 강한 이중최댓값을 보이는 것만으로 유입의 증거로 보는 것은 곤란하다.

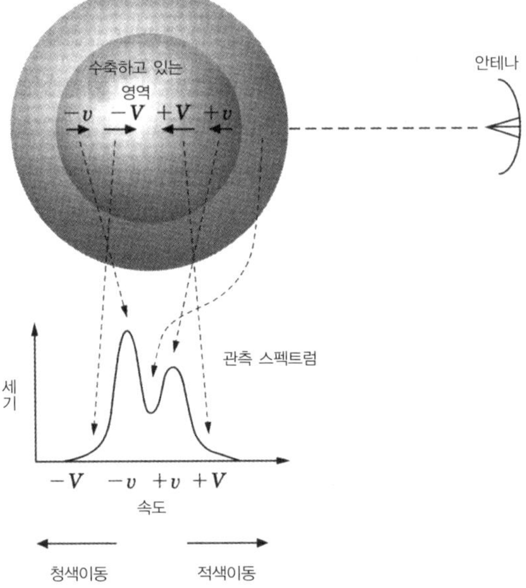

그림 9.6 원시별을 향해 유입되는 가스가 복사하는 전파방출선의 모식도.

9.5 분자구름 핵의 생성 메커니즘

이번 절에서는 분자구름에서 분자구름 핵이 생성되는 메커니즘을 이론적 측면에서 소개하겠다. 분자구름의 평균밀도는 $10^2 \sim 10^3\,\mathrm{cm}^{-3}$, 온도는 10 K 정도이므로 분자구름의 진스 질량은 $10\,M_\odot$ 정도로 추정된다. 이것은 전형적인 분자구름 핵의 질량보다 약간 크다. 이에 비해 분자구름의 질량은 진스 질량에 비해 훨씬 크며, 분자 가스의 열적 압력에 비해 자기중력이 지배적이다. 그럼에도 분자구름 전체로 퍼져나가는 듯한 자유낙하운동을 볼 수 없다는 점에서 분자구름은 다른 힘에 역학적으로 지탱되는 상태에 있음을 알 수 있다.

분자구름을 역학적으로 지탱하는 요인으로는 자기장, 난류, 회전 등을 들 수 있는데, 분자구름의 회전에너지는 중력에너지에 비해 겨우 몇 %에 불과하며 회전운동은 역학적으로 중요하지 않다. 관측에 따르면 난류에 따른 내부 운동은 자기중력과 비슷한 정도의 에너지를 가져 분자구름을 역학적으로 지탱하는 요인으로 중요하다. 황소자리 분자구름의 ^{13}CO분자 방출선 관측에 따르면 난류장의 속도분산은 0.6 km s^{-1}으로 음속보다 3배 정도 크다. 이러한 분자구름은 초음속 난류상태에 놓여 있음에도 성간먼지의 편광으로 관측하는 자기장 구조는 전반적으로 정돈되어 있으며, 자기장도 난류장과 비슷한 정도의 에너지를 가진다. 따라서 분자구름을 역학적으로 지탱하는 데 중요한 역할을 맡고 있다.

분자구름에서 분자구름 핵이 생성되는 과정에는 분자 가스가 분열 · 수축하고 중력적으로 속박된 상태가 되어야 한다. 여기에서는 먼저 진스의 중력 불안정성 해석에 대해 소개하겠다. 이 이론은 자기중력에 따른 구조 형성의 기본이 되는 중요한 이론이다. 이어서 자기장의 역할에 대해 소개할 예정인데, 자기장 역할에 대한 이론적 연구는 1980년대부터 활발하게 진행되었으며 그 역학진화에 대한 이해는 비교적 진척을 보이는 상태이다. 하지만 실제 분자구름에는 자기중력, 자기장, 난류장이 복합적으로 작용하기 때문에 모든 사항을 고려하여 분석하기가 어렵다는 점에서 아직 밝혀지지 않은 점들이 많다. 특히 난류장의 역할에 대해서는 최근에야 겨우 대규모 수치유체역학 모의실험을 이용한 연구가 이루어졌다. 여기에서는 분자구름 핵의 생성 과정을 대표하는 이론 모델을 소개하고, 마지막으로 난류장을 다룬 최근의 연구를 소개하기로 하겠다.

9.5.1 중력 불안정성: 진스 해석

지금까지 살펴보았듯이 관측 대상인 분자구름 핵은 중력적으로 속박된 천체이다. 여기에서는 자기중력 효과를 가늠하기 위해 진스의 중력 불안정성에 관한 해석을 소개한다.

수식을 간단하게 하기 위해 가스는 무한히 균일하게 퍼진 상태로 정지해 있다고 하고, 압력을 P_0, 밀도를 ρ_0로 둔다. 이 상태에 극히 작은 흔들림을 단열적으로 가하면 압력 · 밀도 · 속도는 $P(\boldsymbol{r},\ t)=P_0+P_1(\boldsymbol{r},\ t)$, $\rho(\boldsymbol{r},\ t)=\rho_0+\rho_1(\boldsymbol{r},\ t)$, $\boldsymbol{v}(\boldsymbol{r},\ t)=\boldsymbol{v}_1(\boldsymbol{r},\ t)$가 된다. 여기에서 극히 작은 흔들림의 성분은 아래첨자 1로 표시했다. 이것들을 유체역학의 기초방정식에 대입해서 방정식을 선형화한다. 이때의 선형화는 $P_1 \ll P_0$, $\rho_1 \ll \rho_0$ 등을 고려하여 극소량의 1차항만을 취해서 방정식을 정리하는 것이다. 예를 들어 연속식에 위의 식을 대입하면

$$\frac{\partial(\rho_0+\rho_1)}{\partial t} + \nabla\cdot[(\rho_0 + \rho_1)\boldsymbol{v}_1] = 0 \tag{9.1}$$

이 된다.[1] $\partial\rho_0/\partial t=0$과 극소량의 2차항 $\nabla\cdot(\rho_1\boldsymbol{v}_1)$을 무시한 선형화 연속식은 다음과 같다.

$$\frac{\partial\rho_1}{\partial t} + \rho_0(\nabla\cdot\boldsymbol{v}_1) = 0 \tag{9.2}$$

마찬가지로 유체의 운동방정식을 선형화하면 다음과 같다.

$$\frac{\partial\boldsymbol{v}_1}{\partial t} = -\frac{a^2}{\rho_0}\nabla\rho_1 + \boldsymbol{g}_1 \tag{9.3}$$

여기에서 a는 음속으로 $(a^2\equiv\partial P/\partial\rho=\gamma P_0/\rho_0)$이다. 선형화한 중력장을

1 ∇는 나블라Nabla라는 벡터 미분연산자로 3차원 직교좌표에서는 $\nabla\equiv(\partial/\partial x,\ \partial/\partial y,\ \partial/\partial z)$이다. 벡터와의 내적內積을 발산이라고 하며, $\nabla\cdot\boldsymbol{v}=\partial v_x/\partial x+\partial v_y/\partial y+\partial v_z/\partial z$와 같이 스칼라가 된다. 스칼라 양에 덧붙이면 기울기(스칼라의 기울기-옮긴이)라고 하며, $\nabla\rho=(\partial\rho/\partial x,\ \partial\rho/\partial y,\ \partial\rho/\partial z)$와 같은 벡터가 된다.

나타내는 푸아송 방정식

$$\nabla \cdot \boldsymbol{g}_1 = -4\pi G \rho_1 \tag{9.4}$$

으로 위의 두 식에서 ρ_1 이외의 변화량을 소거하고 ρ_1에 관한 식을 쓰면

$$\frac{\partial^2 \rho_1}{\partial t^2} = a^2 \triangle \rho_1 + 4\pi G \rho_0 \rho_1 \tag{9.5}$$

이 된다.[2] 중력이 없는 경우 ($G=0$), 우변 두 번째 항이 없어져 이 식은 유체 속을 전파하는 음파의 파동방정식이 된다. 즉, 이 식은 자기중력의 존재로 음파의 운동이 어떻게 변화하는지를 나타낸 식이라고 할 수 있다. 여기에서 극히 작은 흔들림을 x방향으로 진행하는 파수 k, 진동수 ω의 1차원 평면파로 두고, $\rho_1 \propto \exp(i\omega t - ikx)$로 놓아 위의 식을 대입하면 다음과 같다.

$$\omega^2 = a^2 k^2 - 4\pi G \rho_0 \tag{9.6}$$

이 식은 흔들림의 진동수와 파수의 관계를 나타내며, 흔들림의 분산관계식이라고 한다. 또 좀 더 현실적인 흔들림으로 구면파 $\rho_1 \propto \exp[i\omega t - ikr]/r$을 고려하더라도 얻을 수 있는 분산관계는 같다. 위의 분산관계식에서 $k < k_J = (4\pi G \rho_0)^{1/2}/a$의 흔들림의 진동수 ω는 순허수가 되며, 이러한 흔들림의 진폭은 시간과 함께 지수함수적으로 증대한다는 것을 알 수 있다. 이와 같은 상태를 중력 불안정이라고 한다. 여기에서 실수 $i\omega$를 흔들림의 성장률이라고 하는데, 이 값이 크면 클수록 흔들림의 시간규모가

2 ∇ 2개의 내적을 형식적으로 취한 것을 라플라시안Laplacian이라고 하며, $\Delta(\equiv \nabla \cdot \nabla = \nabla^2) = \partial^2/\partial x^2 + \partial^2/\partial y^2 + \partial^2/\partial z^2$이 된다.

빨라진다. 중력 불안정의 임계파수를 파장으로 바꿔 쓰면

$$\lambda_{\mathrm{J}} = \left(\frac{\pi}{G\rho_0}\right)^{1/2} a \tag{9.7}$$

가 되며, 이를 진스 파장이라고 한다. 흔들림의 파장이 임계파장보다 긴 경우, 압력에 따른 복원력이 자기중력 효과보다 우세하지 못해 중력수축이 일어난다.

지름이 임계파장과 같은 구球의 질량은 다음 식과 같고, 이를 진스 질량이라고 한다.

$$M_{\mathrm{J}} = \frac{4}{3}\pi\left(\frac{\lambda_{\mathrm{J}}}{2}\right)^3 \rho_0 \propto T^{3/2}\rho_0{}^{-1/2} \tag{9.8}$$

이 해석에 따르면 무한대의 파장을 지닌 흔들림이 가장 빠르게 성장하며, 구름 전체가 중력에 무너져 분열은 일어나지 않는다. 그러나 초기의 분자구름이 유한한 두께를 지닌 평판 모양이거나 유한한 지름을 지닌 필라멘트 모양인 경우에는 평판 두께와 필라멘트 지름의 몇 배 정도 되는 파장에서 흔들림의 성장률은 최대가 되고 분자구름이 분열한다.

엄밀히 말해 진스의 해석에는 문제가 있다. 기체가 무한하게 퍼져 있다고 가정했는데, 그러한 경우 정지상태에서는 실질적인 중력장이 작용하지 않아 흔들림이 없는 정지상태에서의 푸아송 방정식($\nabla \cdot \boldsymbol{g}_0 = -4\pi G\rho_0$)의 우변 항의 밀도는 0이 된다. 이와 같은 문제가 있는 해석이기는 하지만 중력 불안정의 지표로 널리 쓰이고 있다.

9.5.2 자기장에 따른 분자구름의 역학 안정성

자기장에는 자기중력에 대해 분자구름을 역학적으로 안정하게 지탱할 수

있는 최대질량이 있으며, 분자구름의 역학 안정성을 논의할 때 자주 사용된다.

지금부터 비리얼 정리(8.2.1절 참조)를 이용하여 이 질량을 구해보자. 여기에서는 문제를 간단하게 하기 위해 구름을 공 모양으로 가정하고 가스의 열적 압력이나 난류장 등의 다른 기여는 무시하기로 한다. 구름의 질량을 M, 반지름을 R, 구름을 관통하는 자기력선속을 $\boldsymbol{\Phi}$라고 하고 자기장은 가스에 완전히 동결된 것으로 한다. 계산은 생략하지만 8장에서 유도한 비리얼 정리식에 자기장 항목을 더하면 자기장에 따른 기여는 구름 표면에서의 자기력 항과 구름 내부의 자기磁氣에너지의 항으로 나뉜다.

여기에서는 구름 표면에서의 자기력 항이 작아 자기장의 항이 자기에너지뿐인 경우를 생각해 보자. 식을 간단하게 하기 위해 가스 밀도 ρ와 자기력선속 밀도 B가 분자구름 안에서 일정하다면, 중력에너지 E_G항 (식 8.6)은 반지름 R 내의 구름 질량 $M(R)=4\pi R^3\rho/3$의 식을 이용하면 다음과 같이 나타낼 수 있다.

$$E_G = -\frac{3GM^2}{5R} \tag{9.9}$$

구름 내부의 자기에너지의 항은 다음 식과 같다.

$$E_{mag} = \int \frac{B^2}{\mu_0} dV = \frac{4\pi R^3}{3}\frac{B^2}{\mu_0} = \frac{4\boldsymbol{\Phi}^2}{3\pi\mu_0 R} \tag{9.10}$$

비리얼 정리에 따르면 중력에너지 E_G와 자기에너지 E_{mag}의 합이 양(+)이 될 때, 분자구름은 역학적으로 안정화된다. 따라서 분자구름의 자기중력과 자기력이 서로 균형을 이루는 임계질량 M_{cr}은

$$E_G + E_{mag} = -\frac{3GM_{cr}^2}{5R} + \frac{4\Phi^2}{3\pi\mu_0 R} = 0 \tag{9.11}$$

의 관계를 통해 다음과 같이 구할 수 있다.

$$M_{cr} = \frac{2\sqrt{5}}{3\pi\mu_0^{1/2}G^{1/2}}\Phi \tag{9.12}$$

이 임계질량은 분자구름의 반지름에는 의존하지 않고 자기력선속으로만 결정되는데,[3] 만약 구름이 수축하여 반지름이 작아지더라도 임계질량은 변하지 않는다. 따라서 초기에 자기장으로 안정되어 지탱하던 구름은 구름을 관통하는 자기력선속이 감소하지 않는 한 줄곧 역학적으로 안정적이라 수축하지 않는다. 여기에서는 간단하게 설명하기 위해 일정한 공 모양의 구름을 가정했는데, 도미사카富阪幸治 연구팀이 구름의 내부 구조를 상세히 계산한 모델과 비교해도 계수값이 약간 다른 정도였다.

9.5.3 자기장에 따른 분자구름의 중력수축

분자구름의 역학진화는 구름의 질량과 임계질량 M_{cr}과의 대소 관계에 따라 결정된다. 분자구름의 질량이 M_{cr}보다 큰 경우 자기장은 분자구름을 완전하게 지탱할 수가 없다. 따라서 분자구름은 곧바로 동적으로 수축한다. 이와 같은 구름을 자기적으로 초임계상태의 구름magnetically supercritical cloud이라고 한다.

3 구름의 크기와 질량을 관측으로 정확하게 구하기가 어려워 관측에서는 질량과 자기력선속을 가늠하는 대신 기둥밀도와 자기력선속의 밀도를 이용하기도 한다. 질량과 자기력선속의 비율은 질량-자기력선속비라고 하며, 시선방향의 기둥밀도($N = M/\pi R^2$)와 자기력선속밀도($B = \Phi/\pi R^2$)를 이용하면 기둥밀도와 자기력선속밀도의 비율로 고쳐 쓸 수 있다. 즉, $M/\Phi = N/B = 2\sqrt{5}/3\pi\mu_0^{1/2}G^{1/2}$이다.

한편, 분자구름의 질량이 M_{cr}보다 작은 경우 분자구름은 자기장에 따라 역학적으로 안정된 균형 상태를 실현할 수가 있다. 이러한 구름을 자기적으로 아임계상태의 구름magnetically subcritical cloud이라고 한다. 이 경우에도 분자구름은 다음과 같이 중력수축을 계속한다. 분자구름 내의 가스 이온화도가 매우 낮아 대부분의 가스는 전기적으로 중성이다. 3장에서 보았듯이 우주선에 따른 이온화와 재결합이 균형을 이루는 간단한 모델을 이용하면 분자구름의 이온화도는 밀도의 제곱근에 반비례해 다음 식으로 나타낼 수 있다.

$$\rho_{\mathrm{i}} = C\rho_{\mathrm{n}}^{1/2} \quad (C \simeq 3\times10^{-16}\,\mathrm{cm}^{-3/2}\mathrm{g}^{1/2}) \tag{9.13}$$

이것을 이용하면 분자구름 핵의 전형적인 밀도 $10^4\ \mathrm{cm}^{-3}$에서 이온화도는 겨우 10^{-7}밖에 되지 않는다. 중성 가스에는 자기장의 힘(로렌츠 힘)은 직접 작용하지 않지만 하전입자와의 충돌로 간접적으로 자기장의 힘을 받는다. 분자구름 내에서는 이온화도가 낮아 이온에 직접 작용하는 로렌츠 힘 및 중성 가스와 이온과의 충돌에 따른 저항력이 거의 균형을 이룬다. 그 결과 이온은 중성 가스에 대해

$$\boldsymbol{v}_D = \boldsymbol{v}_{\mathrm{i}} - \boldsymbol{v}_{\mathrm{n}} = \frac{1}{\mu_0\gamma_{\mathrm{d}}\rho_{\mathrm{i}}\rho_{\mathrm{n}}}(\nabla\times\boldsymbol{B})\times\boldsymbol{B} \tag{9.14}$$

의 상대운동을 가진다. 이것을 표류속도drift velocity라고 한다. 여기에서 $\gamma_{\mathrm{d}}(\simeq 3.5\times10^{13}\mathrm{cm}^3\,\mathrm{g}^{-1}\,\mathrm{s}^{-1})$는 저항계수이다. 아래첨자 i와 n은 각각 이온과 중성 가스의 물리량을 나타낸다. 이 속도 차이 때문에 중성 가스는 시간이 지나면 자기장을 빠져나가 고밀도 영역 쪽으로 낙하한다. 이것을 중성 가스 입장에서 보면 구름의 자기력선속이 바깥으로 빠져나간 것이 되

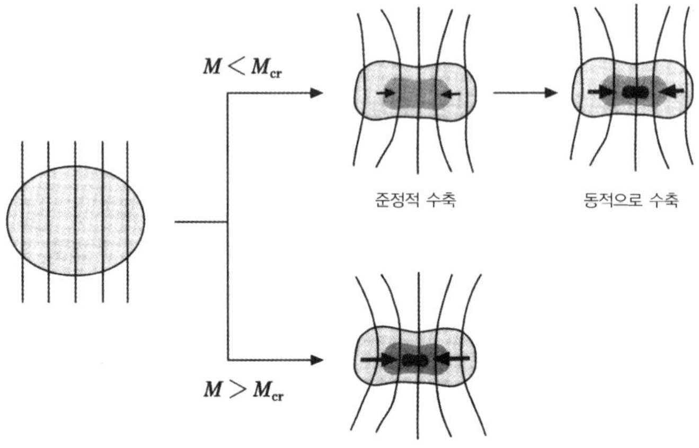

그림 9.7 자기구름의 역학진화.

어 이 현상을 양극성 확산ambipolar diffusion이라고 한다.[4] 분자구름 내의 양극성 확산 과정은 나카노 다케노부中野武宣가 상세히 연구하고 있다. 여기서 전형적인 규모를 L이라고 하면 표류속도는 다음 식과 같이 쓸 수 있다.

$$v_D \sim \frac{B^2}{\mu_0 \gamma_d \rho_n \rho_i L} \simeq \frac{v_A^2}{\gamma_d C L \rho_n^{1/2}} \tag{9.15}$$

여기에서 v_A는 자기유체 내에서 가장 특징적인 파인 알페인파의 속도이다 ($v_A^2 = B^2/(\mu_0 \rho)$). 대표적인 값으로 $L = 0.1$ pc, $\rho = 10^4$ cm^{-3}, $B = 30\ \mu G$를 취하면 $v_D \ll v_A$가 되어 분자구름 내에서 양극성 확산은 천천히 진행됨을 알 수 있다. 비리얼 평형상태에 있는 분자구름 내에서는 (식 9.11)에서 $L/v_A \approx (5/4\pi G\rho)^{1/2}$의 관계가 성립한다. 이는 알페인파의 속도가 전달되

4 플라스마 물리에서는 원래 확산계수가 다른 양과 음의 하전입자(예를 들면 양이온과 전자)가 전하분리로 만들어지는 전기장의 영향에 따라 같은 비율로 확산되는 현상을 양극성 확산이라고 하며, 여기에서 말하는 것과는 다르다.

는 시간 $L/v_{\rm A}$와 자유낙하시간 $t_{\rm ff}=(3\pi/32G\rho)^{1/2}$이 거의 같다는 것을 보여준다. 이 관계로부터 분자구름에서 자기력선속이 빠져나가는 시간 $t_{AD}\equiv L/v_D$는 자유낙하시간에 비해

$$\frac{t_{AD}}{t_{\rm ff}} \sim \frac{5}{\pi}\left(\frac{2}{3\pi}\right)^{1/2}\frac{\gamma_{\rm d}C}{G^{1/2}} \simeq 30 \tag{9.16}$$

배로 길어진다. 양극성 확산에 따라 임계질량 $M_{\rm cr}$이 감소하면 구름은 역학평형을 거의 유지하면서 천천히 수축하고 중심밀도는 점차 증가한다. 이와 같이 느린 수축을 준정적 수축quasi-static contraction이라고 한다. 그 후 자기력선속이 더 빠져나가 임계질량이 구름의 질량보다 작아지면 더 이상 역학적 균형을 유지할 수 없어 동적 수축이 시작된다. 이 경우 중심의 고밀도 영역이 분자구름 핵으로 관측된다. 동적 수축기라도 바깥쪽의 저밀도 영역은 자기장으로 지탱되고 있어 중심의 고밀도 영역만 동적으로 수축한다. 이때 분자구름 핵이 생성되는 데 걸리는 시간은 분자구름에서 자기력선속이 빠져나가는 데 걸리는 시간과 비슷한 정도로 자유낙하시간의 수십 배로 추정한다. 단, 분자구름 핵이 만들어지는 데 걸리는 시간은 구름의 질량이 임계질량에 가까운 경우($M\approx M_{\rm cr}$)에는 자기력선속이 조금 빠져나가면 분자구름은 자기적으로 초임계상태가 되어 자유낙하시간의 몇 배 정도로 짧아진다.

9.5.4 준정적 수축에 따른 분자구름 핵의 생성

분지구름이 자기적으로 초임계상태에 있으면 분자구름의 별탄생 효율은 대단히 높아질 것이라 예상하는데, 소질량성 영역 분자구름의 별탄생 효율은 수% 정도로 낮다. 또 자기적으로 초임계상태에 있는 경우, 생성된 분자구름 핵의 수축 속도는 자주 음속을 넘어선다. 그러나 원시별 탄생 전

의 분자구름 핵에서는 분자구름 핵 전체에 걸쳐 초음속의 중력수축은 관측된 적이 없다. 따라서 1990년대 초까지는 소질량성 탄생 영역의 분자구름은 자기적으로 아임계상태에 놓여 있다는 견해가 지배적이었으며, 분자구름 핵은 분자구름의 준정적 수축에 따라 천천히 생성되는 것으로 생각해 왔다.

그러나 최근의 관측에서 이 준정적 진화 모델에는 분자구름 핵의 생성에 필요한 시간(자유낙하시간의 10배 이상)이 지나치게 길며, 모델에서 예상되는 중력수축의 속도가 관측값보다 늦다는 등의 문제점이 지적되었다. 또 실제 분자구름 내에는 대질량성 탄생 영역보다 약하기는 하지만 초음속 난류장이 존재한다. 난류상태에 있는 분자구름 내에서 준정적인 상태를 어떻게 긴 시간 동안 유지하는지도 문제가 된다. 다만 초음속 난류장이 존재하면 난류장에서 생성된 충격파로 국소적으로 자기장이 휘어져 (식 9.15)의 자기장의 전형적인 규모 L이 짧아지기 때문에 표류속도가 커진다. 이러한 경우에 양극성 확산이 가속된다. 최근의 자기장과 난류를 고려한 수치 모의실험에 따르면, 분자구름 핵의 생성시간은 자유낙하시간의 몇 배 정도 짧아져 관측과는 모순되지 않는 것 같다.

관측적으로 분자구름의 질량-자기력선속 비율은 어느 정도일까? 그림 9.8은 여러 영역에서 관측한 분자구름의 질량-자기력선속 비율과 수소분자의 기둥밀도와의 관계를 나타낸 것으로 질량-자기력선속 비율은 임계값으로 규격화되어 있다. 질량-자기력선속 비율 0의 기준선보다 아래 영역에서 분자구름은 자기적으로 아임계상태이다(9.5.3 참조). 그림에서 볼 수 있듯이 분자구름은 자기적으로 임계상태에 가깝고, 자기장이 역학적으로 중요하다는 것을 분명히 알 수 있다. 그러나 현재의 관측 정밀도로는 전형적인 분자구름이 자기적으로 아임계상태인지 초임계상태인지를 정확하게 결정하기가 어렵다. ALMA 등을 이용한 고분해능 관측이 앞으로

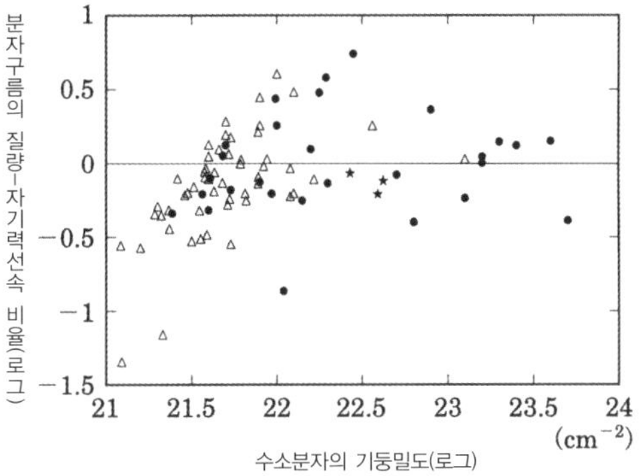

그림 9.8 분자구름의 질량-자기력선속 비율 관측값. 검은 점은 제만 효과에 따른 자기장 측정으로 산출한 값, 삼각형은 제만 효과에 따른 관측에서 얻은 하한값, 별표는 찬드라세카르-페르미 구조를 이용한 자기장 측정으로 얻은 값이다(Heiles & Crutcher 2005, astro-ph/0501550).

필요하다고 하겠다.

최근의 이론계산에 따르면 자기적으로 아임계상태의 분자구름이 양극성 확산에 따라 준정적으로 수축하는 경우라도 중심밀도가 $10^4\,\mathrm{cm}^{-3}$을 넘으면 중심영역은 자기적으로 초임계상태에 이르는 것으로 알려졌다. 즉, 분자구름 핵이 분자구름의 준정적 수축에 따라 생성되는 경우라도 관측되는 분자구름 핵의 중심영역은 이미 자기적으로 초임계상태 또는 적어도 자기적으로 임계상태에 있을 것이라 예상한다.

9.5.5 초음파 난류에 따른 분자구름 핵의 생성

다음 모델은 자기장은 그다지 중요하지 않고 초음파 난류에 따른 압축으로 분자구름 핵이 생성된다는 이론이다. 이 모델은 최근 활발하게 실행한 대규모 3차원 수치유체역학 모의실험으로 발전해 왔다. 분자구름 전체는 초음속 난류장에 따라 전반적으로 지탱되지만, 국소적으로 난류파가 충돌하여 충격파가 다수 생성된다. 이러한 충격파가 충돌한 영역은 주변보다 밀도가 높고, 가늘고 긴 필라멘트 모양과 평판 모양으로 압축된다. 이 영역에서는 난류에너지가 분산되어 주변보다 난류장이 작아진다. 충격파가 압축된 영역에서 자기중력이 작용하기 시작하면 진스가 불안정해져 분열과 수축이 일어나 분자구름 핵이 만들어진다. 수치 모의실험에 따르면 난류장에 따라 만들어진 균질하지 않은 밀도 구조와 실제 관측된 분자 가스의 분포 사이에는 비슷한 점이 많은데, 분자구름 내의 난류장이 내부 구조 형성에 중요한 역할을 하고 있음을 보여준다. 그러나 생성된 분자구름 핵 내의 수축운동이 초음속이 된다는 문제점도 있다. 또 빈번하게 발생하는 충격파 때문에 난류에너지가 단시간에 감쇠되어 초음속 난류장을 긴 시간 유지하려면 난류에너지가 어떻게 생성되는지를 해명해야 한다. 그리고 분자구름 핵은 난류의 횡단시간 정도로 생성되기 때문에 분자구름 핵의 생성시간이 분자구름의 평균 자유낙하시간보다도 짧아진다. 여기에서 횡단시간이란 난류가 분자구름을 옆으로 가로지르는 데 걸리는 시간으로, 분자구름의 길이를 난류장의 특징적인 속도로 나눈 것이다.

난류 압축으로 생성된 분자구름 핵 중에는 중력으로 완전히 속박되지 않은 핵도 만들어진다. 이와 같은 핵은 분자구름 내의 초음속 난류장이 만들어낸 밀도 무리의 일부로, 수만 년이 지나면 핵 내부의 자기력이나 가스압, 난류장으로 팽창되면서 사라진다. 실제로 관측되는 분자구름 핵 중에도 이처럼 중력적으로 충분히 속박되어 있지 않는 핵이 존재할지도 모른다. 사실 최근에 역학평형상태의 주변을 진동운동하는 것으로 추측되는 분자구름 핵도 발견했다. 이와 같은 관측에서는 핵 내부의 속도 구조를 상세히 측정해야 하며, 바너드Barnard 68이라는 보크 구상체 등을 포함해 몇 가지 예만이 관측되지만 분자구름 핵의 생성 과정을 해명하는 데 중요한 요소일지도 모른다.

최근에는 초음속 난류와 자기장 양쪽을 고려한 모델도 연구되고 있다.

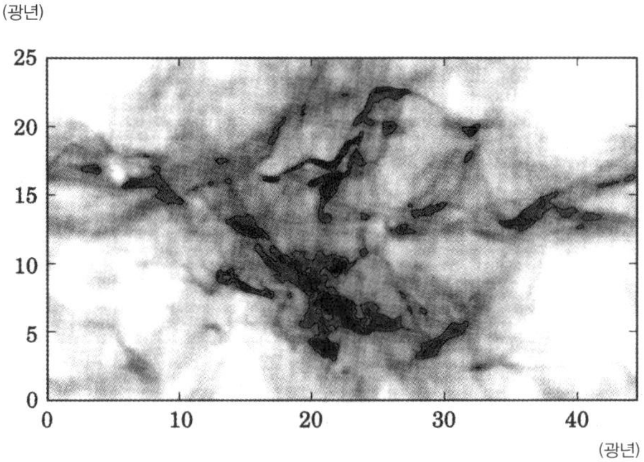

그림 9.9 수치 모의실험에서 얻은 분자 가스의 기둥밀도분포. 계산에서는 자기중력 · 난류 · 자기장을 고려했다. 밀도가 높은 영역(실선으로 둘러싼 영역)은 $C^{18}O$로 관측된 분자구름 핵에 해당한다. 밀도가 낮은 영역에서 보이는 필라멘트 모양의 구조는 초음속 난류로 생성된 구조이다. 길이 단위는 광년이다.

그림 9.9는 이와 같은 계산의 한 예이다. 분자구름이 자기적으로 임계상태에 가까운 경우($M \approx M_{cr}$), 생성된 분자구름 핵의 외연부는 자기장에 부분적으로 지탱된다. 따라서 핵 내부의 낙하속도가 아음속이 되면서 관측을 잘 설명한다. 어쨌든 분자구름 핵의 생성 과정에서는 초음속 난류장과 자기장이 중요한 역할을 하는 것으로 예상되지만 아직 명확하지 않은 점이 많아 좀 더 상세한 연구가 필요하다.

9.6 분자구름 핵에서 원시별로의 진화

다음으로는 중력수축을 시작한 분자구름 핵의 내부 구조를 살펴보기로 하자. 소질량성 탄생 영역에서는 분자구름 핵 내의 난류장은 비교적 약하므로 여기에서는 간단히 정리하기 위해 난류장은 무시하기로 한다. 또 분자구름 내에서는 가스의 복사냉각이 좀 더 잘 작용하기 때문에 가스는 수축

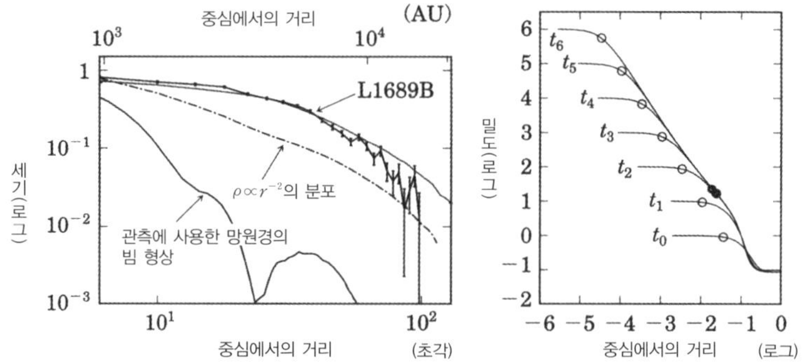

그림 9.10 별이 없는 분자구름 핵 L1689B의 밀도분포(왼쪽). 비교를 위해 중심 부근의 밀도가 평탄하고 $r > 4000$ AU에서 $\rho \propto r^{-2}$의 밀도분포를 갖는 등온 가스구의 밀도분포를 길게 끊어진 선과 점선의 조합선으로 나타냈다(Andre *et al.*, 2000, *Protostars and Planets* Ⅳ, p.59).

과정에서 등온을 유지하는 것으로 한다. 그림 9.10의 오른쪽 그림은 초기에 자기적으로 아임계상태에 있는 분자구름 핵이 중력수축하는 모습을 수치 모의실험으로 추적한 결과이다. 중심밀도가 낮은 단계에서는 분자구름 핵은 자기장에 따라 안정적으로 지탱하고 있어 양극성 확산에 따라 준정적으로 천천히 수축을 계속한다. 자기장이 충분히 빠져나가 중심영역이 자기적으로 초임계상태에 이르면 자유낙하시간과 같은 정도로 중력수축을 시작한다. 따라서 그 후의 진화는 분자구름 핵 전체가 초기의 초임계상태인 경우와 매우 비슷하다.

밀도분포의 특징으로는 중심부가 평탄하다는 것, 외연부의 밀도분포가 반지름의 2제곱에 반비례한다는 점 등을 들 수 있다($\rho \propto r^{-2}$). 밀도분포가 $\rho \propto r^{-2}$로 근사되는 영역에서는 반지름 r 내의 질량이 r에 비례해서 증가하므로 압력기울기에 따른 힘 $\partial P/\partial r (= a^2 \partial\rho/\partial r \propto r^{-3})$과 중력 $GM\rho/r^2 \propto r^{-3}$의 비가 반지름의 크기에 의존하지 않는다. 이 특징들은 실제로 관측되는 별이 없는 분자구름 핵의 밀도분포와 잘 맞아떨어진다(그림 9.10 왼쪽의 별이 없는 핵 L1689B의 관측 예 참조).

밀도가 평탄한 중심영역에서는 수축속도가 반지름에 비례해 커지며 평탄영역의 바깥쪽에서 최댓값을 가진다. 그보다 더 바깥영역은 자기장에 따라 안정적으로 지탱되어 수축속도는 서서히 느려진다. 따라서 분자구름 핵의 수축속도는 평균적으로 음속보다 느리다.

9.5절에서 보았듯이 강한 난류장이 없는 경우에는 양극성 확산에 따라 자기력선속이 빠져나가는 시간규모가 자유낙하시간에 비해 10배 정도 크다. 따라서 자기적으로 초임계상태에 도달한 중심부에서는 중심에 원시별이 탄생하기 전 단계에서는 자기력선속이 거의 빠져나가지 않는다. 이 때문에 수축 과정에서 B/Σ는 거의 일정하게 보존된다. 핵은 자기장을 따라 수축하며 평판 모양이기 때문에 평판의 두께 L_d는 진스 길이 λ_J 정도가 된다($L_d \approx (\pi/G\rho)^{1/2}$). 따라서 평판면의 밀도 $\Sigma = \rho L_d$는

$$\Sigma \approx a(\pi\rho/G)^{1/2} \tag{9.17}$$

이 되며 밀도의 제곱근에 비례한다는 것을 알 수 있다. 즉, $B \propto \rho^{1/2}$의 관계가 성립되며 $B \propto r^{-1}$이 된다.[5]

수치계산 결과를 보면 중심의 평탄한 부분은 시간과 함께 줄어들지만 각 시간의 밀도분포의 형태는 모두 비슷하다는 것을 알 수 있다. 바꿔 말하면 시간 진화를 하더라도 각 시간의 밀도분포는 서로 닮은꼴이다. 이와 같은 시간 진화의 특징은 자기장이 없는 등온 가스구에서도 볼 수 있으며, 등온 가스의 중력수축이라는 기본적 성질에서 비롯된다. 실제로 이러한 진화를 설명하는 자기유사해self similarity solution라는 해석 해가 존재한다. 등온 가스구의 중력수축을 나타내는 자기유사해는 1969년에 펜스턴M.V.

5 자기장이 매우 약하고 분자구름 핵이 구대칭인 경우 $\Phi = \pi R^2 B$, $M = 4\pi R^3 \rho/3$에서 $B \propto \rho^{2/3}$의 관계식이 성립된다.

Penston과 라슨Larson이 독자적으로 유도해 라슨-펜스턴 해라고 한다. 자기유사해에 따르면 수축과 함께 중심밀도는 가속적으로 상승하며, 중심의 평탄 부분은 중심밀도에서 추정한 진스 파장 정도의 넓이를 항상 유지하므로 질량은 시간과 함께 감소한다. 따라서 대부분의 질량은 밀도분포가 $\rho \propto r^{-2}$으로 근사되는 바깥 껍질부에 남겨진다. 즉, 중력수축은 매우 불균질한 상태로 진행된다.

9.7 원시별의 탄생과 질량강착기

중력수축은 어디까지 계속될까? 수축이 계속되어 중심부의 밀도가 10^{11} cm^{-3} 정도까지 상승하면 가스의 냉각효율이 떨어진다. 가스의 냉각효율이 떨어져 중심부가 광학적으로 두꺼워지면 중력수축의 압력에 따라 생기는 열이 성간공간으로 빠져나가지 못해 중심부의 가스 온도가 급격하게 올라간다. 이 온도의 상승으로 가스압이 올라가고, 중심의 고밀도 영역에서는 중력수축이 멈추면서 역학평형상태가 이루어진다. 이렇게 역학평형을 이룬 중심부를 제1핵the first core이라고 한다. 제1핵의 질량은 생성될 때 매우 작아 밀도가 10^{11} cm^{-3}일 때의 진스 질량 정도($\approx 10^{-2}\,M_\odot$)밖에 되지 않는다. 그 후 수축할 때에 남겨진 주위 가스(밀도가 $\rho \propto r^{-2}$에 따르는 영역)가 제1핵에 내려 쌓임으로써 핵의 질량이 증가한다. 최근의 수치 모의실험에 따르면 질량강착률은 시간에 따라 다른데, 제1핵 생성 직후가 가장 크고, 그 후로는 시간이 흐름에 따라 감소해 대개 다음 식과 같이 된다.

$$\dot{M} \simeq a^3/G \simeq 2\times 10^{-6}\left(\frac{T}{10\mathrm{K}}\right)^{3/2} M_\odot \quad \mathrm{yr}^{-1} \tag{9.18}$$

이 식은 진스 질량 정도의 가스 덩어리가 자유낙하시간에 중심으로 내려 쌓이는 정도($\dot{M} \sim M_J/t_{ff}$)의 비율로 질량강착한다는 것을 뜻한다. 즉, 태양 질량 정도의 별이 탄생하려면 약 5×10^5년 정도 걸린다. 질량강착이 계속되면 제1핵은 수축을 계속하여 원시별, 전주계열성을 거쳐 마침내 중심부에서 핵융합이 시작되어 별이 탄생한다. 제1핵의 생성 이후 진화에 대해서는 다음 장에서 자세히 설명하기로 하겠다.

제10장

소질량성의 탄생 (2)

_ 원시별에서 주계열성까지

이 장에서는 분자구름 핵에서 만들어진 소질량 원시별이 이후 진화하여 주계열성이 되기까지를 설명하기로 한다. 태양의 탄생은 인류의 기본적 문제이기도 하여 천문학에서도 특별히 주목해 왔다. 앞으로 따로 언급하지 않는 한 대표적인 경우로 1 $M_{\odot}$의 원시별을 이야기하겠다.

원시별은 먼지 속에 깊이 파묻혀 있어 기존의 가시광선 중심의 관측으로는 검출하기 어려웠다. 이 때문에 원시별에 대한 연구는 이론적인 부분부터 시작되었다. 그 후 전파, 적외선에서 X선에 이르는 폭넓은 파장 영역을 이용하면서 원시별에 대해서도 많은 관측자료가 쌓였다. 이 연구들을 종합하면 주계열 이전의 진화단계는 별 자체의 질량이 증가하는 '원시별'과 질량이 일정한 그대로 반지름이 수축하는 '전주계열성'으로 구별된다.

원시별 단계를 특징짓는 지표로 별 자체보다 훨씬 큰 규모의 성간현상이 유명한데, 원적외선에 최댓값을 가지는 성간먼지의 복사, 분자흐름 천체 · 광학적 제트 등을 들 수 있다. 원시별 주변에는 성간먼지와 가스로 된 회전원반이 둘러싸고 있으며, 원반을 통해서 물질이 별 표면으로 떨어져 쌓임으로써 원시별이 성장한다. 분자흐름 발생에는 회전원반과 자기장이 깊은 연관이 있는 것으로 보인다. 이 원반은 그 후 행성계 탄생의 '원료'이다. 또 별 자체나 그 근처에서 X선에서의 플레어 현상이 일어난다는 것이 알려져 자기장이 젊은 항성에서 중요한 역할을 하고 있음을 보여준다.

10.1 별탄생의 개요

원시별은 분자구름 핵 안에서 만들어진다. 원시별의 첫 단계를 원시별 핵이라고 한다. 분자구름 핵은 크기가 0.1광년(10^{17} cm) 정도이지만 원시별 핵은 그보다 훨씬 작아 AU(10^{13} cm) 또는 태양의 반지름(10^{11} cm)의 몇 배 정도이다. 원시별 핵 주위에는 분자구름 핵의 크기보다 10~100배 작은 원반이 있지만, 여기에서는 먼저 원시별 핵 자체에 대해서 이야기하고, 그 다음 원반과 원시별 핵과의 관계에 대해 알아보겠다.

원시별과 분자구름 핵을 구별하는 물리적 지표는 계 전체의 광학적 깊이이다. 분자구름 핵은 광학적으로 얕고 복사에 따라 에너지를 효율적으로 방출하기 때문에 10 K 정도의 등온상태에 있다. 분자구름 핵이 수축하면서 적외선 복사에 대해 불투명해지면 가스 온도가 상승하고 압력도 상승한다. 이에 따라 비로소 자기중력에 대항해 역학적 평형을 유지하기에 충분한 내압이 높은 가스구球가 생긴다. 이 가스구는 일반적인 항성과 비슷한 역학적 평형상태에 있어 원시별이라고 하기에 적당하다.

원시별 핵의 생성은 하야시林忠四郎나 리스M.J. Rees 연구팀이 1960년대 중반부터 예측하기는 했지만, 처음으로 원시별 핵의 진화를 명확하게 다룬 연구는 1969년 라슨R.B. Larson이 컴퓨터를 이용한 수치계산이다. 그는 성간 가스의 상태에서 출발해 가스의 중력수축을 동적으로 추적하고, 원시별 핵의 행성과 그 후 전주계열에 이르는 진화를 보여주었다. 그 후로도 다양한 조건에서 많은 수치계산들이 끊임없이 시도되었다. 1980년 스탈러S.W. Stahler, 슈F.H. Shu, 탐R.E. Taam 등은 이 계산 결과들을 통일하여 원시별 진화의 기본적인 모습을 정리했다. 지금부터 최근의 연구 결과에 대해 설명하겠다.

10.1.1 제1핵과 제2핵

최신 계산의 한 예는 마스나가增永浩彦 연구팀이 실행한 것으로, 그림 10.1은 원시별 스펙트럼의 시간 변화에 따른 모습을, 그림 10.2는 원시별의 밀도와 반지름의 진화경로를 보여준다.

분자구름 핵이 중력수축해 그 중심밀도가 $5 \times 10^{10}\ \mathrm{cm}^{-3}$이 되면 역학적으로 거의 평형상태인 가스구가 생기는데, 이것이 원시별 핵이다. 복사에

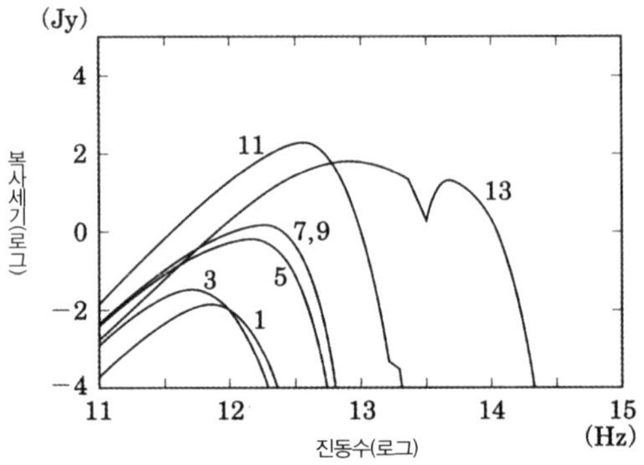

그림 10.1 원시별 스펙트럼의 진화 모습. 두 번째 붕괴인 1.75×10^{-5}년 전(1단계)부터 1.38×10^{5}년 후(13단계)까지를 보여주는 그림이다. 단계 숫자가 클수록 시간이 경과했음을 나타낸다(Masunaga & Inutsuka 2000, *ApJ*, 531, 350).

대해 불투명해져 온도가 상승하고 내압이 중력에 균형을 이루는 것이 그 특징이다. 최초로 생성된 원시별 핵 '제1핵the first core'의 주성분은 수소분자이다. 제1핵의 온도는 1000 K, 반지름은 1 AU, 질량은 0.01 $M_\odot$ 정도이다. 이 핵의 주변에 성간 가스가 좀 더 강착되어 핵의 질량이 증가한다. 이와 함께 핵의 온도도 올라가 대략 2000 K이면 수소분자가 해리되기 시작한다. 이는 흡열 과정이라 수소분자 가스의 압력이 내려가고 평형상태가 깨지면서 다시 동적인 수축이 시작된다. 이러한 수축을 두 번째 붕괴the second collapse라고 한다. 제1핵은 약 10^4년이라는 짧은 시간 동안만 존재하는 것으로 예상한다. 두 번째 붕괴를 지나서 해리된 수소는 완전 이온화 상태이고 다시 평형상태의 핵을 생성한다. 이것이 '제2핵the second core'이다. 제2핵의 중심온도는 4000 K이며, 중심밀도는 10^{16} cm^{-3}, 반지름은 태양 반지름의 몇 배, 질량은 0.01 $M_\odot$ 정도이다. 이러한 제2핵에 계속해서 성간 가스가 강착되어 원시별의 질량이 증가한다. 이것을 주질량 강착기라고 한다. 이 핵들의 온도와 밀도는 별탄생의 모체인 분자구름의 온도나 밀도에 비해 훨씬 높지만, 태양의 중심온도(1.5×10^7 K)와 밀도

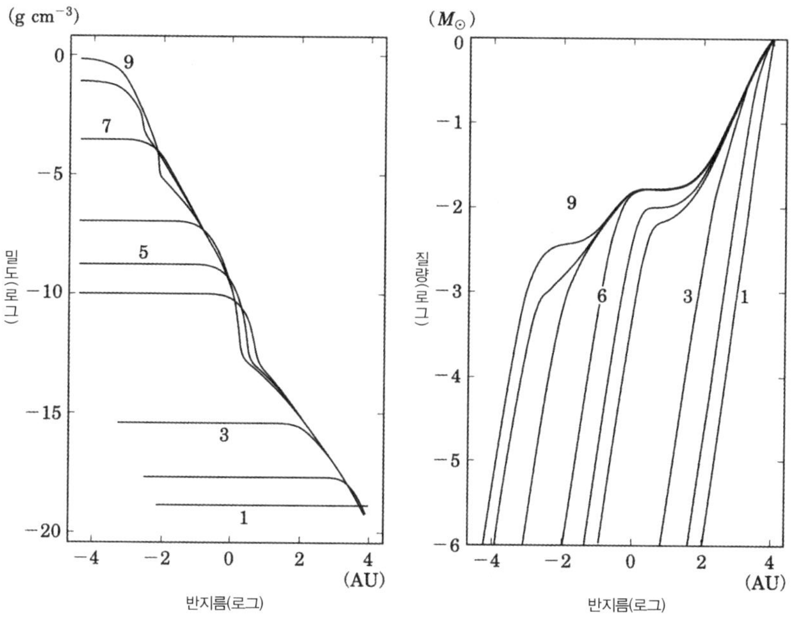

그림 10.2 원시별의 밀도(왼쪽)와 질량(오른쪽)의 진화경로. 단계 숫자는 그림 10.1의 단계에 대응한다 (Masunaga & Inutsuka 2000, *ApJ*, 531, 350).

($10^{24}\,cm^{-3}$) 에 비해서는 훨씬 낮다.

10.1.2 주질량강착기

원시별은 '별의 질량이 유의미하게 계속 증가하는 단계'라고 정의한다. 그림 10.3은 주질량강착기에 있는 원시별의 상태를 도식화한 것이다.

강착하는 가스가 정지해 있는 원시별 표면과 충돌하면 충격파면이 만들어진다. 충격파면의 온도는 계산에 따르면 1만K 정도에 이르고, 가시광선과 자외선을 복사한다. 강착하는 가스는 이때의 자외선에 이온화되고 성간먼지도 기화한다. 이러한 충격파면에서 방출된 에너지는 강착하는 가스가 방출한 중력에너지이며, 이온화 등으로 흡수되는 에너지를 무시하면

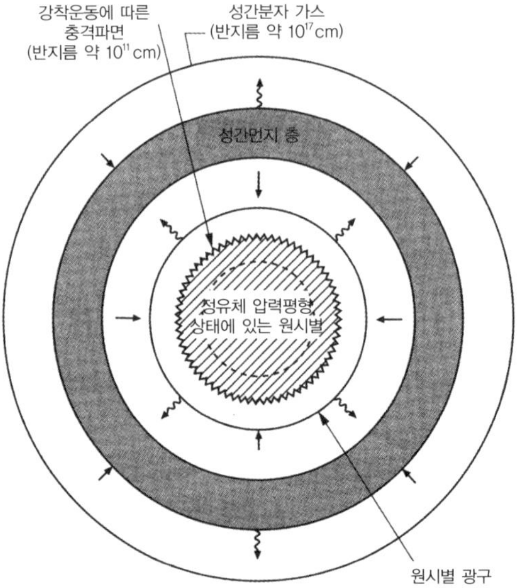

그림 10.3 주질량강착기의 원시별 상태(Stahler *et al.*, 1980, *ApJ*, 241, 637).

다음 식으로 나타낼 수 있다.

$$L_{\mathrm{acc}} = GM\,\frac{dM}{dt}\,\frac{1}{R} \qquad (10.1)$$

여기에서 dM/dt는 질량강착률, M과 R은 원시별 핵의 질량과 반지름이다. 질량강착률은 차원해석dimensional analysis을 사용하면 진스 질량(식 9.8)과 자유낙하시간(식 8.18)의 비로 주어진다. 실제로 이 관계는 수치계산으로도 확인되며, 최종적으로 원시별의 질량과는 무관하게 다음 식처럼 성간 가스의 속도분산값 a의 3제곱에 비례한다.

$$dM/dt \sim a^3/G \qquad (10.2)$$

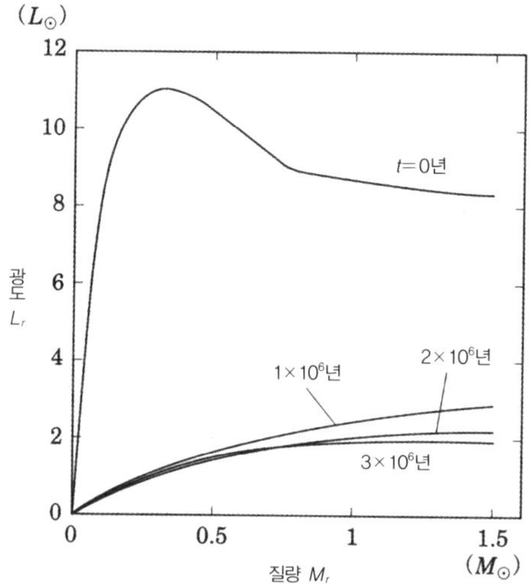

그림 10.4 원시별 광도의 시간 변화(Palla & Stahler 1993, *ApJ*, 418, 414).

전형적인 성간분자구름의 경우, 질량강착률은 10^{-5}~$10^{-6}\,M_\odot\,\mathrm{yr}^{-1}$ 정도이다. 만약 황소자리 분자구름에서의 값 $10^{-6}\,M_\odot\,\mathrm{yr}^{-1}$을 사용해서 대표적인 $1\,M_\odot$의 별탄생을 가정해 보면 원시별의 광도 대부분이 강착에너지로 공급되는 것으로 나타났으며, 그 시간 변화는 그림 10.4에 나타낸 것과 같다. 이 그림에는 원시별의 질량이 거의 시간에 비례해 10^6년 정도의 시간규모로 증가하는 것을 보여준다. 이 결과에서 태양 질량 정도의 원시별은 최대 수십 태양 광도의 밝기로 10^5~10^6년 정도 빛날 것으로 예상한다. 그러나 황소자리 등에서도 확인되듯이 이와 같은 원시별은 분자구름 안쪽에 깊이 파묻혀 있어 가시광선으로 검출할 수 없다. 대신 성간먼지가 흡수한 자외선이나 가시광선이 적외선 영역에 재복사된 것을 우리가 관측한다. 거의 모든 광도가 적외선 영역에서 재복사되는 것으로 추측한다.

별의 질량이 마침내 $1\,M_\odot$에 이르렀을 때 그 어떤 작용에 따라 질량강착이 멈추는 것으로 생각하지만 강착정지에 대한 자세한 내용은 아직 잘 알려지지 않았다. 분자흐름처럼 바깥쪽을 향하는 흐름이 가스를 날려 버릴 것이라는 이론 등에 대해 논의하고 있지만 현시점에서는 정설이 없다. 질량 증가가 멈춘 $1\,M_{\odot}$의 원시별은 반지름이 태양의 4배 정도이며, 그 중심온도는 약 4×10^6 K이지만 수소 연소가 시작되려면 온도가 10배는 더 상승해야 한다.

10.1.3 전주계열 수축기

주질량강착기가 끝난 별은 그 후 천천히 수축하여 중력에너지를 방출한다. 이때의 수축은 원시별 단계의 동적 수축과는 달리 준정적quasi-stationary으로 역학적 평형상태를 대체로 유지하면서 진행되므로 전주계열 수축pre-main-sequence contraction이라고 한다. 이때의 물리 과정은 오래전부터 켈빈, 헬름홀츠 연구팀이 연구했으며, 가스구球의 자기중력 에너지와 태양광도의 비율을 이용해 전형적인 수축의 시간규모를 다음 식과 같이 부여했다. 이것이 켈빈-헬름홀츠 시간규모Kelvin-Helmholtz time scale이다.

$$t_{\mathrm{KH}} = GM^2/RL_{\mathrm{rad}} \tag{10.3}$$

이때 태양의 시간규모는 약 10^7년 정도이다. 이와 같은 준정적 수축의 결과, 별의 반지름이 1태양 반지름까지 감소하면 중심온도가 1.5×10^7 K으로 상승해 수소 연소반응이 시작된다. 그 이후에는 핵반응 에너지에 따라 압력이 유지되어 가스구의 준정적 수축이 멈추고, 별의 반지름은 거의 일정하게 유지된다. 이때가 주계열단계로 수소 연소 핵반응은 안정적으로 지속된다. 별의 전체 질량 가운데 중심 부근에 있는 약 10 %의 수소가 연소해서 헬륨으로 전환되며, 태양은 주계열단계에서의 수명이 대략 100억 년이다. 전주계열 수축기의 주요 에너지원은 준정적 수축에 따른 중력에

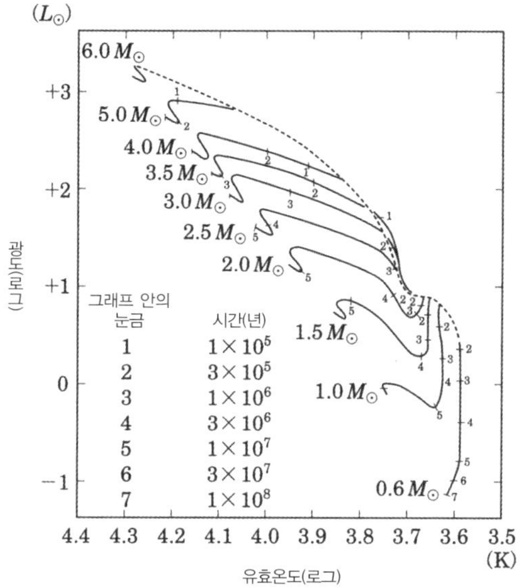

그림 10.5 HR도표에서 전주계열성의 질량별 진화 예상도(Palla & Stahler 1993, *ApJ*, 418, 414).

너지의 방출이다. 중심온도가 10^6 K에 이르렀을 즈음 중수소(D)가 연소되며, 중심온도가 2.5×10^6 K에 이르렀을 때에는 리튬(Li)이 연소되는데, 양쪽 모두 성간 가스에는 미량밖에 포함되어 있지 않아 진화경로에는 본질적인 영향을 미치지 못한다.

전주계열 수축기의 진화경로를 헤르츠스프룽-러셀도표(HR도)에 나타냈다(그림 10.5). 별의 질량에 따라 경로가 구별되며, 각 경로의 시각 기점은 이론적으로 추정하여 탄생선birth line이라고 하며 전주계열성의 관측과도 거의 일치한다. 1 $M_\odot$ 정도의 소질량성에 주목하면 진화의 경로는 서로 다른 두 개의 기울기 부분으로 이루어진다. 첫 번째는 HR도에서 옆으로 뻗는 하야시 경로를 따라 수축한다. 이 단계의 별은 전 영역에서 대류로 에너지가 전달되다가 어느 정도 수축하면 별 중심에서 대류가 멈추고 복사로 에너지가 전달된다. 이 단계의 별은 HR도표에서 왼쪽으로 기울어지면서 거의 광도를 일정하게 유지하면서 진화하며, 이때의 궤적을 헤니에이 경로Henyey track라고 한다. 2 $M_{\odot}$ 이상인 별은 하야시 경로를 거치지 않고 복사평형을 유지하면서 주계열에 도달한다. 실선의 왼쪽 끝부분은 나이가 0인 주계열성(ZAMS)[1]의 위치를 나타낸다. 하야시 경로는 하야시林忠四郎가 발견한 것으로 HR도표에서 이 경로보다 저온(오른쪽)인 영역은 현실적으로는 평형해가 존재할 수 없음을 잘 보여주며, 이를 '하야시의 금지영역' 이라고 한다.

10.2 관측과의 비교

원시별의 진화와 관련하여 관측을 통한 검증에 대해 이야기하기로 한다. 전주계열 수축기는 진화가 어느 정도 진행되어 주위의 성간먼지가 감소된 상태라 별 자체를 직접 관측할 수 있기 때문에 확실히 검증된다. 이보다 젊은 진화단계에서는 주변에 먼지가 많아 원시별을 직접 볼 수 없기에 원시별 주변의 현상을 통해 간접적으로 검증하게 된다. 주질량강착기의 경우는 별주위 물질의 양을 반영하는 적외선 영역의 연속 스펙트럼이 하나의 지표가 된다. 또 질량강착을 에너지원으로 할 경우에 나타나는 분자흐름의 발생이 주질량강착기의 특징이다. 또한 별탄생 순간이라고도 할 수 있는 제1핵과 제2핵의 생성에 대해서는 아직 확실한 관측적 검증은 이루어지지 않고 있다.

시간을 거슬러 올라가면 전주계열 수축기는 약 1000만 년, 주질량강착기는 약 100만 년, 제1핵과 제2핵의 생성기는 1만 년 정도이다. 이러한 시간규모의 비율은 천체의 개수 비율을 반영한 것으로 보인다. 즉, 별탄생의

1 수소 연소와 복사로 에너지 수지가 균형을 이룬 최초 상태(Zero Age Main Sequence).

극히 초기를 관측으로 포착하는 것은 개체 수가 적기 때문에 매우 힘든 과제임을 알 수 있다. 주계열성의 수명이 100억 년이라는 점을 상기하면 원시별의 빈도는 1만분의 1 정도로 적다. 다음 절에서는 관측 예가 비교적 풍부한 전주계열기부터 소개하기로 하겠다.

10.2.1 T-타우리형 별: 전주계열 수축기

T-타우리형 별은 보통의 주계열성에서는 볼 수 없는 스펙트럼의 특징을 보여주어 전주계열 수축기에 있는 것으로 추정하는 별이다. 이 별의 주요 특징은 다음과 같다.

(1) 방출선 스펙트럼을 가지고 있다. 특히 수소의 Hα선이 강하다.
(2) 강한 리튬의 흡수선을 보여준다.
(3) 변광한다.
(4) 암흑성운이나 발광성운과 같은 젊은 가스 근처에 집단적으로 분포한다.
(5) 적외선과 자외선에서 주계열성에는 보이지 않는 초과가 있다.
(6) X선 복사가 강한 천체가 있다.

이 특징 가운데 (1), (3), (5)는 별 주위에 이온화 가스와 성간먼지가 넓게 분포한다는 것을 의미하며, 성간 가스의 흔적이 남아 있음을 시사한다. (4)도 T-타우리형 별의 젊은 상태를 보여주는 상황증거로 보인다. 또 (2)는 리튬의 연소가 일어나지 않은 젊은 별임을 시사한다. 그리고 T-타우리형 별의 스펙트럼형은 F형에서 M형에 이르며, 표면온도는 7000~3000 K이다. 또 광도는 이론에서 예상되는 하야시 경로(10.1절 참조)와 모순되지 않는다. 광학 관측으로 얻은 이 별의 온도와 광도를 HR도표에 표시해 이론 계산과 비교해 보면 T-타우리형 별이 소질량의 전주계열 수축기에 있는 천체임을 뒷받침해 준다(그림 10.5의 2 $M_\odot$ 미만에 해당). 그리고 (6)은 다음에 서술하는 것처럼 표면의 자기장 동반활동을 시사한다.

여기에서 주의해야 할 점은 이론계산의 정밀도의 한계이다. 현실적으로는 항성대기의 계산에 사용하는 불투명도opacity 값 등이 일정하지 않아 계산에 따라 진화경로가 일치하지 않는다는 문제가 있다. 그림 10.5에 나타낸 경로도 경향은 맞지만 양적으로 엄밀히 믿을 만하다고는 할 수 없다. 따라서 관측된 각각의 별 나이와 질량을 구하지 못하고 있으며, 일반적으로 T-타우리형 별 무리를 대상으로 그 평균적인 나이와 질량을 구한다.

T-타우리형 별은 약한 방출선의 T-타우리형 별(weak line T Tauri stars, WTTS)과 고전적 T-타우리형 별(classical T Tauri stars, CTTS)로 세분화된다. 약한 방출선의 T-타우리형 별은 Hα 방출선의 세기가 약하고 적외선 및 자외선에서의 초과도 적으며 X선을 내는 천체가 많다. 황소자리 분자구름 등의 주변부에서 ROSAT 위성이 발견한 여러 개의 X선 천체 일부가 약한 방출선의 T-타우리형 별로 동정되고 있다.

더불어 젊은 중질량성(약 2~10 $M_{\odot}$)으로 전주계열에 해당하는 천체로는 가시광선에서 최초로 인식된 허빅 Ae/Be형 별(Herbig Ae/Be stars, HAeBe)이 대표적이다. 스펙트럼형은 방출선을 동반하는 B형이나 A형이며, 표면온도는 3만~8000 K이다. 허빅 Ae/Be형 별은 중질량성의 전주계열 수축 단계에 있는 것으로 보인다(그림 10.5의 2 $M_{\odot}$ 이상에 해당). 단, T-타우리형 별과 비교해 허빅 Ae/Be형 별의 개수가 훨씬 적고 관측적 검증이라는 의미에서 불확정성이 크다.

한편, 질량이 더 작은 별에 대해서도 준정적 수축의 경로를 계산하는데, 질량 0.08 $M_{\odot}$ 이하의 천체는 수소 연소반응을 일으키지 않고 수축을 계속해서 최종적으로는 갈색왜성이 된다.

10.2.2 원시별 후보 천체

적외선으로 처음 발견한 저광도의 점 모양 천체로, 가시광선에서는 전혀 보이지 않는다는 점에서 T-타우리형 별보다 어린 단계에 있다고 추정한다. 그 대표적인 예는 황소자리 구름에 있는 L1551 IRS5(암흑성운 린스 1551의 적외선원 제5번, Lynds1551 InfraRed Source 5) 등을 들 수 있으며 원시별의 좋은 후보이다. 이런 종류의 천체는 IRAS 적외선 천문위성으로 여럿 발견되었으며 이미 그 보편성이 확립되어 있다. 이런 종류의 천체는 광학적으로는 보이지 않아 적외선의 성질로 특징을 규정한다.

원시별 진화의 시간규모는 약 10^6년이다. 원시별은 분자구름 핵의 생성 과정에서 주위에 먼지와 가스로 된 원반 모양의 분포를 만든다. 분자구름 핵의 대부분은 속도기울기가 나타난다. 이는 핵의 자전운동 결과로 보인다. 즉, 자전축에 수직 방향으로 원심력이 작용한 결과, 수축하는 분자구름 핵은 원반 모양으로 줄어든다. 이때 원반의 크기는 허블 우주망원경 등으로 알게 된 것처럼 수백 AU(10^{15} cm)이며, 원시별에 비해 그 넓이가 1만 배이다. 이 원반은 온도가 수백 K에 이르는 열적 복사를 방출하며 100 μm 대역을 중심으로 폭넓은 파장대에서 관측된다. 이러한 종류의 원적외선 스펙트럼은 주계열성과 전주계열성에서는 볼 수 없는 특징으로 원시별의 지표 가운데 하나로 생각한다.

1980년대 이후 원적외선을 포함한 복사에너지 분포(Spectral Energy Distribution, SED)가 넓은 파장 영역에서 측정되면서 원시별에 대한 연구는 큰 진전을 보이기 시작했다. 태양계 근방의 약 200 pc 이내에서 1태양 광도 이상의 많은 원시별 후보 천체가 파장 10~100 μm 대역의 적외선에서 검출되었던 것이다. 파장 100 μm 대역은 원시별 원반의 복사 스펙트럼의 최댓값 부근에 해당된다는 점에서 IRAS 위성 관측으로 원시별의 선체 광도를 구할 수 있다. SED에 근거한 계통적 분류가 시도되면서 1987년 라다C.J. Lada는 I형, II형, III형의 분류를 제안했다. 그리고 가장 적외선 초과가 큰 I형이 원시별에 해당한다고 지적했다. 이와 병행해서 슈F.H. Shu 연구팀은 1987년에 그때까지 이론적으로 구축된 원시별 자체의 진화와 그 별주위 구조의 진화를 모두 고려한 통일된 진화의 개략도를 제안했다.

이 분류에는 다음 식에서 정의한 파장 2.2 μm와 25 μm의 스펙트럼 기울기를 나타내는 지표 α를 이용했다(장파장 쪽은 25 μm가 아니라 10 μm나 12 μm를 사용하는 경우도 있다).

$$\alpha = d\log(\lambda F_{\lambda})/d\log\lambda \tag{10.4}$$

I형 천체는 α가 양의 값($\alpha > 0$)이며 SED는 긴 파장 쪽을 향해 증가한다. I형은 원시별 단계에 해당한다. 적외선의 에너지 초과는 별주위에 있는 원시별 원반이 기여하는 것이다. T-타우리형 별과 비교했을 때 분자구름(핵)에 깊이 파묻혀 있고(A_v가 수십 등급 이상), 물질강착이 활발하며 쌍극분자흐름 등의 질량방출 현상도 보편적으로 볼 수 있다.

II형 천체는 SED가 평탄하거나 음의 기울기를 가지지만($-2 < \alpha < 0$), 별 자체의 흑체복사에서 분명하게 적외선 초과를 볼 수 있다. 이것은 오로지 원반이 기여한 것이다. 이러한 별은 위의 T-타우리형 별에 해당된다. SED가 평탄한 것은 평탄 스펙트럼의 T-타우리형 별이라고도 하며, I형과 II형의 중간단계인 것으로 보인다.

III형 천체는 SED가 음의 기울기($\alpha < -2$)이며, 가시광선에서 적외선에 걸쳐 항성 표면온도의 흑체복사곡선에 가깝다. 즉, 중심별 근처에는 그다지 눈에 띄는 별주위 구조가 보이지 않으며, 약한 방출선의 T-타우리형 별 이후에 해당한다.

진화의 초기일수록 별주위 물질의 양이 많으며 중심에서의 소광효과가 크다. 가장 초기단계에 있는 것으로 추정하는 I형 천체는 소광이 적은 서브밀리미터파나 원적외선에서만 관측된다. 별주위 물질의 양이 줄고 온도가 전체적으로 올라가면 적외선 영역 전체에서 복사가 관측되기 시작하는데, 이것은 II형 천체에 해당된다. 단, 이 단계라도 아직 가시광선으로 중심을 꿰뚫어볼 수는 없다. 가시광선에서 중심별을 직접 관측할 수 있는 것은 진화가 더 진행되어 별주위 물질이 걷히고 난 후 T-타우리형 별 단계(II~III형)부터이다.

그 후의 전파관측에서 IRAS 위성으로도 검출되지 않고 서브밀리미터파에서 밀리미터파 이상의 긴 파장 영역에서만 검출된 원시별 후보 천체를 '0형'이라 해서 위의 분류에 추가하자는 주장도 있다. I형 천체에 비해 별주위 물질에 존재하는 물질의 비율이 높고 분자흐름도 볼 수 있다. 다만 0형 천체를 진화의 한 단계로 생각하지 않고, 원반 등 별주위 구조를 바라보는 각도의 차이로 생긴 것이라는 견해와 주위의 밀도 차이를 반영한 결과라고 보는 견해 등 아직 확립된 내용이 없다.

10.2.3 원시별 핵의 관측적 확인

이전의 진화단계, 즉 제1핵과 제2핵의 생성은 짧은 시간규모에서 일어나는 현상이기에 관측으로 확인하기 어렵다. 검증이 어려운 것은 몇 가지 요인이 겹치기 때문이다. 첫 번째로 이 단계에서의 천체 수명은 겨우 10^4년으로 존재확률이 매우 낮다. 수많은 소질량 원시별이 관측되는 황소자리의 별탄생 영역에서조차 한 개 정도 존재하는 것으로 예상할 뿐이다. 그리고 이와 같은 천체가 설령 있다 해도 중심밀도가 10^{11} cm^{-3}에 이르렀음을 나타내는 것도 곤란하다. 수 AU 정도의 초밀집 서브밀리미터 연속파원이 발견되면 제1핵의 좋은 후보 천체가 되겠지만, 예상하는 세기와 넓이를 감안해 그것을 검출하려면 앞으로 ALMA와 같은 대형 장비 수준의 감도와 분해능이 필요하다.

이런 어려움이 있지만 원시별 핵의 직접 검증은 중요한 일인 동시에 도전 과제이기도 하다. 제1핵은 1970년 무렵에 확립된 고전적 이론에서 예상한 형태와 크게 다를 수도 있다는 점에 주의해야 한다. 라슨 연구팀의 고전적인 이론에서는 회전과 자기장을 고려하지 않았다. 자기장과 회전이 강해지면 원시별은 구대칭이라는 고전적 가정이 맞지 않을뿐더러 축대칭이라는 가정조차 전혀 비슷하지도 않을 수 있다. 만약 각운동량을 보존하면서 수축한다면 회전속도는 중심에서의 거리의 2제곱에 반비례해 커진다. 강착원반에서 사용하는 α 점성 모델[2]을 채용해 각운동량이 운반되는 효과를 고려한 진화 모델도 존재하지만, 비축대칭적인 흔들림이 성장하면서 좀 더 동적인 각운동량 운반이나 분열이 일어날 가능성도 있다. 이론적으로도 질량강착기의 원시별 핵의 진화에 대한 자세한 부분은 아직 개척하지 못한 주제이다.

10.2.4 원시별에서의 팽창 가스 운동

또 하나, 원시별의 관측적 지표로 분자흐름 또는 쌍극분자흐름molecular outflow, bipolar outflow이 있다. 이것은 원시별 후보 천체를 중심으로 그 양쪽에서 볼 수 있는 속도 10~100 $\mathrm{km\,s^{-1}}$의 초음속 가스흐름이다. 회전원반으로 구동되는 자기력선의 작용으로 가속하여 수렴된 가스흐름으로 생각되며 10^3~10^5년 정도의 시간규모에 질량강착을 에너지원으로 하는 것으로 보인다. 이 때문에 주질량강착기를 특징짓는 원시별 단계에 해당하는 현상으로 해석한다. 그리고 별 표면에 좀 더 가까운 안쪽에서 속도 200 $\mathrm{km\,s^{-1}}$

2 원반을 난류 상태에 있다고 가정해 난류 매개변수 α로 점성을 기술한 모델.

에 이르는 고도로 수렴된 이온화 가스의 제트가 발생한다. 이것을 광학적 제트optical jet라고 하는데, 허빅-아로 천체도 이러한 종류의 가스흐름에 따라 충돌하고 들뜬 성간 가스의 발광현상이라 해석한다. 이 가스들의 팽창 현상에 대해서는 다음 10.3절에서 자세히 설명하기로 하겠다.

10.3 분자흐름 천체

10.3.1 관측 사실

원시별 주변의 가스흐름은 오직 강착운동만 하는 것으로 예상했지만 실제로는 가스의 팽창운동을 한다는 사실이 밝혀졌다. 1980년에 스넬R. Snell 연구팀은 황소자리의 암흑성운 L1551 방향에서 속도 20~30 km s^{-1}가 넘는 초음속 가스흐름을 발견했다(그림 8.4 참조). 그림 10.6은 땅꾼자리 ρ별 방향 가스흐름의 예인데, 적색이동한 성분과 청색이동한 성분이 거의 대칭이고 양방향으로 뻗어 있는 것이 특징이다. 중심부에는 광학적으로는 보이지 않는 적외선 천체가 있다. 이러한 현상에 대한 분석으로 스넬 연구팀은 원시별 주변으로 강착원반이 있으며, 외부은하의 제트와 비슷한 방식으로 분자 가스가 가속되고 있을 가능성을 제시했다. 이는 분자흐름 천체의 처음 발견으로, 당시 학회에 큰 반향을 불러일으켰다. 이에 대한 다른 해석으로는 중력적으로 속박된 회전원반을 옆에서 보고 있다는 모델도 있지만, 이 경우는 비정상적으로 질량이 큰 중심 천체가 필요해 관측과는 모순된다.

분자흐름 천체에 대한 탐사관측은 라다 외에도 많은 관측자가 진행해 왔고, 지금까지 300개 이상의 분자흐름이 존재하는 것으로 알려졌다. 원래 탐사는 고광도의 적외선원을 대상으로 진행했기 때문에 분자흐름은 대

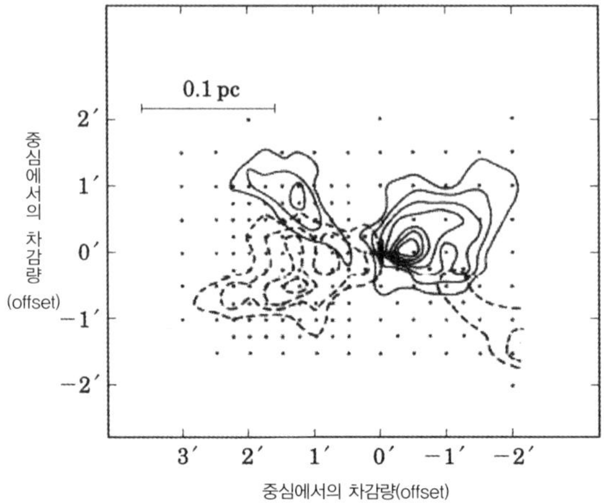

그림 10.6 땅꾼자리 ρ별 방향에서 관측한 분자흐름 천체(Mizuno *et al.*, 1990, *ApJ*, 356, 184).

질량성에 딸린 것으로 생각했다. 1985~1991년에 후쿠이 연구팀은 적외선원과는 무관하게 광범위한 영역을 탐사관측해 80개가 넘는 분자흐름 천체를 발견했고, 그 결과 태양 정도의 소질량성에도 분자흐름이 보편적으로 만들어지고 있음을 알아냈다. 분자흐름은 I형 천체에 딸려 있다는 점에서 원시별의 주질량강착기에 해당하는 현상이라 생각하게 되었다.

이 분자흐름 천체의 대표적인 성질을 표 10.1에 정리했다. 분자흐름 자체의 질량은 0.1~100 $M_\odot$로 크며, 가스의 대부분은 별에서 방출된 것이 아니라 주위의 성간 가스가 가속된 것이라 생각한다. 전형적인 팽창속도는 10~100 km s^{-1}으로, 분자 가스의 음속 0.3 km s^{-1}보다도 압도적으로 크다. 바깥으로 향하는 운동량은 0.1~1000 $M_\odot$ km s^{-1}이며, 중심의 적외선 천체의 광도로 추정한 광자의 운동량을 넘어서고 있다. 이 때문에 복사압에 따른 가스의 가속은 불가능한 것으로 보인다. 분자흐름의 가스 온도는 10~100 K의 저온이고, 밀도는 100~10^4 cm^{-3}이다. 분자흐름은 공간적으로 분해되어 포착할 수 없는 0.1광년 이하의 수많은 작은 가스 덩어리로

표 10.1 CO로 검출한 분자흐름 천체의 대표적인 성질.

크기(pc)	0.04~4
질량($M_\odot$)	0.1~170
속도(km s^{-1})	3~150
운동량($M_\odot$km s^{-1})	0.1~1000
운동량(erg)	10^{43}~10^{47}
광도($L_\odot$)	0.001~2600
시간규모(yrs)	1×10^3~2×10^5

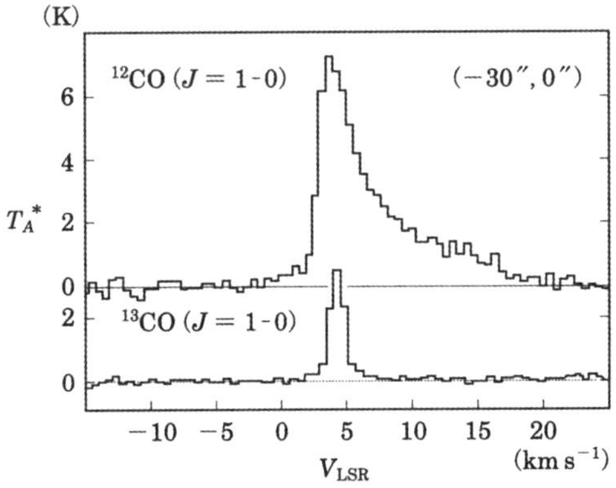

그림 10.7 땅꾼자리 ρ별 방향에서 관측된 분자흐름 천체의 스펙트럼. 위 그림은 ^{12}CO, 아래 그림은 ^{13}CO 방출선이다(Mizuno *et al.*, 1990, *ApJ*, 356, 184).

된 것이라 추정한다.

분자흐름의 대표적인 스펙트럼은 그림 10.7에서 볼 수 있듯이 속도축에 대해 산등성이처럼 뻗어 있으며, 이를 날개wing라고 한다. 대부분의 경우 이 날개는 ^{12}CO스펙트럼에서 가장 잘 관측된다. ^{12}CO와 ^{13}CO를 비교하면 세기의 비율은 10 : 1 정도이고, 두 분자의 존재비는 89 정도이므로 ^{12}CO는 광학적으로 두껍다(3.4.1절 참조). 그럼에도 ^{12}CO의 세기는 일반적으로 1 K 정도로 약하기 때문에 관측 시야의 극히 일부에만 분자 가스가 채워져 있음을 알 수 있고 작은 가스 덩어리로 되어 있다고 결론짓게 되었다.

분자흐름 외에 이온화 가스의 제트도 자주 관측된다. 이온화 가스 제트는 속도가 200 km s^{-1}로 빠르며, 공간적으로도 좁게 수렴하고 있어 항성에 좀 더 가까이에서 가속된 가스흐름으로 보인다. 젊은 항성 주변에 보이는 허빅-아로 천체는 광제트가 성간물질에 충돌함으로써 들뜨게 되어 빛나는 것이라고 생각한다.

10.3.2 이론 모델

발견 당시부터 분자흐름의 가속과 수렴 구조에 대해 우치다內田豊, 시바타柴田一成를 비롯한 많은 연구자가 검토해 왔다. 현재 가장 유력한 것은 자전하는 원시별과 그 주변의 강착원반을 관통하는 자기력선에 따른 가속수렴 구조이다. 특히 슈 등이 주장한 별 표면 가까이의 자기력선운동에 기초한 모델X-Wind Model과 푸드리츠R. Pudritz 등의 이론연구자가 전개한 원반 기원 모델Disk Wind Model이 서로 맞서고 있는 상황이다.

이 모델들의 본질은 회전하는 원시별계가 자기장과 강하게 결합함으로써 회전운동에 대응하는 각운동량을 가진 알페인파를 위아래로 방출하고, 그 운동량이 분자 가스에 전해져 쌍방향으로 가스가 분출된다는 개념이다. 자기장의 세기나 가스와의 결합도 등에 따라 자기장이 원반을 상대로 비스듬하게 기울어지고, 자기력선을 따라 원심력으로 가속이 작용하는 경우, 자기장이 회전에 따라 여러 겹으로 감겨 이때 높아진 자기압력으로 가속되는 경우 등도 검토되고 있다. 이 모델들의 물리적 구조는 전파은하 같은 경우의 블랙홀과 강착원반에 따른 제트의 생성이라는 공통된 성질을 가진다. 그림 10.8은 가장 새로운 수치계산의 예이다. 가스 이온화도의 시간적 변화까지 감안한 선구적인 계산 결과로, 광제트에 해당하는 세밀하고 빠른 흐름과 분자흐름에 해당하는 폭넓은 흐름의 두 종류를 방출한다는 점에서 중요하다. 그러나 가속과 관련한 물리 과정은 여전히 복잡해 기

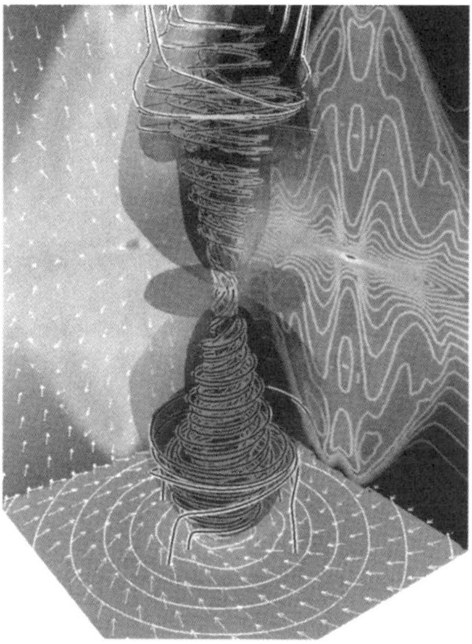

그림 10.8 분자흐름 천체와 원반의 모의실험 결과(화보 7 참조, 마치다町田正博 연구팀).

초 과정을 충분히 감안한 이론 모델로 오랜 시간에 걸친 진화를 규명해야 하는 점이 앞으로의 과제이다.

이제 에너지 보존법칙을 고려해 분자흐름의 에너지원은 강착하는 가스가 방출하는 중력에너지이다. 따라서 분자흐름의 팽창속도는 대체로 가속 영역의 케플러 회전속도 정도이며, $1\,M_{\odot}$ 원시별의 가속 영역은 반지름 10^{13}~10^{15} cm 정도로 생각한다. 또 광제트의 가속 영역은 이보다 더 안쪽에 있을 것으로 추측한다.

자전운동을 동반하는 분자흐름은 강착하는 가스에서 유입된 각운동량을 성간공간으로 방출하는 작용을 할 것으로 이론 모델에서 예측하고 있다. 별탄생에서 분자흐름이 가지는 의의는 당시 최대 현안이었던 각운동량의 방출을 설명할 수 있다는 점에 있다. 단, 관측적으로는 아직 분자흐름의 회전이 충분히 입증되지 않았다. 많은 연구자가 회전을 검출하려는 관측을 시도했지만 현재로서는 어떤 결론도 얻지 못한 상태이다. 분자흐름의 규모에서 기대한 자전속도가 극히 작아 관측적으로 주변의 난류운동과 구별할 수 없다는 어려움이 있다. 또 광제트에 대해서도 비슷한 관측이 이루어지고 있지만 크기가 작아 충분히 분해하지는 못한다. 그럼에도 분자흐름에 따른 각운동량의 방출은 이론적 고찰로 보아 거의 확실하며, 관측 정밀도가 충분하지 않다는 점을 감안하더라도 별탄생 당시의 각운동량 방출 메커니즘으로는 분자흐름이 가장 유력해 보인다.

10.4 별주위 원반 관측의 진전

원시별의 별주위 물질이 흩어져서 T-타우리형 별로 진화하면 가시광선과 근적외선 같은 파장대역에서도 별 표면까지 들여다볼 수 있다. 이 파장대역에서는 행성계의 모체로 여기는 별주위 원반(원시항성계 원반)의 존재가 산란광 등을 통해 확인되고 있다.

젊은 별 주변에 있는 별주위 원반의 존재는 직접적인 탐사관측 전에 다음과 같은 관측에서 간접적으로 시사하고 있다.

(1) T-타우리형 별의 제트를 가시광선으로 관측하여 적색이동한 제트는 청색이동 제트에 비해 그 수가 눈에 띄게 적다는 것이 밝혀졌다. 이는 우리에게서 멀어져 가는 방향에 있는 적색이동 제트가 별주위 원반 뒤쪽에 있어 잘 보이지 않기 때문이라 생각한다.

(2) 고체 미립자의 산란으로 생긴 큰 편광을 포착할 수 있는 편광 관측은 젊은 별의 별주위 구조를 알 수 있는 좋은 지표이다. 나가타長田哲也와 사토佐藤修二 연구팀은 원시별로 보이는 L 1551 IRS5에서 두드러지게 큰 근적외선 편광을 발견했고, T-타우리형 별에서의 고유편광을 검출했다. 각각 외피층과 원반에서 유래한 산란편광을 보여주는 관측 결과들이다.

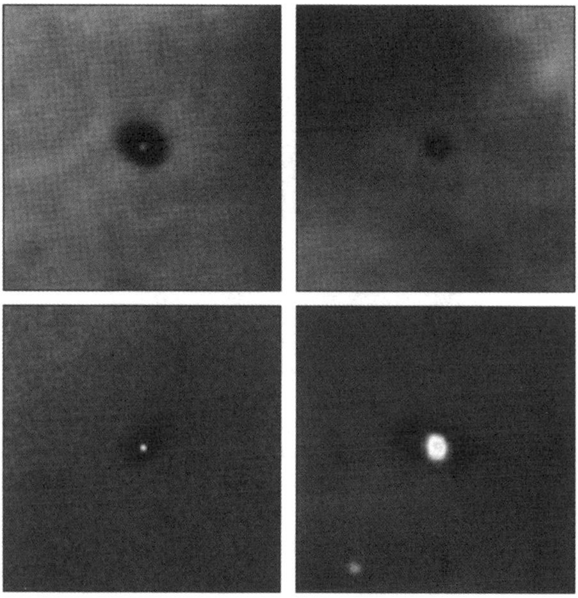

그림 10.9 허블 우주망원경으로 본 오리온 성운 중 실루엣 원반의 가시광선 사진. Orion 183-405(왼쪽 위), Orion 167-231(오른쪽 위), Orion 121-192.5(왼쪽 아래), Orion 218-354(오른쪽 아래). 각 그림의 한 변의 크기는 1900 AU이다(M. McCaughrean & R. O'Dell 1996, *AJ*, 111, 1997).

별주위 원반에 대한 최초의 결정적 증거는 허블 우주망원경으로 0.1초각분해능의 가시광선 관측에서 얻었는데, 오리온 성운에서 여러 개의 비점상非點狀 천체가 발견되었던 것이다. 이 천체의 대부분은 사다리꼴성단Trapezium처럼 근처 O형 별의 자외선에 따라 별주위 원반이 부서지고 있는 것photo-evaporating disk, 또는 배경의 성운을 원반이 감추고 있는 것(실루엣 원반)들이었다. 이 가운데 몇몇 실루엣 원반에는 중심별과 이를 둘러싼 수백 AU 크기의 별주위 원반을 바로 옆에서 본 것처럼 명료하게 찍혀 '원반'의 존재를 화상으로 직접 볼 수 있다(그림 10.9). 황소자리의 HH30 IRS처럼 밝은 중심별이 원반에 완전히 감춰져 있는 경우는 원반이 산란광으로 빛나고 있는 상황과 제트의 모습을 동시에 조사할 수 있다.

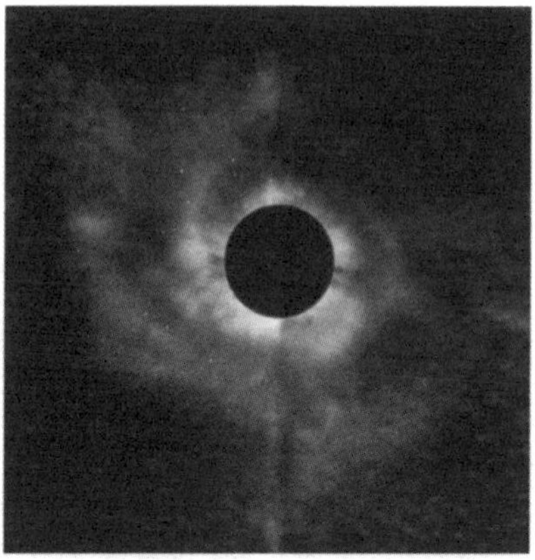

그림 10.10 스바루 망원경으로 관측한 마차부자리 AB별의 원반(파장 1.6μm). 그림의 한 변 크기는 1150 AU이다(M. Fukagawa *et al.*, 2004, *ApJ*, 605, L53).

1990년대 중반부터는 지상 4 m급 망원경에서도 대기의 흔들림을 실시간으로 보정하는 적응광학adaptive optics 기술이 적용되면서 허블 우주망원경에 필적하는 해상도를 지상에서도 실현하게 되었다. 이로써 실루엣뿐만 아니라 원반이 중심별에서의 근적외선을 반사하여 빛을 내는 예를 관측하게 되었다(예를 들어 황소자리 GG의 고리 모양 원반). 이러한 기술은 8 m급 망원경에도 응용되어 전용 코로나그래프[3]를 갖춘 스바루 망원경 등으로 소용돌이 모양의 원반이나 바나나 모양의 원반과 같은 다양한 원반 구조의 존재를 밝히기에 이르렀다(마차부자리 AB별 등, 그림 10.10).

밀리미터파와 서브밀리미터파 대역에서는 원시행성계 원반을 구성하는 고체 미립자나 가스 같은 물질의 복사가 관측되어 이것들에 대해 좀 더 다양한 정보를 얻을 수 있다. 성간먼지의 열복사는, 이 파장대에서 원시행성계 원반처럼 기둥밀도가 대단히 높은 영역이라도 거의 광학적으로는 얇다

3 coronagraph. 태양의 코로나와 홍염을 관측하기 위해 인위적인 개기일식 효과를 만들어내는 망원경.

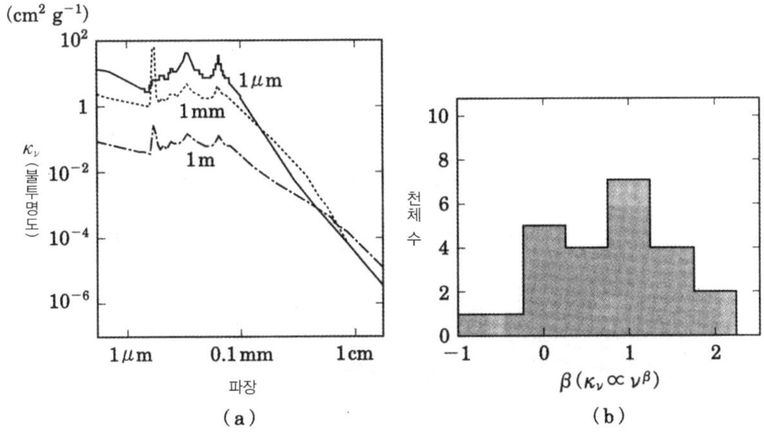

그림 10.11 (a) 성간먼지의 크기 분포와 복사율과의 관계(Miyake & Nakagawa 1993, *Icarus* 106, 20). 성간먼지의 형상은 공 모양이고, 개수밀도는 입자 지름의 −3.5제곱에 비례한다고 했을 때 최대 크기를 바꾸었을 때의 복사율을 그린 것. 파장보다 충분히 작은 것은 $\kappa_\nu \propto \nu^2$인 것에 비해 파장보다 충분히 큰 것은 흑체처럼 행동하기($\kappa_\nu \propto \nu^0$) 때문에 크기가 다양한 입자가 섞임으로써 흡수계수의 값과 주파수 의존성이 변화한다. (b) 성간먼지에 대한 연속파의 다파장 관측에서 모델을 적용하여 얻은 원시행성계 원반 중의 성간먼지 복사율의 주파수 의존성 제곱지수의 분포이다(Beckwith & Sargent 1991, *ApJ*, 381, 250).

는 것을 이용해 원반의 총질량을 처음 계통적으로 추적했다. 그 후 간섭계를 이용해 좀 더 해상도 높은 탐사관측이 이루어져 원반 내부의 질량분포에 대한 상세한 정보를 얻고 있다. 또 성간먼지의 단위질량당 흡수계수 κ_ν의 주파수 의존성을 나타내는 제곱지수(β)를 알아보면, 원시행성계 원반은 일반적인 성간공간과 원시별 주변의 별주위 물질의 경우($\beta=2$)에 비해 의미 있는 정도의 작은 값($\beta=1$)이 관측된다. 이는 성간먼지가 원반 안에서 성장하고 있음을 보여주는 간접증거라고 생각한다(그림 10.11). 2013년부터 일부 운영을 시작한 ALMA를 이용한 관측에서는 태양계 근방의 별탄생 영역에 존재하는 원시행성계 원반에 대해 1 AU에 이르는 분해능으로 내부 구조를 탐색할 수 있다.

이처럼 별주위 원반에 대해 깊이 이해하게 된 배경에는 적외선 영역에서의 관측기술의 극적인 발전과 깊이 관련 있음을 알아야 한다. 1980년대

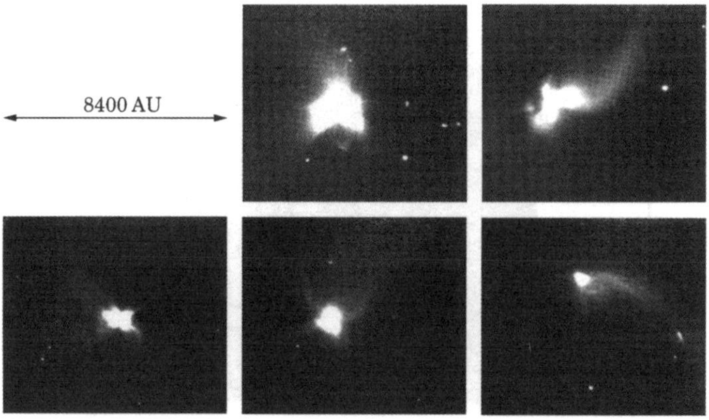

그림 10.12 스바루 망원경에 따른 황소자리 원시별의 고해상도 사진(파장 2μm) 각각의 천체는 다음 논문을 참조한다(Tamura *et al.*, 1991, *ApJ*, 374, L25).

이전의 초기 적외선 관측으로 L1551 IRS5처럼 비교적 광도가 낮은 가시광선에서는 보이지 않는 적외선원의 존재라든지, 황소자리 T별이나 황소자리 HL별처럼 가시광선에서도 보이는 T-타우리형 별이 보통의 항성에서는 볼 수 없는 적외선 초과를 보여준다는 것 정도는 알고 있었다. 그러나 이러한 천체가 수많은 분자구름에 보편적으로 존재하고, 적외선 초과가 원반과 그 주변의 별주위 구조에서 비롯한다는 사실이 밝혀지기까지는 적외선천문위성 IRAS의 전천에 걸친 중간-원적외선 탐사의 기여가 매우 컸다.

한편, 밀리미터파와 서브밀리미터파 대역에서도 마치 이와 보조를 맞추듯이 초전도수신기와 볼로미터 어레이bolometer array 검출기의 개발이 1980~1990년대에 활발하게 진행되어 IRAS가 찾아낸 다수의 적외선원에 대한 계통적 관측과 IRAS에서는 거의 검출되지 않았던 0형 천체를 발견할 수 있게 되었다. 별주위 물질의 좀 더 상세한 구조를 직접적으로 밝히려면 앞으로는 이 파장대역에서의 고해상도 관측이 한층 더 중요해질 것이다. 지상의 대형 망원경과 어레이 검출기의 등장으로 이미 근적외선 영역에서는 분자흐름과 별주위 물질에 딸린 성운의 존재가 밝혀지고 있다(그림 10.12). 21세기 전반에는 밀리미터파 · 서브밀리미터파 대에서의 대형 관측장치 ALMA나 원적외선에서의 차세대 장치(우주망원경, 간섭계)로 별주위 물질의 열복사를 좀 더 높은 해상도로 관측함으로써 별주위 구조를 규명하게 되리라 기대하고 있다.

지금까지는 성간먼지의 열복사에 주목했지만 밀리미터파 · 서브밀리미터파 대역에서의 가스방출선 관측 또한 중요하다. 원시별은 물질이 동적으로 강착해 별이 성장하는 주질량강착기에 있으며, 그 모습을 밝히려면 기본적인 과정을 이해해야 한다. 9장에서 소개한 비대칭 방출선 스펙트럼과 분자흐름, 제트의 존재는 I형 천체에서도 많이 관측되고 있어 동적인 강착의 간접적 증거로 보인다. 그러나 강착에 대한 보다 직접적인 증거는 밀리미터파 간섭계를 이용한 가스방출선의 고해상도 관측으로 얻을 수 있다. 황소자리 분자구름의 원시별 L 1551 IRS5나 T-타우리형 별의 조기형인 황소자리 HL별 등에서는 $C^{18}O$나 ^{13}CO처럼 존재량이 좀 더 적은 동위원소의 분자방출선으로 관측함으로써 쌍극분자흐름이 방출되는 방향과 수직 방향으로 분포하는 원반 모양 구조가 발견되고 있다. 그 내부의 가스 운동을 조사해 보면, 별보다 먼 쪽의 가스는 상대적으로 우리를 향해 다가오는 것처럼 운동하고 있으며, 별보다 가까운 쪽의 가스는 우리에게서 멀어져가듯이 운동하고 있어 중심을 향해 수축이 일어나고 있음을 보여준다(그림 10.13).

가스방출선을 이용한 관측에서 또 한 가지 특징적인 점은 원반 내 가스의 화학조성(분자조성)에 관한 연구를 들 수 있다. 이를 위해서는 동일 천체에 대해 폭넓은 파장대역에 걸쳐 스펙트럼선을 일정한 감도로 탐사하는 선탐사관측line survey이 효과적이다. 원시행성계 원반의 내부는 다음과 같

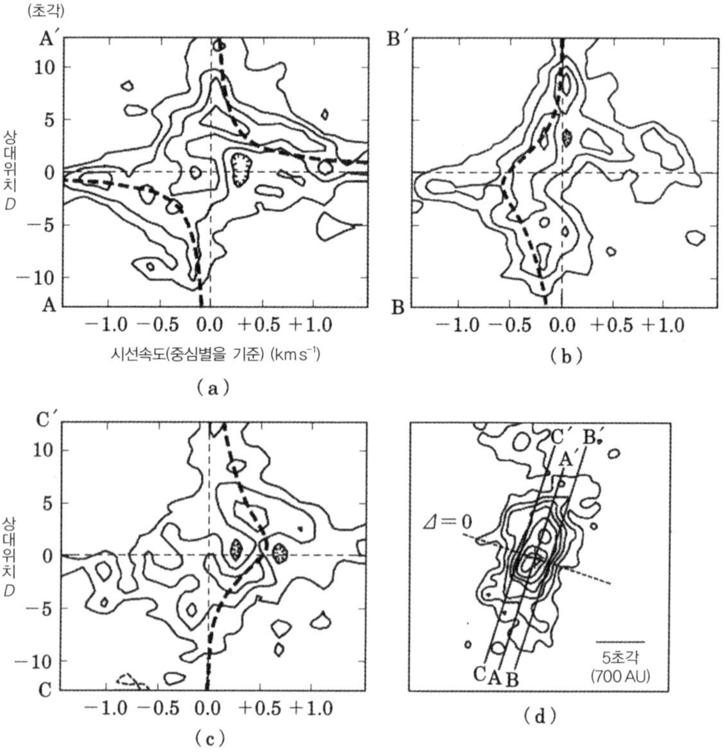

그림 10.13 노베야마 우주전파관측소의 밀리미터파 간섭계 $C^{18}O(J=1-0)$ 관측에 근거한 I형 천체 L1551 IRS5의 별주위 물질의 운동 모습. (d)가 적분세기도(중심의 십자 표시가 별 위치)이고, 장축(AA′) 및 이와 평행한 축(BB′, CC′)으로 잘랐을 때의 위치속도 그림((a)~(c))이다. 분자흐름의 관측으로 (d)는 적도면 부근에 분포하는 원반 모양 구조를 보여주며, BB′ 쪽이 별보다 먼 쪽, CC′가 별보다 가까운 쪽임을 알 수 있다. 그림 안의 굵은 점선은 반지름 700 AU에서의 수축속도 0.5 $km\,s^{-1}$, 회전속도 0.24 $km\,s^{-1}$로 각각의 반지름 의존성이 $r^{-1/2}$, r^{-1}인 경우를 나타낸다(Momose *et al.*, 1998, *ApJ*, 504, 314).

이 서로 다른 화학적 특징을 지닌 영역으로 분류할 수 있다.

(1) 바깥영역 · 적도면 부근에 퍼져 있는 저온 · 고밀도의 분자동결 영역

(2) 원반 표면에서 외부의 자외선과 중심별 근처에서 복사되는 자외선 · X선의 영향을 받는 광해리 영역

(3) 위 둘의 중간적 성질을 가진 분자 영역

실제로 원시행성계 원반의 가스방출선 관측에 따라 고체 미립자의 단위 질량당 가스 내 CO 존재비가 성간공간에 비해 두드러지게 낮으며, 이는 CO분자의 고체에 흡착되어 있음을 보여주는 결과와 광해리 영역에서 특징적인 CN이 특히 강하게 관측된다는 사실 등이 밝혀졌다. 원시행성계 원반의 가스 성분을 상세하게 조사할 때 현재의 단일경이나 작은 소자수의 밀리미터파 · 서브밀리미터파 간섭계의 해상도와 감도가 충분했다고는 할 수 없었지만, ALMA와 같은 대형 장비가 2013년부터 부분 운영을 시작해 앞으로 해상도와 감도가 획기적으로 진척될 것이라 기대한다.

10.5 X선으로 본 원시별

10.5.1 전주계열성의 X선

X선을 이용한 젊은 별 연구는 'X선 크리스마스 트리'를 우연히 발견한 사건에서 시작되었다. 1980년 즈음 미국의 아인슈타인 위성(1978~1981년)이 땅꾼자리 분자구름을 관측하다가 분자구름 주위를 둘러싸고 있는 여러 개의 전주계열성이 연질 X선 대역에서 심하게 변동하고 있음을 발견했다. 이 독특한 변동은 10~100초에서 급격하게 세기가 뛰어올랐다가 10^4~10^5초에서 천천히 지수함수적으로 쇠퇴하는 플레어flare였다. 이와 비슷한 변

동은 태양 플레어에서도 볼 수 있다. 그 후의 연구에서도 플레어 내의 플라스마 온도의 증가 · 감쇠 방식 등에서 비슷한 점을 발견했고, 전주계열성의 X선 복사는 태양 플레어와 마찬가지로 자기장 활동의 결과라는 설이 널리 받아들여졌다. 다만 이때의 X선 세기는 태양 플레어의 최댓값보다 100~100만 배 더 크다.

별 플레어에서 X선 세기의 감쇠는 플라스마 온도의 감쇠(복사냉각과 열전도)에 비롯한다. 태양의 최대급 플레어와 비교하면, 전주계열성 플레어의 플라스마 온도는 10배 정도 높지만 감쇠의 시간규모는 거의 같으며, 간단히 평가해 플라스마의 밀도도 거의 마찬가지이다. 여기에서 가장 다른 점은 비교할 수 없을 정도로 큰 X선의 세기이다. 이는 플라스마의 부피가 그만큼 크다는 것을 의미하는데, 태양과 비슷한 원주 모양의 플레어 루프(원의 지름 1에 대해 길이 10)를 고려하면 그 길이는 별과 비슷하거나 몇 배(~10^{11} cm)에 이른다. 즉, 별을 크게 감싼 것과 같은 거대 플레어가 별 표면에서 빈번하게 일어나고 있음을 뜻한다.

태양의 플레어는 항성으로는 유일하게 미세한 부분까지 직접 관측되었는데, 요코 위성(1991~2004년)으로 다음과 같은 사실을 알게 되었다. '자전의 차동회전과 표면대류층에 따라 자기장이 증폭(다이너모 구조)되면서 이때 뒤틀린 자기력선이 별 표면으로 떠올라 재결합한다. 이때 에너지가 급격히 방출되면서 자기 루프magnetic loop의 근원인 플라스마가 뜨거워진다. 이 플라스마가 자기 루프를 채운 뒤 식으면서 X선을 복사한다.' 즉, 대류와 자전이 플레어를 만드는 열쇠이다. 전주계열성은 대규모 대류층을 가지며, 주계열성(태양)보다도 자전이 빠르다(자전주기는 2, 3일~1주일, 태양은 극 부근에서 33일, 적도상에서 28일). 이러한 효과들이 태양을 훨씬 앞지르는 자기장 활동과 강력한 X선 복사를 만들어내는지도 모른다.

아인슈타인 위성으로 관측된 X선원의 대부분은 기존에 알려진 전주계열성과는 달리 가시광선에서의 방출선이 약했다. 그때까지 전주계열성은 방출선이 강하고 별주위 원반을 동반하는 것으로 알려졌으며, 이것들을 T-타우리형 별이라 불렀기에 X선에서 발견된 새로운 전주계열성은 약한 방출선의 T-타우리형 별로 부르게 되었다. 또 원래의 T-타우리형 별은 고전적 T-타우리형 별이라 해서 서로 구분하고 있다. 약한 방출선의 T-타우리형 별은 별주위 원반을 잃어버렸거나 가지고 있더라도 소실된 것으로 생각하여 고전적 T-타우리형 별보다 더 진화된 단계에 있는 것으로 본다. 그 후 유럽에서 발사한 'ROSAT' 위성(1990~1999년)으로 전주계열성의 X선 표본이 대폭 늘어나 통계적인 연구가 가능하게 되었다.

10.5.2 원시별의 X선

X선은 광학효과로 소광된다. 같은 X선 대역이라도 에너지 10 keV에서의 광전효과[4] 단면적은 1 keV일 때에 비해 300분의 1 정도밖에 안 된다. 따라서 아인슈타인 위성이나 ROSAT 위성이 감도를 가지는 에너지 약 4 keV 이하 대역에서 가시광선 정도의 성간소광이 일어나기 때문에 분자구름 중심부에 깊이 파묻혀 있는 원시별에서의 X선은 포착할 수 없었다. 한편, 일본의 X선 천문위성 '덴마(1983~1984년)'와 '깅가(1987~1991년)'는 화상촬영 능력은 없지만 4 keV 이상의 감도를 가지고 있어 원시별을 포함하는 방향에서 격렬한 소광을 받던 플라스마 온도 수천만 도의 X선을 포착할 수 있었다. 땅꾼자리 분자구름에서는 플라스마 온도 4천만 도의 X선 플레어를 검출했다. 시간규모는 2~3시간 정도로 짧아 별 정도의 작은 영역에서 복사되고 있음이 밝혀졌다. 수십 K의 저온 분자구름에 깊이 파묻혀 있는 곳에 실제로는 고온의 플라스마원이 존재하고 있음을 의미하는

4 물질의 표면에 빛을 비추면 자유전자가 튀어 나오는 현상.

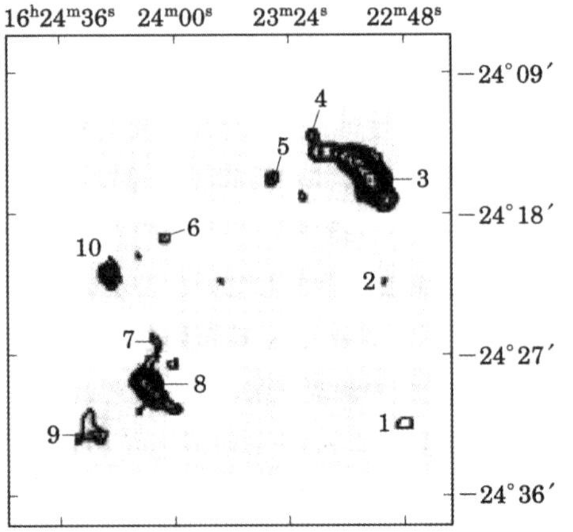

그림 10.14 아스카 위성에 따른 땅꾼자리 분자구름의 경질 X선 사진(5~10 keV 대역). 중심부에서 5개(6, 7, 8, 9, 10번 천체)의 경질 X선원이 검출되었다. 그 가운데 두 개의 경질 X선원(8, 10번 천체)이 I형 원시별로 동정되었다. 좌표는 1950년 기준이다(Koyama *et al.*, 1994, *PASJ*, 46, L125).

것이라 발견 당시에는 엄청난 반향을 불러일으켰다. 그 정체의 유력한 후보는 원시별이었다.

그 후 일본이 발사한 아스카 위성(1993~2001년)은 실제로 원시별이 X선의 발생원이라는 것을 밝혀냈다. 아스카 위성은 일본 최초의 X선 '화상촬영image pickup' 망원경을 탑재했으며, 분광형 위치검출기와 함께 에너지 10 keV까지의 X선 관측이 비로소 가능하게 되었다. 그 결과, 분자구름의 중심부에 위치한 I형 원시별에서 낮은 에너지 쪽까지 두드러지게 소광된 X선을 처음으로 포착했다(그림 10.14). 이러한 소광에서 생각해 보면, 발생원은 원시별 본체 또는 그와 매우 가까운 곳으로 보인다. 원시별을 둘러싼 원반 등의 별주위 물질은 적외선과 전파로 관측되지만 원시별 본체의 가시광선은 강하게 소광되어 검출할 수 없다. 따라서 별주위 물질에 따른 소광의 영향을 받지 않고 검출된 고에너지(>4 keV) 대역에서의 X선 발견은 원시별 본체에 한 걸음 더 다가서는 관측 수단의 발견이기도 했다.

원시별 표본은 1999년 7월에 미국이 X선 천문위성 '찬드라'를 발사한 이래 더 늘어났다. 폭넓은 에너지 대역(0.2~10 keV)과 뛰어난 각도분해능으로 점원의 검출 감도를 아스카 위성보다 약 100배 가까이 개선했기 때문이다. 가령 땅꾼자리 분자구름을 관측하는데 시야 내에 존재하는 18개의 원시별(또는 그 후보) 가운데 70 %가 검출될 정도였다. 보다 진화한 전주계열성과 변함없는 검출률은 실질적으로 모든 I형 원시별이 X선원일 수 있음을 시사한다.

아직 연구단계이기는 하지만 I형 원시별에서의 X선은 두드러진 소광 이외에는 전주계열성의 특징과 비슷하다. 급격한 상승과 지수함수적으로 천천히 감쇠하는 플레어도 전주계열성 플레어와 비슷한 시간규모 및 세기로 빈도수 높게 검출되고 있다. 정상 X선의 세기도 비슷하다. 양쪽의 차이는 플라스마 온도에 있는데, 특히 정상 X선에서 원시별 쪽이 높은 경향을 보이고 있다. 고온 플라스마일수록 안으로 가두는 자기장이 강해질 수밖에 없고, 이러한 결과는 별이 진화할수록 자기장이 약해지는 사실을 반영하는 것일 수 있다. 또 X선 세기에 큰 차이가 없는 것은 X선 복사 영역의 부피가 비슷하다는 것을 시사하는지도 모른다. 만약에 그렇다면 원시별과 전주계열성의 X선 복사 영역은 자기장 세기는 비록 다르지만 자기장 구조가 같은 것으로 해석할 수 있다.

아스카 위성에서 검출될 만큼 세기가 강한 원시별 플레어는 X선 복사 영역에서 흥미로운 점을 시사해주고 있다. 거대 플레어가 약 하루 주기로 자기재결합을 반복할 가능성을 보여준 것으로(그림 10.15), 이때의 자기 루프의 길이는 태양 반지름의 10배 정도로 예측되었다. 따라서 '원시별과 강착원반을 잇는 자기 루프가 차동회전으로 연결되면서 플레어를 발생하고 있다'는 가능성을 보여준다. 이때 원시별 자체의 자전주기는 플레어의 준주기quasi-periodic인 하루보다 더 짧은 약 하루 이하가 되어야 하며, 강착물

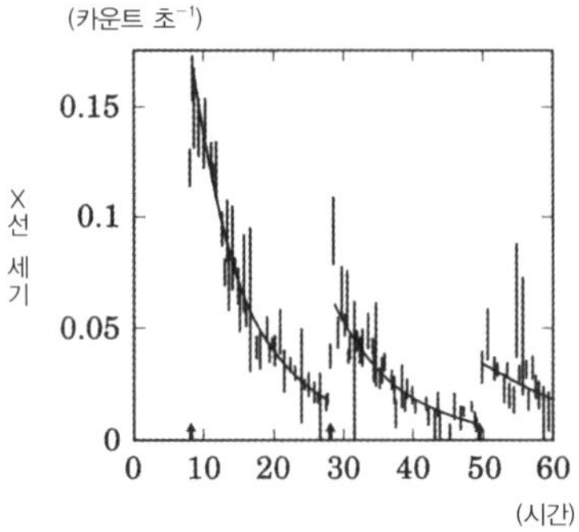

그림 10.15 아스카 위성에 따른 원시별 YLW 15A의 X선 세기의 변동.

질이 원시별 본체로 큰 각운동량을 전달하고, 원심력으로 별이 거의 흩어져 조각나기 직전까지 속도를 늘려갈 것이라고도 예측한다. 그러나 비슷한 준주기적 플레어는 전주계열성의 쌍성계에서도 확인되고 있으며, 원시별의 준주기적 플레어가 쌍성계에 기원하여 발생하는지, 또는 별과 원반과의 상호작용에 기원하여 발생하는지는 아직 결론 내리지 못하고 있다.

또 원시별의 X선 복사 영역과 원반과의 배치관계는 X선 형광분석법의 원리를 이용해 밝히고 있는 중이다. X선 형광분석법이란 X선을 시료에 조사irradiation해 시료에 포함된 미량 원소의 종류와 양을 알아내는 것인데, 형광 X선 스펙트럼은 시료의 형상과 조사 X선의 배치관계도 함께 반영한다. 찬드라 위성에서 검출된 I형 원시별 YLW 16A 플레어 중의 스펙트럼을 그림 10.16 위에 나타냈다. 에너지 6.7 keV에 나타난 스펙트럼선은 고이온화 철에서 나오는 방출선으로 1천만 도 이상의 플라스마가 존재한다는 것을 보여준다. 한편, 6.4 keV의 선스펙트럼은 중성(비이온화) 철에서 나오는 방출선으로 플레어의 X선이 주위의 저온물질을 조사한 뒤에 2차 복사된 형광 X선이다. 플레어가 시작되고 나서 늦어도 3시간 안에는 형광 X선이 나오므로 저온물질은 플레어 영역에서 3×10^{14} cm(태양에

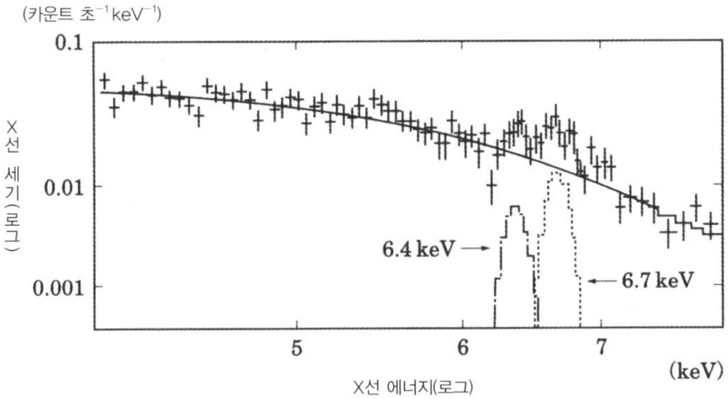

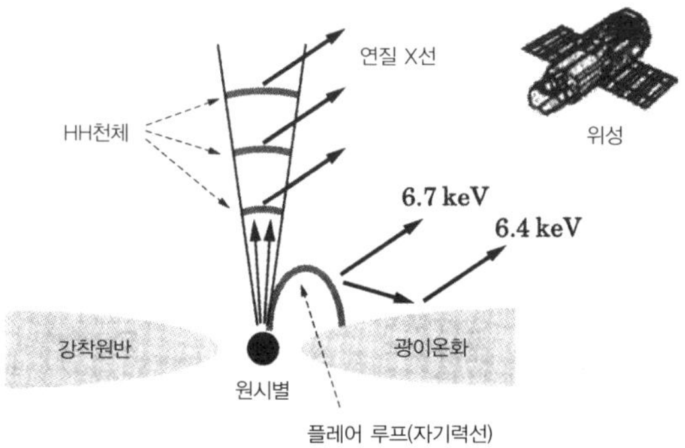

그림 10.16 땅꾼자리 암흑성운에 위치하는 I형 원시별 YLW 16A의 플레어 스펙트럼(위)과 원시별 본체 및 근처에서의 X선 개념도(아래).

서 지구까지 거리의 약 20배) 이내에 반드시 있어야 한다. 즉, 10^{15} cm 정도 이상으로 퍼져서 원시별을 감싸고 있는 분자구름 핵(외피, envelope)이 아닌 별 근처에 있는 강착원반이 형광원이라고 할 수 있다. 또 형광 X선의 세기를 재현하려면 전 입체각의 1/4 이상이 필요하기 때문에 조사 X선원은 그림 10.16의 아래 그림과 같이 별이나 원반보다 위쪽으로 크게 부풀어 있어야 한다.

이와 같은 형광X선의 존재는 플레어 루프에서 X선에 따른 주변물질의 이온화를 직접 보여준다. 이때의 이온화는 일시적이나마 강착물질의 상당

부분을 증발시킬 만큼의 영향력을 가진다. 또 한 가지 광범위한 이온화에 기여하는 것으로 생각하는 것은 찬드라 위성이 발견한 허빅-아로(HH) 천체에서의 X선이다. 이때의 세기에서 감안해 10^{17} cm 정도의 외피 내에서는 우주선에 따른 이온화를 웃돈다. 이러한 이온화를 매개로 원시별 주변의 X선은 성간 가스의 강착량과 별 및 원시행성계 원반의 진화에 영향을 끼칠 가능성도 시사한다.

10.5.3 갈색왜성의 X선

갈색왜성은 원시별과 마찬가지로 별 표면은 저온이고 별 전체가 대류층이라고 추정하는 천체로, 항성과 행성 사이의 질량을 가진 소질량 천체이다. 이 천체의 X선 복사도 찬드라 위성에서 처음으로 검출되었으며, 플레어적인 시간 변동도 확인되고 있다. 젊을수록 X선 세기는 밝으며 진화방식은 태양 질량 정도의 별과 다를 바 없다. 젊은 갈색왜성이라면 최대급의 경우 태양 X선의 100배 이상인 X선 세기를 가진다. 마지막까지 항성이 되지 못하는 갈색왜성이지만 젊을 때에는 현재의 태양을 훨씬 뛰어넘는 자기장 활동을 하고 있음을 볼 수 있다.

10.6 쌍성계의 문제

두 개 이상의 별이 중력적으로 속박된 쌍성 또는 다중성은 드물지 않다. 아직 통계적으로 확정 짓지 못한 부분이 남아 있지만 쌍성이나 다중성의 구성원인 경우가 단독별보다 더 많다고 생각한다. 태양 근방에 있는 별도 60~70 %가 쌍성계의 구성원이지만, 별탄생 영역에서는 쌍성계에 속하는 비율이 더 높아지며, 특히 황소자리의 별탄생 영역에서 이러한 경향이 두드러진다. 쌍성 간 거리는 매우 다양하여 넓은 것은 1000 AU를 넘는 것이 있는 반면, 0.05 AU 이하인 것들도 있다. 쌍성 간 거리가 먼 원격쌍성은 화상촬영으로 탐사할 수 있다. 이에 비해 쌍성 간 거리가 가까운 근접쌍성은 공전운동으로 방출선 또는 흡수선의 파장이 주기적으로 변화하는 도플러 효과로 연구한다. 이 때문에 원격쌍성은 실시visual쌍성, 근접쌍성은 분광spectroscopic쌍성이라고도 한다.

적응광학adaptive optics의 발달에 따라 최근에는 겉보기거리가 0.1초각 정도이면 가시광선 또는 근적외선으로 쌍성을 구별해낼 수 있다. 따라서 황소자리 등 태양계 근처의 별탄생 영역에서는 화상촬영으로 쌍성 간 거리가 수십 AU 정도인 천체까지 탐사할 수 있게 되었다. 분광쌍성의 탐사에서도 시선방향의 속도분해능이 향상되어 쌍성 간 거리가 멀고 공전속도가 느린 쌍성까지 발견하기에 이르렀다. 쌍성 간 거리가 중간 정도인 경우에는 그동안 탐사가 어려웠지만 지금은 쌍성 간 거리에 상관없이 탐사가 가능해졌다. 다만 분광쌍성의 탐사에는 여러 차례에 걸친 관측이 필요하기 때문에 빠짐없이 탐사할 수 있는 영역이 제한되어 있다. 또 원시별 가운데 시선방향 속도를 측정할 적당한 가시광선 또는 주성에 비해 동반성의 질량이 지극히 작고 어두운 경우에도 발견하기 힘들다. 이러한 점들을 종합해 보면, 탐사에서 빠진 부분은 통계적 성질을 논하는 상황에서는 심각하지 않지만 이러한 점 때문에 탐사가 완벽하지 않다고 이해하는 편이 옳을 것이다.

그림 10.17은 황소자리에서 볼 수 있는 쌍성의 예이다. 윗부분 왼쪽 끝에 있는 황소자리 T별은 T Tau N, T Tau Sa, T Tau Sb의 세 천체로 된 삼중성이다. 이러한 경우에는 내부에 T Tau Sa와 T Tau Sb로 이루어진 쌍성이 포함되어 있어 계층적 다중성이라고 한다. 이러한 예처럼 삼중성이나 사중성은 대부분 계층적 다중성이다. 한쪽은 실시쌍성 또는 양쪽이 분광쌍성을 이루는 다중성도 있다.

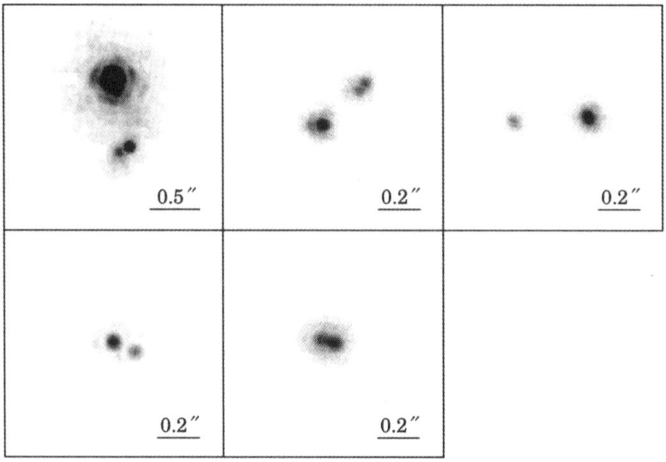

그림 10.17 적응광학에 포착된 쌍성의 사진들(Shaefer *et al.*, 2007, *AJ*, 132, 2618).

탐사한 쌍성을 목록 기준으로 쌍성 간 거리나 질량별 빈도분포 또한 논의되고 있다. 쌍성 간 거리의 로그값을 세로축으로 해서 쌍성의 빈도분포를 구하면 4 AU 정도에서 최대가 되지만, 넓은 범위에서는 거의 일정해지는 것으로 알려졌다(로그적 정규분포). 쌍성 빈도는 주성의 질량이 클수록 높고, 갈색왜성 사막이라고 표현할 만큼 극소질량성끼리의 쌍성은 낮다. 특히 극소질량성이면서 쌍성 간 거리가 먼 쌍성은 거의 발견되지 않는다.

원시별이나 전주계열성의 질량을 알아내는 것이 힘들어 확정 짓지 못한 부분이 있지만, 주성과 동반성의 질량비($q \equiv M_2/M_1$)에 대해서도 통계값을 얻을 수 있다. 주성의 질량이 0.5 $M_\odot$ 이상에서는 특히 빈도가 높은 질량비는 알려지지 않았지만, 극소질량성에는 질량비가 1에 가까운 쌍성이 극단적으로 많다. 이 쌍성의 성질은 별탄생 이론을 구축하는 데 중요한 시금석이 된다. 젊은 별일지라도 쌍성 빈도가 높다는 점과 쌍성 간 거리가 분자구름 핵의 전형적인 반지름보다 작다는 점에서 중력수축하는 분자구름 핵 내에서 쌍성이 생성되는 것은 확실하다. 또 대부분 쌍성의 나이가 비슷하다는 점도 이러한 생각을 뒷받침해 준다. 아마도 분자구름 핵에서 분열이 일어나기는 하겠지만 구체적으로 무엇이, 언제 분열했는지는 아직 분명하지 않다.

3차원 모의실험이나 경험적 이론 등을 통해 다양한 방법으로 쌍성 생성의 메커니즘이 논의되고 있다. 또 쌍성이 아니라도 젊은 별 주위에서 다른 젊은 별들이 발견될 확률이 높다고 한다. 이 별들은 같은 분자구름에서 비슷한 시기에 태어났기 때문에 가까이 위치하는 것으로 보인다. 분자구름이 분열되어 여러 개의 별이 만들어지는 과정에도 분열이 관여하고 있다는 의미에서 쌍성 생성과 관련된 화제라 할 수 있다.

제11장 대질량성의 탄생

이 장에서는 질량이 태양의 8배 이상인 별, 즉 대질량성의 탄생에 대해 알아보기로 하겠다.

11.1 대질량성 탄생의 문제점

태양 질량 정도와 그 이하의 소질량성 탄생 과정에 관해서는 10장에서 설명했던 것처럼 표준적인 시나리오가 존재한다. 즉, 고밀도 분자구름 핵의 중력이 붕괴되면 그 내부에 매우 작은 원시별이 먼저 만들어진다. 원시별은 외층의 물질강착으로 질량이 증가되면서 성장한다. 그 후 강착이 끝나고 중심별은 켈빈-헬름홀츠 수축에 따라 수축하면서 내부 온도가 높아지고 최종적으로 수소 핵융합반응에 따른 발열로 중력수축이 멈추고 주계열성이 된다. 이 표준 시나리오는 관측적으로도 각 진화단계에 해당하는 천체가 특정되어 있는데, 초기 조건에 대한 이해를 제외하면 충분히 확립되었다고 보아도 좋다. 태양보다 몇 배 이하인 중질량성 탄생에 관해서도 소질량성과 비교해 충분한 관측적 검증이 이루어졌다고 할 수는 없지만 같은 시나리오에 따라 생성된다 해도 무방할 것이다.

한편, 소질량성 탄생 때와 마찬가지로 강착진화가 단순히 긴 시간 동안 계속되어 수십 $M_\odot$ 이상의 대질량성이 탄생한다고 생각하면 다음과 같은 곤란한 문제가 발생한다.

(1) 수명 문제

원시별이 질량강착으로 진화할 때 언제 중심별이 주계열성에 이르는지는 강착으로 질량이 증가하는 시간규모(강착시간=중심별의 질량/질량강착률)와 중심별이 수축하는 시간규모(켈빈-헬름홀츠 시간)의 비교로 결정된다. 초기에는 강착시간이 매우 짧아 원시별이 주계열성을 목표로 수축할 틈도 없이 질량은 점점 증가한다. 질량이 늘면 이 시간규모의 값이 비슷해지다가 결국 역전된다. 그렇게 되면 중심별은 계속 강착하고 중심부에서는 핵반응이 시작되어 주계열성에 이르게 된다. 상세하게 계산해 보면 소질량성이 탄생될 때의 전형적인 강착률 $10^{-5}\,M_{\odot}\,\mathrm{yr}^{-1}$ 값에서는 중심별이 약 $8\,M_{\odot}$ 정도로 주계열성에 도달하는 것으로 알려졌다.

그 후 중심의 주계열성은 강착에 따라 질량이 더 증가하게 된다. 그 이후로 중심별의 수명 t_* 동안에 강착이 질량강착률 $\dot{M}$으로 계속된다면 별의 질량은 $\dot{M}t_*$만큼 증가한다. 그러나 대질량성의 수명 t_*는 200만~300만 년으로 짧은데, 예를 들어 강착률 $10^{-5}\,M_{\odot}\,\mathrm{yr}^{-1}$으로 수명 t_* 동안 강착이 계속됐다고 해도 겨우 30~40 $M_{\odot}$ 정도까지만 질량이 증가한다. 좀 더 자세한 계산을 이용한 별 수명에 따른 탄생 가능한 별의 질량 제한은 그림 11.1에 선 B로 나타냈다.

(2) 되먹임feedback 문제

위에서 설명했듯이 전형적인 강착률을 보일 때 질량이 약 $8\,M_{\odot}$에 이르면 중심별은 주계열성이 된다. 이후 중심별에서 나오는 방대한 양의 복사는 강착 외층에 심각한 영향을 미친다.

별에서 매우 가까운 곳에서는 고온으로 성간먼지가 증발해 버려 가스의 흡수계수가 낮고 강착흐름은 복사압의 효과를 별로 받지 않는다. 한편, 그 바깥쪽의 성간먼지가 증발하는 반지름(이곳을 성간먼지 파괴면이라고 한다) 부근은 밀도가 높아 흡수계수가 매우 높다. 이 때문에 별에서 직접 복사되는 성간먼지 파괴면 부근의 극히 얇은 껍질에서 흡수되었다가 성간먼지에 따라 재복사된다. 이때 단위시간에 단위면적당 $\frac{L}{4\pi r^2 c}$의 바깥쪽으로 운동량이 강착물질에 전달된다. 여기에서 L은 광도이다. 이에 맞서 강착이 가

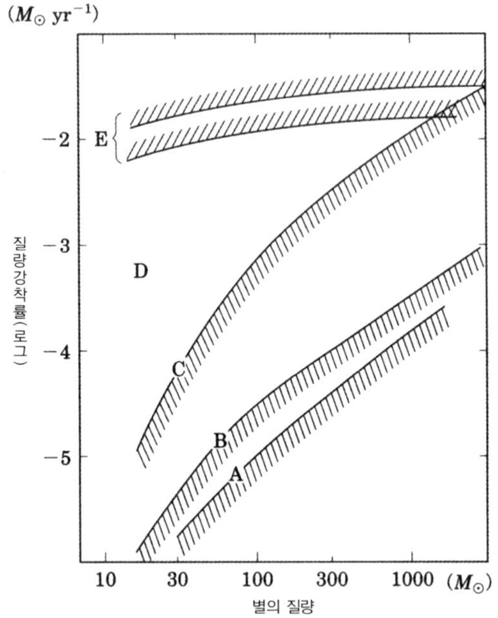

그림 11.1 원시별로의 질량강착률과 강착으로 생성할 수 있는 상한질량과의 관계. 선 A는 H_{II} 영역의 팽창으로 강착이 멈추게 됨으로써 따르는 제한, 선 B는 중심별의 수명에 따른 제한, 선 C는 중심별의 복사압으로 강착이 멈추게 됨으로써 따르는 제한이다. 선 E를 웃도는 강착률은 강착으로 발생하는 광도가 에딩턴 한계를 넘기 때문에 금지된다. 선 E의 두 개의 선은 강착으로 광도가 방출된 중력에너지의 100 %(아래)와 50 %(위)인 경우를 각각 나타낸 것이다. 이러한 선 사이에 있는 D 영역만 주어진 강착률 내에서 만들어질 수 있는 별의 질량 영역이다(Wolfire & Cassinelli 1987, *ApJ*, 319, 850).

능하려면 강착흐름이 안쪽으로 실어오는 운동량 유속이 앞의 값보다 커야 한다. 즉, 다음 식이 성간먼지 파괴면에서 성립해야 한다.

$$\rho u > \frac{L}{4\pi r^2 c} \tag{11.1}$$

여기에서 u는 강착흐름의 속도이다. 이 속도를 자유낙하속도로 이용한 경우가 그림 11.1의 선 C의 왼쪽 영역에 해당된다. 실제로는 이 조건이 좀 더 엄격해져 성간먼지 파괴면의 바깥쪽에서도 재복사된 복사에 따라 감속되기 때문에 선 C는 왼쪽으로 이동한다.

또한 좀 더 대질량이 되면 HⅡ 영역이 확대되어 외층 전체를 뒤덮는다. 그렇게 되면 가스는 약 1만 K까지 가열되어 중력적으로 속박되지 않아 외층의 가스가 증발해 버리고 강착이 멈춘다. 이 조건이 그림 11.1의 선 A이다.

그림의 선 A, B, C를 비교하면 성간먼지로의 복사압(선 C)이 가장 조건이 엄격하다는 것을 알 수 있다. 보통 소질량성 탄생 때와 비슷한 강착률(10^{-6}~10^{-5} $M_{\odot}\,\mathrm{yr}^{-1}$)에서는 10~20 $M_{\odot}$보다 큰 별을 구대칭적 강착으로 만들기가 곤란하다.

11.2 대질량성의 탄생 시나리오

앞 절에서 소질량성 탄생 과정의 강착진화를 단순히 시간적으로 연장한다고 해서 대질량성이 탄생하는 것은 아니라고 설명했다. 현재, 강착설과 합체설이라는 두 가지 시나리오가 주로 제안되고 있다.

첫 번째 시나리오는 강착설이다. 강착설에서는 대질량성도 소질량성과 마찬가지로 강착진화에 따라 질량을 획득하지만 이때의 강착률은 매우 크다고 한다. 그림 11.1에서 강착률이 크면 복사압에 따라 제한이 느슨해져 수십 $M_{\odot}$ 정도 이상의 대질량성도 탄생할 수 있음을 알 수 있다. 또 앞 절에서는 추정을 간단하게 하기 위하여 구대칭성을 가정했는데, 실제 강착물질은 각운동량을 지니고 있어 원시별 주변에 강착원반을 만든다. 따라서 원시별에서 보아 적도면 방향(원반 방향)은 광학적으로 매우 두껍고, 이와 수직인 극 방향은 비교적 광학적으로 얇다. 그렇기 때문에 복사는 극 방향으로 강해지고 원반 방향으로는 약해지므로 원반을 통한 강착은 방해받지 않고 계속된다.

대질량성 탄생의 강착설에서는 소질량성 탄생 때보다 더 큰 강착률이 필요하다. 실제로 대질량 원시별에서는 방대한 물질이 분자흐름으로 분출하는 것이 관측된다. 이는 강착물질 중 일부가 방출되는 것으로 보이며, 이 때문에 강착률이 크다는 것을 시사한다. 이러한 값이 어떻게 실현되는지에 대해서는 다음에 살펴보기로 한다.

자기중력에 지배되는 고밀도 핵에서 별이 탄생하는 경우의 강착률은 진스 질량 M_J 정도의 핵이 자유낙하시간 t_{ff} 정도로 중심별에 낙하한다고 하면 다음과 같이 주어진다.

$$\dot{M} \simeq M_J / t_{ff} \simeq \frac{c_{eff}^3}{G} \tag{11.2}$$

여기에서 유효한 음속 c_{eff}는 $c_{eff}^2 \equiv$(압력)/(밀도)로, 열적인 압력과 함께 자기압력과 난류로 고밀도 핵이 지탱하는 경우에는

$$c_{eff}^2 = c_T^2 + v_A^2 + v_{turb}^2 \tag{11.3}$$

이 된다. 여기에서 c_T는 음속, v_A는 알페인 속도, v_{turb}는 난류의 전형적인 속도이다. 음속과 알페인 속도는 핵마다 크게 다르지 않아 강착률이 몇 자리씩 변하지는 않는다. 한편, 성간매질 중에는 초음속 난류가 가득 채워져 있다고 알려졌고, 실제로 대질량성 탄생의 모체인 것으로 생각하는 대질량 핵은 난류가 특히 강하다. 이 난류속도로 예상되는 강착률은 $10^{-3}\,M_\odot\,\mathrm{yr}^{-1}$ 정도나 되어 대질량성 탄생에 필요한 값에 이르고 있다.

또 강착설에는 소질량성의 탄생과 마찬가지로 원시별 주변에 케플러 회전하는 강착원반이 존재한다고 여기는데, 이러한 원반을 관측적으로 찾아내기 위한 시도가 활발하게 진행되고 있다.

한편, 대부분의 대질량성은 성단, 특히 별 밀도가 높은 중앙부에 존재한

다. 역학적으로 충분히 완화된 계에서는 별마다 운동에너지가 균등하게 분배되기 때문에 질량이 큰 별은 속도가 작아져 중앙부로 모인다. 하지만 대질량성이 성단 중앙부에 많은 현상은 충분히 젊은 성단에서도 관측되기 때문에 역학적 분리작용만으로는 설명할 수 없어 대질량성은 성단 내부의 별 밀도가 높은 환경에서 생성된다고 생각한다. 그래서 두 번째 탄생 시나리오로서 성단 중앙부의 별 밀도가 높은 환경에서 별들끼리의 충돌과 합체가 일어난 결과로 대질량성이 탄생한다는 합체설을 제안하고 있다. 이 과정이 실제로 일어나려면 별 밀도가 10^8개 pc^{-3} 이상은 되어야 한다. 그러나 이러한 고밀도 환경은 지금까지 발견되지 않았으며, 실제로 별들끼리의 합체가 효율적으로 일어나는지도 확인되지 않았다. 성간 가스에 파묻혀 있는 젊은 성단의 한 시기에 이러한 고밀도 시기가 존재하여 그 시기에 합체하여 대질량성이 탄생하는지도 모른다.

11.3 대질량성의 탄생 지표

대질량성은 거대 분자구름 내의 고밀도 영역인 분자구름 핵에서 생겨난다(3.1절 참조). 현시점에서 대질량성은 다음과 같은 진화단계를 거쳐 탄생한다고 생각한다.

(1) 별이 없는 대질량 분자구름 핵

(2) 생성 중인 중소질량 원시별을 포함하지만 대질량 원시별이 없는 대질량 분자구름 핵

(3) 대질량 원시별을 포함하는 젊은 성단

(4) 대질량 주계열성을 포함하는 성단

대질량성은 일반적으로 단독별이 아니라 좁은 영역에 다수의 별이 밀집

해 있는 성단으로 생성된다(11.6절 참조). 근적외선 망원경이나 전파간섭계 등 높은 공간분해능(≤1″)을 가진 장치를 사용한 관측에서는 각각의 천체가 분리될 수 있다.

하지만 원적외선에서의 관측이나 단일 전파망원경을 사용한 관측에서는 공간분해능이 그리 좋지 않아(≥10″) 각각의 천체를 분리할 수 없다. 이러한 관측으로 포착한 천체를 진화단계의 순서로 나열하면 다음과 같다.

(a) 별이 없는 대질량 분자구름 핵

(b) 원시성단

(c) 성단

(a)는 별이 없는 대질량 분자구름 핵 (1)에 해당하고, (b)는 (2)와 (3) 같은 여러 단계의 천체를 포함한다. (c)는 (4)만 포함하는 영역이다.

(1)의 별이 없는 대질량 분자구름 핵은 저온, 대질량의 분자구름 핵(고밀도 분자 가스 덩어리)이다. 이 때문에 오랫동안 '차가운 핵cold core'이라고 불렸는데, 대질량성 탄생의 모체라는 점을 강조하기 위해 '별이 없는 분자구름 핵'이라 부르게 되었다. 내부에 열원을 가지고 있지 않아 중간적외선으로는 검출되지 않거나 복사가 매우 약하다. 따라서 관측 대상이 되는 천체를 선정하기가 어려워 최근까지도 관측이 거의 이루어지지 못했다. 한편, 주위를 둘러싼 거대 분자구름보다 고밀도라 밀리미터와 서브밀리미터파 대역에서 저온의 성간먼지에 따른 열복사가 두드러지고, 임계밀도가 매우 높은 저온 · 고밀도 가스에 따른 방출선 복사가 뚜렷하다. 또 성간먼지에 따른 소광량이 매우 큰 점 등이 특징이다. 관측 성능의 향상으로 이러한 특징에 주목하여 별이 없는 대질량 핵을 탐사해서 '밀리미터파 연속파원', '서브밀리미터파 연속파원', '적외선 암흑성운' 등 어느 정도 관측적으로 파악하게 되었다.

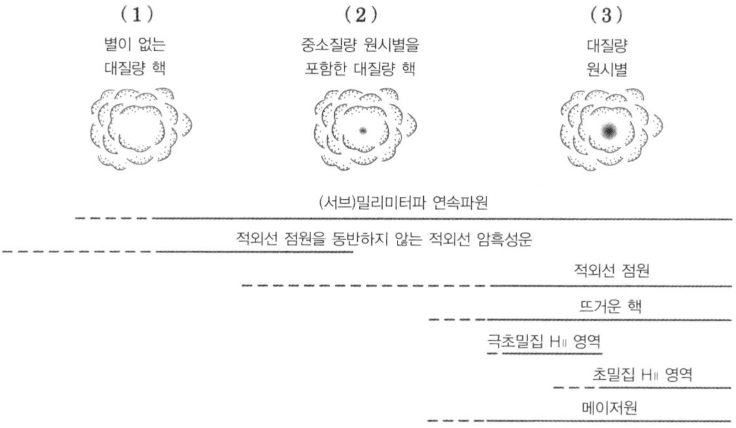

그림 11.2 대질량성의 진화단계 및 지표가 되는 천체.

그렇지만 별이 없는 대질량 분자구름 핵이 모두 대질량성 탄생에 이르는 것은 아니라는 점에 주의해야 한다. 중소질량성만을 생성하는 분자구름 핵, 또는 별의 탄생이 일어나지 않는 분자구름 핵일 가능성도 있다. 이러한 의미에서 관측적으로 파악한 것은 '대질량성의 탄생에 도달할 가능성이 있는' 별이 없는 대질량 분자구름 핵이며, '대질량성 탄생에 도달할 것이 확실한' 별이 없는 대질량 분자구름 핵을 검출한 예는 없다. 별이 없는 수많은 대질량 분자구름 핵을 관측해서 가장 (2) 단계에 가까운 천체(예를 들어 별이 없는 대질량 분자구름 핵 가운데 밀도가 높은 천체)를 탐사하여 별이 없는 대질량 분자구름 핵 가운데 어떤 성질을 가진 분자구름 핵이 실제로 대질량성 탄생에 도달하는지를 통계적으로 확실히 밝히는 연구가 중요하다.

(2)는 중심별로의 질량강착이 진행되어 중심별이 성장해 가는 단계이다. 이 시점에서는 중심별의 질량은 수 $M_{\odot}$로 생각한다. 이 과정에서 중심부근의 매우 좁은 영역에서만 온도가 상승한다. 현시점에서는 감도와 공

간분해능이 부족하여 관측적으로 이를 파악할 수는 없지만, (3)의 앞 단계로 존재하는 것이 확실시되고 있다. ALMA 등 높은 감도와 공간분해능을 갖춘 관측장치로 가까운 미래에 그 존재가 밝혀질 것이라 기대한다.

(3)은 중심별로의 질량강착이 계속 진행되어 중심별이 대질량에 도달한 단계이다. 내부에 고온의 중심별이 존재하여 고온의 성간먼지에 따라 중간적외선 복사가 매우 높은 천체이다. 이 진화단계는 '뜨거운 핵hot core' '극초밀집 H II 영역', '초밀집 H II 영역', '적외선 점원', '분자흐름 천체' 등으로 관측된다. (1)과 (2)의 진화단계에 있는 천체보다 관측이 쉬워 전천탐사 등의 계통적 관측으로 어느 정도 연구가 진척되고 있다.

각 진화단계는 관측 수단에 따라 적외선 점원을 동반하지 않는 적외선 암흑성운[진화단계 (1)에서 (2)에 해당], 밀리미터파 연속파원 또는 서브밀리미터파 연속파원[(1)에서 (3)], 뜨거운 핵[(2)에서 (3)], 극초밀집 H II 영역 (3), 초밀집 H II 영역(3), 메이저원(3), 적외선 점원(3), 분자흐름 천체[(2)에서 (3)] 등 다양한 천체로 파악된다. 다음에는 각 천체에 대해 설명하겠다(극초밀집 H II 영역 및 초밀집 H II 영역에 대해서는 4.3절 참조).

11.4 대질량 원시별의 관측

11.4.1 적외선 점원

1984년에 발사한 적외선 천문위성 IRAS(Infrared Astronomical Satellite)는 분해능은 약 2′으로 그리 좋지 않았지만 전천의 96 % 영역에 대해 중간적외선에서 원적외선(12, 25, 60, 100 μm)까지를 관측했다. 그 결과, 26만 점 정도의 점원을 포함하는 목록으로 정리되었다. 이 목록에 수록된 점원을 IRAS 점원이라고 한다.

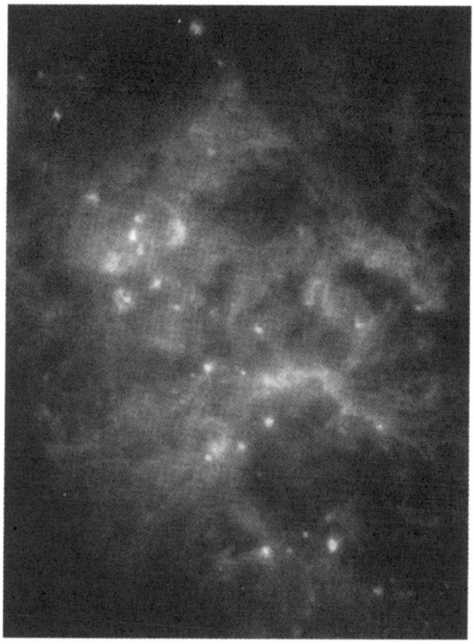

그림 11.3 아카리 위성에서 찍은 백조자리 X선 영역이라 부르는 대질량성 탄생 영역의 원적외선 사진. 사진에서 밝은 천체는 대질량성이 생성되는 장소이다(JAXA 제공).

대질량 원시별에 따른 복사로 주변의 성간먼지가 따뜻하다. 주위의 분자구름 온도(전형적으로 10 K 정도)보다 약간 고온인 영역에서의 복사는 원적외선에서 서브밀리미터파에 걸쳐 그 복사세기의 최댓값을 갖기 때문에(예를 들어 20 K 정도의 물체에서 흑체복사 최댓값은 150 μm 부근이다) IRAS 점원에 대해 '장파장일수록 복사가 강한 점원' 등의 조건을 달아 대질량 원시별이 포함된 성단 후보를 선정할 수 있다. 이렇게 선정한 천체에 대해 다른 파장, 또는 높은 공간분해능 관측을 많이 진행하여 대질량 원시별에 대한 관측 연구가 진척을 보였다.

아직 IRAS의 감도가 별로 좋지 않아(1만 광년 거리에서 ~1000 $L_\odot$) 밝은 천체밖에 검출되지 않는다. 따라서 11.3절의 진화단계 (3)까지 진화한 천체의 지표로 이용된다.

IRAS를 뛰어넘는 전천 규모의 중간적외선 데이터베이스가 아직 없어 IRAS 점원은 현재도 널리 사용되고 있다. 2006년에 발사한 일본의 적외선 천문위성 '아카리'는 IRAS를 웃도는 감도와 공간분해능으로 전천탐사를 수행하고 있다. 이 전천탐사로 IRAS로는 검출할 수 없었던 (2)의 진화단계에 있는 천체를 검출할 수 있을지 기대를 모으고 있다.

11.4.2 뜨거운 핵

뜨거운 핵은 대질량성 탄생 영역에서 두드러지게 검출되는 고온의 분자구름 핵(고밀도 분자 가스 덩어리)이다. 전형적인 온도, 밀도, 크기, 광도는 각각 수백 K, $>10^7\ \mathrm{cm}^{-3}$, $<0.1\ \mathrm{pc}$, $10^4 \sim 10^6\ L_\odot$이다.

뜨거운 핵의 온도를 구할 때 NH_3, CH_3CN, CH_3OH 등의 분자가 내보내는 전파방출선이 자주 이용된다. 이 분자들에는 들뜸온도가 서로 다른 여러 개의 방출선이 거의 같은 주파수에 있어 한 번의 관측으로 여러 개의 방출선 세기를 구할 수 있다. 이에 따라 빔 크기가 다른 것과 지향오차[1] 등 관측오차의 영향을 최소화한 각 방출선 간의 세기 비율을 측정할 수 있어, 결과적으로는 온도를 매우 정밀하게 구할 수 있다. 이 분자들을 뜨거운 핵의 추적자tracer라고 한다.

뜨거운 핵은 높은 온도뿐만 아니라 메틸에테르(CH_3OCH_3), 시안화에틸(CH_3CH_2CN) 등 대형 유기분자를 비롯해 다양한 분자 종류의 방출선 복사가 뚜렷하게 보이는 것이 특징이다(그림 11.4). 이 대형 유기분자들의 수명은 대질량성 진화 과정의 시간규모(~10^5년)보다 짧아서(~10^4년) 대질량성 탄생 직후의 영역 추적자로 자주 이용된다.

이러한 대형 유기분자들의 생성 메커니즘은 다음과 같을 것이라 생각한

1 망원경 지향방향의 매우 작은 차이.

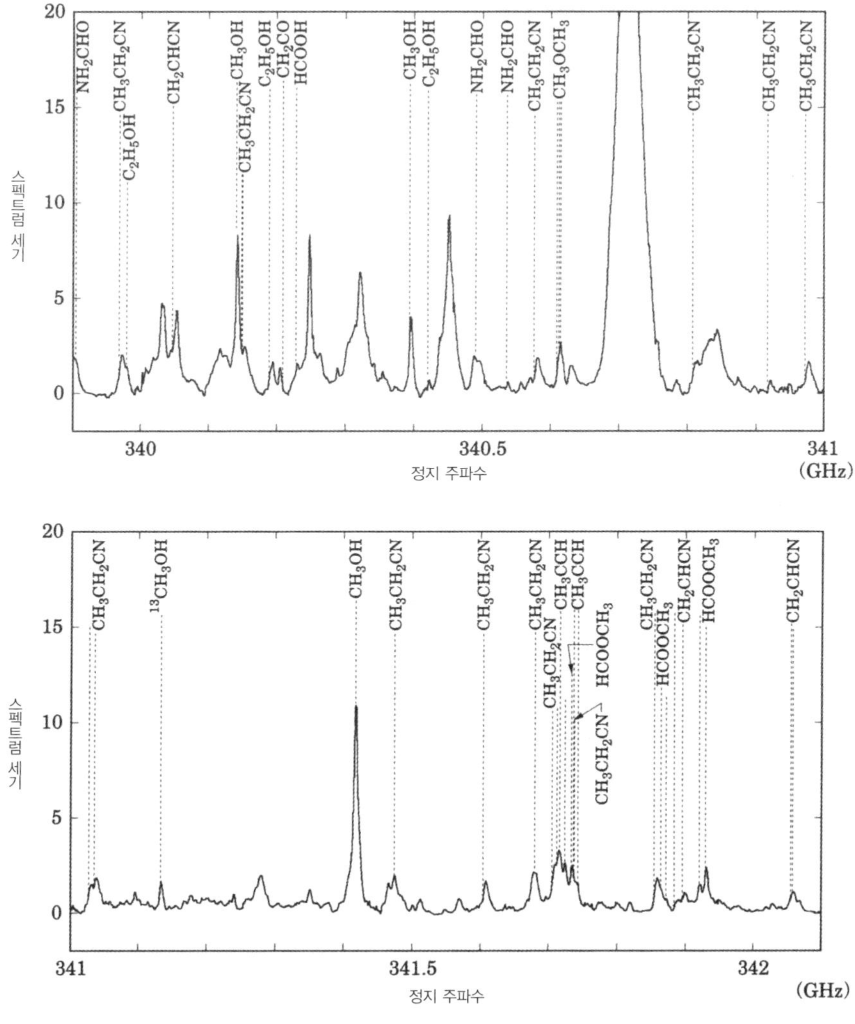

그림 11.4 오리온 KL 영역에 대한 분자 방출선 탐사의 관측 결과(Schilke *et al.*, *ApJS*, 108, 301).

다. 대질량 원시별이 탄생하기 전의 진화단계, 즉 별이 없는 대질량 분자구름 핵은 저온이면서 고밀도이기에 일산화탄소를 비롯해 다양한 분자가 성간먼지에 달라붙어 있다. 성간먼지 표면에서 일어나는 반응속도가 그리

빠르지 않아 대형 유기분자는 거의 생성되지 않거나 생성된다 해도 곧 분해되고 만다(성간먼지 표면에서도 어느 정도의 대형 유기분자가 생성된다는 설도 있다). 대질량 원시별 탄생과 더불어 분자구름 핵의 온도가 상승하면 성간먼지에 달라붙어 있던 분자가 증발되어 기체 상태로 방출된다. 밀도가 높고 온도가 높기(즉, 운동이 격렬하다) 때문에 기체에서 일어나는 반응속도는 성간먼지 표면에서 일어나는 반응속도보다 극적으로 빨라져 관측으로 검출할 수 있을 만큼 많은 양의 대형 유기분자가 생성된다. 따라서 비교적 넓은 영역(~0.1 pc)이 고온(>100 K)이 되는 경우, 대질량성 탄생 영역 특유의 현상으로 생각했다.

최근 몇 년 사이에 매우 약하기는 하지만 대형 유기분자에 따른 방출선이 중소질량성 탄생 영역에서도 검출되고 있다. 이를 대질량성 탄생에서의 뜨거운 핵과 구별하기 위해 '뜨거운 코리노hot corino'라고 한다. 이 점을 고려하면 대질량 원시별의 탄생 초기나 그 전 단계[11.3절의 진화단계 (3)의 초기 또는 (2)]에서 영역은 작지만 뜨거운 핵이 만들어지기 시작하는 것으로 보인다.

센티미터파 전파연속파가 검출되지 않는 뜨거운 핵이 존재한다는 점에서, 뜨거운 핵이 초밀집 H II 영역보다도 젊은 단계에 있다고 생각한다. 뜨거운 핵과 극초밀집 H II 영역의 진화단계 비교에 대해서는 아직 충분한 관측 예가 없어 해결하지 못한 상태이다.

11.4.3 메이저원

대질량성 탄생 영역은 자주 수산기 메이저(OH), 물 메이저(H_2O), 메탄올 메이저(CH_3OH) 등의 메이저원을 동반하는 것으로 알려졌다. 메탄올 메이저원의 분포는 방출선에 따라 크게 달라 I형(25 GHz 등)과 II형(6.7 GHz, 12 GHz 등)의 두 종류로 분류된다.

물 메이저나 I형 메탄올 메이저는 초밀집 HII 영역과 적외선 점원 등 대질량성 탄생의 지표인 천체와의 위치적 상관관계가 반드시 좋은 것만은 아니어서 물 메이저에서는 0.1 pc 정도, I형 메탄올 메이저까지 1 pc 정도 떨어져 있는 것도 있다.

이에 비해 II형 메탄올 메이저나 수산기 메이저는 대질량성 탄생의 지표인 천체와의 위치적 상관관계가 좋다고 할 수 있다. 그러나 간섭계를 이용한 높은 공간분해능 관측에 따르면 II형 메탄올 메이저 중에 초밀집 HII 영역과 적외선 점원 등보다 그것들과 더 가까이에 있는 보다 젊은 천체(초밀집 HII 영역을 동반하지 않는 대질량 원시별과 밀리미터파 연속파원 또는 서브밀리미터파 연속파원 등)와 상관관계가 좋은 것들이 많이 존재한다는 사실이 확인되었다. 이러한 관측 결과를 바탕으로 최근 II형 메탄올 메이저는 초밀집 HII 영역이 생성되기 전 단계에서 생겨났다고 여긴다.

메이저원은 매우 밝아(밝기온도가 물 메이저에서는 10^{12} K, 메탄올 메이저에서는 10^{10} K에 이른다) 초장기선 전파간섭계(VLBI)처럼 감도는 그저 그렇지만 매우 높은 공간분해능(≤ 밀리초각)이 얻는 관측으로도 검출할 수 있다. 이에 따라 상세한 공간분포를 얻을 수 있을 뿐만 아니라 시기를 달리 해서 여러 번 관측하는 방법(multi-epoch 관측)으로 운동을 해명할 수 있다는 점이 특징이다.

메이저원의 상세한 위치에 관해서는 아직 견해가 통일되지 않았지만 대략 다음과 같이 생각한다. 수산기 메이저는 초밀집 HII 영역을 둘러싼 이온화파면과 충격파면 사이의 영역, 즉 팽창하는 구면껍질 모양의 중성 영역(4.3절 참조)에 있다. 물 메이저와 I형 메탄올 메이저는 대질량 원시별을 둘러싼 가스, 그리고 대질량 원시별에서 유래하는 분자흐름이나 제트와의 경계 영역에 위치한다. 물 메이저와 II형 메탄올 메이저 중에는 원반에서 기원하는 것으로 보이는 것도 있다. 메이저원의 자세한 위치는 2012년 관측을 시작한 우주 VLBI 계획 VSOP-2를 비롯해 여러 시점의 VLBI 관측이 진척을 보이면 명확하게 밝혀질 것이다.

메이저원의 수명은 10^4~10^5년 정도로 매우 짧아 초밀집 HII 영역 생성 후 빠르게 소멸되는 것으로 생각한다. 따라서 대질량 원시별이 만들어진 직후의 천체를 선택적으로 파악할 수 있다. II형 메탄올 메이저가 물 메이저보다 수명이 짧다는 관측 결과도 있다.

들뜸 메커니즘으로는 수산기 메이저와 II형 메탄올 메이저는 중심별에서의 적외선 복사에 따른 복사들뜸, 물 메이저와 I형 메탄올 메이저는 충돌들뜸이 주된 것으로 보인다. 메이저 현상을 일으키는 영역의 물리량은 100~500 K, 10^5~10^{10} cm^{-3}로 생각된다(3장의 칼럼 참조).

또 II형 메탄올 메이저는 현재까지 대질량성 탄생 영역 이외에서는 검출된 예가 없어 최근에는 대질량성 탄생의 지표로 적극적인 관측이 이루어지고 있다. 한편, 물 메이저와 수산기 메이저는 중소질량성의 탄생 영역과 만기형 별 주변 등에서도 검출되기 때문에 반드시 대질량성 생성지표가 아니라는 점에 주의해야 한다.

11.4.4 분자흐름 천체

중소질량 원시별과 마찬가지로 대질량 원시별도 분자흐름 천체를 동반한다는 것이 관측적으로 알려졌다(10장 참조). 양쪽을 비교하면 중심별의 복사 광도가 클수록 분자흐름 천체의 역학적 광도, 즉 단위시간당 분자흐름의 운동에너지 방출량도 커지는 경향을 보인다.

분자흐름 천체의 수렴도에 관해서는 비교적 초기에 이루어진 관측에서 대질량 원시별에 동반하는 분자흐름 천체는 중소질량 원시별에 동반하는 것보다 수렴도가 나쁘다는 결과가 나왔다. 하지만 최근 높은 공간분해능 관측으로 대질량 원시별에서도 수렴도가 높은 분자흐름 천체가 검출되기에 이르렀다. 현재는 초기의 관측 결과가 공간분해능이 좋지 않아 수렴도가 나쁘게 보였을 뿐이며 중심별의 질량에 따른 수렴도 차이는 없다는 이론, 그리고 진화와 함께 수렴도가 나빠진다 [11.3절에서 보여준 진화단계 (2)에서는 수렴도가 좋고, (3)으로 성장하면서 나빠진다] 는 이론이 제안되었지만 아직까지 통일된 의견을 모으지 못하고 있다.

11.5 별이 없는 대질량 분자구름 핵의 탐사

별이 없는 대질량 분자구름 핵은 대질량 원시별이나 주계열성 등과 비교해 활동성이 떨어져 관측 대상을 선정하기가 매우 어렵다. 최근에 중간적외선 관측 결과를 바탕으로 관측 대상을 선정한 탐사와 밀리미터파 또는 서브밀리미터파 정도의 넓은 영역을 빠짐없이 관측하는 탐사를 시도하면서 별이 없는 대질량 핵이 검출되고 있다. 관측으로 구한 전형적인 물리량은 온도 10~25 K, 크기 수 pc, 질량 수십~수천 $M_{\odot}$, 밀도 > $10^5\ \mathrm{cm}^{-3}$이다.

11.5.1 대질량 원시별의 주변 영역에 대한 탐사

'대질량성은 성단의 형태로 생겨난다' 는 특징을 살려 이미 대질량 원시별까지 진화가 진행된 천체 주변을 관측함으로써 대질량 원시별을 동반하지 않는, 별이 없는 대질량 분자구름 핵의 탐사를 진행하고 있다. 전형적인 관측 범위는 10′~30′ 정도이고, 밀리미터파 및 서브밀리미터파 연속파 다소자multiple element 카메라의 등장으로 관측에 급속도로 진척을 보이고 있다(그림 11.5).

이 방법의 특징은 이미 대질량 원시별까지 진화가 진행된 천체는 적외선 점원이나 초밀집 H II 영역 등을 동반하므로 관측 후보 영역의 선정이 쉽다는 점이다. 한편, 주위에 대질량 원시별을 동반하지 않는 영역(예를 들

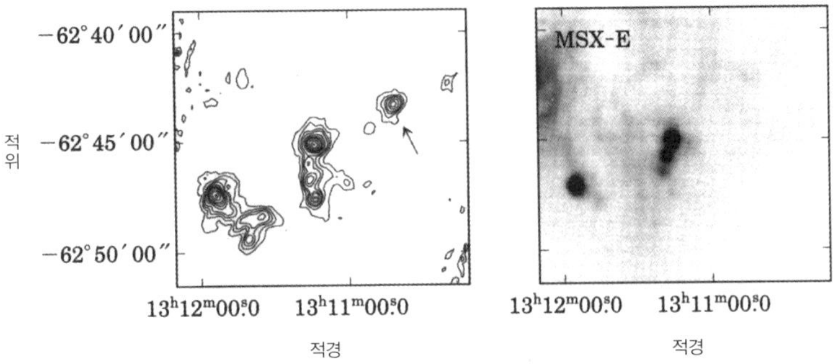

그림 11.5 대질량 원시별의 주변 영역에 대한 별이 없는 대질량 핵의 탐사 예. 같은 영역에 대한 밀리미터파 연속파의 관측 결과(왼쪽), 중간적외선(21 μm) 관측 결과(오른쪽). 대질량 원시별은 각 그림의 중심에 위치한다. 왼쪽 그림에서 화살표로 표시한 핵은 중간적외선에서 복사를 동반하지 않는, 즉 별이 없는 대질량 핵의 후보 천체이다(Garay *et al.*, 2004, *ApJ*, 610, 313).

어 별이 없는 대질량 분자구름 핵 등)은 이 방법으로는 검출되지 않는다.

11.5.2 적외선 암흑성운에 대한 탐사

중간적외선에서는 성간먼지에 따른 소광량이 가시광선에 비해 수십 분의 1 이하로 매우 작다. 따라서 중간적외선에서조차 소광을 받는 것으로 관측되면, 그 영역은 가시광선에서 매우 강한 소광을 받고 있음을 보여준다. 즉, 성간먼지나 가스가 고밀도로 분포한다고 할 수 있다. 그러므로 중간적외선의 복사원을 포함하지 않아 중간적외선에서 암흑성운으로 보이는 영역은 별이 없는 대질량 분자구름 핵의 후보 천체로 여긴다. ISO(Infrared Space Observatory)나 MSX(Midcourse Space Experiment satellite) 같은 중간적외선 천문위성 덕분에 중간적외선에서 암흑성운으로 보이는 영역, 즉 적외선 암흑성운을 동정할 수 있게 되었다. 예를 들어 1996년에 발사한 MSX 위성은 은위 5° 이내의 모든 영역에 대해 중간적외선(7~25 μm)에서 관측했다. 공간분해능은 18″로 IRAS보다 10배 가까이 좋다. 관측 결과에 따라 1만 개가 넘는 적외선 암흑성운이 검출되어 목록화되었다.

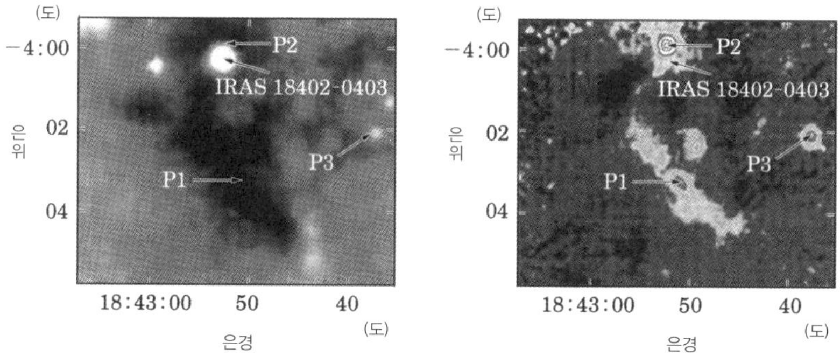

그림 11.6 중간적외선(8μm)의 관측 결과(왼쪽). 같은 영역에 대한 서브밀리미터파 연속파의 관측 결과(오른쪽). 그림 가운데쯤 P1이라고 한 곳에서는 중간적외선에서는 암흑성운으로 보이지만(적외선 암흑성운), 서브밀리미터파에서는 복사원으로 보인다(Caray *et al.*, 2000, *ApJ*, 543, L157).

이 목록을 이용하여 최근 몇 년 동안 밀리미터파 대역과 서브밀리미터파 대역을 중심으로 많은 관측이 이루어지고 있다. 실제로 적외선 암흑성운의 일부에서는 원적외선부터 밀리미터파, 서브밀리미터파에 걸쳐 성간 먼지에서 유래하는 열복사가 검출되어 적외선 암흑성운의 내부가 매우 밀도가 높은 상태라는 것을 나타내고 있다(그림 11.6).

또 적외선 암흑성운은 흡수에 근거하여 동정되었기 때문에(흡수에 근거해서가 아니라 실제로) 배경광 세기가 약한 영역이 실수로 적외선 암흑성운으로 목록화되었을 가능성이 있다는 점, 그리고 배경광이 약한 영역에서는 적외선 암흑성운을 동정하기 어려워 반드시 균일한 표본이 아닐 가능성도 있다는 점에 주의해야 한다.

11.5.3 거대 분자구름에 대한 탐사

별이 없는 대질량 핵은 내부에 열원이 없어 중간적외선에서는 대질량 핵에서의 열복사가 검출되지 않거나 매우 약하다. 한편, 주변을 둘러싼 거대 분자구름보다 밀도가 높아 밀리미터파 대역 또는 서브밀리미터파 대역에

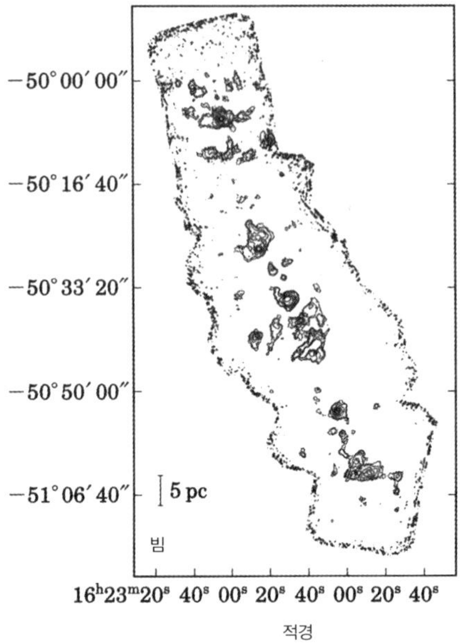

그림 11.7 H II 영역 RCW106에 대한 밀리미터파 연속파 탐사관측 결과(Mookerjea *et al.*, 2004, *A&Ap*, 426, 119).

서 저온의 성간먼지에 따른 열복사가 두드러진다. 그 결과 밀리미터파 연속파원 또는 서브밀리미터파 연속파원으로 검출되기도 한다. 어느 정도 넓은 영역(수 °×수 °)에 대한 편차 없는 밀리미터파 및 서브밀리미터파 연속파 탐사관측이 100소자가 넘는 밀리미터파 · 서브밀리미터파 연속파 카메라의 등장으로 급속하게 진척되고 있다. 지금까지 오리온자리 영역, H II 영역 RCW 106, 백조자리 X 영역, 돛자리 분자구름 D 영역 등을 관측한 예가 보고되었다(그림 11.7).

또 별이 없는 대질량 핵은 저온이면서 밀도는 높아 $H^{13}CO^{+}$, $H^{13}CN$, N_2H^{+} 등의 $J=1-0$ 방출선을 비롯해 저온에서도 들뜨는 임계밀도가 매우 높은 방출선(저온 고밀도의 '지표'=추적자)에 따른 복사가 두드러진다.

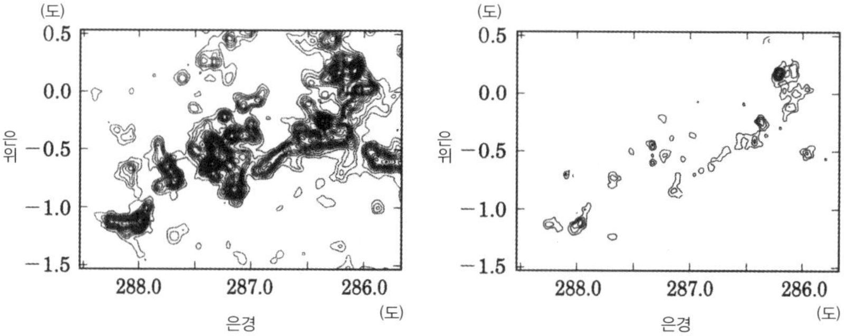

그림 11.8 용골자리 별에 딸린 거대 분자구름에 대한 관측 결과. ^{12}CO(왼쪽), C^{18}O(오른쪽)(Yonekura *et al.*, 2005, *ApJ*, 634, 476).

그러나 이러한 저온 · 고밀도 추적자의 복사 영역은 매우 좁고 세기도 약해 넓은 영역에 대한 저온 · 고밀도 추적자를 이용하여 편차 없는 탐사관측을 진행한다는 것은 현실적이지 못하다. 따라서 어떤 방법으로든 관측 영역을 좁혀야 한다. 이에 따라 분자구름 자체에서 복사하는 전자기파를 이용해 단계적으로 관측 영역을 좁히는 방법을 쓴다. 먼저 ^{12}CO를 이용해 거대 분자구름의 분포를 살펴본다. 이어서 ^{13}CO나 C^{18}O를 이용해 거대 분자구름 중의 비교적 밀도가 높은 영역인 덩어리clump 분포를 조사한다. 이렇게 해서 저온 · 고밀도 추적자로 관측해야 할 영역을 엄선한다. ^{12}CO나 ^{13}CO는 세기가 강하기 때문에 짧은 시간에 넓은 영역을 관측할 수 있다(그림 11.8).

이와 같이 편차 없는 방법으로 선정한 영역을 저온 · 고밀도 추적자로 관측함으로써 별이 없는 대질량 분자구름 핵의 편차 없는 탐사를 효율적으로 해낼 수 있다. 앞으로 수신기의 감도가 높아지거나 다소자가 이루어짐에 따라 더욱 효율적인 탐사를 할 수 있게 될 것이다.

현재로는 100소자가 넘는 밀리미터파 및 서브밀리미터파 카메라의 실용화로 연속파를 관측하는 것이 좀 더 효율적이다. 그렇다 해도 연속파를 이용한 관측으로는 속도 정보를 얻을 수 없으므로 운동에 대한 정보도 얻을 수 없다는 점과 시선방향에 겹쳐진 여러 개의 핵을 분리할 수 없다는 점 등에 유의해야 한다. 따라서 연속파 관측과 방출선 관측은 상호 보완적인 관계에 있다고 하겠다.

11.6 성단의 탄생

대질량성은 소질량성과는 달리 홀로 생성되는 것이 아니라 성단으로 만들어진다. 성단에는 초기질량함수로 결정되는 중소질량성도 만들어진다. 즉, 대부분의 별은 성단 속에서 탄생하며, 성단은 거대 분자구름 속에서 생성된다. 따라서 성단이 거대 분자구름에서 어떻게 만들어지고, 어떻게 진화해 가는지를 이해하는 것은 은하 전체의 별 탄생률을 결정하는 데도 매우 중요한 문제이다.

하지만 성단 탄생에 대한 이해는 단독별의 탄생에 비해 늦은 감이 있다. 이는 산개성단이나 OB성협 등이 은하계 원반부에 분포하여 시선방향과 겹쳐져서 동정할 수 있는 천체가 아주 가까운 1~2 kpc 이내로 한정되기 때문이다. 또 분자구름 속에 파묻혀 있는 생성 직후의 성단도 가시광선으로는 파악할 수 없다. 그러나 최근 몇 년 사이에 적외선 관측과 히파르코스 위성의 관측, 외부은하에서의 거대 분자구름과 성단의 비교연구에서 성단의 생성과 그 진화 과정이 조금씩 밝혀지고 있다(그림 11.9).

거대 분자구름 속 생성 직후의 성단은 거대 분자구름 중의 분자 가스에 중력적으로 속박상태bound state에 있다. 그러나 일단 성단이 만들어지면 대질량성에서의 항성풍과 초신성 폭발로 주변 가스가 흩어져 대부분의 성단은 중력적으로 속박될 수 없고, 성단 생성 후 1000만 년 이하에서 흩어져 사라지고 만다. 거대 분자구름에서 만들어진 성단 가운데 겨우 10%

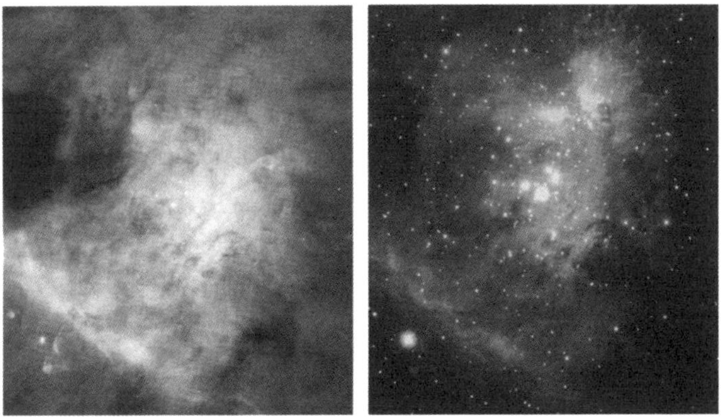

그림 11.9 가시광선(왼쪽, 허블 우주망원경)과 근적외선(오른쪽, 스바루 망원경)으로 본 오리온 대성운(화보 8 참조). 근적외선에 따른 관측이며, 가시광선에서는 보이지 않는다. 분자구름 속에 파묻혀 있는 생성 직후의 성단 모습을 포착했다.

정도의 질량이 큰 성단만이 플레이아데스 성단처럼 산개성단으로 살아남는 것으로 보인다.

11.6.1 성단의 종류

은하계 내의 성단은 크게 구상성단과 산개성단으로 분류한다. 구상성단은 수십만 개 이상의 오래된 별로 구성되어 있으며 중력적으로 강하게 속박된 계이다. 은하계의 헤일로 부분에 분포하며 100억 년 이상 이전에 생성되어 현재의 은하계에서는 만들어지지 않는다. 그 기원은 여전히 밝혀지지 않았으나 최근 몇 년 사이에 외부은하에서 생성 과정에 있는 젊은 구상성단(초성단, 11.6.2절 참조)이 발견됨으로써 생성 메커니즘을 해명하는 열쇠가 되었다.

한편, 산개성단은 비교적 젊은 성단으로 은하계의 원반 내에 분포한다. 구상성단에 비해 중력적으로 느슨하게 속박되어 있으며 성단을 구성하는 별의 수도 많지 않을뿐더러 현재도 은하계에서 생성되고 있다.

표 11.1 은하계 내의 성단 분류.

	구상성단	산개성단	OB성협	분자구름에 파묻혀 있는 생성 직후의 성단
나이(년)	$10^9 \sim 10^{10}$	$10^7 \sim 10^8$	$10^6 \sim 10^7$	10^6
크기(pc)	100	10	200	1
질량($M_\odot$)	$10^4 \sim 10^6$	$10 \sim 10^4$	$10^3 \sim 10^4$	$20 \sim 10^3$
존재 수†(개)	200(147)	10^5(1200)	1000(70)	>1000(80)

†은하계 내에 존재할 것으로 예상되는 성단 수. ( ) 안의 수는 현재까지 목록에 수록된 성단의 수.

산개성단보다 밀집도가 낮고 중력적으로도 속박되지 않으며 비교적 넓게 퍼져 있는 젊은 별 무리가 성협이다. 특히 OB형 별이 두드러져 OB성협이라고 하며, 거대 분자구름이나 HII 영역 근처에 분포해 대규모의 별 탄생 영역을 이룬다.

생성을 방금 끝내고 거대 분자구름 속에 깊이 파묻혀 있는 성단은 성간 먼지에 소광되어 가시광선으로는 검출되지 않는다. 최근 몇 년 사이에 적외선이나 X선 관측에서 이러한 성단이 거대 분자구름 가운데 많이 발견된다. 구성 별들의 대부분은 전주계열성 단계에 있는 매우 젊은 성단으로 분자구름 속의 가스와 함께 중력적으로 속박되어 있다.

11.6.2 초성단

1990년대 허블 우주망원경으로 관측해 많은 외부은하에서 초성단super star cluster이라는 거대 고밀도 성단의 존재가 밝혀졌다. 초성단의 질량은 $10^5 \sim 10^7 \ M_\odot$, 크기는 10 pc 이하로 밀집상태이며 중력적으로 속박된 계이다. 그 규모는 은하계의 구상성단과 비슷하지만 구상성단은 나이가 100억 년 이상의 오래된 소질량성으로 구성된 데 비해, 초성단은 나이가 젊은(수백만~수천만 년) 대질량성을 많이 포함하고 있어 밝다($M_V \sim -15$등급).

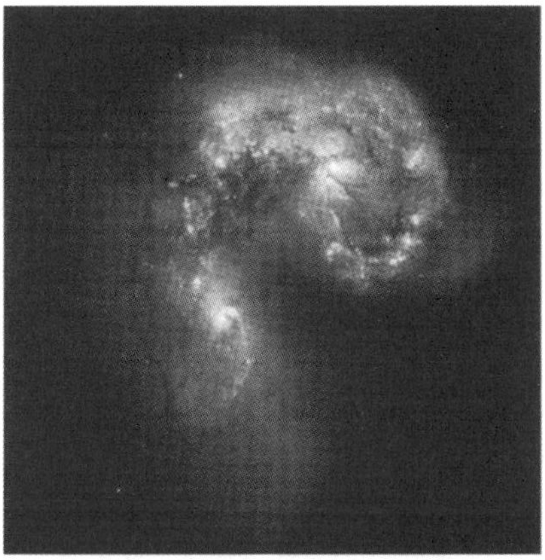

그림 11.10 허블 우주망원경으로 관측한 안테나은하. 두 은하의 충돌로 1000개 정도의 거대성단이 형성되고 있다. 그중 약 10%는 초성단에서 구상성단으로 진화할 것으로 보인다.

따라서 현재의 우주에서도 초성단이 만들어지고 있는 것으로 보이며 젊은 구상성단일 가능성이 높다.

초성단은 왜소은하에서 원반은하, 상호작용하는 은하 등 다양한 형태의 은하에서 볼 수 있지만, 특히 폭발적 항성생성starburst 은하, 상호작용하는 은하(충돌은하)에서 많이 발견된다(그림 11.10). 초성단은 젊은 대질량성을 많이 포함하고 있다. 이 대질량성들의 항성풍이나 초신성 폭발로 주변 가스가 이온화되어 퍼져나가는 것보다 빠른 시간(수백만 년 이하) 안에 성단이 만들어져야 하므로 초성단 생성에는 고밀도·고압력의 환경과 별 탄생률이 높아야 한다.

은하 규모에서 보면 초성단은 매우 큰 별의 탄생 요소이며 그 생성 메커니즘과 진화를 이해한다는 것은 은하의 진화, 폭발적 항성생성 현상에 대한 이해와도 연결된다. 초성단은 지금까지 허블 우주망원경을 비롯한 근적외선-가시광선 영역에서 관측, 발견되었다. 그러나 거대 분자구름 가운데 생성 과정에 있는 초성단은 특히 젊은 것일수록 분자구름 속에 깊이 파

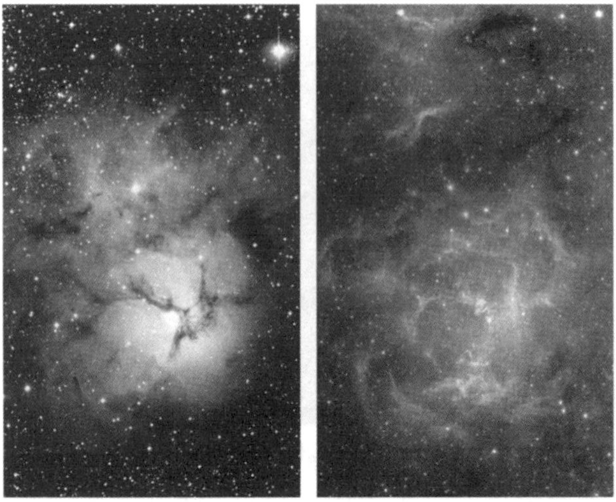

그림 11.11 3열성단(M20)의 가시광선(왼쪽, 미국 국립광학천문대) 및 적외선(오른쪽, Spitzer) 사진. O형 별 주위에 H II 영역이 분포하며(왼쪽 가시광선 사진의 아래쪽 성운 모양 부분), H II 영역을 둘러싸듯이 저온 가스와 성간먼지가 분포한다(오른쪽 적외선 사진의 성운 모양 부분). 갓 태어난 별은 적외선 사진에서 성운 안의 점원으로 찍혀 있다.

묻혀 있어 관측적으로 파악하기가 어려웠다. 앞으로 '아카리'나 '스피처 Spitzer' 같은 적외선 천문위성을 이용한 중간-원적외선 관측, ALMA를 이용한 밀리미터파 및 서브밀리미터파의 고분해능 관측으로 가까운 미래에 초성단 생성의 모체인 대질량 분자구름 핵 집단이나 뜨거운 핵, 초밀집 H II 영역 집단을 직접 관측하여 초성단의 생성 과정을 좀 더 깊이 이해할 수 있기를 기대한다.

11.7 대질량성에서 유도된 별탄생

O형과 조기 B형의 대질량성은 대량의 이온화 광자를 복사하고, 이로써 주변의 성간물질이 이온화해서 H II 영역을 형성한다(그림 11.11, 4장 참조). H II 영역은 고온이라 이온화되지 않은 바깥쪽의 성간물질 속보다 압력이

높아 팽창한다. 또 이러한 대질량성에서는 강한 복사압으로 별 표면이 깎여 나가면서 항성풍으로 분출된다. 게다가 별로서 수명을 다한 후에는 초신성 폭발을 일으켜 엄청난 물질을 고속으로 방출한다. 이러한 현상은 모두 주위의 성간물질을 압축시키는 데 작용한다. 압축 결과로 얻은 고밀도·고압력 환경은 별탄생에 안성맞춤이므로 다음 세대의 별들이 만들어지는 것이라 생각한다.

예를 들어 근처에 있는 원래 역학적으로 안정적인 핵이 압축으로 불안정해지고, 수축해서 별이 만들어지는 경우도 있다. 실제로 HII 영역 근처에는 주변부rim가 밝게 빛나는 밝은 가장자리구름bright-rimmed clouds이라는 천체가 다수 발견되는데, 그 내부에 젊은 별인 적외선 점원이 자주 따라붙는다. 이는 구름 주변이 HII 영역의 고압으로 압축되어 이에 따라 별탄생이 일어난 예로 볼 수 있다.

또 HII 영역과 초신성 잔해에 쓸려 모인 주변의 성간물질이 껍질을 만들고, 그 껍질이 분열 또는 수축한 결과 성단이 만들어졌을 경우도 있다. 그림 11.12에 이와 같은 예를 제시해 놓았다. HII 영역의 팽창과 함께 주변의 성간 가스가 껍질 위에 쓸려 모이고 그 껍질 내부에 성단이 만들어진 모습을 볼 수 있다. 또 오리온자리를 비롯한 대질량성 탄생 영역 근처에는 몇몇 OB성협이 나이 순으로 늘어서 있는 것이 관측되기도 한다. 실제로 대질량성 근처에서는 HII 영역이나 항성풍으로 분자구름이 압축되고, 그 영역 안에서 별탄생이 진행중인 것도 볼 수 있다(그림 11.13 참조). 특히 그 영역 안에서 대질량성에 가까운 쪽은 나이가 많고 먼 쪽으로 갈수록 젊은 순서로 젊은 별이 늘어서 있는 것도 자주 보인다. 이와 같은 예도 대질량성에서 유도된 별탄생의 증거로 받아들여 연쇄적 별탄생이라고 한다.

그렇다면 이러한 대질량성의 유도는 전체 별탄생 과정에서 어떤 역할을 하는 것일까? 대부분의 별은 성단 속에서 만들어지는데, 그중에서도 큰 성

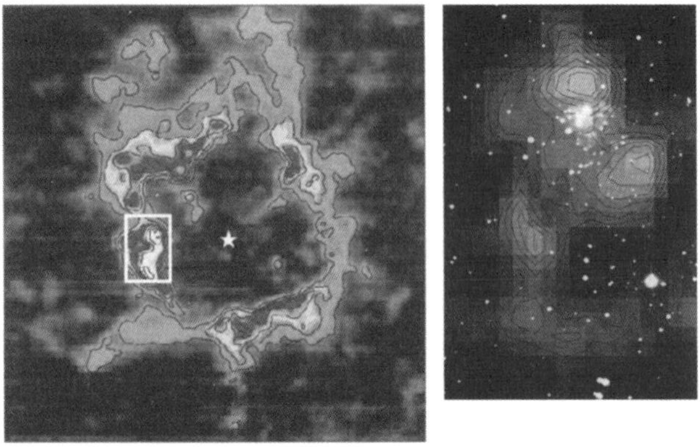

그림 11.12 H II 영역 Sh104의 팽창으로 생성된 껍질 안의 성단. 왼쪽 그림은 CO($J=2-1$)의 관측 결과(한 변이 약 20 pc)로, 속도 성분 $-2\,\mathrm{km\,s^{-1}}$에서 $2\,\mathrm{km\,s^{-1}}$까지를 적분하여 그린 것이다. 중심의 O6형 별 주위의 H II 영역을 분자 껍질이 둘러싸고 있다. 껍질에서 왼쪽 방향의 클램프(clamp, 사각형에 둘러싸인 부분)를 확대한 것이 오른쪽 그림이다. 내부에서 성단이 생성되고 있음을 알 수 있다(Deharveng *et al.*, 2003, *A&Ap*, 408, L25).

단에서 만들어지는 비율이 높다고 알려졌다. 이러한 큰 성단들에는 대개 대질량성이 딸려 있어 대질량성 주위는 특히 별의 밀도가 높은 경향이 있다. 따라서 대부분의 별탄생은 많든 적든 근처 대질량성의 영향을 받으면서 진행되는 것으로 보인다. 실제로 태양 자체도 이와 같은 환경에서 만들어진 흔적이 태양계의 운석에서 발견된다. 운석에 포함된 원소의 동위원소 분석으로 태양계가 만들어질 당시 수명이 짧은 방사성 동위원소 ^{60}Fe(반감기 150만 년)을 포함하고 있는 것으로 알려졌다. 이 동위원소는 대질량성의 초신성 폭발 당시 방출된 것으로, 태양계 생성이 초신성 폭발로 유도되었거나 또는 생성 후 원시행성계 원반 근처에서 일어난 초신성 폭발로 방출된 물질이 주입된 것으로 생각한다.

한편, 외부은하 관측에서 은하 규모로 보면 별 탄생률은 원반의 가스면 밀도와 나선팔의 위치와 매우 좋은 상관관계를 보여주며, 이러한 규모에서의 별탄생은 전반적인 중력이 불안정하여 유도된 것이라 여겨도 무리가

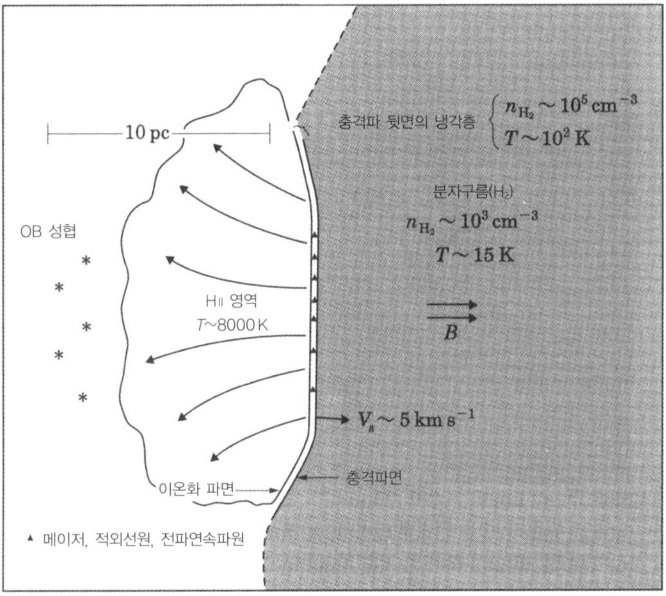

그림 11.13 OB성협에 따른 별탄생 유도 그림. OB형 별(*) 집단에서 자외선이 방출되어 분자구름 끝에 HII 영역이 생성된다. 충격파면과 이온화 파면은 분자구름 내부로 더 전파되어 두 파면 사이의 층이 압축된다. 이 층이 중력적으로 불안정해지면 그 내부에서 다음 세대의 별(▲)이 생성된다(Elmegreen & Lada 1977, *ApJ*, 214, 725).

없다. 따라서 위에서 보았던 것처럼 대질량성에 따른 별탄생의 연쇄적 유도는 이러한 전반적인 중력 불안정으로 시작된 별탄생 과정에서 가속하거나 효율을 높이는 역할을 하는 것으로 보인다.

제12장
우주 초기의 별탄생

12.1 별의 종족과 초기별

우리은하계에 속하는 별은 크게 종족 I 별과 종족 II 별로 나뉜다. 종족 I 별은 은하수로 관측되는 은하원반에 집중적으로 분포하며 태양도 그중 하나이다. 원소조성은 대략적으로 태양 조성과 같으며, 질량비는 수소가 70 % 가량, 헬륨이 20 % 가량, 그 밖에 좀 더 무거운 원소(중원소라고 함) 모두를 포함해서 2 % 정도이다. 또 나이가 아주 젊은 것부터 100억 년 정도까지 폭넓게 분포하며, 은하계가 생성된 이후에도 계속 생성되어 왔다.

이에 비해 종족 II 별의 운동은 종족 I 별과 전혀 달라서 헤일로에 속하는 별임을 알 수 있다. 또 중원소 존재비율은 태양의 1 % 정도에 불과하다. 나이는 100억 년 이하이고, 은하계 생성기부터 진화 초기에 생성된 별들이다.

빅뱅으로 생겨난 불덩어리 우주에서 생성된 원시가스에는 중원소가 존재하지 않는다. 우주에 존재하는 중원소는 별 중심에서 일어나는 핵융합 반응이나 초신성 폭발 당시 고온 충격파 중에서의 핵반응 등, 별에 관련한 활동성으로 만들어진 것이라 생각한다. 그렇기 때문에 제1세대 별은 중원소를 포함하지 않는 원시가스에서 만들어진다. 중원소를 포함하지 않는 종족 II 별보다 이전에 생성된 것으로 보이는 별을 종족 III 별(또는 원시별)이라고 한다.[1] 종족 III 별 기원의 중원소가 주위의 성간 가스에 섞여 다음 세대 별의 재료가 되는 동시에 종족 II 별에 포함된 중원소의 기원인 것으로 보인다. 종족 III 별은 또 우주의 초기별인 종족 III.1 별과 그 초기별의 복사 등의 영향으로 생성된 종족 III.2 별로 분류하기도 한다.

또 우리 우주의 은하간 가스는 한 차례 중성화된 뒤 다시 이온화되었다

1 은하가 생성되기 전에 만들어진 천체(반드시 중원소를 포함하지 않은 것은 아니다)라는 뜻으로 종족 III를 사용할 때도 있으므로 주의해야 한다.

고 한다. 중성화된 은하간 가스가 다시 이온화하려면 자외선 같은 에너지원이 필요하지만, 우주 재이온화가 일어난 것은 주요 은하가 생성된 것보다 더 시기가 앞섰다고 생각하기 때문에 보통의 은하와 또 그중의 보통 별보다 앞선 시기에 생성된 천체를 고려해야 한다. 따라서 지금은 우주의 최초 시기 천체 가운데 종족 III 별이 우주 재이온화를 위한 에너지원으로 주목받고 있다.

12.2 가스의 냉각 과정

중력은 거리의 2제곱에 반비례하는 힘이므로 가스구름의 수축에 따라 강해진다. 그러나 가스 압력도 상승하기 때문에 수축을 시작한 가스구름에서 수축이 계속될지의 여부를 간단히 알 수는 없다. 가스 압력이 밀도의 γ제곱에 비례한다고 가정하자($P \propto \rho^{\gamma}$). 가스구름이 등방적으로 수축하는 경우에는 $\gamma=4/3$일 때 중력과 그에 대항하는 압력기울기가 같은 비율로 변화한다. 이는 중력의 γ가 4/3라는 뜻이다(제3권 5장 참조).

그런데 단열적 이상기체에서 γ는 비열비($\gamma=c_p/c_v$)가 되므로 단원자 분자일 경우에는 $\gamma=5/3$, 상온에서의 이원자 분자일 경우에는 $\gamma=7/5$이 되면서 4/3보다 커진다. 이 경우에는 최초 중력이 압력기울기를 누르고 수축이 시작되더라도 밀도 상승과 함께 압력기울기가 중력을 눌러 수축이 멈춰버린다. 따라서 중력이 충분히 수축해 별이 생겨나려면 냉각으로 압력이 상승하는 것을 억제해야 한다.

먼저 종족 I 별의 재료로, 현재의 성간 가스에서 10^4 K 정도 이하에서 중요하게 작용하는 냉각 과정을 생각해 보자. 비교적 고온(100 K 정도 이상)이면서 저밀도(가스 입자의 개수밀도가 $10^2\ \mathrm{cm}^{-3}$ 정도 이하)인 경우는 산소원자(O I)나 탄소 이온(C II) 등의 방출선 복사가 중요하고, 저온(10 K 정도

이하)이면서 고밀도($10^2\,cm^{-3}$ 정도 이상)가 되면 CO 같은 분자의 방출선 복사가 중요하다. 좀 더 고밀도($10^6\,cm^{-3}$ 정도 이상)가 되면 성간먼지에서의 적외선 연속광 복사가 가장 효과적이다.

이에 비해 원시가스에는 중원소가 포함되지 않아 10^4 K 이하에서 유효한 냉각 과정은 대개 수소분자(H_2)와 중수소분자(HD)에서의 방출선 복사뿐이다. 이러한 분자에 따른 냉각효율은 크게 높지 않아 현재의 성간구름에는 중요한 역할을 하지 않지만 원시가스 중에 냉각 과정이 이것밖에 없으므로 중요하다.

수소분자와 중수소분자는 다른 가스 입자와 충돌할 때 가스 입자의 열운동과 함께 에너지를 받아 회전에너지와 진동에너지를 가진 들뜸상태가 된다. 그 후 들뜸에서 벗어나 바닥상태의 낮은 에너지 상태가 될 때, 그만큼의 에너지를 전자기파로 방출한다. 결국 처음 상태와 비교하면 가스 입자의 열운동에너지는 전자기파 에너지로 바뀌는데, 이 과정을 복사냉각이라고 한다. 분자의 경우는 양자역학적으로 분포하기에 회전에너지와 진동에너지는 불연속적인 값을 가진다. 이때 방출되는 전자파의 에너지는 들뜸상태와 바닥상태의 에너지 차이로 결정되는 불연속적인 값만 가진다. 이는 방출되는 전자기파의 파장 및 진동수가 정해진 불연속적 값이 될 수 있다. 수소분자나 중수소분자가 방출하는 전자기파의 파장은 수 μm에서 수십 μm로 적외선 대역의 전자기파가 된다.

수소분자 등의 원시가스 중에 존재하는 분자의 냉각률을 표시한 냉각함수를 그림 12.1에 나타냈다. H_2^+나 LiH의 냉각함수는 수소분자에 비해 값이 큰 경우도 있는데, 존재량이 매우 적어 실제로는 그 영향은 거의 무시한다. HD는 초기에 이온화도가 높은 가스에서 별이 만들어질 때 비교적 존재량이 많은데, 이때는 100 K 이하의 저온 영역에서 수소분자보다도 효과적인 냉각원이 된다. 대개 중성 가스로 만들어지는 초기별(종족 III.1

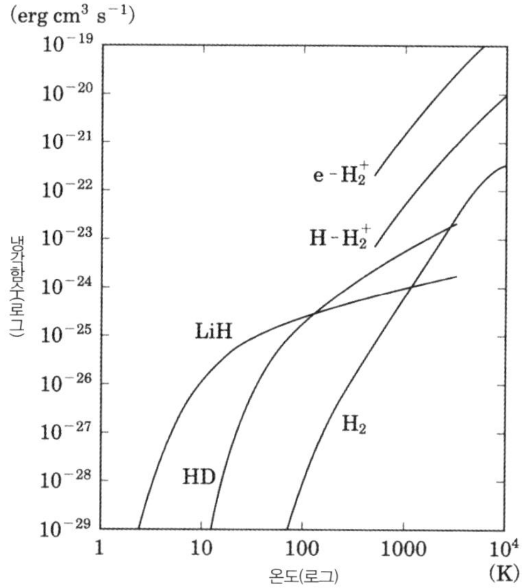

그림 12.1 수소분자 등의 냉각함수. LiH, H_2^+는 존재량이 극히 적어 그 영향은 거의 무시한다. HD는 종족 III.2 별이 탄생할 때 중요한 경우가 있다(Galli & Palla 1998, *A&A*, 335, 403).

별)의 생성 과정에서는 HD 냉각이 중요하지 않지만, 제2세대 초기별(종족 III.2 별)이 만들어질 때에는 이러한 상황이 일어날 수 있어 HD 냉각이 큰 역할을 하는 것으로 보인다. 단위부피당 냉각률은 그림 12.1의 냉각함수에 수소분자의 개수밀도와 가스 입자의 개수밀도를 곱해서 구할 수 있다. 이는 원래 수소분자와 가스 입자의 충돌로 냉각 과정이 발생하는 것으로 이해할 수 있다.

원시가스로 된 가스구름에서 만들어지는 수소분자량을 추정하고 위의 냉각함수를 사용하면 원시가스구름에서 충분히 냉각되어 수축할 수 있는지의 여부를 알 수 있다(자세한 내용은 제3권 참조). 어떤 시각(z)에 생성되고, 어떤 비리얼virial 온도를 가진 원시가스구름에 대해 냉각시간을 계산하여 냉각이 충분히 효과적인지 아닌지를 확인할 수 있다(그림 12.2). 여기에서 비리얼 온도는 그 가스구름이 자기중력으로 수축하려 할 때 가스의 압

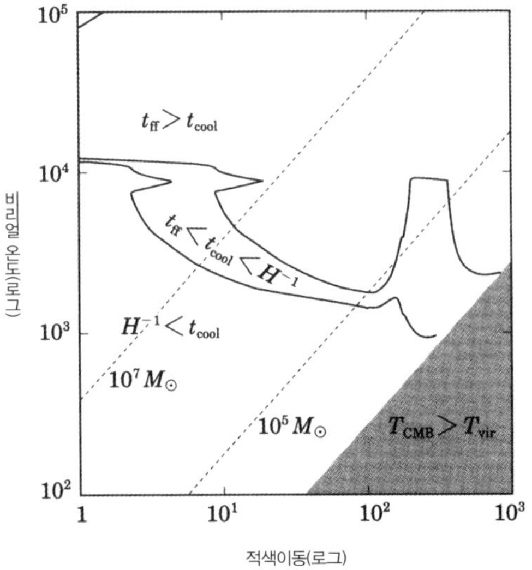

그림 12.2 원시은하구름이 생성될 때의 적색이동 z_{vir}–비리얼 온도 평면 T_{vir}에서의 냉각 가능 영역. $t_{ff} > t_{cool}$ 영역에서는 원시은하구름 수축의 시간규모인 자유낙하시간(t_{ff})보다 냉각의 시간규모가 짧아 가스는 충분히 냉각될 수 있다. 수소원자에 따른 냉각이 효과적이지 않은 온도 약 10^4K 이하에서도 냉각이 잘되는 영역이 확대되는 것을 알 수 있다. 이는 수소분자에 따른 냉각이 효과적인 $t_{ff} < t_{cool} < H^{-1}$ 영역에서는 자유낙하시간 내에서는 냉각되지 않지만, 우주 진화의 시간규모인 허블 시간(H^{-1}, 여기에서 H는 허블 매개변수)보다는 짧은 시간 내에 냉각될 수 있다. $H^{-1} < t_{cool}$ 영역에서는 가스 냉각이 거의 효과가 없다고 할 수 있다. 오른쪽 아래의 $T_{CMB} > T_{vir}$ 영역에서는 우주배경복사의 온도가 가스의 초기 온도보다 높아 복사냉각이 불가능한 영역이다. 점선은 암흑물질을 포함한 원시은하구름의 총질량을 나타낸 것이다. 우주의 최초 시기 천체의 모체로 예상하는 $z \sim 20$ 전후에 생성된 총질량이 $10^6 \sim 10^7 M_\odot$인 원시은하구름에서는 수소분자에 따른 냉각이 매우 중요하다는 것을 알 수 있다(Nishi & Susa 1999, *ApJ*, 523, L103).

력기울기가 적당한 균형을 유지하는 데 필요한 온도이다. 가스의 냉각이 효과적이지 않을 경우에는 중력수축으로 방출된 에너지로 가스가 가열되어 비리얼 온도에 이르고, 압력기울기가 중력과 균형을 이루어 역학적 평형상태가 된다. 이를 비리얼화라고 한다. 그림 12.2를 보면 비리얼 온도가 약 10^4 K 이상인 원시가스구름에서는 냉각시간이 구름의 자유낙하시간보다 짧다. 이 영역에서는 수소원자에 따른 냉각이 매우 효율적이기 때문이다. 이에 비해 10^3 K 이하의 원시가스구름에서는 수소분자의 냉각으로 충분히 냉각되는 영역이 존재한다. 또 같은 시기(같은 적색이동)에 생성된 원시은하구름에서는 질량이 클수록 비리얼 온도가 높고 쉽게 냉각된다는 것을 알 수 있다. 따라서 원시은하구름 중의 가스가 냉각하여 진화가 되려면 생성시기에 따라 결정되는 최소 냉각 질량 이상의 질량이 필요하다는 것도 알 수 있다.

12.3 별탄생이 일어나는 고밀도 핵

먼저 태양과 같은 종족 I 별이 만들어지는 현재의 별탄생 영역에 대해 살펴보기로 한다. 성간구름에서 가스 입자의 개수밀도가 $10^2\,\mathrm{cm}^{-3}$ 정도 이상인 고밀도 영역에서는 수소분자의 해리를 일으키는 성간자외선이 성간구름의 표면 부근에서 흡수되고, 내부에서의 자외선 세기가 약해져 수소분자의 해리는 별로 일어나지 않는다. 또 밀도가 높으면 수소원자가 성간먼지 표면에 쉽게 흡착되기 때문에 성간먼지 표면에서 흡착된 수소원자끼리 반응하여 수소분자를 생성한다. 이 때문에 $10^2\,\mathrm{cm}^{-3}$ 정도 이상의 고밀도 영역에서는 대부분의 수소가 분자 형태인 분자구름이 된다. 분자구름 중에는 수소분자뿐만 아니라 CO 등 그 밖의 분자도 생성된다. 그 덕분에 분자방출선에 따른 복사냉각이 잘되어 자외선의 가열효과가 감소함에 따라 저온(~10 K)이면서도 고밀도가 된다. 분자구름 중에 특히 밀도가 높은 영역을 분자구름 핵이라고 하는데, 그 질량은 대개 그때의 온도와 밀도에 대응하는 진스 질량이며, 태양 질량 정도의 배가 된다. 이 분자구름 핵이 종족 I 별이 생성되는 고밀도 핵이다(9장 참조).

이에 비해 종족 III 별이 생성되는 고밀도 핵에서 수소는 대부분 원자 형태이고, 온도까지 높아 상황이 매우 다르다. 그 이유는 다음과 같다. 종족 III 별의 재료인 원시가스 중에 중원소가 존재하지 않아 고체를 만들 원소가 없기에 성간먼지도 존재하지 않는다. 따라서 비교적 저온인 별탄생 영역에서는 다음과 같은 H^- 과정으로 수소분자가 만들어진다.

$$H + e^- \rightarrow H^- + (\text{광자}) \tag{12.1}$$

$$H^- + H \rightarrow H_2 + e^- \tag{12.2}$$

이 수소분자가 가장 중요한 냉각원이 된다. 그러나 H^- 과정에서 수소분자 생성효율은 그리 높지 않다. 또 밀도가 상승하면 전자와 수소이온의 재결합반응으로 이온화도가 낮아져 촉매인 전자가 줄어든다. 그래서 수소 중에서 H^- 과정으로 수소분자가 되는 것은 10^{-3} 정도뿐이다. 수소분자의 최저 들뜸에너지는 512 K에 해당하며, 약 200 K 이하의 저온에서는 맥스웰 분포Maxwell distribution에서 들뜸에너지를 웃도는 가스 입자가 거의 없어지기 때문에 수소분자가 들뜨지 않아 냉각도 불가능해진다. 보통의 수소와 중수소가 결합한 중수소(HD)분자에서는 최저 들뜸에너지가 128 K로 낮아 좀 더 저온까지 냉각될 수 있지만, 그것도 수십 K 정도까지이다.

또 종족 III 별이 만들어지는 우주 초기에는 우주배경복사의 온도도 수십 K으로 높아 그 이하에서는 냉각되지 않는다. 이 때문에 온도의 3/2제곱에 비례하는 진스 질량이 상당히 커져 별이 만들어지는 고밀도 영역의 질량도 크다.

이상에서 초기별이 만들어지는 원시가스 중의 고밀도 영역은 현재의 별탄생 영역인 분자구름 핵과는 크게 다르며, 주로 수소원자로 구성되고 온도가 높으며 질량이 크다는 것을 알 수 있다. 또 가스 입자의 개수밀도가 $10^8\ cm^{-3}$ 이상으로 고밀도가 되면 다음과 같은 3체반응three-body response이 효과를 발휘해 거의 대부분의 수소는 분자가 된다.

$$H + H + H \rightarrow H_2 + H \tag{12.3}$$

$$H + H + H_2 \rightarrow H_2 + H_2 \tag{12.4}$$

12.4 원시가스구름의 수축

진스 질량을 웃도는 질량을 가진 원시가스구름이 생성되면 중력수축이 일어난다. 불덩어리 우주에서 생성된 원시가스의 제1세대 별탄생 과정에서는 원래 수소분자의 존재비가 매우 작아 냉각은 거의 효과가 없어 단열적으로 수축한다. 그 후 온도가 10^3 K 정도로 상승해 수소분자가 비교적 효율적으로 생성되고, 또 수소분자가 들뜸상태가 되려고 수소분자 방출선에 따른 냉각이 효과를 발휘해 가스 온도가 내려가기 시작한다. 그 후 가스 입자의 개수밀도가 10^4 cm^{-3}가 되면 충돌로 들뜬 수소분자가 방출선 방출이 아니라 충돌로 바닥상태일 확률이 높아져 냉각효율은 오르지 않고 가스 온도가 서서히 상승한다. 이때의 밀도를 수소분자의 임계밀도라고 한다. 이후 개수밀도가 10^8 cm^{-3} 이상인 고밀도가 되면 3체반응이 효과를 발휘해 수소분자 비율이 급증해 냉각률이 높아진다. 그러나 대부분의 수소가 분자가 되기 때문에 방출선이 광학적으로 두꺼워지면서 냉각률은 더 떨어진다. 중력수축에 따른 밀도 상승과 함께 가스 온도의 전형적인 진화 모습을 그림 12.3에 나타냈다. 좀 더 고밀도에서의 진화를 포함한 계산 결과에 대해서는 나중에 설명하기로 하겠다.

수소분자의 냉각효율이 나빠 종족 III 별의 탄생 과정에서는 고밀도 핵의 온도와 압력이 현재의 별탄생 과정보다 훨씬 높아져 진스 질량도 커진다. 따라서 고밀도 핵이 중력수축하여 별이 만들어지려면 중력이 센 대질량 핵이 필요하다.

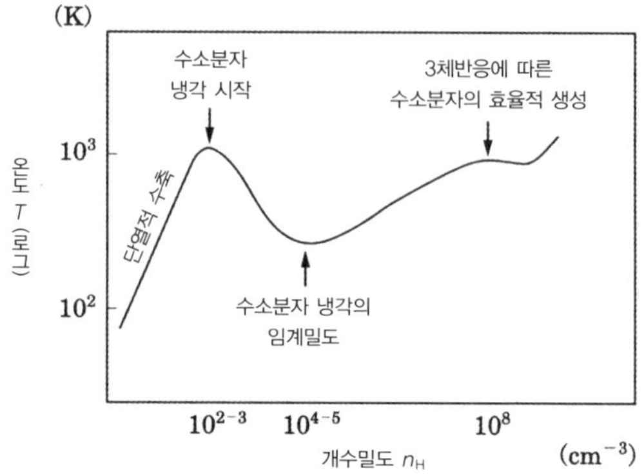

그림 12.3 별탄생 과정에서 고밀도 핵이 수축해 밀도가 상승할 때 가스 온도의 전형적인 진화. 밀도 상승의 시간규모는 그 밀도에 대응하는 자유낙하시간 t_{ff} 정도이며, 밀도 상승에 따른 변화는 시간에 대한 진화에 적용될 수 있다. 처음에는 냉각이 거의 효과가 없어 단열적으로 수축하지만 온도가 10^3K 정도로 올라가면 수소분자가 비교적 효과적으로 생성되고, 수소분자가 들뜸상태가 되려고 수소분자 방출선에 따른 냉각이 효과를 발휘해 가스 온도가 내려가기 시작한다. 이는 가스 입자의 개수밀도가 $10^2\,cm^{-3}$부터 $10^3\,cm^{-3}$ 정도에서 일어난다. 그 후 가스 입자의 개수밀도가 $10^4\,cm^{-3}$이 되면 온도가 내려가지 않는다. 이는 그 밀도 이상에서는 충돌로 들뜬 수소분자가 방출선 방출이 아닌 충돌로 다시 가라앉을 확률이 높아져 수소분자의 에너지 준위 분포가 국소적으로 열평형이 되어 단위질량당 냉각률이 일정한 값이 되는 한편, 압축 가열률은 밀도와 함께 계속 상승하기 때문이다. 이때의 밀도를 수소분자 냉각의 임계밀도라고 한다. 그 후 개수밀도가 $10^8\,cm^{-3}$ 이상으로 고밀도가 되면 3체반응이 효과를 발휘해 수소분자 비율이 급증하여 냉각률이 높아져 온도 상승이 일시적으로 멈춘다. 그 이후의 고밀도 영역을 포함한 전체적인 진화를 그림 12.5에 나타냈다(Susa 2002, *PTPS*, 147, 11).

12.5 최초의 별탄생 과정

앞에서 살펴보았듯이 우주 최초의 별탄생 초기 조건은 원리적으로는 우주론의 매개변수를 결정하면 단번에 명확해진다. 이러한 우주론 매개변수는 최근 몇 년 사이에 우주배경복사 등의 관측으로 매우 정밀한 값을 구할 수 있게 되었다. 한편, 계산기가 고속화됨으로써 우주론 모델에서 정한 초기 조건은 물론, 우주 최초의 별탄생 영역의 생성, 그 내부에서의 별탄생 과정 자체를 수치로 계산해 조사할 수 있게 되었다.

그림 12.4는 그러한 시도 가운데 한 예를 보여준다. 우주의 평균보다 밀도가 높은 영역은 자기중력의 작용으로 우주 전체의 평균적인 팽창속도보

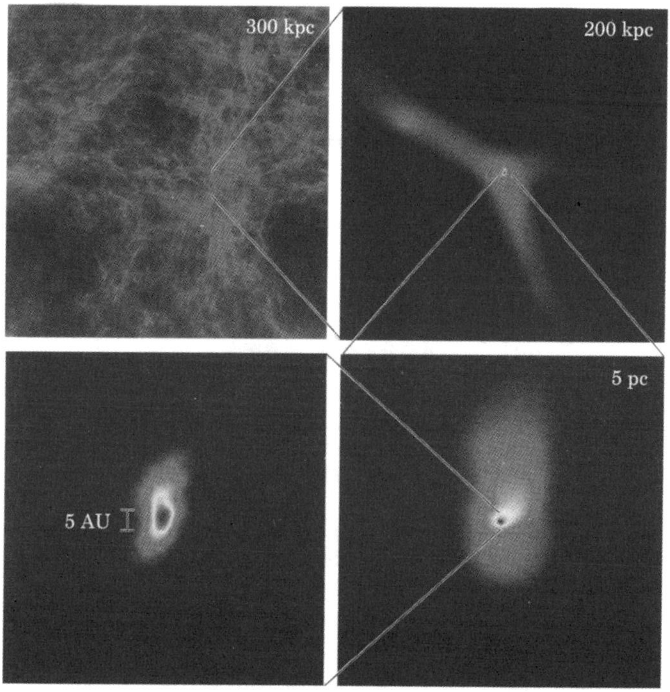

그림 12.4 우주 최초의 별이 탄생하는 고밀도 핵과 그 내부 구조. 색 윤곽(contour, 화보 9 참조)은 기둥밀도를 나타낸다. 왼쪽 위부터 시계 방향으로 확대되고 있다. 두 번째 그림에 나타난 부분이 고밀도 핵에 해당된다(Yoshida *et al.*, 2006, *ApJ*, 625, 6).

다 천천히 팽창할 수밖에 없으며, 결국 우주팽창에서 소외되어 중력수축을 시작한다. 이 고밀도 영역은 먼저 비리얼화하지만, 최소 냉각질량보다 클 경우에 내부에서 충분한 양(1000분의 1 정도 비율)의 수소분자가 생성되어 그 회전천이 복사에 따라 냉각하여 보다 더 수축할 수 있다(앞 절). 이때 중심부에서의 온도와 수소분자 비율의 진화를 그림 12.5에, 밀도와 온도, 속도, 내부에 포함된 질량의 반지름 분포를 그림 12.6에 각각 나타냈다. 그림 12.5에서 볼 수 있듯이 수소분자의 생성과 그에 따른 냉각으로 온도가 내려가지만 개수밀도가 $10^4\ cm^{-3}$(임계밀도)에 이르면 그때까지 수축과

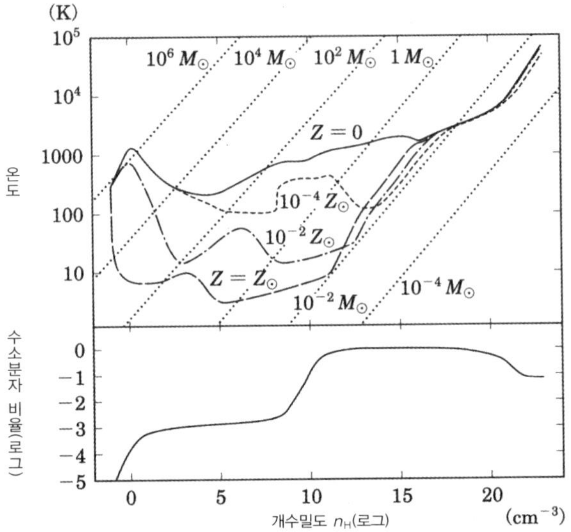

그림 12.5 원시가스 가운데 별탄생 과정에서 고밀도 핵이 수축할 때의 온도와 수소분자의 비율 진화. 온도 진화 그림에는 비교를 위해 현재의 성간 가스와 같은 중원소량($Z=Z_\odot$, 길게 끊어진 선), 그 100분의 1($10^{-2}\,Z_\odot$, 길게 끊어진 선과 점선의 조합 선), 1만 분의 1($10^{-4}\,Z_\odot$, 짧게 끊어진 선)인 경우도 나타냈다. 또 점선은 진스 질량이 일정한 선이다(Omukai *et al.*, 2005, *ApJ*, 626, 627).

함께 온도가 내려가던 것이 상승으로 반전한다. 그 결과 압력의 효과로 천천히 수축하는 준평형상태가 된다. 그때까지 가스구름은 판자 모양이나 필라멘트 모양으로 넓게 퍼진 모습 그대로 수축했지만, 이 시기에 천천히 진스 질량 정도의 덩어리가 중심부로 몰리면서 대체로 공 모양의 덩어리로 수축을 시작한다. 또 그 이전에는 암흑물질이 중요했지만 그것보다 고밀도에서는 바리온 가스의 자기중력이 지배적이다. 이 덩어리가 내부에서 초기별(종족 III.1 별)을 만들어내는 고밀도 핵으로, 전형적인 질량은 약 $1000\,M_\odot$이다.

그 후 고밀도 핵의 중심부는 수축을 계속하고, 그와 더불어 온도가 천천히 올라간다. 개수밀도 $10^8\,cm^{-3}$ 근처에서 3체반응으로 수소분자가 활발하게 생성되고, $10^{11}\,cm^{-3}$ 이상이면 거의 완전한 분자가 된다. 이 수소분

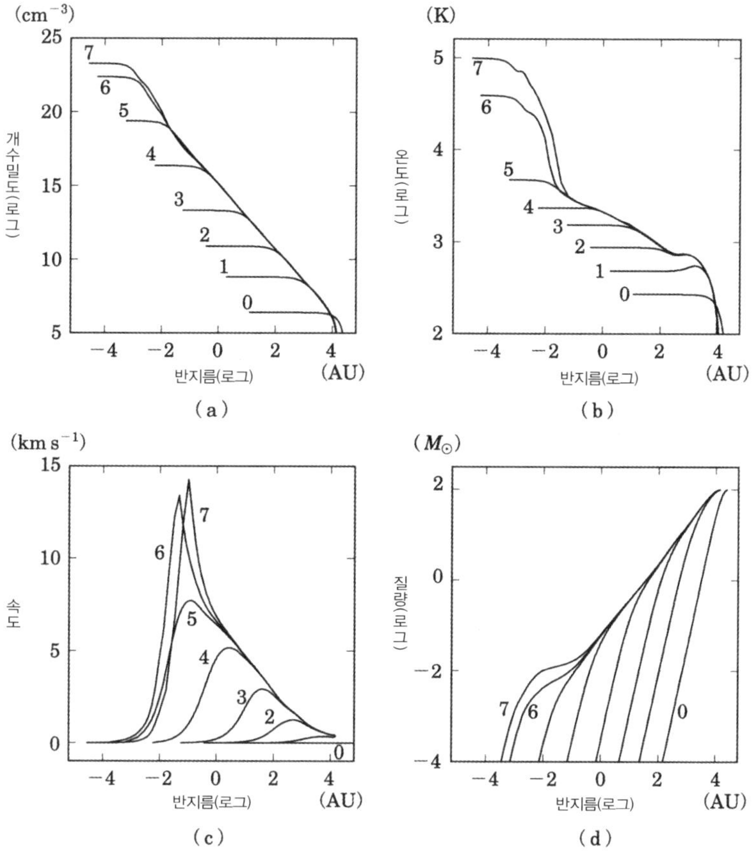

그림 12.6 별탄생 과정에서 고밀도 핵이 수축될 때의 밀도분포(a)와 온도분포(b), 속도분포(c), 어떤 반지름을 갖는 질량분포의 진화(d). 0~7의 번호를 붙인 상태는 각각 어떤 시각 구조를 나타낸다. 상태 6이 원시별 탄생 당시에 해당한다(Omukai & Nishi 1998, *ApJ*, 508, 141).

자로 이루어진 중심부의 질량은 태양 질량 정도이다. 3체반응으로 수소분자가 증가하면 몇몇 수소분자 방출선은 광학적으로 두꺼워지지만, 그 후로도 광학적으로 얇은 나머지 방출선의 복사로 냉각효율이 크게 떨어지지는 않는다. 10^{14} cm^{-3} 보다 고밀도에서는 수소분자의 충돌유도복사에 따른 연속파 복사가 냉각에 중요해진다. 이 복사가 자기흡수에 대해 광학적으로 두꺼워지는 $10^{16}\,\mathrm{cm}^{-3}$ 이상의 밀도에서는 이미 복사냉각은 효과가 없다. 이때의 온도가 수소분자의 해리온도인 2000 K에 가까워 복사냉각이 작용하지 않아 온도가 상승하기 시작하는 것과 거의 동시에 수소분자의 해리가 시작된다(그림 12.5). 그 때문에 온도 상승은 단열적으로 이루어지지 않고 그보다 저밀도인 경우처럼 서서히 온도 상승을 이어간다. 대부분의 수소분자가 해리되는 $10^{20}\,\mathrm{cm}^{-3}$보다 고밀도에서 온도는 단열적으로 상승한다. 그 결과 중심부에서 압력기울기가 중력을 눌러 수축이 멈추고 중심에서 정유체 압력평형에 있는 핵이 만들어지면서 그 표면에 충격파가 발생한다(그림 12.6의 상태 6, 그림 12.5 참조). 충격파는 그림 12.6 (c)에 반지름 10^{-2} AU 부근에서 속도의 급격한 변화로 볼 수 있다.

이 정유체 압력평형에 있는 핵이 생성될 때의 상태는 밀도가 $10^{22}\,\mathrm{cm}^{-3}$, 온도가 3만 K, 질량은 태양 질량의 1000분의 1 정도로 현재의 별탄생에서 제2핵(10장 참조)의 물리상태와 거의 같다. 이는 그림 12.5에서도 알 수 있듯이 수소분자 해리 후의 온도 변화로 가스의 조성에 차이가 있지만, 일치하는 것으로 한다.

고밀도 핵은 개수밀도 $10^{4}\,\mathrm{cm}^{-3}$ 근처에서 만들어진 후 원시별이 탄생할 때까지 수축하는 동안 분열하지 않는다. 이 때문에 탄생 당시 원시별은 질량이 극히 작지만 그 주변에는 별이 탄생된 고밀도 핵의 잔해(이후 외층이라고 한다)인 태양 질량의 약 1000배인 대량의 고밀도 가스가 뒤덮고 있다. 외층의 가스는 원시별에 강착하고 이에 따라 원시별의 질량이 늘어나면서 진화하다가 최종적으로 주계열성에 이른다. 이때의 강착률 $\dot{M}$의 대략적인 추정값은 고밀도 핵 중의 음속 c_s를 이용해 다음 식을 얻을 수 있다(10장).

$$\dot{M} \simeq \frac{c_\mathrm{s}^3}{G} \tag{12.5}$$

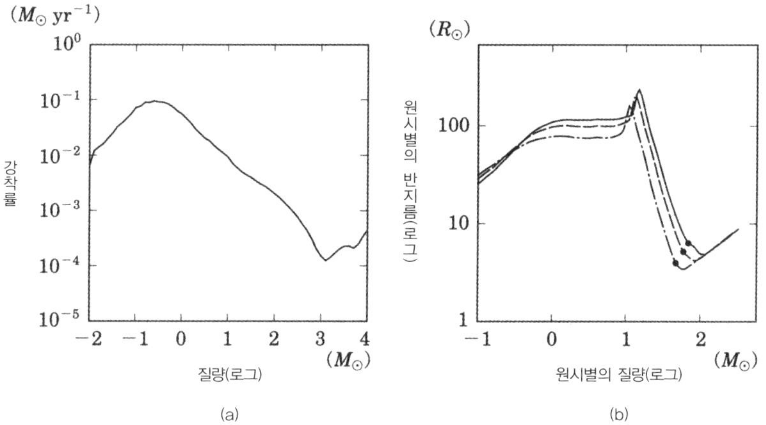

그림 12.7 초기별의 강착률(a)과 이 강착률일 경우(실선) 및 그 2/3배(길게 끊어진 선), 1/3배(길게 끊어진 선과 점선의 조합선)일 때 원시별 반지름의 진화(b). (b)에서 검은 점은 수소의 핵연소가 중요해지는 시점을 나타낸다(Yoshida *et al.*, 2006, *ApJ*, 652, 6).

여기에서 중요한 점은 원시가스구름의 온도가 수백 K으로, 현재 분자구름 10 K에 비해 100배 가까이 크기 때문에 강착률은 1000배 가까이 커진다는 점이다. 좀 더 상세한 수치계산에 따르면 초기 원시별로의 강착률은 그림 12.7 (a)처럼 거의 수백 K에 해당하는 (식 12.5)의 값이 되어 시간에 따라 감소한다.

이 강착률을 보이는 원시별의 반지름 진화를 그림 12.7 (b)에 나타냈다. 초기($\ll 10\,M_{\odot}$)에는 원시별 내부의 온도가 낮고(수십만 도), 불투명도가 높기 때문에 강착할 때 유입된 엔트로피entropy가 복사로 방출되지 않고 원시별은 단열적으로 진화한다. 원시별의 질량 증가와 함께 온도도 상승하고, 그에 따라 불투명도는 떨어진다. 그 결과 원시별의 질량이 태양 질량의 약 10배에 달하는 시점에서 복사확산에 따른 열전달이 효과를 발휘한다. 그때까지 원시별 내부에 축적되었던 엔트로피가 외부로 전달되어 이때 원시별은 일단 팽창한다. 그 후 원시별에서 엔트로피가 방출되면서 수축으로 전환한다. 이 수축으로 중심온도는 계속 상승하며, 수소 연소로 에너지 생성이 충분해지는 10^8 K에 이르면 수축이 멈춘다. 여기에서 수소 연소는 CNO 사이클(제7권 참조)에 따라 일어난다. p－p연쇄에서 수소핵 연소의 에너지 발생률이 충분치 않아 이미 대질량에 도달한 초기 원시별의 중력수축은 멈추지 못한다. 탄소(C) 같은 중원소는 물론 처음에는 존재하지 않았지만 He의 일부가 연소하여 질량비로 약 10^{-9} 정도의 탄소가 만들어져 이것이 CNO 사이클의 촉매로 작용한다. 더불어 초기별이 탄생할 때는 강착률이 크기 때문에 중력수축에 따른 에너지 해방은 중수소 연소에 웃돈다. 이 때문에 중수소 연소는 원시별 구조에 거의 영향을 미치지 못한다. 주계열성에 이르는 부분은 그림 12.7 (b)에서 반지름의 극소값에 해당한다. 그 후로는 주계열성으로 진화하기 때문에 질량 증가와 함께 주계열성의 질량 – 반지름 관계에 따라 반지름이 커지며, 강착률에 의존하지 않는다.

최초로 주계열성이 된 단계에서 이미 태양 질량의 약 100배에 이르렀지만, 주계열성이 되고 나서도 강착이 계속되어 좀 더 대질량이 된다. 이 과정이 언제까지 계속되고, 최종적으로 어느 정도의 대질량이 되는지는 아직 밝혀진 것이 없다. 초기 원시별 주위의 외층은 태양 질량의 1000배 정도이기 때문에 강착물질의 공급은 충분하다. 또 강착률이 커서 강착이 멈추지 않는 경우에는 별의 수명(약 백만 년) 동안 충분히 대질량이 될 가능성이 있다. 생성된 중심별에서의 복사와 분자흐름 같은 되먹임도 다음과 같은 이유로 가능성이 희박한 것으로 보인다.

초기별이 탄생할 때에는 성간먼지가 존재하지 않아 톰슨 산란 Thomson scattering이 불투명도의 큰 원인이 된다. 이 때문에 불투명도 값은 100배 정도 작아져 복사에 따른 되먹임은 현재의 대질량성 탄생의 경우처럼 심각하지는 않다. 또 원시별에 따른 제트 모양 가스흐름의 구동에는 어느 정도의 세기를 가진 자기장이 필요한데, 우주 초기에는 자기장이 현재의 성간공간에 비해 작아 충분히 강한 제트 모양 가스흐름이 구동되었는지는 분명하지 않다. 이상의 고찰에서 우주의 초기별 질량은 태양 질량의 100 배를 넘는 더할 나위 없이 대질량이었던 것으로 생각한다.

12.6 종족 III 별 탐사

앞에서 설명했듯이 종족 III 별은 우주가 진화하는 동안 중요한 역할을 했을 뿐만 아니라 그 생성 과정은 현재의 별탄생 과정과 많이 다르다는 점에서 순수이론적으로도 매우 흥미롭다.

태양 근방의 분자구름에서는 현재 진행 중인 별탄생 과정, 예를 들어 수축 중인 분자구름 핵 등이 주로 분자방출선에 따라 관측되고 있다. 이에 비해 종족 III 별의 모체인 고밀도 핵은 수소분자 방출선에 따라 냉각되어 수축하는데, 우주 초기의 천체와는 너무 멀리 있어 이 방출선의 직접 관측은 계획해 놓은 관측기기를 이용한다 해도 절대 쉽지 않다. 우주 초기의 별탄생 과정 자체의 관측은 먼 미래의 과제로 남아 있지만, 탄생 후의 별을 찾아내는 것은 현재 기술로도 가능하다고 판단해 몇몇 시도가 이루어지고 있다.

우주 초기에 생성된 별을 관측하려는 경우, 두 가지 전략을 생각할 수 있다. 하나는 대형 망원경을 이용해서 큰 적색이동의 원시은하를 관측해 그중의 별을 보는 방법이다. 또 다른 하나는 은하계의 헤일로 안에서 우주 초기에 생성된 별의 노쇠한 모습을 탐색하는, 말하자면 우주 초기의 화석을 찾아내는 방법이다.

먼저 원시은하 중의 종족 III 별을 직접 탐사하는 방법에 대해 알아보자. 종족 III 별 가운데 대질량성이 많다고 알려졌는데, 이 별들의 유효온도가 약 10만 도로 매우 높은 것이 특징이다. 또 별 주위 가스 중에 중원소나 성간먼지가 없어 별 주변에 생성되는 이온화 수소 영역의 복사도 매우

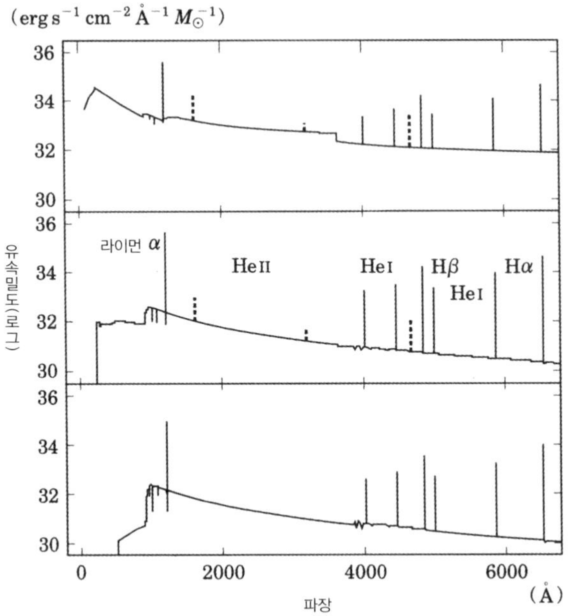

그림 12.8 종족 III 별로 구성된 원시은하의 스펙트럼. 폭발적 항성생성 직후(위)와 200만 년 후(가운데), 400만 년 후(아래)의 나이에 걸친 진화를 보여준다(Schaerer 2002, *A&A*, 382, 28).

특징적인 부분이다.

그림 12.8에 종족 III 별들로 이루어진 원시은하의 스펙트럼을 나타냈다. 여기에서는 모든 별이 어느 시각에 생성되었다고 가정하고, 별의 초기 질량함수[2]에 질량의 상한과 하한을 각각 500과 1 $M_\odot$로 했다. 이 그림에서 알 수 있듯이 매우 강한 라이먼 α선이 복사되고 있다. 또 보통의 H II 영역(4장 참조)에서는 복사되지 않는 He II의 방출선도 종족 III 별인 나이가 200만 년 이하의 젊은 은하에서는 복사된다. 이러한 방출선의 관측으로 종족 III 별이 원시은하에 많이 포함되어 있음을 알 수 있다. 지금까지 몇

2 여기에서는 살피터Salpeter의 다음 식을 이용한다: $\xi(M) = \xi_0 M^{-2.35}$ (1.2절과 8.3.5절 참조).

몇 높은 적색이동 은하에서 이 방출선들이 검출된다는 주장이 있지만 확실한 검출 예는 아직 없다.

이어서 은하계 헤일로 중에 우주 초기에 생성된 별을 탐사하는 방법에 대해 설명하겠다. 종족 III 별의 일부가 태양 질량 이하의 소질량성으로 생성되었다고 하자. 이 별들의 수명은 우주 나이보다도 길어 현재도 주계열성이나 적색거성으로 분명히 살아남아 있을 것이다. 우주 초기의 수많은 작은 은하는 현재 우리은하계와 같은 대은하와 합쳐져 그 일부로 편입되어 은하계의 헤일로 가운데 우주 초기에 생성된 별도 포함되었을 것이다. 구체적으로는 금속의 비율이 낮은 별(금속 결핍별)을 탐사하고 있다. 지금까지 [Fe/H] < −3[3]의 금속 결핍별은 이미 수백 개 발견되었으며, [Fe/H] < −3.5의 별도 십여 개 발견되었다. 이러한 금속 결핍별은 얼마 되지 않지만 중원소를 함유하고 있어 종족 II 별이지만, 종족 III 별로 생성된 후 현재까지 중원소가 포함된 가스가 강착한 결과, 표면에 약간의 중원소를 가지고 있을 가능성이 있다. 또 미량의 중원소를 포함한 성간 가스에서 생성된 진짜 종족 II 별이라 해도 이러한 중원소를 만들어내는 초신성의 부모별이 종족 III 별이었을 가능성도 있다. 이 경우에는 관측된 중원소 조성비에서 이것들을 만들어낸 종족 III 별의 질량을 알 수 있을 것이라 판단, 현재 이들을 대상으로 다양한 시도가 이루어지고 있다.

3 [Fe/H]는 철/수소 비의 태양 조성에 대한 비의 로그, 즉 단위질량 중의 철(수소)의 원자핵수 N_{Fe}(N_{H})를 대입해 $[\mathrm{Fe/H}]=\log_{10}(N_{\mathrm{Fe}}/N_{\mathrm{H}})-\log_{10}(N_{\mathrm{Fe}}/N_{\mathrm{H}})_{\odot}$. 중원소량을 나타내는 지표로 자주 이용된다.

참고문헌

L. Spitzer 著, 山本充義・大和春海・荻原宏康・塩田進 譯,『完全電離氣體の物理_プラズマ物理入門』, コロナ社, 1963.

L.D. Landau & E.M. Lifshitz 著, 竹内均 譯,『流體力學 1, 2』, 東京圖書, 1978.

L. Spitzer Jr 著, 高窪啓弥 譯,『星間物理學_星間物質における物理的過程』, 共立出版, 1980.

上田良二 編,『電子顯微鏡』, 實驗物理學講座 23, 共立出版, 1982.

櫻井邦朋 編,『高エネルギー宇宙物理學_宇宙の高エネルギー現象を探索る』, 朝倉書店, 1990.

墻内千尋 著,『燃の秘密_超微粒子の生成』, 共立出版, 1991.

小暮智一 著,『星間物理學』, ごとう書房, 1994.

坂下志郎・池内了 著,『宇宙流體力學』, 新物理學シリーズ, 培風館, 1996.

D.E. Osterbrock 著, 田村眞一 譯,『ガス星雲과と活動銀河核の天體物理學』, 東北大學出版會, 2001(D.E. Osterbrock and G.J. Ferland의 2판이 2006년에 출판되었다).

寺澤敏夫 著,『太陽圏の物理』, 岩波講座 物理の世界, 岩波書店, 2002.

高原文郎 著,『天體高エネルギー現象』, 岩波書店, 2002.

木舟正 著,『宇宙高エネルギー粒子の物理學_宇宙線・ガンマ線天文學』, 新物理學シリーズ, 培風館, 2004.

Bohren, C.F. & Huffman, D.R., *Absorption and Scattering of Light by small Particles*, Wiley-VCH, 1983.

Gordy, W. & Cook, R.L., *Microwave Molecular Spectra*, Wiley-Interscience, 1984.

Hayashi, C. et al., eds., *Ultra-Fine Particles,* Noyes Publications, 1996.

Kraus, J.D., *Radio Astronomy,* Cygnus-Quasar Book, 1986.

Reipurth, B. et al., eds., *Protostars and Planets* Ⅴ, University of Arizona Press, 2007.

Rohlfs, K. & Wilson, T.L., *Tools of Radio astronomy,* Springer-Verlag, 2003.

Rybicki, G.B. & Lightman, A.P., *Radiative Processes in Astrophysics,* John Wiley & Sons, 1976.

Sedov, L.I., *Similarity and Dimensional Methods in Mechanics,* Infoserch Ltd., 1993.

Shu, F.H., *The Physics of Astrophysics, Volume* Ⅰ, *Radiation,* University science Books, 1992.

Shu, F.H., The *Physics of Astrophysics, Volume* Ⅱ, *Gas Dynamics,* University science Books, 1992.

Stahler, S,W. & Palla, F., *The Formation of Stars,* Wiley-VCH Verlag GmbH&Co., 2004.

현대의 천문학 시리즈 제6권
성간물질과 별탄생

초판 1쇄 발행 | 2015년 11월 23일

엮은이 | 후쿠이 야스오 · 이누쓰카 수이치로 · 오니시 도시카즈 · 나카이 나오마사 · 마이하라 도시노리 · 미즈노 아키라
옮긴이 | 조세형 · 노덕규 · 오충식 · 정현수

펴낸이 | 이원중
펴낸곳 | 지성사
출판등록일 | 1993년 12월 9일 등록번호 제10 - 916호
주소 | (03408) 서울시 은평구 진흥로1길, 4, 2층
전화 | (02)335 - 5494 **팩스** | (02)335 - 5496
홈페이지 | 지성사.한국 | www.jisungsa.co.kr **이메일** | jisungsa@hanmail.net

ISBN 978-89-7889-308-4 (94440)
978-89-7889-255-1 (세트)

잘못된 책은 바꾸어드립니다. 책값은 뒤표지에 있습니다.

「이 도서의 국립중앙도서관 출판예정도서목록(CIP)은 서지정보유통지원시스템 홈페이지(http://seoji.nl.go.kr)와
국가자료공동목록시스템(http://www.nl.go.kr/kolisnet)에서 이용하실 수 있습니다.(CIP제어번호: CIP2015030332)」